U0174052

仿生光学技术与应用

Bionic Optical Technology and Application

付跃刚　欧阳名钊　胡　源　著

科学出版社

北京

内 容 简 介

　　本书主要介绍仿生光学技术——源于动物眼睛特殊光学性质而发展出来的一系列现代光学技术。本书内容基于作者多年在仿生光学领域的研究成果，包括仿生蛾眼光学超表面、仿生龙虾眼光学系统、仿生复眼光学系统以及仿生虾蛄眼偏振系统等领域，同时汇总了该研究方向的最新研究进展及相关应用情况。

　　本书适合作为光电信息科学与工程、光学工程等专业的本科生、研究生的扩展阅读材料，以及相关领域科研人员的参考资料。

图书在版编目(CIP)数据

仿生光学技术与应用/付跃刚，欧阳名钊，胡源著. —北京：科学出版社，2020.12
　　ISBN 978-7-03-063958-5

Ⅰ.①仿…　Ⅱ.①付…②欧…③胡…　Ⅲ.①仿生学－光学－研究
Ⅳ.①O43

中国版本图书馆 CIP 数据核字(2019) 第 288181 号

责任编辑：刘凤娟　郭学雯／责任校对：樊雅琼
责任印制：吴兆东／封面设计：无极书装

科学出版社 出版
北京东黄城根北街 16 号
邮政编码：100717
http://www.sciencep.com

北京虎彩文化传播有限公司 印刷
科学出版社发行　各地新华书店经销
*
2020 年 12 月第　一　版　　开本：720×1000 B5
2022 年 8 月第二次印刷　　印张：25 1/2
字数：499 000
定价：178.00 元
(如有印装质量问题，我社负责调换)

前　言

　　仿生作为人们观察和模仿生物功能的一种行为,使得人们可以从无数生物身上汲取各种灵感,通过对自然界筛选出的各种生物的光学能力进行研究,诞生出我们今天所要讨论的主题——仿生光学,一门古老而又带有新生活力的交叉学科。生物在长期进化过程中为适应环境形成了生物的多样性,每一种动物的眼睛都具有独特的作用,仿生动物的眼睛会给一些特殊应用的光学系统带来启发,光学仿生最初从鱼眼镜头的光学设计开始,模仿鱼眼的大视场成像,进而形成了鱼眼镜头设计的一整套理论。同样在模仿昆虫复眼的仿生复眼光学系统可以充分发挥光学并行处理能力,其独特的光学性能在工业生产和国民生活中具有重要的研究意义。本书对仿扇贝环景带光学系统、仿生复眼光学系统、仿生龙虾眼透镜、仿生蛾眼减反射微纳结构表面、仿生虾蛄眼偏振成像系统等几种仿生光学技术的研究成果进行了汇总介绍。

　　第1章介绍了仿生光学的研究意义及研究现状。

　　第2章介绍了仿生于扇贝眼的全景环带成像系统,这是一种新颖结构形式的光学系统,该类系统能够在保证系统结构紧凑小巧的前提下,同时实现多视场成像,实时地获取多场景图像信息,在安防监测、遥感、导航、森林消防与防护等多个领域中具有广阔的应用前景。

　　第3章介绍了仿生复眼光学系统,针对单孔径系统在大视场和高分辨率之间的矛盾成为制约仪器性能的关键问题,利用仿生复眼大视场凝视成像技术,实现了55°的凝视视场,并且可以克服子眼小孔径、视距短的缺陷。同时介绍了相邻子眼系统视场的计算方法,给出了子眼系统的空间排布方法与布局原则。

　　第4章介绍了仿生龙虾眼透镜,它是区别于传统光学透镜的一种结构仿生元件,由矩形微通道构成的球型对称结构可以实现辐射通量的高效反射汇聚,对高能射线具有较高的收集效率,是天文物理学、宇宙学研究的重要工具。本章着眼于未来空间探索的任务需求,针对软X射线谱段的龙虾眼透镜介绍了其工作机理及应用研究情况。

　　第5章介绍了仿生蛾眼微纳结构表面,它是仿生于飞蛾眼表面的六边形排列的微纳结构阵列,这种表面微纳结构周期小于可见光波长,使得光波无法辨认出该微纳结构,可减少折射率急剧变化所造成的光反射现象,使得飞蛾眼睛对光具有极低的反射系数。仿生蛾眼抗反射微纳结构具有宽入射角和宽光谱段的抗反增透特点,使其在诸多领域具有广阔的应用前景。

　　第 6 章介绍了仿生虾蛄眼偏振成像系统,针对虾蛄眼的结构特点以及偏振光谱结合的光学特性进行仿生学研究,其在具备多光谱探测能力的同时还可以探测偏振光属性。目前这个领域的研究刚刚起步,但可以预见其可应用于医学诊断与预测、汽车自动驾驶、水下探测等诸多领域。本章从虾蛄眼形态学分析入手,对虾蛄眼睛的偏振探测能力以及光谱探测能力的生物结构进行了分析与研究。

　　本书力求理论与实际应用相结合,针对仿生光学领域内的各种新技术、新原理做较为全面的分析,并对其应用做出合理的预测。但由于仿生光学涉及的领域众多,受作者的学识和经验所限,本书中不可避免地存在不恰当甚至错误之处,敬请广大读者批评指正。

付跃刚

2020 年 7 月 31 日

目　录

第1章 绪   论

1.1 仿生光学研究

对于人类来说，眼睛是认识世界的重要窗口。世界在人类眼中所呈现的是一幅幅绚烂的彩色图画，我们站在高山上，大海边，时常为自己所窥见到的广袤世界所慨叹！然而大千世界中的我们是否认真思考过，其他动物眼中的世界是否如我们所见到的一样呢？当面对千万种我们并不熟悉的生物时，即便是对大多数生物学家来说，他们所能列举出来的眼睛形式也可能只有几种而已。实际上这远远低估了动物眼睛的种类：目前已知动物眼睛的成像方式至少有十多种截然不同的类型。眼睛类型的多样性是自然进化过程的结果，眼睛的起源和进化方式的研究已经达到前所未有的阶段。从达尔文研究进化论开始，动物眼睛独特的成像方式便不断被人们所发现、理解。我们熟知的有：昆虫的复眼微透镜形式，贝类的凹面镜成像形式，等等。其中一些眼睛类型在光学技术中找到了新的具体应用，有些则仍处在寻找阶段。比如，基于镜盒的龙虾复眼的光学系统，被用于广角 X 射线透镜的聚焦；再如，模仿昆虫复眼的仿生复眼光学系统可以充分发挥光学并行处理能力，其独特的光学性能在工业生产和国民生活中具有重要的研究意义，同时也为国防军事提供了新型的光学成像系统以及光学解决方案。

这些非同寻常的成像形式及其新型应用便是仿生光学所研究的内容。鉴于其种类繁多的结构类型，这些研究内容宽泛而难以用一个统一的标准来度量。因此，本书内容仅限于典型且作者所熟知的相关领域，其中包括：仿扇贝眼全景环带光学系统、仿生复眼光学系统、仿生龙虾眼透镜技术、仿生蛾眼减反射微纳结构、仿生虾蛄眼偏振成像系统。

1.2 仿生光学研究国内外发展现状

1.2.1 仿生复眼研究

通过对昆虫复眼的研究，研究者希望最终开发出多孔径的大视场高分辨率的光学系统，并能装备于主动式智能武器。美国空军实验室现阶段正在对仿生制导、导航，以及控制技术进行研究，以仿生复眼多孔径大视场技术为基础，期望可以研制出仿生大视场导引系统原理样机；在引信方面，目前正在研制"蝇眼"制导与引信系统，该系统可根据目标运动参数及位置，自动控制自身运动状态，跟踪、攻击目标。著名的 TOMBO(thin observation module by bound optics) 复眼成像系统是由日本科学家 Tanida 带领的研究团队在 21 世纪初提出的，该系统只有纽扣般大小，实现了 3 维高分辨率成像，TOMBO 系统的三维重构过程如图 1.1 所示 [1,2]。

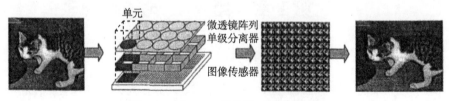

图 1.1　TOMBO 系统的三维重构过程

2005 年，Duparré 带领的德国研究小组提出并制造了人造同位复眼成像系统 AACEO(artificial apposition compound eye objective)，该复眼子眼通道的光学系统采用了啁啾透镜，可以根据入射光线的角度对各透镜的孔径大小、光轴方向，以及形状进行适当调整；从而纠正离轴像差和场曲引起的成像失真，在提升系统成像质量的同时减少透镜的数目，使系统尺寸进一步减小 [3]。

另外，由美国得克萨斯理工大学设计出的光纤人工复眼系统，针对特定区域分配不同子眼进行观测，其特点在于成像过程中相邻子眼之间没有视场重叠。在该系统中，运动目标的线速度与角速度等信息，通过计算图像序列中的信息便可获取。当运动目标的相对位置改变时，多个子眼系统可以同时捕获目标，通过计算机可以获取子眼系统相对于该运动目标的质心坐标以及变化时间，再利用三个不同子眼获得的信号进行连续处理，便可以计算出该运动目标的线速度和相对角速度。

利用蜻蜓眼的成像特性，加拿大的 York 大学提出了一种新型目标探测器，在这种复眼多通道系统中利用了透镜–光纤束结构，光纤束起点与透镜的像方焦平面相重合，再用后续透镜的缩放特性将多通道子眼系统聚合光束成像至探测器，利用该系统可以高效地获取运动目标的距离与线速度 [4]。

1.2.2　仿生龙虾眼光学研究

1975 年，Schmidt 提出一种大视场 X 射线聚焦结构，他称之为"百叶帘"；该结构是将方形反射平板按照平面或者圆柱面均匀排布成一维成像结构；平行入射的光线经过该结构后，会在焦面上形成一条焦线；他曾试想将两个"百叶帘"正交叠加在一起，这样的二维结构将会在焦面上形成真正的焦点，我们将该结构称为"Schmidt 结构"。1979 年 Angle 提出了"Angle 型结构" [5]；该模型非常类似于真实龙虾眼，具有大视场、对 10keV 以上的光子收集效率高，以及空间分辨率可以达到角秒级的优点，并且在文中给出了 X 射线望远镜的详细指标。哥伦比亚大学的 Kaaret 等在 1992 年制作出 100μm 单晶硅薄片元件，并将其应用于龙虾眼透镜当中 [6]。1991 年，澳大利亚墨尔本大学的 Chapman 等发表的论文中讨论了平面方孔阵列与圆形微通道板 (MCP) 的成像机理 [7]，提出了龙虾眼透镜近轴物像关系公式近似于反射镜；并且在文中提出使用球形龙虾眼透镜的像差、点扩散函数、聚焦效率等来评价系统成像质量；同时在软 X 射线与硬 X 射线两种情况下对该结构模型进行了仿真；通过以上对比发现了 X 射线的聚焦效率仅依赖于微通道的高宽比与反射效率。

2004 年，捷克科学院天文研究所详细介绍不同尺寸与排列的龙虾眼光学模型在太空项目中运用的合理性 [8]。当时，龙虾眼望远镜已经被提议使用在周天监视器以及瞬间源监测中。LE Schmidt 模块已经制作并通过了实验验证。小 LE(龙虾眼) 模块总口径为 3mm×3mm，通道板厚度 0.03mm，通道板间隔 0.07mm。大 LE 模块总口径为 300mm×300mm，通道板厚度 0.75mm，通道板间隔 10.8mm，如图 1.2(a) 所示。通道板使用的是当时研制的镀金玻璃基片，其密度比以往使用的电铸镍板小很多。但是对于大口径的 LE 模块来说，想要提高精度还需要进一步的开发和改进技术。2005 年，Sveda 发表文章，提出将传统的龙虾眼几何结构与双曲面聚焦形式结合的混合型龙虾眼结构概念 [9]。这将在透镜其中一个方向上取得良好的聚焦效果，同时具有更大的视场。

 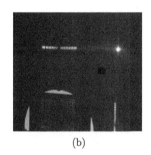

(a)　　　　　　　　　　　　　(b)

图 1.2　Schmidt 结构示意图

(a) 大 LE Schmidt 模块；(b) 聚焦成像示意图

2006 年，LOBSTER ISS 发布，它是由欧洲空间局 (EAS) 设计研发的用于探索太空的高能射线周天监视器 (ASM) [10]。在该项目中，使用 MCP 技术的龙虾眼望远镜已经用于 LOBSTER ISS 的空间实验中。并且在该设备中也包含高能射线望远镜与伽马射线暴探测器。这些设备主要使用在能量为 300~700keV 的高能波段，并获得了极高的灵敏度。图 1.3 给出了 LOBSTER ISS 使用的龙虾眼参数。美国国土安全部资助的光学物理公司正在研发一种命名为 "LEXID" 的新扫描仪。该设备包括低能量 X 射线源与使用龙虾眼几何结构的感光系统，具有价位低、质量小及使用方便等优势，预计上市后售价不会超过 1 万美元。

长时间以来，大多数已建立的龙虾眼透镜理论模型均采用方形微通道，但是使用重金属材料制作该结构十分困难。2014 年，加利福尼亚大学的 Samuel 和 Daniel

提出了锥形微通道板龙虾眼的结构模型 [11]；通过与方形微通道对比，讨论了其在子午方向的聚焦属性，给出了子午方向的像差与点扩散函数计算方法。

通道 $l \times w$:	$1000\mu m \times 20\mu m(50:1)$
开放区域：	70%
每个光学通道：	7×7
每个光学单元：	240×240
单元间隙：	9.1mm
单元宽度：	$40mm \times 40mm$
每个模块的光学元件：	7×6
曲率半径：	75cm
模块视野：	$27° \times 22.5°$
静态视野：	$162° \times 22.5°$

图 1.3 LOBSTER ISS 使用的龙虾眼参数

2014 年，威斯康星大学将湿法刻蚀技术与干法刻蚀技术结合，成功制备了龙虾眼微小通道 [12]。每个微通道结构尺寸分别为长 $60\mu m$，壁厚 $20\mu m$，通道内空间边长为 $24\mu m$，并且在可见光波段进行了实验验证。与同口径折射透镜相比较，龙虾眼透镜视场在达到 165° 时依然没有畸变，在没有经过后期优化的情况下具有更小的离轴像差。图 1.4 展现了龙虾眼透镜与传统透镜的成像质量比较：(a) 和 (b) 分别表示平行光入射时聚焦成像的实验现象与理论图像；(c) 和 (d) 分别表示实验中与理论计算下对形状为 "W" 的物成像；(e)~(g) 都是由经过龙虾眼透镜所成的像；(h) 表示传统折射透镜对同一 "W" 形物所成的像。

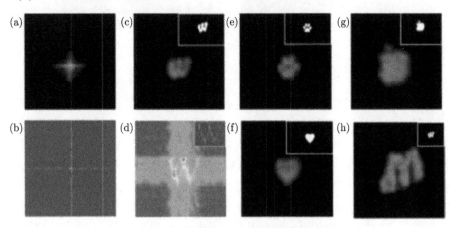

图 1.4 龙虾眼成像对比图 (彩图见封底二维码)

2015 年，美国航空航天局 (NASA) 对第一次在太空中使用的大视场软 X 射线成像系统做了详细介绍 [13]。该系统使用龙虾眼结构，主要应用在太阳物理和天体物理学等方面，将 MCP 改进成 MPR(微孔反射器)。MPR 是将原本 MCP 中的锥形微通道变为方形微通道口，每个微通道的孔隙大约为 20μm。整体系统由 9 个 4cm×4cm 的微孔反射器紧挨排布在半径为 75cm 的球面之上，整体装配之后视场可以达到 9.2°，如图 1.5 所示。

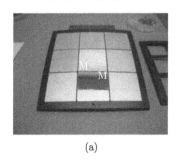

(a)　　　　　　　　　　　　　　(b)

图 1.5　整体系统装配

(a) 前表面结构；(b) 整体示意图

2016 年，英国莱斯特大学的 Willingale 等确定了限制 MCP 作为 X 射线龙虾眼使用效果的像差[14]。他们将像差纳入 X 射线成像的综合系统当中，对比实验与综合仿真模型的 X 射线聚焦效果 (图 1.6)，确定并且量化了限制龙虾眼角分辨率的主要因素。该结构角分辨率主要受到微通道倾斜误差、微通道剪切误差及表面粗糙度的影响，在数值上可以达到 6.5~7.7 弧分。这些误差主要是在制作该结构的过程中产生的，现在正在致力于寻找在制造过程中主要是哪一环节产生倾斜及面型差。

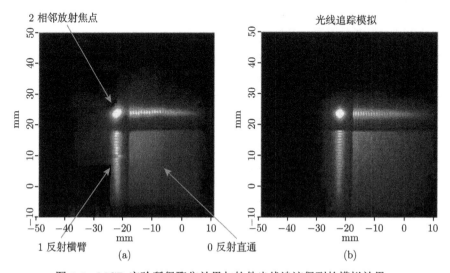

图 1.6　MCP 实验所得聚焦效果与软件光线追迹得到的模拟效果

(a) 使用 1.49keV 的 X 射线时，MCP 实验效果图；(b) X 射线光线追迹模拟图

1.2.3 仿生蛾眼减反射微纳结构研究

蛾眼减反射结构最早由科学家 Clapham 和 Hutley 通过电子显微镜对飞蛾角膜进行研究，发现其外表面覆盖着规则排列的圆锥形突起，通常高度和间距约为 200nm，并通过微波辐射测量证实了这种结构具有减反射的性能 [15]。此后，国内外科学家在理论和制备方面进行了大量研究。

1983 年，Southwell 对薄膜梯度折射率分布进行了分析，合成了用于介质表面宽带抗反射的新型蛾眼结构梯度折射率膜层 [16]。近些年，随着工艺的发展，理论的研究可以通过实验得到进一步的认证，并由理论计算进入仿真设计和实验制备。2007 年，Kerwien 等基于 Kirchhoff 理论，提出了一种 "半严格模型"，弥补了经典标量衍射理论与完全严格模型之间的差距。它依赖于标量衍射理论的基本思想，将严格耦合波分析 (rigorous coupled wave analysis, RCWA) 作为一种完全严格的仿真模型与其进行直接比较，并详细讨论了有效性范围 [17]。2008 年，Forberich 等制备了一种纳米蛾眼防反射涂层，该涂层作为一种有效的介质在空气和基底界面间发挥减反射作用，使基底的反射损耗得到了补偿，实现了高效的有机太阳能电池性能 [18]。2008 年，Bodena 和 Bagnall 证明 RCWA 可以精确地模拟复杂的表面结构反射，可以用于分析结构高度、周期和形貌变化对表面反射的影响 [19]。2009 年，Bae 等采用紫外纳米压印光刻技术 (UV-NIL) 在玻璃基板上制备了一种抗反射蛾眼结构；经测试，单面蛾眼结构透射率提高到 93%，双面蛾眼结构透射率提高到 97% [20]。2012 年，Park 等在二氧化硅 (SiO_2) 表面两侧仿真设计了纳米蛾眼结构，在可见光范围内表现出较低的光谱反射率；通过对基底两侧纳米蛾眼结构高度的优化设计，实现可见光范围内 99% 的透射率，并证实尖锥形状的纳米蛾眼结构阵列具有较好的光学透射率性能 [21]。2014 年，Leem 等通过沉积金纳米粒子掩模干法蚀刻的方法制备了蛾眼纳米锥阵列的抗反射层；实验证明，所制备的蛾眼结构具有超亲水性，在宽带广角范围内具有高透射性能，极大地提高了太阳能电池的光电转换效率 [22]。2015 年，Herdini 等通过光刻和原子层沉积，研究了透明基底上抗反射导电蛾眼纳米结构的光学和电学性能；所制备的蛾眼结构电阻达到 $5.52\times10^{-4}\Omega\cdot cm$，通过分析，证实电阻率与纳米结构表面积和化学键的变化密切相关；他们还对蛾眼结构的透射率进行了测试，结果表明：可见光波段的平均透射率为 88%，并通过对结构高度折射率变化的分析，解释了透射率提高的原因 [23]。2015 年，Kubota 等为了提高有机光伏太阳能电池的转换效率，设计了一种具有高效宽带光能捕获的抗反射结构；优化后的蛾眼结构可以在较长的波长范围内显著地增强电场强度，提高活性层内的能量吸收，其最佳的蛾眼结构可以提高 9.05% 的转换效率 [24]。2017 年，Jared 等制备了一种二维纳米孔阵列，它可以在吸收入射光的同时减少反射能量的损失 [25]。2018 年，Almoallem 等在硅材料上制备了三维抗反射纳米线结构，通过表征显示，三维抗反射黑硅纳米线结构可以同比降低近 3 倍的眩光度[26]。

国内最早是由陈宁生教授对几种夜蛾的趋光行为进行系统研究[27]。近些年，国内在微纳结构的制备方面快速发展。2009 年，Li 等在平面二氧化硅基片和平面凸透镜上制备了高性能的防反射和防雾蛾眼结构表面，极大地抑制了宽波长和大视场上的光能反射；此外，所制备的蛾眼结构表现出高质量的超亲水性，以及比多层膜更好的机械稳定性和耐久性[28]。2014 年，董晓轩等为了降低光学表面的菲涅耳反射，提出了一种制备仿生减反结构的方法；利用银镜反应并结合退火处理在硬性材质基底表面制备银纳米粒子，经反应离子刻蚀工艺，在基底表面形成一层纳米蛾眼减反结构；测试结果表明，硅材料蛾眼结构平均反射率小于 4.5%，石英材料双面蛾眼透射率达到 98.1%[29]。2015 年，Han 等研究了锗 (Ge) 材料蛾眼周期结构阵列的一种特殊的集光性能，并利用离子束刻蚀的方法在 Ge 材料上制备了蛾眼结构；经测试，蛾眼结构在 500~800nm 波长范围内具有良好的宽带吸收性能，特别是在可见光波段，实验测得的吸收率甚至可以达到 100%[30]。2016 年，董亭亭等采用 RCWA 研究了长波红外波段 Ge 材料仿生蛾眼抗反射微纳结构的衍射特性，并采用二元曝光技术和反应离子刻蚀技术在 Ge 基底上进行了制备；测试结果显示，双面蛾眼微纳结构在 8~12μm 范围内的反射率小于 8%[31]。2017 年，Wei 等在柔性基底上制备了宽带蛾眼结构，经测试其反射率低于 0.23%，并具有良好的自清洁功能[32]。2018 年，长春理工大学付跃刚教授课题组仿真设计了一种硅材料的新型蛾眼结构，并利用激光干涉光刻和电感耦合等离子体 (inductively coupled plasma, ICP) 刻蚀的方法进行了制备，在近红外和中红外波段，0~60° 角度范围内平均反射率低于 3.5%[33]。

1.2.4 仿生虾蛄眼研究

随着虾蛄眼强大的光学功能被逐渐发掘，虾蛄眼的仿生研究成为研究热点。从 2010 年起，Gruev 教授[34] 的研究组对虾蛄眼的偏振功能进行仿生研究，利用铝纳米线栅阵列与电荷耦合器件 (CCD) 相结合，实现偏振成像功能；2014 年，Gruev 与 Kulkarni 等受虾蛄光谱偏振功能的启发，利用铝纳米线栅与彩色 CCD 相结合，实现了高分辨率彩色偏振成像[35,36] (图 1.7(a))。2013 年，美国的 Song 研究组受节肢类动物眼小眼结构以及小眼分布的启发，研究出同时具备大视场角、小相差、高运动灵敏度，以及无限景深的仿生相机[37,38] (图 1.7(b))。2017 年，Garcia 研究组联合 Gruev 教授团队[39,40]，进一步研究了虾蛄眼偏振光谱成像能力，如图 1.7(c) 所示，研制了彩色偏振光谱实时原位成像探测相机，该偏振相机实现了结构紧凑、高分辨率和低功率的实时偏振光谱成像；这种偏振光谱相机可以实现癌症的检测以及预防和预测；2018 年该研究组[41] 研究了虾蛄眼的动态探测能力，利用对数光电二极管与铝纳米线栅集成，研发了高动态范围的偏振成像系统；这种偏振成像系统可以用于自动驾驶，有助于提高图像获取的精度和速度。同年，Powell 研究团队研究了水下偏振特性以及天空偏振分布，仿生虾蛄眼研制了一种水下偏振相机 (图 1.7(d))，可用于水下的定位和导航 [42]。

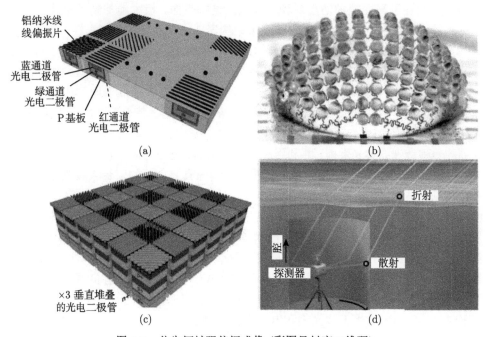

图 1.7   仿生虾蛄眼偏振成像 (彩图见封底二维码)

(a) 偏振光谱成像系统；(b) 仿节肢类动物相机；(c) 实时彩色偏振成像系统；(d) 水下偏振成像导航系统

国内，虾蛄眼的仿生技术处于起步的阶段。2011 年，台北大学的 Jen 和 Lakhtakia [43] 等根据虾蛄眼中频带第五行以及第六行小眼远端感杆束宽光谱玻片功能特性以及多层管状阵列结构，研发了一种基于多层对称周期膜系的消色差四分之一波片，如图 1.8(a) 所示，在 400~700nm 谱段之间实现了四分之一波长的位相延迟；2011 年，Lakhtakia 等在该结构基础之上提出了一种多层柱阵列的消色差四分之一波片 [44]。2016 年，南京晓庄学院张家华和陈飞对虾蛄眼的图像信息采集方式进行了研究，并根据虾蛄眼信息采集方式设计了一种高效的图像信息获取方法 [45]。2014 年，河海大学沈洁团队申请了水下偏振成像方法的专利，他们提出的水下偏振成像方法仿生虾蛄眼偏振拮抗感知，可以增强水下成像精度和分辨率 [46]。2016 年，赵永强教授团队通过仿生虾蛄眼的多通道多功能集成的特性，仿生研制一种多通道光谱偏振探测系统 [47] (图 1.8(b))，可以同时获得偏振图像以及多种光谱的图像。因此，对虾蛄眼偏振成像的机理研究有着极其重要的意义和必要性。

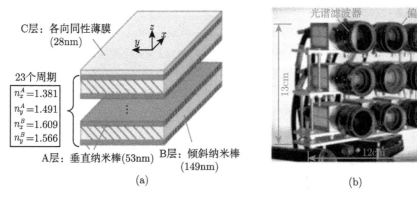

图 1.8 国内仿生虾蛄眼偏振技术

(a) 消色差四分之一波片；(b) 多通道光谱偏振成像系统

参 考 文 献

[1] 邹成刚, 张红霞, 宋乐, 等. 多层曲面仿生复眼成像系统的设计 [J]. 吉林大学学报 (信息科学版), 2013, 31(4): 374-379.

[2] Tanida J, Kumagai T, Yamada K, et al. Thin observation module by bound optics (TOMBO): concept and experimental verification[J]. Applied Optics, 2001, 40(11): 1806-1813.

[3] Duparré J, Schreiber P, Matthes A, et al. Microoptical telescope compound eye[J]. Optics Express, 2005, 13(3): 889-903.

[4] 张浩. 球面复眼多通道信息融合 [D]. 合肥: 中国科学技术大学, 2010.

[5] Angel J R P. Lobster eyes as X-ray telescopes[J]. Astrophysical Journal, 1979, 233(1): 364-373.

[6] Kaaret P E, Geissbuehler P. Lobster-eye X-ray optics using microchannel plates[J]. Proceedings of SPIE-The International Society for Optical Engineering, 1992, 1546(1): 82-90.

[7] Chapman H N, Nugent K A, Wilkins S W. X-ray focusing using square channel-capillary arrays[J]. Review of Scientific Instruments, 1991, 62(6): 1542-1561.

[8] Hudec R, Sveda L, Pina L. Astronomical lobster eye telescopes[J]. Proceedings of SPIE-The International Society for Optical Engineering, 2004, 5488: 449-459.

[9] Sveda L, Semencova V, Inneman A, et al. Hybrid lobster optic[C]. Optics & Photonics. International Society for Optics and Photonics, 2005: 591803.

[10] Amati L, Frontera F, Auricchio N, et al. The gamma-ray burst monitor for Lobster-ISS[J]. Advances in Space Research, 2006, 38(7): 1333-1337.

[11] Barbour S, Erwin D A. Comparison of focal properties of square-channel and meridional lobster-eye lenses. [J]. J. Opt. Soc. Am. A: Opt. Image. Sci. Vis., 2014, 31(12): 2584-

2592.

[12] Huang C, Wu X, Liu H, et al. Large-field-of-view wide-spectrum artificial reflecting superposition compound eyes[J]. Small, 2014, 10(15): 3050-3057.

[13] Collier M R, Porter F S, Sibeck D G, et al. Invited article: first flight in space of a wide-field-of-view soft X-ray imager using lobster-eye optics: Instrument description and initial flight results[J]. Review of Scientific Instruments, 2015, 86(7): 105-126.

[14] Willingale R, Pearson J F, Martindale A, et al. Aberrations in square pore micro-channel optics used for X-ray lobster eye telescopes[C]. SPIE Astronomical Telescopes + Instrumentation, 2016: 990520.

[15] Clapham P B, Hutley M C. Reduction of lens reflexion by the "Moth Eye" principle[J]. Nature, 1973, 244(5414): 281, 282.

[16] Southwell W H. Gradient-index antireflection coatings[J]. Optics Letters, 1983, 8(11): 584-586.

[17] Kerwien N, Schuster T, Rafler S, et al. Vectorial thin-element approximation: a semirigorous determination of Kirchhoff's boundary conditions[J]. Opt. Soc. Am., 2007, 24(4): 1074-1084.

[18] Forberich K, Dennler G, Scharber M C, et al. Performance improvement of organic solar cells with moth eye anti-reflection coating[J]. Thin Solid Films, 2008, 516(20): 7167-7170.

[19] Boden S A, Bagnall D M. Tunable reflection minima of nanostructured antireflective surfaces[J]. Applied Physics Letters, 2008, 93(13): 1331081-1331083.

[20] Bae B J, Hong S H, Hong E J, et al. Fabrication of moth-eye structure on glass by ultraviolet imprinting process with polymer template[J]. Jpn. J. Appl. Phys., 2009, 48(1): 0102071-0102073.

[21] Ji S, Park J, Lim H. Improved antireflection properties of moth eye mimicking nanopillars on transparent glass: flat antireflection and color tuning[J]. Nanoscale, 2012, 4(15): 4603-4610.

[22] Leem J W, Yu J S, Heo J, et al. Nanostructured encapsulation coverglasses with wide-angle broadband antireflection and self-cleaning properties for III–V multi-junction solar cell applications[J]. Solar Energy Materials and Solar Cells, 2014, 120: 555-560.

[23] Park H W, Ji S, Herdini D S, et al. Antireflective conducting nanostructures with an atomic layer deposited an AlZnO layer on a transparent substrate[J]. Applied Surface Science, 2015, 357: 2385-2390.

[24] Kubota S, Kanomata K, Ahmmad B, et al. Optimized design of moth eye antireflection structure for organic photovoltaics[J]. Journal of Coatings Technology and Research, 2015, 13(1): 201-210.

[25] Jared T, Abhijeet B, Zhang X A, et al. Nanostructured antireflective in-plane solar harvester[J]. Optics Express, 2017, 25(16): A840-A850.

[26] Almoallem Y D, Moghimi M J, Hongrui J. Conformal antireflective surface formed onto 3-D silicon structure[J]. Journal of Microelectromechanical Systems, 2018: 1-3.

[27] 陈宁生. 夜蛾趋光行为的本质、规律和导航原理 [J]. 应用昆虫学报, 1979(5): 193-200.

[28] Li Y, Zhang J, Zhu S, et al. Biomimetic surfaces for high-performance optics[J]. Advanced Materials, 2009, 21(46): 4731-4734.

[29] 董晓轩, 申溯, 陈林森. 银镜反应制备纳米蛾眼减反结构法 [J]. 光子学报, 2014, 43(7): 184-189.

[30] Han Q, Fu Y, Jin L, et al. Germanium nanopyramid arrays showing near-100%absorption in the visible regime[J]. Nano Research, 2015, 8(7): 2216-2222.

[31] 董亭亭, 付跃刚, 陈驰, 等. 锗衬底表面圆柱形仿生蛾眼抗反射微结构的研制 [J]. 光学学报, 2016(5): 228-234.

[32] Tan G, Cheng I, Lee J H, et al. Broadband antireflection film with moth-eye-like structure for flexible display applications[J]. Optica, 2017, 4(7): 678.

[33] Lin H, Ouyang M, Chen B, et al. Design and fabrication of moth-eye subwavelength structure with a waist on silicon for broadband and wide-angle anti-reflection property[J]. Coatings, 2018, 8(10): 360.

[34] Gruev V, Rob P, Timothy Y. CCD polarization imaging sensor with aluminum nanowire optical filters[J]. Optics Express, 2010, 18(18): 19087-19094.

[35] Lenero-Bardallo J A, Bryn D H, Hafliger P. Bio-inspired asynchronous pixel event tricolor vision sensor[J]. IEEE Transactions on Biomedical Circuits and Systems, 2014, 8(3): 345-357.

[36] Kulkarni M, Gruev V. Integrated spectral-polarization imaging sensor with aluminum nanowire polarization filters[J]. Optics Express, 2012, 20(21): 22997-23012.

[37] Song Y M, Xie Y, Malyarchuk V, et al. Digital cameras with designs inspired by the arthropod eye[J]. Nature, 2013, 497(7447): 95-99.

[38] Liu H W, Huang Y G, Jiang H R. Artificial eye for scotopic vision with bioinspired all-optical photosensitivity enhancer[J]. Proc. Natl. Acad. Sci. USA, 2016, 113(15): 3982-3985.

[39] Marinov R, Cui N, Garcia M, et al. A 4-megapixel cooled CCD division of focal plane polarimeter for celestial imaging[J]. IEEE Sensors Journal, 2017, 17(9): 2725-2733.

[40] Garcia M, Edmiston C, Marinov R, et al. Bio-inspired color-polarization imager for real-time in situ imaging[J]. Optica, 2017, 4(10): 1263-1271.

[41] Garcia M, Davis T, Blair S, et al. Bioinspired polarization imager with high dynamic range[J]. Optica, 2018, 5(10): 1240-1246.

[42] Powell S B, Garnett R, Marshall J, et al. Bioinspired polarization vision enables underwater geolocalization[J]. Science Advances, 2018, 4(4): eaao6841.

[43] Jen Y J, Lakhtakia A, Yu C W, et al. Biologically inspired achromatic waveplates for visible light[J]. Nature Communications, 2011, 2: 363.

[44]　Jen Y J, Lin M J, Lakhtakia A. Bio-inspired achromatic waveplates[J]. Spienewsroom, 2011.

[45]　张家华, 陈飞. 仿螳螂虾复眼的图像信息采集系统及工作方法: 中国, CN201310410881. X[P]. 2016.

[46]　沈洁, 王慧斌, 陈晶晶, 等. 一种仿螳螂虾视觉偏振拮抗感知的水下偏振成像方法: 中国, CN201410081858.5[P]. 2014.

[47]　Zhao Y, Yi C, Kong S G, et al. Bio-inspired Multi-band Polarization Imaging[M]. Berlin, Heidelberg: Springer, 2016.

第2章 仿扇贝眼全景环带光学系统

2.1 全景环带光学系统介绍

全景环带成像系统是一种结构形式新颖的光学系统，能够实时地获取全景图像信息，在安防检测、遥感、导航、森林消防与防护等多个领域得到了十分广泛的应用，在当代的生产生活中具有广阔的发展前景。

全景环带光学系统在机器视觉等一些新型的领域中也有广泛的应用，该类系统不断追求小型化、紧凑化，并且在保证系统结构紧凑小巧的同时实现大视场，本书针对上述需求对全景环带成像光学系统的设计方法开展了研究。

通过对全景环带系统的各种形式与工作原理进行分析，根据入瞳位置的不同，本书重点研究了三种不同形式的全景环带系统的特性，分析其各自的优缺点，在此基础上，优化选择采用入瞳位置前置透镜形式作为研究的主要形式。

现有的全景环带光学系统采用单独的通道结构，收集视场信息有限，因此采用双通道全景环带光学系统的形式，对不同通道的光学系统进行组合优化得到全景环带光学系统，两个通道可获取不同的视场信息，这种双通道系统相较于单通道系统具备更大的视场范围。本书基于入瞳位置前置式系统构建了一种新形式的双通道全景光学系统：通过对两个通道进行组合设计，能够保证两个视场通道的信息同时成像在一个探测器像面上；系统中两个视场通道独立工作，使其像面信息不重叠，互不干扰，保证了信息获取的准确性。

本书通过构建双通道式全景光学系统的数学模型，针对双通道全景环带光学系统的设计需求，提出了一种新型的 evenogive 面型自由曲面，并利用数学模型对 evenogive 面型在光学设计过程中的作用进行讨论与分析。应用双通道系统数学模型针对双通道全景环带光学系统的杂散光特性进行全面的分析，分别对不同光路杂散光特性情况作出分析，并对其抑制方法进行详尽的分析与讨论。

为验证设计理论，本书设计了一款前方向通道视场为 $360° \times (38° \sim 80°)$，后方向通道视场为 $360° \times (104° \sim 140°)$ 的双通道全景环带光学系统，其总长度为72mm，后截距为5.6mm。成像质量分析和公差分析的结果表明，系统成像质量好，公差分配较合理；对系统的杂散光分析表明，系统杂散光抑制效果较好。光学系统实现了小型化、紧凑化，验证了设计思想的有效性。

2.2　全景环带光学系统的特点与分析

2.2.1　全景环带光学系统的基本光学性能

1. 全景环带光学系统的基本构成

全景环带光学系统主要由三个不同的部分组成：全景头部单元，光阑，以及中继透镜组。如图 2.1 所示，目标为 A 点以及 B 点，经过全景头部单元以及中继透镜组后成像于 A' 与 B' 点。

全景头部单元的作用是让不同视场主光线之间的夹角变小，让大视场光线变成小视场光线，起到类似于开普勒望远镜的功能，以便让光线能够通过中继透镜组成像在像面上，中继透镜组主要对前组头部单元产生的像差进行补偿。

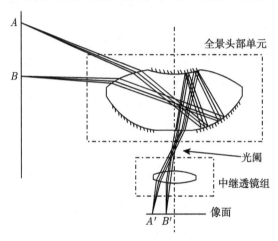

图 2.1　全景环带光学系统基本构成

2. 全景环带光学系统的视场范围

全景环带光学系统能够提供一个 360° 的目标图像 [1,2]，如图 2.2 所示，系统的光轴定义为 Z 轴，同时根据笛卡儿坐标系，定义 X 轴与 Y 轴，用来衡量系统的视场。θ_1 与 θ_2 定义为系统的视场角，γ 定义为系统的径向方位角，那么有如下关系：

$$0 \leqslant \theta_2 \leqslant \theta_1 \leqslant 2\pi \tag{2.1}$$

$$0 \leqslant \gamma \leqslant 2\pi \tag{2.2}$$

环带光学系统一般在像面上形成一个圆环形状的光斑，光斑内部是一个空白区域，空白区域的半径为 α，光斑的外半径为 β，系统成像区域大小为 $2\pi \cdot (\beta_2 - \alpha_2)$，

有时也会根据特殊情况形成一个椭圆形的光斑。立体角区域为

$$\Omega = 2\pi\left(\cos\theta_2 - \cos\theta_1\right) \tag{2.3}$$

在设计过程中，一般希望系统的 θ_1 越大越好，θ_2 越小越好，以便系统能够探测到更多的视场信息，如图 2.2 所示，系统的接收信息空间为一个圆柱状的探测区域，因此一般称全景环带系统的探测区域为柱形探测区域。

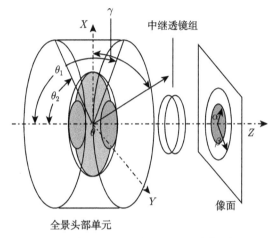

图 2.2 全景环带光学系统视场范围示意图

3. 全景环带光学系统的投影关系

对于光学系统而言，物体位置由视场角 w 确定，像面大小由高度 h' 决定，如图 2.3 所示。视场角 w 与像高 h' 之间存在不同的对应投影关系，不同的投影关系有不同的适用对象，对于大视场光学系统而言，在评价系统性能前首先要对系统的物像投影关系进行选择。因为不同的物像投影关系会对系统的畸变像差计算产生影响。

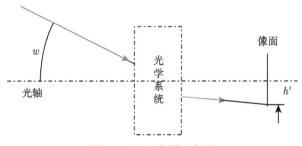

图 2.3 视场范围示意图

　　大视场光学系统有多种对应的投影关系，不同的投影关系遵循关系式 (2.4)～(2.7)，不同的投影关系示意图分别如图 2.4～图 2.7 所示。

$$h' = f' \cdot \tan(w) \tag{2.4}$$

$$h' = 2f' \tan(w/2) \tag{2.5}$$

$$h' = f' \cdot w \tag{2.6}$$

$$h' = f' \sin(w) \tag{2.7}$$

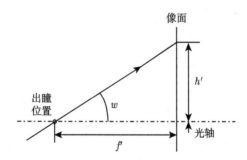

图 2.4　线性物像投影关系

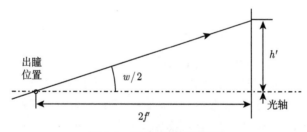

图 2.5　立体物像投影关系

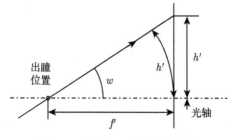

图 2.6　等距 $f\text{-}\theta$ 物像投影关系

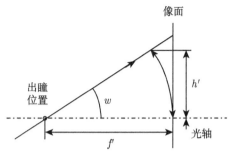

图 2.7 孔径相关物像投影关系

当视场角为 90° 时, 系统的物方像高 h' 与 f' 的比值关系如表 2.1 所示。

表 2.1 各投影关系在视场角为 90° 时 h' 与 f' 的比值关系

	线性物像投影	立体物像投影	等距 $f\text{-}\theta$ 物像投影	孔径相关物像投影
h'/f'	∞	2	1.57	1

对于普通的视场不大的光学系统而言, 一般采用线性物像投影关系。但是当视场比较大时, 普通的线性物像投影关系便不再满足。这时需要采用其他的投影关系。

如图 2.8 所示, 横坐标代表视场值, 纵坐标代表系统像高与焦距的比值。当视场大于 70° 时, 根据普通物像投影关系, 像高会快速地增加。任何大视场系统都难以满足这种物像关系。根据孔径相关物像投影关系, h' 与 f' 的比值变化平缓, 但是当视场大于 90° 时, 系统的 h'/f' 值会下降, 这样当视场大于 90° 时, h'/f' 值会与视场小于 90° 的 h'/f' 值重叠, 而对于光学系统, 像面上接收的信息与目标一一对应, 所以对于视场范围大于 90° 的光学系统而言, 孔径相关物像投影关系并不适用。立体物像投影与等距 $f\text{-}\theta$ 物像投影变化曲线相似, 相对于立体物像投影

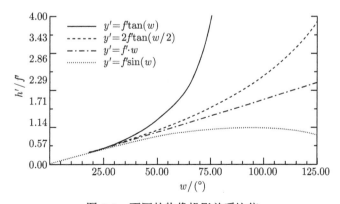

图 2.8 不同的物像投影关系比值

关系，等距 f-θ 物像投影在视场大于 100° 时更有优势，随着视场的增大，立体物像投影的曲线也会急剧变化，用来衡量超大视场系统并不适用。综合考虑，在全景环带光学系统设计中，主要考虑使用等距 f-θ 物像投影关系对光学系统性能进行衡量。

对于全景环带系统而言，系统的视场很大，因此轴上像差对系统成像质量的影响并不是决定性的，而离轴像差，如彗差、畸变，以及垂轴色差都是对成像质量影响最大的因素。

4. 全景环带系统与多次反射式系统之间的差异

全景环带系统与多次反射式系统的形式相近，如图 2.9 所示，同时这两种系统均能接收一定的视场信息，且光线进入系统之后均需经过多次反射才能成像至像面处，但这两种光学系统有本质差别。

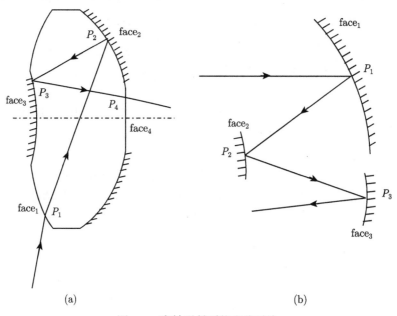

(a)   (b)

图 2.9   离轴反射系统光路对比

(a) 折返式光学系统示意图；(b) 离轴反射式光学系统

(1) 对于全景环带光学系统而言，系统一般能承担很大的视场，视场范围均在 60° 上，但是相对于多次反射离轴式光学系统而言，系统虽然也能在一个比较大的视场范围内成像，但是视场范围相对小一些，视场范围一般在 10° 左右。

(2) 一般的多次离轴的反射式光学系统能拥有比较大的入瞳口径，收集更多的光能，对目标进行探测，适用于空间多波段探测领域，而对于全景环带系统而言，系统的入瞳口径一般比较小，数量级一般相当于反射式光学系统入瞳口径的 1/5~1/20。全景环带系统一般应用于实时可见目标探测领域。

(3) 对于离轴多次反射式系统，像面上不存在空洞区域，可以通过准确地选取设计参数，保证提高像面上探测器的接收效率。而全景环带系统像面中心一般都会出现视场空洞。

(4) 从体积角度讲，全景环带系统的整体尺寸小巧紧凑，一般系统总长不超过 200mm，而对于多次反射式系统而言，系统往往尺寸比较大，同时轴向径向空间均很大。尤其对于多次反射系统，为了防止系统出现中心遮拦，阻挡能量接收，往往采取离轴形式对光学系统进行设计，离轴形式将会极大地占用径向空间，其尺寸往往是全景环带系统的 5 倍以上。

(5) 从系统结构的复杂程度而言，多次反射式系统对系统的面型精度、装调精度要求很高。相对地，全景环带系统的整体结构简洁，对机械结构的装调以及精度要求并没有离轴反射式光学系统那么高。

(6) 从材料的角度讲，全景环带光学系统采用折射式材料，系统会承担一定量的色差，而对于多次反射式光学系统而言，系统并不包含色差，所以系统的工作谱段相对于全景环带光学系统的工作谱段更宽。

从设计的形式来讲，全景环带系统一般采用两次折射、两次反射的光路形式，难以有很大的变化，每个镜片都会经历类似的反射以及折射作用。而对于多次反射式光学系统而言，系统的每个镜面均承载较大的光焦度，同时各自的像差校正作用又不可或缺，每个镜片最多经历两次反射作用，而反射次数的增多会使系统性能指标提升，同时反射次数的增多，会导致镜片数的增多，对于不同的镜片又有不同的搭配组合形式，对于离轴反射式系统而言，系统形式更为多样。

2.2.2 全景环带光学系统的头部单元基本形式

光线在全景环带光学系统的全景头部单元内部一般经过两次反射与两次透射。全景环带头部单元按其光线走向一般有四种可能的基本形式，这里定义其分别为 A, B, C, D 型，下文将对其进行逐一讨论与对比。

图 2.10 展示了 A 型头部单元示意图，对于 A 型头部单元，光线依次经过 $face_1$ 面，$face_2$ 面，$face_3$ 面，$face_4$ 面四个面，光线与面型交点依次为 P_1, P_2, P_3, P_4，其中 $face_2$ 面位于光轴附近区域，$face_4$ 面位于光轴边缘区域，这种系统的缺点是，P_2 点靠近光轴，光线经过 $face_2$ 面反射后，P_3 点的径向坐标会增大，最终导致 $face_3$ 面的反射面积非常大，因为 $face_1$ 面与 $face_3$ 面共用同一部分面型，这样当头部单元口径大小保持一定时，$face_3$ 面所占用的空间将会极大减少，不利于大视场光线的收集，如果增大系统的视场，会更多地占用 $face_1$ 面的边缘部分，增加头部单元的径向口径，同时由于 P_4 点在 $face_2$ 面的外侧，所以光线出射的径向区域会比较

大，也会导致在像面上盲区所占的空间较大，如果在头部单元之后接有后透镜组，后透镜组的口径也会相对比较大，全景环带系统采用这种形式很难保证系统的紧凑性。

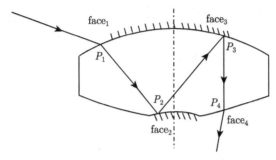

图 2.10　全景环带光学系统 A 型头部单元示意图

B 型头部单元光学系统的光路如图 2.11 所示，$face_4$ 面位于光轴附近区域，$face_2$ 面位于光轴边缘区域，因为出射点 P_4 靠近光轴附近区域，所以后继镜组的口径会相对小一些，后继镜组口径缩小将极大节约实际加工成本，对于头部单元而言，一般应该设置最后的出射区域 $face_4$ 面在光轴附近，而反射区域 $face_2$ 面应该位于 $face_4$ 面的外侧。对于 B 型系统而言，由于系统的两次折射与反射都发生在头部单元的同一侧，所以 P_4，P_3，P_2，P_1 点的径向距离依次增加，最终导致 B 型光学系统头部单元的口径一般比较大，因此 B 型光学系统并不完善，有必要对其进行改进。

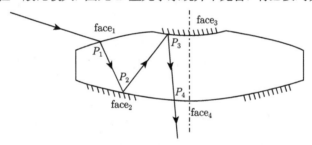

图 2.11　全景环带光学系统 B 型头部单元示意图

C 型头部单元光学系统的光路如图 2.12 所示，取系统的光轴为 Z 轴，系统径向方向为 X 轴。C 型头部单元光学系统可以认为是 B 型头部单元光学系统的一种改进版，光线经过 $face_2$ 面的反射后到达 $face_3$ 面上的 P_3 点，P_3 点与 P_1，P_2 点分别位于光轴的两端，这样系统的径向空间相对于 B 型更为紧凑，在光线不发生交叉的头部单元类型里，C 型应该算是比较成功的系统类型。

D 型头部单元光学系统的光路如图 2.13 所示，取系统的光轴为 Z 轴，系统径向方向为 X 轴。光线经过 $face_1$ 面折射后直接到达 $face_2$ 面上的 P_2 点上，之后依次经过 $face_3$ 面的反射与 $face_4$ 面的折射出射头部单元，P_2，P_3，P_4 与 P_1 分别处

于光轴两侧，相对于 C 型头部单元，D 型头部单元主要的不同点是第一个反射面
的位置选择。下面对 C 型头部单元光学系统与 D 型头部单元光学系统进行对比，
定义 $[P_M P_N]_D$ 为 D 型头部单元 $P_M P_N$ 之间的直线距离，定义 $[P_M P_N]_C$ 为 C 型
头部单元 $P_M P_N$ 之间的直线距离。定义 (P_{CMX}, P_{CMY}) 为对应于 C 型头部单元
光学系统的 P_M 点坐标，那么根据图 2.12 和图 2.13，可近似得

$$[P_1 P_2]_C \approx [P_2 P_3]_D \tag{2.8}$$

$$[P_2 P_3]_C \approx [P_1 P_2]_D \tag{2.9}$$

$$[P_3 P_4]_C \approx [P_3 P_4]_D \tag{2.10}$$

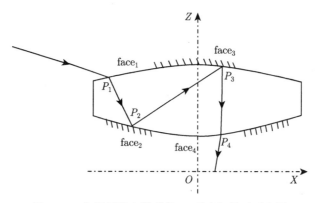

图 2.12 全景环带光学系统 C 型头部单元示意图

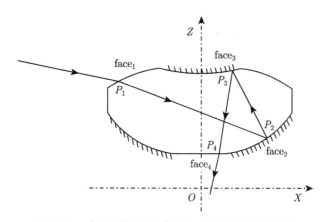

图 2.13 全景环带光学系统 D 型头部单元示意图

根据式 (2.8)~式 (2.10)，可以得出横坐标之间的关系式：

$$P_{C3X} - P_{C4X} \approx P_{D3X} - P_{D4X} = \alpha \tag{2.11}$$

$$P_{C2X} - P_{C1X} \approx P_{D2X} - P_{D3X} = \beta \tag{2.12}$$

$$P_{C3X} - P_{C2X} \approx P_{D2X} - P_{D1X} = \gamma \tag{2.13}$$

其中，α，β，γ 为定义的常量，根据式 (2.11)~式 (2.13)，可以得出

$$P_{C1X} = P_{C4X} + \alpha - \beta - \gamma \tag{2.14}$$

$$P_{D1X} = P_{D4X} + \alpha + \beta - \gamma \tag{2.15}$$

假定无论在 C 型还是 D 型最后光线到达第 4 个面 face₄ 面上的点 P_4 的坐标值一致，即经过全景环带头部单元后光线出射位置一致，因此有 $P_{C4X} = P_{D4X}$。因为 γ 的值远远大于 α，β，P_{C4X} 与 P_{D4X}。那么根据式 (2.14) 和式 (2.15)，有如下关系：

$$|P_{C1X}| > |P_{D1X}| \tag{2.16}$$

虽然要考虑到系统的边缘厚度等因素，但是一般 $|P_{C1X}|$ 与 $|P_{D1X}|$ 就可以代表头部单元的口径大小，由式 (2.16) 可以看出，一般 C 型头部单元的径向尺寸要大于 D 型头部单元的径向尺寸。因此从径向尺寸的角度考虑，D 型光学系统的优势相对大一些。表 2.2 为各型全景环带头部单元之间的比较。

表 2.2   各型全景环带头部单元之间的比较

	轴向尺寸	径向尺寸	光线出射区域 A
A 型头部单元	中等	比较大	大
B 型头部单元	中等	大	小
C 型头部单元	中等	比较大	小
D 型头部单元	中等	中等	小

同时考虑光线从 P_1 点到 P_2 点的传播过程，当系统入射角比较大时，应该取 P_2 点与 P_1 点的位置在光轴的两侧，如图 2.13 所示，光线经过 face₁ 面传播的角度前后变化不大，这样导致 face₁ 面所承担的光焦度不大，当单个面承担的光线角度比较大时，会引入高级像差，不利于系统的设计。因此，相对于 C 型光学系统，D 型光学系统在 face₁ 面承担的光焦度更小，引入额外的像差更小。光线在 D 型光学系统的 face₂ 面，face₃ 面，以及 face₄ 面上的光线折射与反射相对更为平缓，引入的像差不大，有利于系统的设计。D 型光学系统总体上相对于 C 型光学系统更有优势。

2.2.3   几种全景环带光学系统比较

经过前文的讨论，得出结论：相对于其他类型头部单元，采用 D 型头部单元的全景环带系统性能更为优异，因此在下文中将对 D 型头部单元展开讨论，根据其入瞳位置以及是否采用胶合面分为三种类型，下文将对这三种类型全景环带系统进行对比，分析并讨论其各自的特点以及优缺点。

1. 一片式入瞳位置内置式全景环带头部单元

如图 2.14 所示,该种系统的出瞳位置位于全景环带头部单元后侧,入瞳位置位于全景环带头部单元内侧。这样光线经过 $face_1$ 面折射后会交会在光轴附近的区域。这个位置可以等价于系统的光阑位置,位于全景环带头部单元的光轴附近区域。$face_1$ 面与 $face_2$ 面相对于不同视场光线交会的位置对称,$face_1$ 面的口径大小近似等于 $face_2$ 面的口径大小,在实际设计中可以通过控制入瞳位置来具体调节 $face_1$ 面与 $face_2$ 面的口径,以此来保证系统的结构相对对称。例如,当 $face_1$ 面的口径过大时,可以让入瞳位置向左平移,以此来缩小系统前端口径。同时,改变入瞳位置会对 $face_2$ 面的光焦度产生影响,当入瞳位置过度向右侧靠近时,会让 $face_2$ 面的光焦度变大,引入大量的像差,对系统的像差矫正不利。因此在实际设计的过程中,需要对入瞳位置精准地确定。这种形式的全景系统头部单元形式简洁紧凑,有利于实际加工与装调,但整体系统会面临相对比较严重的轴外色差问题。因此,将主要由全景环带系统中继透镜组部分来校正轴外色差,即中继透镜组部分要进行轴外色差的负补偿,这样会让中继透镜组的片数增多,所以在设计中采用一片式入瞳位置透镜作为全景环带头部单元时,对中继透镜组的设计要求比较苛刻。

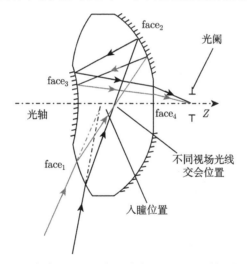

图 2.14 一片式入瞳位置内置式全景环带头部单元的示意图

2. 双胶合入瞳位置内置式全景环带头部单元

对于双胶合全景环带系统,其主要特点是在构建全景环带头部单元采用两块不同材料组合的形式,这样全景环带头部单元在完成主要成像任务的同时承担一部分像差的校正工作。如图 2.15 所示,由 $face_1$ 面入射的光线经 $face_2$ 面,$face_3$ 面两个面反射,最后在 $face_4$ 面出射,光线三次经过双胶合面。由于 $face_2$ 面,$face_3$ 面为反射面型,光路在这两个面的反射不引入色差。这个设计相当于在全景环带头部单元中插入了一个胶合面。在设计中,通过恰当选择两片胶合镜的材料及折反射表面的曲率和厚度,可以很好地矫正色差带来的影响,从而减轻中继透镜组校正像差的负担,提高光学系统成像质量的同时减少中继透镜组的片数,简化了光学系统。

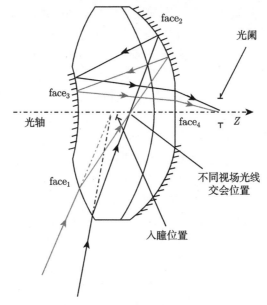

图 2.15   双胶合入瞳位置内置式全景环带头部单元的示意图

如图 2.16 所示,由于光路在全景环带头部单元内部折叠传播,对双胶合式透镜进行展开,可以发现光线经过系统时相当于经过了三片双胶合透镜,这样,一方面,在设计中采用冕牌火石玻璃的组合,对系统的轴外色差起到一个很好的矫正作用;另一方面,相较于普通的双胶合透镜,校正色差的效果更为优异。

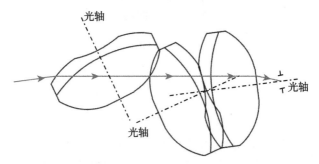

图 2.16   双胶合入瞳位置内置式全景环带头部单元光路展开示意图

前文中讨论的这两种形式均可归结为入瞳位置内置式全景环带头部单元,需要采用胶合式形式才会对自身的色差产生较好的校正效果，否则会使中继透镜组负担比较大的相差校正任务。

3. 一片式入瞳位置前置式全景环带头部单元

图 2.17 为一片式入瞳位置前置式全景环带头部单元的示意图，系统的入瞳位于 face$_1$ 面的外侧。光线经过入瞳位置，依次经过 face$_1$ 面的折射，face$_2$ 面、face$_3$ 面的反射作用，最后经过 face$_4$ 面的折射作用通过光阑，因为不同视场的光线交点比较接近 face$_1$ 面，因此对于这种系统而言，face$_1$ 面的尺寸相对较小，相对地，face$_2$ 面的口径会大一些。

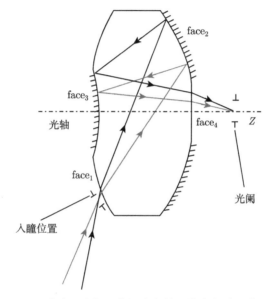

图 2.17 一片式入瞳位置前置式全景环带头部单元的示意图

对于准对称光学系统而言，可以实现一定程度上的消除轴外色差的功能，如经典的高斯光学系统 [3]。将入瞳与出瞳分置于光学系统前后两侧的光学系统也可以认为是准对称光学系统中的一种特殊形式，因此也具备一定的消色差特性。下面通过数学模型对光阑前置系统进行分析。

图 2.18 展示了入瞳与出瞳分别位于透镜前后侧的系统模型。

这里先假定一条光线从入瞳位置处入射，如图 2.18 所示，光线到达透镜 1 的位置为 h_1，光线的出射角为 u_1，入瞳位置与透镜 1 之间的距离为 t_1，透镜 1 与透镜 2 之间的距离为 t_2，假定光线中有两个波段待分析，透镜 1 对这两个波段光线有不同的屈光度，透镜 1 对应不同波段的光焦度分别为 11 与 12，透镜 2 对应不同波段的光焦度分别为 21 与 22，光线经过透镜 1 出射之后对应不同波段光线的

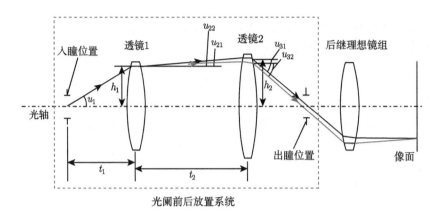

图 2.18   入瞳出瞳位置位于系统两侧时的示意图

角度分别为 u_{21} 与 u_{22}，经过透镜 2 出射之后对应不同波段光线的角度分别为 u_{31} 与 u_{32}，对应不同波段光线到达透镜 2 上的高度为 h_{21} 与 h_{22}，那么根据近轴光线传播定律，有如下关系式：

$$u_{21} = u_1 - \phi_{11} \cdot h_1 \tag{2.17}$$

$$u_{22} = u_1 - \phi_{12} \cdot h_1 \tag{2.18}$$

$$h_{21} = h_1 + u_{21} \cdot t_2 \tag{2.19}$$

$$h_{22} = h_1 + u_{22} \cdot t_2 \tag{2.20}$$

$$u_{31} = u_{21} - \phi_{21} \cdot h_{21} \tag{2.21}$$

$$u_{32} = u_{22} - \phi_{22} \cdot h_{22} \tag{2.22}$$

这里用式 (2.22) 与式 (2.21) 相减能得到

$$u_{32} - u_{31} = u_{22} - u_{21} - \phi_{22} \cdot h_{22} + \phi_{21} \cdot h_{21} \tag{2.23}$$

定义 u_{22} 与 u_{21} 之间的差值为 Δu_2，u_{32} 与 u_{31} 之间的差值为 Δu_3，h_{21} 与 h_{22} 之间的差值为 Δh_2，ϕ_{21} 与 ϕ_{22} 之间的差值为 $\Delta \phi_2$。那么有

$$
\begin{aligned}
\Delta u_3 &= u_{22} - u_{21} + \phi_{21} \cdot h_{21} - (\phi_{21} + \Delta\phi_2) \cdot (h_{21} + \Delta h_2) \\
&= \Delta u_2 + \phi_{21} \cdot h_{21} - (\phi_{21} + \Delta\phi_2) \cdot (h_{21} + \Delta h_2) \\
&= \Delta u_2 + \phi_{21} \cdot h_{21} - \phi_{21} \cdot h_{21} - \Delta\phi_2 \cdot h_{21} - \phi_{21} \cdot \Delta h_2 - \Delta\phi_2 \cdot \Delta h_2 \quad (2.24)
\end{aligned}
$$

因为是两个极小量的相乘，因此可以定义 $\Delta\phi_2 \cdot \Delta h_2 \approx 0$。

这里将式 (2.15) 求导得到 $\Delta u_2 = -\Delta\phi_1 \cdot h_1$，并代入式 (2.24) 中，可以得到

$$\Delta u_3 = -\Delta\phi_1 \cdot h_1 - \Delta\phi_2 \cdot h_2 - \phi_2 \cdot \Delta h_2 \tag{2.25}$$

这里使用色差系数公式，假定对应分析的两个波段光线的色差系数可以表示为

$$v = \frac{n_c - 1}{n_a - n_b} \tag{2.26}$$

其中，n_a 与 n_b 表示两个波段对应的折射率；n_c 代表中心波段对应材料的折射率。根据色差公式有

$$\Delta\phi_1 = \frac{\phi_1}{v_1} \tag{2.27}$$

$$\Delta\phi_2 = \frac{\phi_2}{v_2} \tag{2.28}$$

对式 (2.17) 进行求导可以得到

$$\Delta h_2 = \Delta u_2 \cdot t_2 \tag{2.29}$$

将 $\Delta u_2 = -\Delta\phi_1 \cdot h_1$ 代入式 (2.29) 可以得到

$$\Delta h_2 = -\Delta\phi_1 \cdot h_1 \cdot t_2 \tag{2.30}$$

将式 (2.30) 代入式 (2.25) 可以得到

$$\begin{aligned}
\Delta u_3 &= -\Delta\phi_1 \cdot h_1 - \Delta\phi_2 \cdot h_2 + \phi_2 \cdot \Delta\phi_1 \cdot h_1 \cdot t_2 \\
&= -\frac{\phi_1}{v_1} \cdot h_1 - \frac{\phi_2}{v_2} \cdot h_2 + \phi_2 \cdot \frac{\phi_1}{v_1} \cdot h_1 \cdot t_2
\end{aligned} \tag{2.31}$$

如果透镜 1 与透镜 2 采用的是相同的材料，那么两个透镜具有相同的色差系数，即 $v_1 = v_2$。式 (2.31) 可以转化为

$$\begin{aligned}
\Delta u_3 &= \frac{1}{v_1}\left(-\phi_1 \cdot h_1 - \phi_2 \cdot h_2 + \phi_2 \cdot \phi_1 \cdot h_1 \cdot t_2\right) \\
&= \frac{1}{v_1}\left(-\phi_1 \cdot h_1 - \phi_2 \cdot (h_1 + u_2 \cdot t_2) + \phi_2 \cdot \phi_1 \cdot h_1 \cdot t_2\right) \\
&= \frac{1}{v_1}\left(-\phi_1 \cdot h_1 - \phi_2 \cdot (h_1 + (u_1 - \phi_1 \cdot h_1) \cdot t_2) + \phi_2 \cdot \phi_1 \cdot h_1 \cdot t_2\right) \\
&= \frac{1}{v_1 \cdot h_1}\left(-\phi_1 - \phi_2 - \phi_2 \cdot \frac{t_2}{t_1} + 2 \cdot \phi_1 \cdot \phi_2 \cdot t_2\right)
\end{aligned} \tag{2.32}$$

当满足条件 $\Delta u_3 = 0$ 时，会有如下关系式存在：

$$\phi_1 + \phi_2 + \phi_2 \cdot \frac{t_2}{t_1} = 2 \cdot \phi_1 \cdot \phi_2 \cdot t_2 \tag{2.33}$$

当满足条件 $t_1 = \dfrac{1}{\phi_1}$ 时，$t_2 = f_1 + f_2$。

通过式 (2.33) 可知，可以通过适当控制 t_1 与 t_2 的距离，来近似实现 $\Delta u_3 = 0$，即从同一入瞳位置处出射的不同波段的光线最后经过相同材料的系统后可以以相同的角度到达出瞳位置处，如果在出瞳位置后接一理想镜组，那么光线会在像面处会聚至一完善点处。对于入瞳位置前置式全景环带头部单元，也可以归类为光阑位置前后放置的光学系统中的一种特殊形式，因此这类全景环带系统也可实现一定程度的轴外消色差功能。

4. 几种全景环带光学系统形式的总结

由前文分析可以得出，对于一片式入瞳位置内置式全景环带系统而言，可以实现较大的视场，但是轴外色差校正效果要逊色一些，所以在设计中会给后方中继透镜组带来一定的难度。对于双胶合式入瞳位置内置式全景环带系统而言，系统可以实现大视场功能，同时还能够消除自身所承担的色差，为中继透镜组的设计带来便捷。不足之处在于，胶合透镜的使用可能会给镜组实际加工装调带来一定的难度。对于一片式入瞳位置前置式全景环带系统，系统可以实现一定程度上的消轴外色差功能，但是不足之处在于，入瞳位置的前置会导致系统第一个反射面型口径的增大。这样，如果实现相同的视场，这种系统径向尺寸大；如果系统要求口径比较小巧紧凑，系统的视场范围会有所减小。三款不同的镜头各有优点，可以根据实际指标要求对不同类型的前置全景环带系统做出自己的选择。

系统结构较为复杂，考虑到透镜镜片数目较多导致的系统参数变量极多，直接对系统进行整体设计比较难于实现，同时也为优化带来难度，因此需要将系统进行拆分设计，每一部分设计完成后再进行整体的组合，这样不仅可以大幅减弱设计难度，还能提高工作效率。在对各个分系统进行分别设计时，重要的是对前置镜组的设计和优化，因为其设计的结果和成像质量直接决定了中继透镜组的设计以及全景环带头部单元与中继透镜组的衔接结果，因此，在将整体系统分为不同的单元设计后，需要着重设计前置单元透镜部分。

2.3　双通道全景环带光学系统设计方法

基于 2.2 节对全景环带光学系统头部单元的分析与讨论，本节将针对双通道全景环带成像光学系统的设计原则进行研究，并对前通道光学系统与后通道光学系统进行讨论、设计与分析；同时建立相应的数学模型，对 evenogive 面型在系统中的应用进行研究。

2.3.1 双通道全景环带光学系统的设计原则

对于前景环带光学系统，前景环带头部单元是收集信息的关键，其视场承载能力的大小决定了系统扫描区域的范围和对空间中目标信息的收集量。系统的大视场角增加了设计难度，因此前景环带头部单元是整体系统设计的重难点所在。全景环带头部单元采用双通道光路形式，每个通道各自承担一部分的视场范围。基于2.2 节的讨论，采用入瞳位置前置式全景环带头部单元作为各个通道系统的基础单元，并在此基础上加以改进调整，同时进行优化设计。全景环带系统同时包含了两个通道，这里定义这两个通道分别为前方向视场通道与后方向视场通道。

中继透镜组采用以双胶合消色差透镜作为参考，并以目镜镜头为参照确定初始结构，并在此基础上进一步优化。为简化中继透镜组的设计难度，中继透镜组采用平行光入射的形式，实现 100% 光阑匹配。下面将重点讨论双通道全景环带光学系统的基础形式与设计过程。

图 2.19 展示了双通道系统的基本结构形式，图 2.19(a) 的双通道系统视场工作范围中，α 与 β 分别代表前方视场的最小视场角和最大视场角；γ 与 δ 分别代表后方视场的最小视场角和最大视场角；θ_1 与 θ_2 分别代表前方视场和后方视场值大小。图 2.19(b) 为双通道全景环带光学系统的成像像面示意图，外侧红色圆环部分代表后方视场的成像区域，内侧蓝色圆环部分代表前方视场的成像区域，中间的白色环形区域代表介于 β 和 γ 之间的视场区域。为了增大能量区域利用率，中心和环形空洞区域应该越小越好。

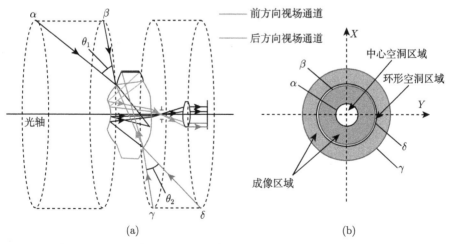

(a)　　　　　　　　　　　　　　　　(b)

图 2.19　双通道全景环带光学系统工作示意图 (彩图见封底二维码)

(a) 系统工作视场范围示意图；(b) 系统像面成像区域示意图

双通道系统为了消除垂轴色差，以入瞳位置前置式全景环带头部单元的形式为基础对各个通道进行构建，根据前文的讨论，这种形式的系统对消除垂轴色差有很大的帮助，但是为了控制杂散光与系统的紧凑性，需要对系统光阑位置进行谨慎的控制与优化。同时根据 2.2 节的讨论，这种系统的光线在 face$_1$ 面即入射面上占有的空间非常小，这样有利于在前视场通道的基础上加入另外一个视场通道。

图 2.20 展示了入瞳位置前置式全景环带系统及其光路走向。采用此形式作为前方向视场通道光学部分的基础。紫色线表示光线在光学系统表面的覆盖范围，对于全景系统而言，考虑到实际目标探测的需求，应尽量少采用半反半透式的结构，因为传统的半反半透式会对光线能量产生一定的损失。对于后方向视场通道部分，如果要在前方向视场通道的基础上插入另外一个通道，那么可利用的区域包括空白区域 1、空白区域 2、空白区域 3、空白区域 4，为了最大化利用率，同时也利用了 face$_3$ 面与 face$_4$ 面。但这种结构安排会相对地占用空白区域 1、空白区域 2 的空间，缩减空白区域 1 与空白区域 2 的可利用空间，而空白区域 1 与空白区域 2 的空间本来就相对狭小，难以产生太多的可利用空间，因此对于后方向视场通道而言，将重点利用空白区域 3 与空白区域 4 的空间。因为后方向视场通道也将采用入瞳位置前置形式，所以后通道系统的入瞳位置应该在 face$_2$ 面的外边缘附近。其中，后方向视场通道的光线也会进入光阑中，face$_3$ 面与 face$_4$ 面均用来反射后方向视场通道内的光线，使后视场的光线经过 face$_3$ 面与 face$_4$ 面时的光路走向类似于前视场通道的光线经过 face$_3$ 面与 face$_4$ 面的光路走向，如图 2.21 所示，最后的入瞳位置在 face$_1$ 面、face$_5$ 面，以及其共轭面的附近。

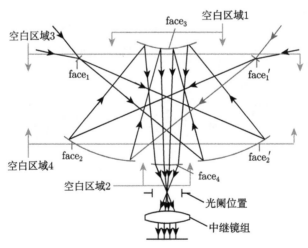

图 2.20   传统的入瞳前置式全景环带光学系统的光学路径示意图 (彩图见封底二维码)

在图 2.21 中，紫线代表前方向视场通道所用到的面型，蓝线代表后方向视场通道所用到的面型，绿线代表双方向视场通道共用面型。

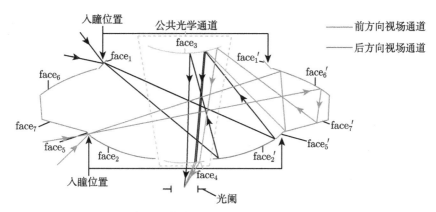

图 2.21 结合 2 个方向视场的全景环带光学系统示意图 (彩图见封底二维码)

下面对双通道系统的光阑位置进行分析, 图 2.22 为前方向视场通道的光路展开图, 虚线代表前方向视场通道的光轴; 图 2.23 展示了后方向视场通道的光路展开图, 虚线代表后方向视场通道的光轴。

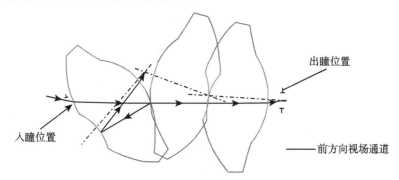

图 2.22 全景环带系统前方向视场通道内部光路图

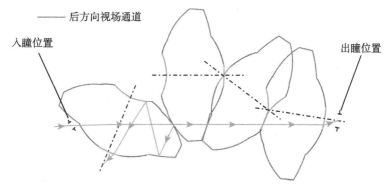

图 2.23 全景环带系统后方向视场通道内部光路图

可以看到, 系统的入瞳位置与出瞳位置位于系统的两侧。实现了 2.2 节所讨论的准对称式系统结构形式, 进而可以大大减少系统所承担的轴外色差。

2.3.2　双通道全景光学系统设计与分析

在系统基本形式确定的基础上, 本小节主要讨论前方向视场通道光学系统的设计方式以及后方向视场通道光学系统的初步构建方式。

1. 前方向视场通道光学系统的设计

前方向通道如图 2.24 所示, 紫色面型代表只有前方向视场通道作用的面型, 绿色面型代表前方向视场通道和后方向视场通道同时作用的面型。为了简化计算过程, 入瞳位置这里直接选择在光线的入射面上, 这样光线在入射面上的作用只有一个小点, 定义不同视场的光线从 face_1' 面的 A 点进入全景环带光学系统中, 经过 face_2 面的反射, 并会聚至点 O 处, 光线到达 face_2 面上的边缘点分别为点 B 和 C, 最小视场与最大视场光线经过 face_2 面反射后与光轴的夹角分别为 α 与 β, 为了提高 CCD 像面上的信息收集率, α 值越小越好, 并以此来减少像面上的中心空白区域。定义点 O 为坐标系统的中心原点, θ_1 与 θ_2 分别代表系统的最小视场角和最大视场角, θ_3 与 θ_4 分别代表最小视场光线与最大视场光线经过 face_1' 面反射后的角度, 定义点 A, B 与 C 的坐标分别为 (A_x, A_y), (B_x, B_y) 与 (C_x, C_y), 从图 2.24 可以得到的关系式为 $\arctan\left(\dfrac{C_y - A_y}{C_x - A_x}\right)$, 根据折射定律, 经过 face_1' 面后最大视场光线与最小视场光线之间差值为 $\arcsin\left((\theta_2 - \theta_1)/n\right)$, 其中 n 代表全景环带头部单元的材料折射率 (中心波段)。最后能得到关系式 (2.34):

$$\theta_4 = \arctan\left(\frac{C_y - A_y}{C_x - A_x}\right) + \arcsin\left((\theta_2 - \theta_1)/n\right) \tag{2.34}$$

假定在点 A 到点 O 的光线传播过程中, 光线完善成像。根据费马原理, 如果要完善成像, 所有从一点发出的光线最后都会会聚至会聚点处, 定义点 A 与点 B 之间的距离为 L, 那么关系式如下:

$$L + \mathrm{dis}(B, O) = \mathrm{dis}(C, O) + \mathrm{dis}(C, A) = L_{\mathrm{total}} \tag{2.35}$$

式中, $\mathrm{dis}(X, Y)$ 代表点 X 与点 Y 之间的距离; L_{total} 代表总光程大小。通过对式 (2.35) 进行展开, 能够得到

$$L_{\mathrm{total}} = \sqrt{C_x^2 + C_y^2} = L + \sqrt{(L \cdot \cos(\theta_4) + A_x^2) + (L \cdot \sin(\theta_4) - A_y^2)} \tag{2.36}$$

对式 $\sqrt{(C_x - A_x^2) + (C_y - A_y^2)}$ 做变换得到

$$r = \frac{r_{\mathrm{total}}^2 - (A_x^2 + A_y^2)}{2(\cos(\theta_4) \cdot A_x - \sin(\theta_4) \cdot A_y + L_{\mathrm{total}})} \tag{2.37}$$

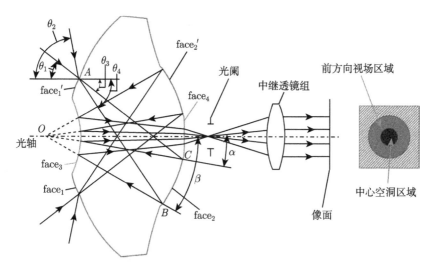

图 2.24 双通道全景环带系统前方向视场通道示意图 (彩图见封底二维码)

根据图 2.24 可以计算 B_x 与 B_y 的数值, 其数值大小分别为 $A_x + L \cdot \cos(\theta_4)$ 与 $A_y + L \cdot \sin(\theta_4)$。因为 face$_4$ 面距离光阑的位置比较近, 所以 face$_4$ 面的面型口径比较小, 这样在设计过程中 C_y 就可以提前给出一个数值。

如果点 A 与点 O 之间的水平距离并不是很大, 光线到达 face$_1$ 面上的高度将会非常小, 这样会导致 face$_3$ 面的光焦度非常大, 如果单个面型承担过大的光焦度, 那么将导致 face$_3$ 面的面型非常扭曲; 相反地, 如果点 A 与点 O 之间的水平距离太大, face$_3$ 面的口径会非常大; 此外, 从后方向视场通道系统进入的光线也会在 face$_3$ 面的边缘部分占用很大一片区域, 因此在设计 face$_3$ 面的面型时应该提前为后方向视场通道的光线预留一些空间。基于以上讨论, A_x 可以提前设定一个合理的数值。

根据前文讨论, C_y 与 A_x 均能够提前设定, 那么这里未确定的参数为 C_x 与 A_y, 下面将具体分析 C_x 与 A_y 数值大小对点 B 位置的影响。

根据以上公式的分析, 可以基于已有的参数去分析特定参数之间的关系, 如图 2.25 与图 2.26 所示。图 2.25 中实线表示当 C_x 不同时, $|B_y|$ 值与 A_y 值之间的对应关系, 短划线表示当 C_x 不同时, $|B_x - A_x|$ 值与 A_y 值之间的对应关系。图 2.26 展示了当 $|\theta_2 - \theta_1|$ 值不同时, $|B_x - A_x|$ 值与 $|B_y|$ 值之间的对应关系, 上述关系是在设定 A_x 值是 16mm, C_y 值是 3mm, n 为 1.6 的情况下进行的分析讨论。

如图 2.25 所示, $|B_y|$ 值与 A_y 值呈正比关系, $|B_x - A_x|$ 值与 A_y 值之间呈反比关系, 相对于 A_y 值, C_x 值对点 B 的坐标位置有更大的影响。

为了得到一个合理的系统径向尺寸, 同时为后方向视场通道的设计预留一定的空间, 在设计时需要 $|B_x - A_x|$ 值比较大, 同时 $|B_y|$ 与 A_y 值比较小。如图 2.25

所示, 如果改变 A_y 与 C_x 的数值大小, 或者通过损失一定的前通道系统视场范围, 则可以实现比较大的 $|B_x - A_x|$ 值与比较小的 $|B_y|$ 与 A_y 数值。结合图 2.25, 在设计的过程中首先选择一个比较低的 A_y 值, 注意 B_y 和 $|B_x - A_x|$ 的数值大小均与 C_x 呈正比关系, 因此在实际镜头设计的过程中需要对参数进行合理的选择, 一个比较大的 C_x 值将会增大全景环带头部单元的轴向以及径向尺寸, 同时一个比较小的 C_x 值将会缩减全景环带头部单元的后方向视场的设计空间。

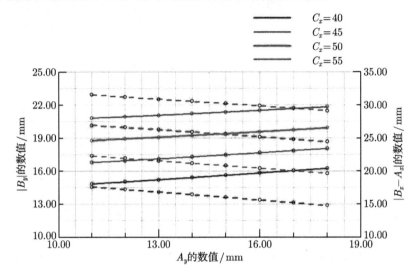

图 2.25　$|B_y|$ 值及 $|B_x - A_x|$ 值与 A_y 值对应的关系 (彩图见封底二维码)

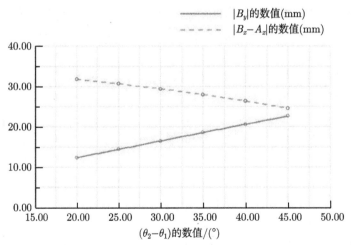

图 2.26　$|B_x - A_x|$ 值及 $|B_y|$ 值与 $|\theta_2 - \theta_1|$ 值对应关系

从图 2.25 可以看到, $|B_y|$ 值十分接近 A_y 值, 同时当且仅当 C_x 的数值比较

小，这里先假定 $|B_y|$ 值与 A_y 值十分接近，以便对后方向视场进行设计。

2. 后方向视场通道光学系统的设计

后方向视场通道示意图如图 2.27 所示，蓝色面型代表只有后方向视场通道作用的面型，绿色面型代表前方向视场通道和后方向视场通道同时作用的面型。后方向视场通道的设计过程与前方向视场通道的设计过程类似。光线从 $face'_5$ 面的 A' 点处射入，并依次经过 $face_6$ 面与 $face_7$ 面的反射，最终在点 O 成一个虚像，并在这之后进入共用的通道内。为了提高 CCD 探测器上的接收面积利用率，前方向通道在像面上所成的像与后方向通道在像面上所成的像的范围最好能够实现无缝拼接，因此，需要获取一个与前文中所提到的 β 数值相接近且较大一些的 δ 数值，后方向通道的最小视场与最大视场中心光线到达 $face_6$ 面上的点为点 B' 与点 C'，最小视场与最大视场光线到达 $face_7$ 面上的点为点 D' 与点 E'，为了增大空间利用率，点 A' 与点 E' 分别位于 $face'_2$ 面与 $face_2$ 面的外边缘。点 C' 位于 $face_1$ 面的最外边缘。这样，点 E' 可以认为是点 A' 的共轭点，根据前方向通道设计过程中的假设，点 E' 的空间坐标位置与 B 点非常接近。

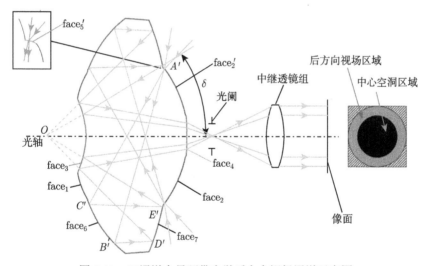

图 2.27　双通道全景环带光学后方向视场通道示意图

下面对从点 A' 到点 O 之间的光线路程进行分析。

图 2.28 展示了后方向通道的光路形式，蓝色曲线代表后方向视场通道作用的面型，为方便计算，这里定义点 O 为系统的坐标原点；θ'_1 的值与 θ'_2 的值分别代表后方向通道的最小视场角与最大视场角的余角大小；θ'_3 的值与 θ'_4 的值分别对应 θ'_1 与 θ'_2 的值经过 $face'_5$ 面折射后的角度大小；$face_6$ 面的半径大小为 R_1；$face_7$ 面的半径大小为 R_2。经过 $face'_5$ 面的折射作用后，$(\theta'_4 - \theta'_3)$ 的值近似等于 $\arcsin((\theta'_2 - \theta'_1)/n)$，

这里 n 代表全景环带头部单元材料对应中心波段的材料折射率。

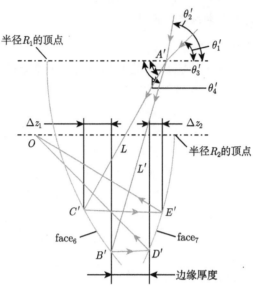

图 2.28   后方向视场从 A' 点至 O 点的光线追迹图 (彩图见封底二维码)

如图 2.24 与图 2.27 所示,点 A' 与点 B 互为共轭点,点 C' 与点 A 互为共轭点,根据前方向视场通道的讨论,θ_3' 的值等于 θ_4 的值。θ_4 的近似值等于 $\arcsin\left(\left(\theta_2 - \theta_1\right)/n\right)$,因此可以得到

$$\theta_4' = \theta_3' + \arcsin\left(\left(\theta_2' - \theta_1'\right)/n\right) \tag{2.38}$$

这里定义点 A 与点 C' 之间的距离为 L,根据讨论,点 A 与点 B,点 A 与点 C' 之间互为共轭点,所以这里 L 的数值与前方向视场通道设计中的 L 数值一致,定义点 A 与点 C' 之间的距离为 L',因为前文我们已经假定 $|B_y|$ 值与 A_y 值十分接近。点 E' 与点 C' 之间的竖直距离非常接近,所以光线在从 face_6 面传播至 face_7 面的过程中可以近似为平行光线。因此,可以近似地认为 face_6 面与 face_7 面是抛物面。考虑到点 E' 与点 B 之间的距离非常接近,因此可以根据抛物面公式得到 R_1 与 R_2 的数值大小:

$$R_1 = L \cdot \cos\theta_3 + L \tag{2.39}$$

$$R_2 = B_x + \sqrt{B_x^2 + B_y^2} \tag{2.40}$$

根据弧切表达公式 $\mathrm{sag} = \dfrac{1}{2R} \cdot r^2$,$R$ 所对应的弧切值可以表示为

$$\frac{R_1}{2} - L' \cdot \cos\theta_4' = \frac{\left(L' \cdot \sin\theta_4'\right)^2}{2R_1} \tag{2.41}$$

式 (2.41) 经过重新组合，L' 的值可以用下式进行表达:

$$L' = \frac{-\cos\theta_4' + 1}{(\sin\theta_4')^2} \cdot R_1 \tag{2.42}$$

如图 2.28 所示，Δz_1 与 Δz_2 可以具体表示为

$$\Delta z_1 = \frac{1}{2R_1} \cdot \left((L \cdot \sin\theta_3')^2 - (L' \cdot \sin\theta_4')^2 \right) \tag{2.43}$$

$$\Delta z_2 = \frac{1}{2R_2} \cdot \left((L \cdot \sin\theta_3')^2 - (L' \cdot \sin\theta_4')^2 \right) \tag{2.44}$$

这里 L, L', R_1 与 R_2 的值可以分别根据式 (2.36)，式 (2.42)，式 (2.39) 与式 (2.40) 进行计算得出。因为点 E' 与点 C' 之间的水平距离等于 $(B_x - A_x)$，那么全景环带头部单元的边缘厚度等于 $(B_x - A_x) - \Delta z_1 - \Delta z_2$。除了视场值大小，其余的参数均可以从前方向通道系统的设计中得到，因此，在后方向视场通道的设计过程中 C_x 值起到至关重要的作用，下面重点对 C_x 值进行分析。

图 2.29 为当 C_x 值不同时，全景环带头部单元的边缘厚度与 $(\theta_2' - \theta_1')$ 值之间的对应关系，当后方向通道视场值增加时，全景环带头部单元的边缘厚度随之减小。因此，可以通过控制 C_x 值的大小来避免不合理的全景环带头部单元边缘厚度，如果 C_x 值过大将会导致全景环带头部单元的空间体积过大，所以在后通道系统设计的过程中，要对 C_x 值进行合理的评估，进而得到合理的全景环带头部单元边缘厚度。

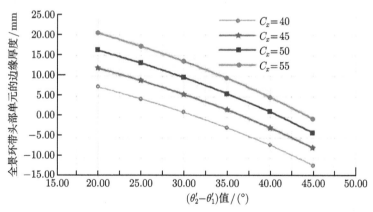

图 2.29 全景环带头部单元的边缘厚度与 $(\theta_2' - \theta_1')$ 值的对应关系 (彩图见封底二维码)

图 2.30 为系统头部单元内部不同通道所占有的区域的剖面示意图。两个通道的光线在全景环带头部单元的外侧表面不发生重叠，这样在实际设计的时候并不需要采用半反半透式表面，在实际的加工过程中也会简化镀膜工艺。

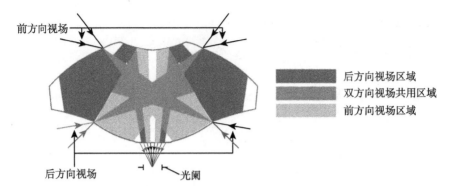

图 2.30   全景环带光学系统内部双通道视场区域剖面示意图 (彩图见封底二维码)

双通道全景环带光学系统头部单元的初步设计流程如图 2.31 所示。

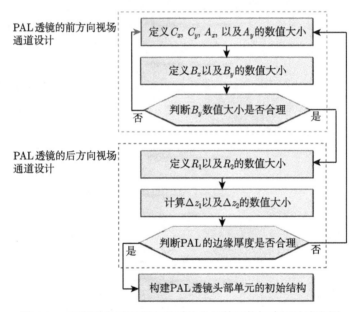

图 2.31   双通道全景环带光学系统头部单元的初步设计流程图

2.3.3   双通道全景环带光学系统面型的数学模型构建

根据前面讨论, 初步说明了系统的设计过程, 为对系统进行详细分析, 下面将对系统数学模型的构建进行分析与讨论。数学模型的建立, 有利于对系统的面型进行准确的构建, 同时, 可以对系统的光线走向进行评估, 并对系统光路进行准确的预测, 可以借此构建评价函数, 利用系统形式对评价函数进行计算, 进而利用评价函数对光学系统做出准确的评价, 在评价结果的基础上对系统形式进行优化 [4-11]。

对于全景环带系统而言，系统光路复杂，因此需要通过构建一个合理的模型来对其进行准确的分析。全景环带系统的核心在于控制各个面型的曲率，以及相互之间的相对位置。对全景环带系统而言，该系统各个表面与曲率之间包含复杂关系，属于非近轴光学系统，难以通过近轴理论进行初始结构的计算，因此重点是构建一个合理的非近轴数学模型，在非近轴数学模型的基础上，构建一个相对准确的初始结构模型将对全景环带系统的分析有较大帮助，比如，可以在系统的曲面面型构建时考虑杂散光分析，对其做出一个准确的分析与评估，这样在系统设计的过程中可以提前避免一些杂散光的出现，同时能够有利于曲面面型构建 [12-15]。

基于数学模型对全景环带系统中的各个点进行细化与研究，进而逐步优化得出符合要求的全景环带初始系统。

1. 前方向视场通道数学模型的建立

对于全景系统而言，最重要的，同时也是最复杂的部分便是全景环带头部单元，因此要对其进行单独的分析，这样有助于系统初始结构的建立。

双通道全景环带系统分为前方向光路部分和后方向光路部分，各个方向光路差异很大，因此要对其进行单独构建。前方向通道与后方向通道共用了部分光学结构，共用一个中继透镜组，且像面相同，由于中继系统是普通系统，所以各个视场通道对应的模型里不考虑中继透镜组部分。下文将在各个视场通道模型内重点分析各方向视场通道独自使用的面型。

下面将对系统的前方向视场通道数学模型进行构建。前方向通道光路如图 2.32 所示。

在前方向通道光路光线经过的路径上，系统主要由四个面建立，因为各个面型采用轴旋转对称面型，所以这里采用二维剖面对其进行分析。系统的光轴为 Z 轴，光学系统径向方向为 X 轴。$face_1$ 面为折射面，从 P_0 点发出的光线经过 $face_1$ 面折射后进入全景环带系统，经过 $face_2$ 面进行反射，根据前文的讨论，$face_2$ 面采用 eveno-give 面型进行构建，光线经过 $face_2$ 面反射到达 $face_3$ 面上，最后经过 $face_4$ 面出射至光瞳处，光线在各个面上的交点为 $P_1(x_1, z_1)$，$P_2(x_2, z_2)$，$P_3(x_3, z_3)$，$P_4(x_4, z_4)$，$P_5(x_5, z_5)$。

这里对各个面型进行简化，$face_1$ 面、$face_4$ 面定义为球面，因为根据前文的讨论，光线从 $P_1(x_1, z_1)$ 出发，最后会聚至 $P_A(x_A, z_A)$ 点，因此 $face_2$ 面最终采用椭圆抛物面面型进行构建。同理对 $face_3$ 面采用双曲面进行构建。

因为系统采用入瞳位置前置形式，所以入瞳位置应该在 $face_1$ 面的附近，这里为了简化模型，假定光阑位于 $face_1$ 面的表面上某一点处。

由于系统各个面功能各异，构建面型各不相同，所以首先对前方向通道的 $face_1$ 面与 $face_2$ 面的面型进行构建与分析。

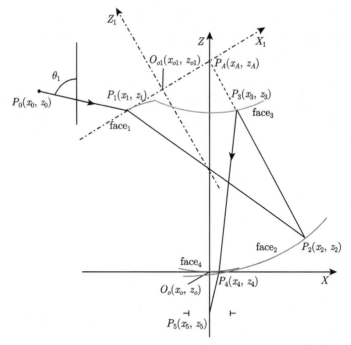

图 2.32　全景环带系统的前方向通道光路数学模型示意图

$face_1$ 面的面型公式可以表示为

$$face_1 : x^2 + (z_0 - z_1)^2 = r^2 \tag{2.45}$$

式中，z_0 表示 $face_1$ 面的球面圆心坐标；r 表示 $face_1$ 面的球面半径大小。$face_2$ 面采用椭圆面构建，同时因为两个会聚点 $P_1(x_1, z_1)$ 与 $P_A(x_A, z_A)$ 相对于 Z 轴并不对称，所以这里需要特殊定义一个对应于椭圆方程的坐标系。定义一个新的椭圆坐标系，椭圆坐标系原点是 $O_{o1}(x_{o1}, z_{o1})$，椭圆坐标系的横纵坐标轴为 X_1 轴与 Z_1 轴。

特别要注意的是，在对 $face_2$ 面进行建模之前，首先要定义点 $P_A(x_A, z_A)$ 坐标位置。$face_2$ 面的面型公式最终可以表示为

$$face_2 : \frac{(x')^2}{a^2} \cdot \frac{(z')^2}{b^2} = 1 \tag{2.46}$$

式中，a, b 可以表示为

$$a = \frac{\sqrt{(x_2 - x_1)^2 + (z_2 - z_1)^2} + \sqrt{(z_2 - z_A)^2 + (x_2 - x_A)^2}}{2} \tag{2.47}$$

$$b = \sqrt{a^2 - \frac{(x_1 - x_A)^2 + (z_1 - z_A)^2}{4}} \tag{2.48}$$

这里，z_2, x_2 的值代表在正常坐标系下 P_2 点的坐标值。

公式 (2.46) 中 x' 与 z' 代表在椭圆坐标系下的坐标值，其数值与正常坐标系下的 x, z 值有所不同，其存在一定的转换关系，根据坐标转换公式有

$$\begin{pmatrix} x' \\ z' \end{pmatrix} = M \left(\begin{pmatrix} x \\ z \end{pmatrix} + T \right) \tag{2.49}$$

其中，M 代表两个坐标系的旋转关系；T 代表平移向量。其可以分别表示为

$$M = \begin{pmatrix} -x_1 - x & z - x_1 \\ x - z_1 & z - z_1 \end{pmatrix}$$
$$- \begin{pmatrix} \dfrac{z_A - z_1}{\sqrt{(z_A - z_1)^2 + (x_A - x_1)^2}} & \dfrac{x_A - x_1}{\sqrt{(z_A - z_1)^2 + (x_A - x_1)^2}} \\ \dfrac{x_A - x_1}{\sqrt{(z_A - z_1)^2 + (x_A - x_1)^2}} & \dfrac{z_A - z_1}{\sqrt{(z_A - z_1)^2 + (x_A - x_1)^2}} \end{pmatrix} \tag{2.50}$$

$$T = \begin{pmatrix} x_o - x_{o1} \\ z_o - z_{o1} \end{pmatrix} = \begin{pmatrix} -x_{o1} \\ -z_{o1} \end{pmatrix} \tag{2.51}$$

对于公式 (2.50) 与公式 (2.51) 中的未知量，可以使用 $P_1(x_1, z_1)$, $P_A(x_A, z_A)$ 点进行求解，其中，

$$x_{o1} = \frac{x_A + x_1}{2} \tag{2.52}$$

$$z_{o1} = \frac{z_A + z_1}{2} \tag{2.53}$$

如图 2.32 所示，设光线经过第一个面之前的光线向量为 A，那么根据向量坐标公式，向量 A 可以表示为标量形式，即 $(\cos\theta_1, -\sin\theta_1)$，$\text{face}_1$ 面的法向量标量可以表示为

$$N = \left(-\frac{x}{r_1}, -\frac{z - z_{o1}}{r_1} \right) \tag{2.54}$$

折射表面公式为

$$n_2 \cdot B = n_1 \cdot A + N_1 \cdot (n_2 \cdot N_1 \cdot B - n_1 \cdot N_1 \cdot A) \tag{2.55}$$

式中，A 代表入射 face_1 面之前的光线的方向向量；B 代表经 face_1 面折射后的光线的方向向量；n_1 代表入射前的介质折射率；n_2 代表折射后的介质折射率。

根据公式 (2.55)，标量 B 可以表示为

$$B = \left(-\frac{n_1}{n_2} \cdot \cos\theta - \frac{1}{n_2} \cdot \frac{z - z_{o1}}{r_1} \cdot p, \frac{n_1}{n_2} \cdot \sin\theta - \frac{1}{n_2} \cdot \frac{z - z_{o1}}{r_1} \cdot p \right) \tag{2.56}$$

式中，p 值可以用下式进行求解：

$$p = (n_2 \cdot \boldsymbol{N}_1 \cdot \boldsymbol{B} - n_1 \cdot \boldsymbol{N}_1 \cdot \boldsymbol{A}) \tag{2.57}$$

这里，向量 $\boldsymbol{N}_1 \cdot \boldsymbol{B}$ 可以表示为

$$\boldsymbol{N}_1 \cdot \boldsymbol{B} = \frac{1}{n_1} \cdot \left(n_1 - \left(1 - \left(\cos\theta_1 \cdot \frac{x}{r_1} + \sin\theta_1 \cdot \frac{z_{01} - z}{r_1} \right) \right) \cdot \frac{1}{n_2} \right) \tag{2.58}$$

结合公式 (2.56) 与公式 (2.57)，公式 (2.58) 可以转化为

$$P_2 = \boldsymbol{B}_2 \cdot t + P_1 \tag{2.59}$$

基于以上各式，可以求出光线经过 face$_1$ 面折射之后的方向向量。

光线经过第一个面折射之后，在系统中传播，其传播公式可用如下形式进行表述：

$$P_2 = \boldsymbol{B} \cdot t + P_1 \tag{2.60}$$

因为 P_2 点位于 face$_2$ 面上，所以联系公式 (2.46)～公式 (2.53) 可以对 P_2 的值进行求解。

$$\boldsymbol{C} = \boldsymbol{B} - 2\boldsymbol{N}_2 \cdot (\boldsymbol{N}_2 \cdot \boldsymbol{B}) \tag{2.61}$$

假设光线经过 face$_2$ 面后反射的光线向量为 $\boldsymbol{C}$，可以根据反射公式 (2.61) 对光线追迹进行求解，其中法向量 $\boldsymbol{N}_2$ 的标量由下式给出：

$$N_2 = \left(\frac{-b \cdot (x')}{\sqrt{a^4 + (b^2 - a^2) \cdot (x')^2}}, \frac{\sqrt{a^4 - a^2 \cdot (x')^2}}{\sqrt{a^4 + (b^2 - a^2) \cdot (x')^2}} \right) \tag{2.62}$$

式中，x' 的值由公式 (2.49) 确定；a, b 的值根据前文中的公式 (2.47) 与公式 (2.48) 进行求解。当光路沿着正常成像光路传播时，这里光线方向 $\boldsymbol{C}$ 可以表示为标量形式：

$$C = (z_A - z_2, x_A - x_2)$$

当光路不遵循正常成像光路传播时，则需要根据以上各式进行正常光线追迹进而对反射后的光路进行求解。同理，可以对系统之后的光路进行类似的光线追迹并进行分析。

对光学系统的 face$_3$ 面与 face$_4$ 面的面型进行分析，光线从 $P_3(x_3, z_3)$ 点反射，最后到达 $P_4(x_4, z_4)$ 上，在 $P_B(x_B, z_B)$ 点成一个虚像，因此 face$_3$ 面采用双曲面进行构建。而 face$_4$ 面根据前文讨论采用球面面型进行构建。

定义对应于 face$_3$ 面新的双曲面坐标系, 双曲面坐标系原点为 $O_{o3}(x_{o3}, z_{o3})$, 双曲面坐标系的横纵坐标轴为 X_2 轴与 Z_2 轴。双曲面坐标系 Z_2 轴与原始坐标系重合, 所以在建立第三个面时只需考虑坐标平移问题 (图 2.33):

$$x_{o3} = \frac{x_A + x_B}{2} \tag{2.63}$$

$$z_{o3} = \frac{z_A + z_B}{2} \tag{2.64}$$

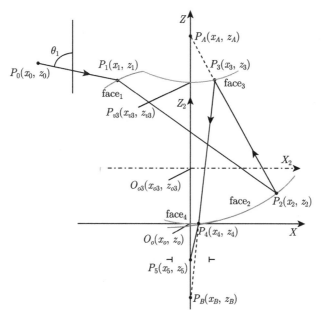

图 2.33 全景环带系统的后方向通道光路数学模型示意图

特别要注意的是, 在对 face$_3$ 面进行建模之前, 要首先定义 $P_A(x_A, z_A)$ 点坐标位置与 $P_B(x_B, z_B)$ 点坐标位置。face$_3$ 面的面型公式最终可以表示为

$$\text{face}_3 : \frac{(z - z_{o3})^2}{a^2} - \frac{x^2}{b^2} = 1 \tag{2.65}$$

式中, a, b 可由下式进行求解:

$$a = z_{v3} - z_{o3} \tag{2.66}$$

$$b = \frac{S(e+1)}{(e^2 - 1)^{\frac{1}{2}}} \tag{2.67}$$

公式 (2.66) 与公式 (2.67) 中, z_{v3} 与 z_{o3} 分别代表面型 face$_3$ 面的顶点坐标和双曲面坐标系 Z 轴坐标值, 因为双曲面坐标系与原始坐标系只存在平移关系, 所以可以直接使用原始坐标系的坐标值。

公式 (2.67) 中的 S 与 e 可以分别表示为

$$S = z_A - z_{v3} \tag{2.68}$$

$$e = \frac{z_A - z_{o3}}{z_{v3} - z_{o3}} \tag{2.69}$$

由公式 (2.67)，公式 (2.68) 与公式 (2.69) 最后可以得到 b 的数值：

$$b = \frac{(z_A - z_{v3}) \cdot \left(\left(\dfrac{z_A - z_{o3}}{z_{v3} - z_{o3}}\right) + 1\right)}{\left(\left(\dfrac{z_A - z_{o3}}{z_{v3} - z_{o3}}\right)^2 - 1\right)^2} \tag{2.70}$$

依据公式 (2.65)，公式 (2.66) 与公式 (2.70)，我们可以求解光线与 face$_3$ 面的交点 $P_3(x_3, z_3)$。

$$\text{face}_4 : x^2 + (z - z_{o4})^2 = r_4^2 \tag{2.71}$$

公式 (2.71) 为 face$_4$ 面的面型表达式，式中，z_{o4} 表示球面的圆心纵坐标；r_4 表示 face$_4$ 面的球面曲率半径数值。定义光线经过 face$_3$ 面反射前的光线向量为 C，光线经过 face$_3$ 面反射后的光线向量为 D。

可以根据反射公式 (2.72) 对光线追迹进行求解，其中法向量 N_4 的标量由公式 (2.73) 给出：

$$D = C - 2N_4 \cdot (N_4 \cdot C) \tag{2.72}$$

$$N_4 = \left(\frac{a \cdot x}{\sqrt{(a^2 + b^2) \cdot x^2 + b^4}}, \frac{\sqrt{-b^4 + b^2 \cdot x^2}}{\sqrt{(a^2 + b^2) \cdot x^2 + b^4}}\right) \tag{2.73}$$

式中，a, b 由公式 (2.66) 与公式 (2.67) 确定。

当光路沿着正常成像光路传播时，这里光线方向 D 可以表示为标量：

$$D = (z_B - z_3, x_B - x_3) \tag{2.74}$$

当光路不遵循正常成像光路传播时，则需要根据式 (2.61) 对反射后的光路进行求解。假设光线经过 face$_4$ 面折射后的光线方向向量为 E，根据折射表面公式有

$$n_2 \cdot E = n_1 \cdot D + N_4 \cdot (n_2 \cdot N_4 \cdot E - n_1 \cdot N_4 \cdot D) \tag{2.75}$$

式中，D 代表入射 face$_4$ 面前的光线方向；向量 E 代表折射后的光线方向；n_1 代表入射前的介质折射率；n_2 代表折射后的介质折射率。在这种情况时，法向量 N_4 的标量由下式给出：

$$N_4 = \left(\frac{x}{r_4}, \frac{z - z_{o4}}{r_4}\right) \tag{2.76}$$

用类似于公式 (2.55)~公式 (2.59) 的方式对出射向量 $\boldsymbol{E}$ 进行求解。假定标量 E 可以表示为 $E = (x_E, z_E)$，因为光线出射后进入入瞳中，所以要尽量满足 $x_E \approx -x_4$ 与 $z_E \approx z_5 - z_4$，在面型构建中可以通过改变公式 (2.71) 中的 z_{o4}，r_4 参数来实现目标。

2. 后方向视场通道数学模型的建立

图 2.34 为后方向通道光路，在光线经过后方向的光线路径上，系统主要由五个面构建，因为各个面型采用轴旋转对称面型，所以这里采用二维剖面对其进行分析。系统的光轴为 Z 轴，其中经历三次反射与两次折射，$face_5$ 面、$face_6$ 面和 $face_7$ 面为后方向通道所独有的面型，$face_3$ 面与 $face_4$ 面为两个方向数学模型所共有的面型。从 P_0 点发出的光线经过 $face_5$ 面后进入全景环带系统，经过 $face_6$ 面与 $face_7$ 面进行反射，到达 $face_3$ 面上，最后经过 $face_4$ 面出射至光瞳处，光线在各个面上的交点为 $P_1'(x_1', z_1')$，$P_2'(x_2', z_2')$，$P_3'(x_3', z_3')$，$P_4'(x_4', z_4')$，$P_5'(x_5', z_5')$，$P_6'(x_6', z_6')$。

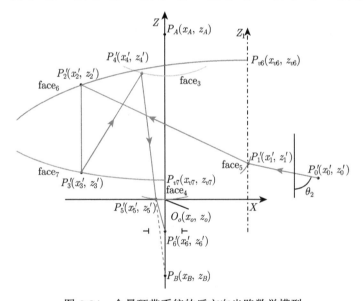

图 2.34　全景环带系统的后方向光路数学模型

因为系统采用入瞳位置前置形式，所以入瞳位置应该在 $face_5$ 面的附近，这里为了简化模型，假定光阑位于 $face_5$ 面表面上。

对各个面型进行简化，$face_5$ 面采用球面进行建模，$face_6$ 面采用 evenogive 面进行建模，$face_7$ 面采用抛物面进行建模。$face_3$ 面与 $face_4$ 面为两个方向数学模型所共有的面型，所以这里不进行讨论，但是需要注意的一点是，在后方向视场通道设计时，需要提前选择 $P_A(x_A, z_A)$ 点，之后才能保证后方向通道视场的光线经过

face$_7$ 面反射后的光线走向正常，其光路走向类似于前方向通道光线经过 face$_2$ 面反射后的光路走向。

face$_5$ 面的面型公式最终可以表示为

$$\text{face}_5: x^2 + (z - z_{o5})^2 = r_5^2 \tag{2.77}$$

式中，z_{o5} 表示球面的圆心坐标；r_5 表示 face$_5$ 面的球面半径大小。

根据前文讨论，face$_6$ 面与 face$_7$ 面采用抛物面进行设计，同时因为 face$_6$ 面的顶点 $P_{v6}(x_{v6}, z_{v6})$ 并不位于 Z 轴上，所以这里需要特殊定义一个对应于抛物面 face$_6$ 面的坐标系。定义一个新的抛物面坐标系，抛物面坐标系原点为 $O_{o1}(x_{o1}, z_{o1})$，抛物面坐标系的横纵坐标轴为 X_1 轴与 Z_1 轴。相对地，face$_7$ 面的面型的顶点 $P_{v7}(x_{v7}, z_{v7})$ 位于 Z 轴上，而且面型的中轴线与光轴方向一致，所以直接采用原有坐标系即可。

face$_6$ 面的面型公式最终可以表示为

$$\text{face}_6: -(x + r_0)^2 = 2p \cdot (z - z_{v6}) \tag{2.78}$$

式中，r_0, p 可以分别用下式进行表达：

$$r_0 = |x_{v6} - x_o| = |x_{v6}| \tag{2.79}$$

$$p = 2 \cdot |z_1' - z_{v6}| \tag{2.80}$$

公式 (2.79) 中，r_0 表示新坐标系 Z 轴与原坐标系 Z 轴之间的水平距离。face$_7$ 面的面型公式最终可以表示为

$$\text{face}_7: x^2 = 2p \cdot (z - z) \tag{2.81}$$

公式 (2.81) 中，p 可以表示为

$$p = 2 \cdot |z_3' - z_A| \tag{2.82}$$

后视场通道光线追迹的方式采用与前视场通道相同的光线追迹计算方式。

设光线经过第一个面之前的光线向量为 $\boldsymbol{A}$，折射后的向量为 $\boldsymbol{B}$，如图 2.34 所示，那么根据向量坐标公式，向量 $\boldsymbol{A}$ 可以表示为标量形式即 $(-\cos\theta_2, -\sin\theta_2)$，face$_5$ 面的法向量 $\boldsymbol{N}_5$ 的标量可以表示为

$$N_5 = \left(\frac{x}{r_5'}, \frac{z - z_{o5}}{r_5} \right) \tag{2.83}$$

根据前文所叙述的与前视场通道相同的光线追迹计算方式，可以对向量 $\boldsymbol{B}$ 进行求解，之后假设光线经过 face$_2$ 面反射后的光线向量为 $\boldsymbol{C}$，$\boldsymbol{D}$。同理可以求出交点

$P_2'(x_2', z_2')$，$P_3'(x_3', z_3')$ 与向量 $\boldsymbol{C}$，$\boldsymbol{D}$ 的方向。face$_6$ 面与 face$_7$ 面的法向量 $\boldsymbol{N}_6$，$\boldsymbol{N}_7$ 的标量分别由下式给出：

$$N_6 = \left(\frac{x + r_0}{\sqrt{(x + r_0)^2 + p^2}}, \frac{p}{\sqrt{(x + r_0)^2 + p^2}} \right) \tag{2.84}$$

$$N_7 = \left(-\frac{x}{\sqrt{x^2 + p^2}}, \frac{p}{\sqrt{x^2 + p^2}} \right) \tag{2.85}$$

当光路沿着正常成像光路来传播时，光线方向 $\boldsymbol{C}$，$\boldsymbol{D}$ 可以表示为标量形式，分别如下式所示：

$$C = (0, -1) \tag{2.86}$$

$$D = (z - z', x - x') \tag{2.87}$$

当光路不遵循理想成像光路传播时，则需要根据正常光线追迹对反射后的光路进行求解。至此我们就可以建立双通道光学系统数学模型，进而保证系统光线追迹的准确性，得到一个合理的初始结构，并对其进行分析。

2.3.4 evenogive 面型的研究与讨论

对于大多数光学系统的透镜元件，一般采用球面面型对系统进行设计，球面面型具有加工简单、检测技术比较成熟的优点，但是对于构造一些复杂的系统而言，单纯的球面面型并不具备优势，如果要实现一些特殊的功能，往往需要很多球面才可以，这样的结果就是增大系统的体积，造成系统结构复杂，不利于加工检测；同时，镜片数目的增多，还将导致光在系统传播过程中的能量损失比较大。

根据实际的需要，采用非球面可以实现系统更多的功能。对于全景环带光学系统而言，全景环带头部单元面型非常复杂，根据前文中的讨论，许多面型基于非球面进行了初始建模与构造，也就是说，在头部单元的设计过程中，非球面面型是不可缺少的一环。同时，在各个面型上采用的非球面根据功能不同而又有不同的表达方式，如何使用非球面对系统面型进行比较完善的构造，是设计中的一个重要环节，因此有必要对全景环带系统设计中所用到的非球面面型进行讨论与分析。

1. evenogive 面型提出的背景

根据前文的讨论，这里使用的 face$_6$ 面的面型顶点并没有位于光轴上，然而，在实际设计使用过程中，光学系统所有用到的面型都是围绕着光轴旋转对称的。因此，对于 face$_6$ 面而言，剖面图上的面型位于光轴下面的部分将不会被使用，根据以上讨论，提出 evenogive 面型，其定义式为

$$z = \frac{cr^2}{1 + \sqrt{1 - (1 + k)\, c^2 r^2}} + \sum_{i=1}^{4} \alpha_i r^{2i} \tag{2.88}$$

r_{g} 的值定义为

$$r_{\mathrm{g}} = r_0 + \sqrt{x^2 + y^2} \tag{2.89}$$

参数 c 为面型曲率；k 是系统的 conic 系数；α_i 代表非球面系数；r_0 是补偿数值，如图 2.34 所示，面型顶点到光轴的距离为 r_0 数值。当面型在光轴附近的区域需要很大的光焦度时，例如，前视场通道 face_2 面，以及后方向视场通道的 face_6 面，一般需采用 evenogive 面型。其他面型使用经典的偶次非球面对系统进行构建：

$$z = \frac{cr^2}{1 + \sqrt{1 - (1+k)\,c^2 r^2}} + \sum_{i=1}^{4} \alpha_i r^{2i}, \quad r = \sqrt{x^2 + y^2} \tag{2.90}$$

然而对于使用的光学设计软件而言，软件自身并不包含 evenogive 面型，这里采用光学设计软件 Zemax 系统自带的 DLL 编写系统对面型进行编写，方便其在光学软件中的设计与使用。

在设计的过程中首先使用低阶 α_i 值对系统初始结构进行构建，之后使用高阶 α_i 值对面型进行进一步优化，进而让全景环带系统实现更具体的功能，例如，让不同视场的光线从全景环带系统出射时是平行的。对于中继透镜组，首先单独优化其面型，使用低阶 α_i 值去优化像面上的成像质量，之后让中继透镜组与头部单元进行对接，对接之后如果成像质量并不在可接受范围内，继续使用高阶 α_i 值去设计中继透镜组，最后使系统的成像质量满足要求。

2. evenogive 面型在设计中的应用

根据公式 (2.88) 和公式 (2.89) 可以先定义参数 r_0、面型曲率 c 与 conic 系数，得到初始面型，如果直接通过优化得到面型，那么系统在优化过程中将难以控制，渐渐脱离建立的初始结构。对于双通道光学系统而言，由于系统包含的参量过多，所以难以同时通过优化得到结果。这里采用的设计方式是先确定基础参数，在基础参数确定的前提下，构建系统面型实现基础光路的走向，然后在优化过程中再具体实现一些特殊的功能，但是在优化过程中对于一些基础参数很少进行变动，甚至不做改变，重点优化一些特殊的高次项。

根据前文的讨论，在面型设计过程中，对 face_2 面与 face_6 面采用 evenogive 面型进行构建。face_6 面一直采用抛物面进行构建，同时抛物面坐标系相对于系统坐标系只存在平移关系，因此，根据前文的讨论，对 face_6 面进行构建，r_0 的值可以直接根据公式 (2.79) 得出，同时将 conic 系数值给定为 -1。但是，由于 face_2 面采用椭球面，且包含在独立的椭圆坐标系内，所以使用 evenogive 面型对其构建时必须要采用特殊的形式。下面将对采用 evenogive 面型构建的 face_2 面初始结构进行分析。

图 2.35 为前方向视场通道模型示意图，$face_2$ 面采用椭圆面构建，椭圆面型的两个会聚点分别为 $P_1(x_1, z_1)$ 与 $P_A(x_A, z_A)$，图中紫色面型代表待拟合的椭圆面型 $face_2$ 面，蓝色代表所要使用的 evenogive 面型。光线在 $face_2$ 面上的交点为 $P_2(x_2, z_2)$。为确定椭圆面方程，需要先确定 P_1 点、P_2 点与 P_A 点的坐标位置。为了方便对 $face_2$ 面型进行研究，这里单独提取出椭圆面 $face_2$ 面与 evenogive 面的模型。

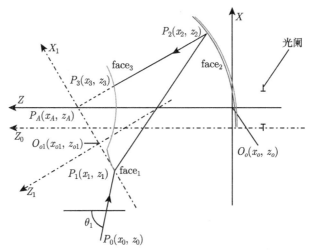

图 2.35 前方向视场通道模型示意图 (彩图见封底二维码)

如图 2.36 所示，在椭圆面上取径向距离等距的四个采样点，分别为 $P_{g1}(x_1, z_1)$，$P_{g2}(x_2, z_2)$，$P_{g3}(x_3, z_3)$，$P_{g4}(x_4, z_4)$，其中，为了采样点具有代表性，选取 $P_{g1}(x_1, z_1)$ 为光轴上的点，$P_{g4}(x_4, z_4)$ 为距离光轴最远的点。

在图 2.36 中，紫色面型代表待拟合的椭圆面型 $face_2$ 面，蓝色代表需要使用的 evenogive 面型，evenogive 面型包含在对应于 $face_2$ 面的坐标系内，该坐标系横轴为 Z_0 轴，纵轴与原始坐标系共用 X 轴，Z_0 轴与 Z 轴之间的距离为式中的 r_0 值，evenogive 面型的顶点在 Z_0 轴上，假定位于 $face_2$ 面轴上的点与面型顶点之间弦垂距离为 a，这里定义 $P_{g1}(x_1, z_1)$ 点与轴上点之间的水平距离为 S_1，$P_{g2}(x_2, z_2)$ 点与轴上点之间的水平距离为 S_2，$P_{g3}(x_3, z_3)$ 点与轴上点之间的水平距离为 S_3，$P_{g4}(x_4, z_4)$ 点与轴上点之间的水平距离为 S_4。

为求出对应于 $face_2$ 面的 evenogive 初始面型基础参数，可以先通过椭圆方程式计算得到各个采样点坐标，之后依据点坐标之间的关系式计算得到对应 evenogive 面型的 r_0, c, k 值。

根据公式 (2.36)~公式 (2.53)，可以得到对应 $P_{g1}(x_1, z_1)$，$P_{g2}(x_2, z_2)$，$P_{g3}(x_3, z_3)$，$P_{g4}(x_4, z_4)$ 点的弦矢公式，如下所示：

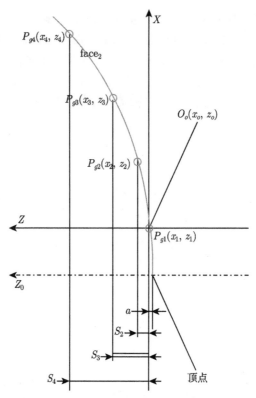

图 2.36　face2 面与 evenogive 面型拟合示意图 (彩图见封底二维码)

$$\frac{c \cdot (r_1 - r_0)^2}{1 + \sqrt{1 - (1 + k) \cdot c^2 \cdot (r - r_1)^2}} = a + S_1 \tag{2.91}$$

$$\frac{c \cdot (r_2 - r_0)^2}{1 + \sqrt{1 - (1 + k) \cdot c^2 \cdot (r - r_2)^2}} = a + S_2 \tag{2.92}$$

$$\frac{c \cdot (r_3 - r_0)^2}{1 + \sqrt{1 - (1 + k) \cdot c^2 \cdot (r - r_3)^2}} = a + S_3 \tag{2.93}$$

$$\frac{c \cdot (r_4 - r_0)^2}{1 + \sqrt{1 - (1 + k) \cdot c^2 \cdot (r - r_4)^2}} = a + S_4 \tag{2.94}$$

公式 (2.92)~公式 (2.94) 中的 S_2, S_3, S_4 分别由下式给出:

$$S_2 = z_1 - z_2 \tag{2.95}$$

$$S_3 = z_2 - z_3 \tag{2.96}$$

$$S_4 = z_3 - z_4 \tag{2.97}$$

由于 $P_{g1}(x_1, z_1)$ 点的位置恰好位于轴上，所以其 r_1 值为 0，因此公式 (2.91) 可以变化为

$$\frac{c \cdot r_0^2}{1 + \sqrt{1 - (1+k) \cdot c^2 \cdot r^2}} = a \tag{2.98}$$

通过对公式 (2.98) 整理后能够得到

$$r_0^2 + \left[(1+k) \cdot a^2 - \frac{2 \cdot a}{c} \right] = 0 \tag{2.99}$$

现在对 $P_{g2}(x_2, z_2)$ 处的弦矢公式 (2.92) 展开得到

$$\frac{c \cdot (r_2 - r_0)^2 - 1}{a + S_2} = \sqrt{1 - (1+k) \cdot c^2 \cdot (r - r_2)^2} \tag{2.100}$$

对公式 (2.100) 两边同时平方，可得

$$\frac{c^2 \cdot (r_2 - r_0)^4}{(a + S_2)^2} = \frac{2 \cdot c \cdot (r_2 - r_0)^2}{a + S_2} - 1 = 1 - (1+k) \cdot c^2 \cdot (r_2 - r_0)^2 \tag{2.101}$$

对公式 (2.101) 整理后可以得到

$$r_2^2 - 2 \cdot r_2 \cdot r_0 + r_0^2 + \left[(1+k) \cdot (2 \cdot a \cdot S_2 + S_2^2) - \frac{2 \cdot (a + S_2)}{c} \right] = 0 \tag{2.102}$$

将公式 (2.102) 与公式 (2.99) 相减，可以得到

$$r_2^2 - 2 \cdot r_2 \cdot r_0 + \left[(1+k) \cdot (2 \cdot a \cdot S_2 + S_2^2) - \frac{2 \cdot S_2}{c} \right] = 0 \tag{2.103}$$

将公式 (2.103) 展开可以得到

$$r_2^2 - 2 \cdot r_2 \cdot r_0 + 2 \cdot S_2 \cdot a + S_2^2 + 2 \cdot S_2 \cdot k \cdot a + S_2^2 \cdot k - \frac{2 \cdot S_2}{c} = 0 \tag{2.104}$$

将公式 (2.104) 进行整理得到

$$2 \cdot r_2 \cdot r_0 - 2 \cdot S_2 \cdot \left(a + k \cdot a - \frac{1}{c} \right) - S_2^2 \cdot k = r_2^2 + S_2^2 \tag{2.105}$$

同理，重复公式 (2.98)~公式 (2.105) 的步骤，我们可以得到

$$2 \cdot r_3 \cdot r_0 - 2 \cdot S_3 \cdot \left(a + k \cdot a - \frac{1}{c} \right) - S_3^2 \cdot k = r_3^2 + S_3^2 \tag{2.106}$$

$$2 \cdot r_4 \cdot r_0 - 2 \cdot S_4 \cdot \left(a + k \cdot a - \frac{1}{c} \right) - S_4^2 \cdot k = r_4^2 + S_4^2 \tag{2.107}$$

将公式 (2.105)~公式 (2.107) 化成矩阵的形式, 则有

$$
\begin{pmatrix} 2\cdot r_2 & -2\cdot S_2 & -S_2^2 \\ 2\cdot r_3 & -2\cdot S_3 & -S_3^2 \\ 2\cdot r_4 & -2\cdot S_4 & -S_4^2 \end{pmatrix} \begin{pmatrix} r_0 \\ 1/c \\ k \end{pmatrix} = \begin{pmatrix} r_2^2+S_2^2 \\ r_3^2+S_3^2 \\ r_4^2+S_4^2 \end{pmatrix} \tag{2.108}
$$

根据矩阵公式, 有

$$
BA = A' \tag{2.109}
$$

其中, 令

$$
B = \begin{pmatrix} 2\cdot r_2 & -2\cdot S_2 & -S_2^2 \\ 2\cdot r_3 & -2\cdot S_3 & -S_3^2 \\ 2\cdot r_4 & -2\cdot S_4 & -S_4^2 \end{pmatrix} \tag{2.110}
$$

根据公式求解, 公式 (2.109) 可以变化为

$$
A = B^{-1}\cdot A' \tag{2.111}
$$

依据公式 (2.111) 可以求得如下数值:

$$
r = \begin{pmatrix} 1 & 0 & 0 \end{pmatrix} \cdot \begin{pmatrix} 2\cdot r_2 & -2\cdot S_2 & -S_2^2 \\ 2\cdot r_3 & -2\cdot S_3 & -S_3^2 \\ 2\cdot r_4 & -2\cdot S_4 & -S_4^2 \end{pmatrix} \cdot \begin{pmatrix} r_2^2+S_2^2 \\ r_3^2+S_3^2 \\ r_4^2+S_4^2 \end{pmatrix} \tag{2.112}
$$

$$
a+k\cdot a-\frac{1}{c} = \begin{pmatrix} 0 & 1 & 0 \end{pmatrix} \cdot \begin{pmatrix} 2\cdot r_2 & -2\cdot S_2 & -S_2^2 \\ 2\cdot r_3 & -2\cdot S_3 & -S_3^2 \\ 2\cdot r_4 & -2\cdot S_4 & -S_4^2 \end{pmatrix} \cdot \begin{pmatrix} r_2^2+S_2^2 \\ r_3^2+S_3^2 \\ r_4^2+S_4^2 \end{pmatrix} \tag{2.113}
$$

$$
k = \begin{pmatrix} 0 & 0 & 1 \end{pmatrix} \cdot \begin{pmatrix} 2\cdot r_2 & -2\cdot S_2 & -S_2^2 \\ 2\cdot r_3 & -2\cdot S_3 & -S_3^2 \\ 2\cdot r_4 & -2\cdot S_4 & -S_4^2 \end{pmatrix} \cdot \begin{pmatrix} r_2^2+S_2^2 \\ r_3^2+S_3^2 \\ r_4^2+S_4^2 \end{pmatrix} \tag{2.114}
$$

通过公式 (2.112)~公式 (2.114), 我们可以分别求得 r_0, k 的数值和 a 与 c 之间的关系式。为方便计算, 假定

$$
\begin{pmatrix} 0 & 1 & 0 \end{pmatrix} \cdot \begin{pmatrix} 2\cdot r_2 & -2\cdot S_2 & -S_2^2 \\ 2\cdot r_3 & -2\cdot S_3 & -S_3^2 \\ 2\cdot r_4 & -2\cdot S_4 & -S_4^2 \end{pmatrix} \cdot \begin{pmatrix} r_2^2+S_2^2 \\ r_3^2+S_3^2 \\ r_4^2+S_4^2 \end{pmatrix} = M \tag{2.115}
$$

这样公式 (2.113) 可以转化为

$$
a+k\cdot a-\frac{1}{c} = M \tag{2.116}
$$

在公式 (2.116) 中提取出 a 的数值，可得

$$a = \frac{1}{1+k} \cdot \left(M + \frac{1}{c}\right) \tag{2.117}$$

为了简化方程，定义 X, W, A, t 等变量。其分别为

$$X = \frac{1}{1+k} \tag{2.118}$$

$$W = \frac{M}{1+k} \tag{2.119}$$

$$A = r_0^2 \tag{2.120}$$

$$t = (1+k) \cdot r_0^2 \tag{2.121}$$

公式 (2.118)~公式 (2.121) 中，k，M，r_0，M 的数值均为已知量。联系公式 (2.118) 可以得到一个只包含未知量 c 的方程：

$$\frac{c \cdot A}{1 + \sqrt{1 - t \cdot c^2}} = \frac{x}{c} + W \tag{2.122}$$

将公式 (2.122) 进行展开，得到

$$\frac{c^2 \cdot A}{x + c \cdot W} - 1 = \sqrt{1 - t \cdot c^2} \tag{2.123}$$

对公式 (2.122) 两端平方可以得到

$$c^2 \cdot (A^2 + t \cdot W^2) + c \cdot (2t \cdot X \cdot W - 2A \cdot W) + t \cdot X^2 - 2X \cdot A = 0 \tag{2.124}$$

结合前文可知 $t \cdot X \cdot W = A \cdot W$，代入公式 (2.124)，最后 c 值可用下式进行表述：

$$c = \sqrt{\frac{2X \cdot A - t \cdot X^2}{A^2 + t \cdot W^2}} \tag{2.125}$$

根据公式 (2.112)、公式 (2.125) 与公式 (2.114) 可求得面型中 r_0，c，k 的数值，最后可以得到一个能够与椭圆面型贴近的 evenogive 面型。以这个面型作为一个合理的初始 face$_2$ 面型，构建全景环带头部单元初始结构，在此基础之上进行设计并优化。采用 evenogive 面型构建 face$_2$ 面的流程如图 2.37 所示。

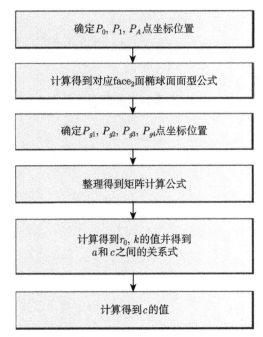

图 2.37　采用 evenogive 面型构建 face$_2$ 面的流程图

2.4　双通道全景环带光学系统杂散光研究

对于大视场光学系统而言,一方面,由于系统结构复杂,杂散光产生的可能性与分析难度大大增加;另一方面,由于探测视场范围大,杂散光进入光学系统内部的概率增大。尤其对于全景环带系统而言,系统的头部单元结构形式复杂,内部光路经过多次反射与折射,会产生大量的杂散光,所以在全景环带系统设计的过程中需要对杂散光进行抑制,基于 2.3 节中建立的数学模型,本节将针对双通道全景环带光学系统中的杂散光问题展开研究。

2.4.1　双通道全景环带系统杂散光的来源

系统的杂散光来源主要有如下两种可能:一是由于外部光线按照非成像光路进入光学系统中,经过内部的多次反射、透射,以及散射、衍射的作用,最后光线进入探测器处;二是系统的成像光路中,由于内部散射、透射率的问题,所以杂散光在系统内部产生,最后来到探测器处。当光学系统工作在可见波段时,第一种杂散光影响十分剧烈 [16-24]。

杂散光主要来自于以下 4 个可能的途径:

(1) 由入射角度不同引起的杂散光;

(2) 由透射表面反射引起的杂散光;

(3) 由表面散射引起的杂散光;

(4) 由衍射引起的杂散光。

对于全景环带光学系统,系统的光路在头部单元中经过多次折反射,走向复杂,因此需要对头部单元中杂散光的作用机理进行重点的分析,并分析其相应的抑制方法。头部单元光路走向复杂,因此本节重点从几何光学机理角度讨论全景环带光学系统的杂散光问题,没有深入讨论表面散射以及衍射所引发的杂散光影响。

1. 前方向通道透射直接到达像面非视场光线一次杂散光

图 2.38 为直接进入后透镜组的前方向一次杂散光光路模型示意图,光线从全景环带头部单元 $face_1'$ 面处的入瞳位置处进入,未经过全景环带头部单元内部的反射面作用,直接透射至光阑处,并进入之后的中继透镜组,产生杂散光,一般正确的光路并不会出现这种现象。因为 $face_1'$ 面与 $face_4$ 面均为透射面,这类由直接透射引起的杂散光很容易产生,同时问题也非常严重,必须进行特殊处理。虽然直接进入中继透镜组的杂散光可以按照正常透镜杂散光的方式进行处理,但还是应尽量避免这类杂散光的产生。这类杂散光抑制的重点在于对 $face_4$ 面与光阑位置的控制。在下文中将对这种类型杂散光的抑制问题进行专门的讨论。

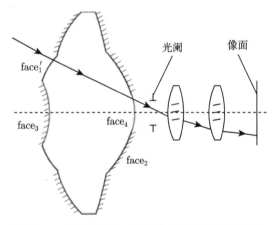

图 2.38 前方向通道一次杂散光光路模型示意图

2. 前方向通道非视场光线进入系统反射后引起的杂散光

图 2.39(a) 所示,当前方向通道非视场光线入射时,光线会进入全景环带头部单元的边缘部分,光线首先到达 $face_1'$ 面上,之后反射至 $face_7$ 面上,最后经过两次反射,光线经过 $face_3$ 面的反射之后进入光阑中,最终经过中继透镜组,在像面上形成杂散光光斑。类似地,如图 2.39(b) 所示,当前方向光路入射角很大时还会有

另外一种情形, 即光线经过 $face_1'$ 面入射以后, 首先光线到达 $face_7$ 面上, 反射之后经过头部单元边缘反射到达 $face_3$ 面上, 最后再经过 $face_4$ 面出射, 从而进入中继透镜组中, 进而产生杂散光光斑。图 2.39 中实线表示经过 $face_8$ 面前的光线走向, 虚线表示经过 $face_8$ 面后的光线走向。抑制这种杂散光产生的方式是在 $face_8$ 面上涂抹吸光材料, 保证光线在经由 $face_8$ 面上时, 直接被吸收而不发生反射, 同时通过控制 $face_7$ 面来保证杂散光的吸收作用, 这种类型杂散光的抑制问题将在之后进行专门的讨论。

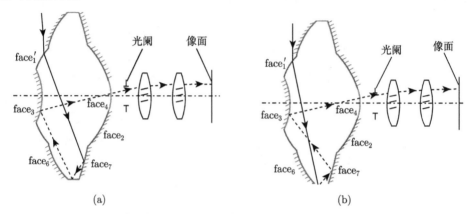

图 2.39　前方向通道非视场大角度光线引起的杂散光光路示意图

(a) 经过 $face_1'$ 面折射后再经 $face_7$ 面反射的第一种情况; (b) 经过 $face_1'$ 面折射后再经 $face_8$ 面反射的第二种情况

3. 后方向通道非视场光线进入系统反射后引起的杂散光

1) 角度过大引起的杂散光

如图 2.40 所示, 当后方向非视场光线入射角很大时, 光线会进入全景环带头部单元的边缘部分, 光线首先到达 $face_7'$ 面上, 之后反射至 $face_8'$ 面上, 最后经过两次反射, 进入全景环带头部单元中。图 2.40 中实线表示经过 $face_8'$ 面前的光线走向, 虚线表示经过 $face_8'$ 面后的光线走向。沿用前方向入射角过大时所引起的杂散光问题的解决方式, 这里对 $face_8'$ 面做涂抹吸光材料处理, 保证杂散光经过 $face_8'$ 面就被吸收。在这种杂散光的抑制过程中, 重点在于保证 $face_7'$ 面的面型控制, 保证杂散光全部进入 $face_8'$ 面上。这种类型杂散光的抑制问题将在之后进行专门讨论。

2) 角度过小引起的杂散光

如图 2.41 所示, 当后方向通道的光线入射角很小时, 会出现两种情况: 第一种情况, 光线经过 $face_5$ 面折射进入全景环带头部单元, 光线首先到达 $face_3$ 面上, 之后反射至 $face_7'$ 面上, 最后经过两次反射后, 进入 $face_8'$ 面上, 沿用前方向入射角过大时所引起的杂散光问题的解决方式，这里对 face$'_8$ 面做涂抹吸光材料的方式进行处理，保证杂散光经过 face$'_8$ 面就被吸收；第二种情况，光线经过 face$_5$ 面折射进入全景环带头部单元，光线首先到达 face$_3$ 面上，之后反射至 face$'_8$ 面上，进而被 face$'_8$ 面的吸收涂层所吸收。图 2.41 中实线表示经过 face$'_8$ 面前的光线走向，虚线表示经过 face$'_8$ 面后的光线走向。

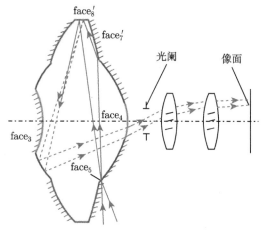

图 2.40 后方向通道非视场大角度光线引起的杂散光光路示意图

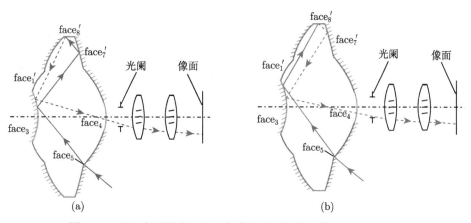

(a)   (b)

图 2.41 后方向通道非视场小角度光线引起的杂散光光路示意图

(a) 经过 face$_5$ 面折射到达 face$_3$ 面之后反射光线的第一种情况；(b) 经过 face$_5$ 面折射到达 face$_3$ 面之后反射光线的第二种情况

如图 2.42 所示，当后方向入射角比较小时，光线会经过 face$_5$ 面进入全景环带头部单元中，光线首先到达 face$'_1$ 面上，之后未透射而被反射的光线到达 face$_4$ 面上，最后经过光阑进入全景环带头部单元中，在像面处形成杂散光光斑，这部分杂散光进入光阑时的入射角度不高，因此会类似于正常光线进入光阑，在像面边缘处产生杂散光，通常这类杂散光可以通过三种方式解决：一是在中继透镜组内壁边缘采用消光纹的方式；二是在像面附近设置视场光阑；三是在 $face_1'$ 面上除通光区域外均涂上吸光材料，这样杂散光光线到达 $face_1'$ 面后不再反射。以上三种方法均能有效抑制这类杂散光。

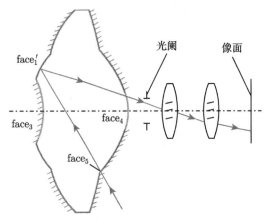

图 2.42　后方向通道非视场小角度光线引起的杂散光光路示意图

4. 出射透射面表面反射引起的杂散光

图 2.43 展示了由最后出射透射面 $face_4$ 面不完全透射引起的杂散光。系统由透射表面反射引起的杂散光主要如图 2.43 所示。

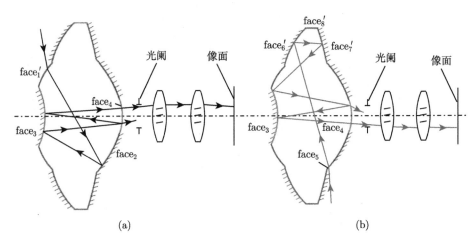

图 2.43　出射透射面表面反射引起的杂散光光路示意图

(a) 前方向通道光路经过 $face_4$ 面不完全透射引起的杂散光；(b) 后方向通道光路经过 $face_4$ 面不完全透射引起的杂散光

该类杂散光是从光线入射的透射面进入全景环带头部单元中，经过多次反射光线再次经过入射的透射面引起的反射。但是由于这里系统的入瞳位置很接近透镜表面，实际的透射面 $face'_1$ 面以及 $face_5$ 面所占有的空间并不大，所以这部分透射杂散光所占的比重非常小。

这类杂散光线主要有两种：第一种光线会经过 $face'_1$ 面进入全景环带头部单元中，光线到达 $face_2$ 面上，经过反射光线反射到 $face_3$ 面上。这里可以沿用之前讨论过的后方向通道光路，利用入射角度较小所引起的杂散光问题的解决方式进行处理，这里不做重点分析。

第二种是光线经过多次反射后经过最后一个折射面 $face_4$ 面时，光线并没有透射至后部中继透镜组，而是反射回之前的反射面 $face_3$ 面，再次反射，并经过 $face_4$ 面出射，产生杂散光。

一般而言，这种问题在全景环带光学系统中会产生比较严重的后果，所以必须要进行特殊的分析。当光线的能量比较强时，会在像面上形成连续杂散光光斑。这种类型杂散光的抑制问题将在之后进行专门讨论。

5. 中继透镜组产生的杂散光

因为中继透镜组单独位于环带系统的光阑之后，所以可以认为中继透镜组的杂散光控制是杂散光控制模型里独立的一环，其杂散光的控制方式与普通光学系统的杂散光控制方式完全类似。

在设计中继透镜组时，重点考虑中继透镜组本身的杂散光特性并对透镜采用镀增透膜处理，这样可以减少由中继透镜组本身透射不完全引起的杂散光。但是在处理杂散光时重点考虑由前方全景环带头部单元本身引起的杂散光。其中，中继透镜组表面由于表面粗糙度因素将会出现散射杂散光。对于这种杂散光的抑制方式主要是在反射面上镀增反膜，在透射面上镀增透膜，保证光线接近 100% 反射与 100% 透射，同时保证面型的加工精度，减少表面粗糙度，进而保证光线在表面散射能量的减少，主要从系统表面的加工精度与镀膜工艺着手来减少透镜表面散射 [25,26]。

同时在镜筒内壁采用消光纹的方式进行处理，保证杂散光经过内壁时不产生反射以及散射作用，或者在结构表面采取涂黑和喷漆处理，保证杂散光到达表面时被表面涂层吸收。尤其要注意的是，需要在头部单元与中继透镜组对接之间的机械结构内壁空间达到消光目的，可以采用遮光罩的结构形式或者在表面镀上消光纹以便吸收杂散光。因为从环带头部单元出射的进入光阑位置的杂散光能量比较大 [27-30]，需要在进入中继透镜组前尽可能将其吸收。

如果光阑前方的全景环带头部单元产生的杂散光比较少，那么系统整体的杂散光就比较少，所以中继透镜组的杂散光并不是研究分析的重点。

2.4.2　全景环带光学系统杂散光抑制模型

1. 出射透射面表面反射引起的杂散光

这里首先分析由透射出射面所引起的杂散光, 图 2.44 为杂散光光线在全景环带头部单元内部走向抛面图, 其中前方向视场通道的光线用黑色线条表示, 后方向视场通道的光线用褐色线条表示。

由于透镜表面的不完全透射作用, 光线在系统中一般会经过多次反射。随着反射次数的增多, 杂散光的能量会快速减少, 所以这里只重点分析一次反射带来的杂散光问题。

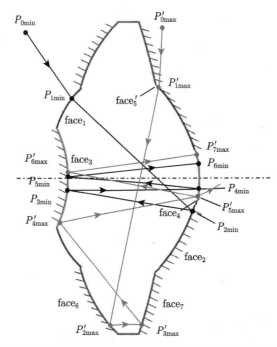

图 2.44　出射透射面表面反射引起的杂散光光路示意图 (彩图见封底二维码)

如图 2.44 所示, 系统前方向通道有一支蓝色的光线入射至系统中, 代表前方视场的最小视场点。其初始点为 $P_{0\min}$, 在 $P_{1\min}$ 处光线到达全景环带系统的边缘, 之后经过透射作用进入系统中, 经过在系统内部的传播之后, 光线依次经过 $P_{2\min}$ 与 $P_{3\min}$ 点的反射后到达 $P_{4\min}$ 点, 光线正常应该在此处透射出光学系统。但是由于不完全透射作用, 光线又经过两次反射, 经过 $P_{5\min}$ 点最后到 $P_{6\min}$ 点处。这支光线到达出射面 $face_4$ 面时径向高度最小, 如果这支光线的径向位置比较大, 则所有这类杂散光到达出射面 $face_4$ 面时的径向口径均大于这支光线的径向口径, 整体光束会占有很大的径向空间。系统后方向通道有一支褐色的光线, 代表后方视场的最大视场点，光线的起点为 $P'_{0\max}$ 点，经过 $P'_{1\max}$ 后折射进入光学系统，依次经过 $P'_{2\max}$，$P'_{3\max}$，$P'_{4\max}$ 点的反射后进入 face$_4$ 面的 $P'_{5\max}$ 点处，因为不完全透射作用，经过 face$_3$ 面、face$_4$ 面依次反射至 $P'_{6\max}$ 点、$P'_{7\max}$ 点处。$P'_{7\max}$ 代表这类杂散光在 face$_4$ 面上径向高度最大的点。可以通过控制 $P'_{7\max}$ 的径向坐标，来控制这类杂散光在 face$_4$ 面上的最大口径范围。

图 2.45 展示了出射透射面表面反射引起的杂散光示意图。下面以之前建立的全景环带光学系统数学模型为基础对这类杂散光进行分析。因为最后系统的杂散光主要由 face$_3$ 面与 face$_4$ 面之间的相互作用产生，所以为简化数学模型这里重点考虑光线与 face$_3$ 面和 face$_4$ 面的作用。根据前文讨论，已知光线的虚线均经过 P_A 点，那么可以根据 face$_3$ 面的面型公式求得 $P_{3\min}$ 与 $P'_{4\max}$ 的坐标，假定对某一支光线进行追迹，那么如果经 face$_3$ 面入射前的光线向量为 $\boldsymbol{B}$，经 face$_3$ 面反射之后的光线向量为 $\boldsymbol{C}$，其表达式如下：

$$\boldsymbol{C} = \boldsymbol{B} - 2\boldsymbol{N}_3 \cdot (\boldsymbol{N}_3 \cdot \boldsymbol{B}) \tag{2.126}$$

根据公式 (2.126) 可求得经 face$_3$ 面反射后的光线 $\boldsymbol{C}$。公式 (2.126) 中，face$_3$ 面的法线向量 $\boldsymbol{N}_3$ 的标量由下式确定：

$$N_3 = \left(\frac{a \cdot x_{4\max}^2}{\sqrt{(a^2 + b^2) \cdot x_{4\max}^2 + b}}, \frac{-\sqrt{b^4 + b^2 \cdot x_{4\max}^2}}{\sqrt{(a^2 + b^2) \cdot x_{4\max}^2 + b}} \right) \tag{2.127}$$

式中，$x_{4\max}$ 代表 $P'_{4\max}$ 点的横向坐标，a，b 分别由公式 (2.47)、公式 (2.48) 确定。

$\boldsymbol{B}$ 由光线与 Z 轴之间的夹角表示：

$$\boldsymbol{B} = (x_A - x'_{4\max}, z_A - z') \tag{2.128}$$

根据关于数学模型建立的讨论，可求得 $P'_{5\max}$ 和 $P_{4\min}$ 点的坐标。之后根据 face$_4$ 面求得光线的法向量 $\boldsymbol{N}_4$ 的标量表达式：

$$N_4 = \left(\frac{x}{r_4}, \frac{z - z_{o4}}{r_4} \right) \tag{2.129}$$

式中，z_{o4} 表示 face$_4$ 面的圆心纵坐标；r_4 表示 face$_4$ 面的球面曲率半径数值。重复前面的光线追迹过程，得到光线反射后与 face$_3$ 面的交点 $P'_{6\max}$ 和 $P_{5\min}$ 的点坐标。以及与 face$_4$ 面的交点 $P'_{7\max}$ 和 $P_{6\min}$ 的点坐标。

对于这种杂散光的抑制，重点在于控制 face$_4$ 面与 face$_3$ 面之间的相对距离。同时控制 face$_4$ 面的面型曲率。

根据前文讨论，face$_3$ 面的作用主要是将会聚至 P_A 坐标点的光线，反射至出射面 face$_4$ 面外的某一虚像点处。重点在于通过控制 face$_4$ 面的曲率进而控制在 $P_{4\min}$ 点与 $P'_{5\max}$ 点处反射光线的角度。

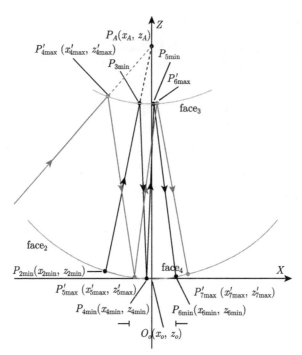

图 2.45   出射透射面表面反射引起的杂散光数学模型

最后需满足下式，则其他任何光路不会产生类似的杂散光：

$$|x_{6\min}| - |x'_{5\max}| \geqslant 0 \tag{2.130}$$

$$|x_{2\min}| - |x'_{7\max}| \geqslant 0 \tag{2.131}$$

2. 前方向通道非视场光线进入系统反射后引起的杂散光

如图 2.46 所示，前视场通道褐色光线入射至光学系统中，这支光线代表前方视场光线到达 face_7 面时径向距离最大的点，其初始点为 $P_{0\min}$，经过 $P_{1\min}$，$P_{2\min}$ 点来到 face_7 面与 face_8 面的交界处，在这点反射的光线到达 face_8 面上的点，距离 face_7 面与 face_8 面的交界处最近。

系统中的黄色光线代表由前视场通道入射至系统中的光线，是这类杂散光能到达 face_7 面时径向距离最小的光线。其初始点为 $P_{0\max}$，在 $P_{1\max}$ 处光线到达全景环带头部单元的镜面边缘，经过 face'_1 面的透射作用进入到系统中，经过系统内部的传播，光线依次经过 $P_{2\max}$ 点反射后来到 $P_{3\max}$ 点，光线在 $P_{3\max}$ 点处可能发生半反半透光学作用。其会由不完全透射作用产生重新反射至全景环带头部单元内部的杂散光。所以这里在 face_8 面上采用镀吸收膜层的方式对杂散光进行吸收，这支光线是这类杂散光线中到达 face_8 面上的点距离 face_7 面与 face_8 面的交界点最远的一支，如果这支光线经过 face$_7$ 面反射之后能够到达 face$_8$ 面上，则这类杂散光均会到达 face$_8$ 面上，最终通过吸收作用得到很好的抑制。

蓝色的光线表示介于两者之间的光线，如图 2.46 所示，可以看到光线经过 face$_1'$ 面进入光学系统，到达 face$_7$ 面经过反射到达 face$_8$ 面后，最终被 face$_8$ 面所吸收。

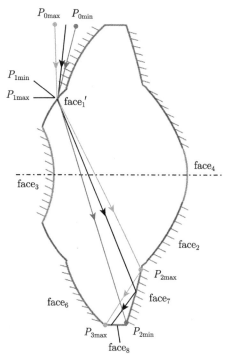

图 2.46 前方向通道非视场光线进入系统反射后引起的杂散光光路示意图

这里以之前建立的全景环带光学系统数学模型为基础，如图 2.47 所示。由于系统的这类杂散光产生于 face$_7$ 面与 face$_8$ 面，为简化数学模型，这里重点考虑光线与 face$_7$ 面和 face$_8$ 面的作用。定义入瞳位置为：已知光线的入射点均通过系统的入瞳位置处，假定 face$_7$ 面入射前的光线向量为 A，face$_7$ 面反射之后的光线向量为 B，之后依据下式，可求得经 face$_7$ 面反射后的光线 B：

$$B = A - 2N_7 \cdot (N_7 \cdot A) \tag{2.132}$$

公式 (2.132) 中 face$_7$ 面的法线向量 N_7 的标量由下式确定：

$$N_7 = \left(-\frac{x_{2\max}}{\sqrt{x_{2\max}^2 + p^2}}, \frac{p}{\sqrt{x_{2\max}^2 + p}} \right) \tag{2.133}$$

式中，$x_{2\max}$ 代表 $P_{2\max}$ 点的横向坐标；p 由公式 (2.82) 确定。

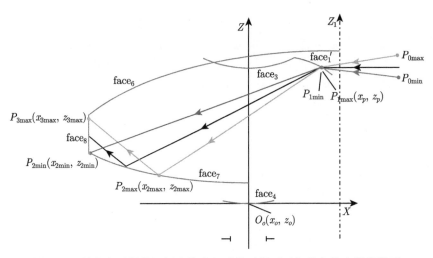

图 2.47　前方向通道非视场光线进入系统反射后引起的杂散光数学模型

公式 (2.132) 中，A 由全景环带头部单元入瞳位置与 $face_7$ 面的最小通光口径确定，可以表示为

$$A = (x_{2\,max} - x_p, z_{2\,max} - z_p) \tag{2.134}$$

这里假定 $face_8$ 面是一平行于 Z 轴的平面，由 $face_8$ 面反射后的光线角度可以确定 $P_{3\,max}$ 点的坐标。$P_{2\,min}$ 点代表光线在 $face_7$ 面上杂散光径向距离最远的点，同时代表全景环带头部单元 $face_7$ 面边缘点坐标位置大小。因此 $P_{2\,min}$ 点可以提前确定。

为避免产生这类杂散光，则需满足如下公式：

$$|z_{3\,max} - z_{2\,max}| \leqslant L_8 \tag{2.135}$$

式中，L_8 代表 $face_8$ 面的轴向长度，即为了避免杂散光的产生，应保证杂散光与 $face_8$ 面的交点距离 $face_7$ 面与 $face_8$ 面交界处的距离要小于 $face_8$ 面的轴向长度。

3. 前方向通道透射直接到达像面非视场光线一次杂散光

图 2.48 为全景环带光学系统的前方向光线发射后由 $face_1'$ 面透射，未经 $face_2$ 面反射到达 $face_4$ 面产生的杂散光光路示意图。图 2.48 中的褐色光线代表前方视场不经过全景环带头部单元反射作用，直接出射全景环带系统，并直射在镜筒内壁上距离像面最远的点。其初始点为 $P_{0\,min}$，在 $P_{1\,min}$ 处光线到达全景环带头部单元的边缘，经过 $face_1$ 面的透射进入系统中，在系统内部传播之后，在 $P_{2\,min}$ 处光线到达全景环带头部单元出射面 $face_4$ 面上并出射。假定系统的中继透镜组口径与光阑口径大小一致。那么光线到达机械结构上的位置为 $P_{3\,min}$。相对于这类杂散光的其他光线，由 $P_{0\,min}$ 点发出的光线到达镜筒内壁时距离全景环带头部单元最近。

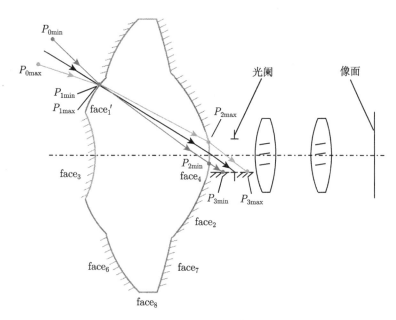

图 2.48　前方向通道透射直接到达像面非视场光线一次杂散光示意图 (彩图见封底二维码)

系统上方有一根黄色的光线入射至系统中, 其初始点为 $P_{0\,max}$, 经过 $P_{1\,max}$, $P_{2\,max}$ 点来到与光学机械结构的交点 $P_{3\,max}$ 处, 在这点反射的光线到全景环带头部单元边缘距离最远。如果这支光线在机械结构上的交点 $P_{3\,max}$ 没有到达透镜的边缘处, 则这类杂散光均不会进入中继透镜组中, 可以得到很好的抑制。

如图 2.48 所示, 蓝色的光线表示介于两者之间的光线, 可以看到光线经过 $face_1'$ 面、$face_4$ 面的折射作用后到达机械结构内壁面上的点介于 $P_{3\,min}$ 与 $P_{3\,max}$ 之间。

图 2.49 展示了全景环带光学系统的前方向通道光线发射由 $face_1'$ 面未经反射到达 $face_4$ 面产生的杂散光光路模型。为简化数学模型, 这里重点考虑光线在 $face_4$ 面的透射作用。因为已知光线的入射点均通过系统的入瞳位置, 同时, 在全景环带头部单元的出射面位置确定, 所以可以确定经过透镜 $face_4$ 面的光线走向, 并可依据公式 (2.136), 求得透射后的光线方向。定义入瞳位置为 (x_p, z_p), $P_{2\,max}$ 点与 $P_{2\,min}$ 点分别代表全景环带头部单元 $face_4$ 面光线出射边缘坐标位置, 可以提前确定。

假定 $face_7$ 面入射前的光线向量为 $\boldsymbol{A}$, 经 $face_7$ 面反射后的光线向量为 $\boldsymbol{B}$, 那么有

$$n_2 \cdot \boldsymbol{B} = n_1 \cdot \boldsymbol{A} + \boldsymbol{N}_4 \cdot (n_2 \cdot \boldsymbol{N}_4 \cdot \boldsymbol{B} - n_1 \cdot \boldsymbol{N}_4 \cdot \boldsymbol{A}) \tag{2.136}$$

其中, n_1 代表全景环带头部单元的内部折射率; n_2 代表空气介质折射率; $face_4$ 面的法线向量 $\boldsymbol{N}_4$ 的标量由下式确定:

$$N_4 = \left(\frac{x_{2\,min}}{r_4}, \frac{z_{2\,min} - z_{o4}}{r_4} \right) \tag{2.137}$$

式中，$x_{2\min}$，$z_{2\min}$ 代表 $P_{2\min}$ 点的坐标；z_{o4} 代表 face$_4$ 面的圆心纵坐标；r_4 代表 face$_4$ 面的曲率半径。

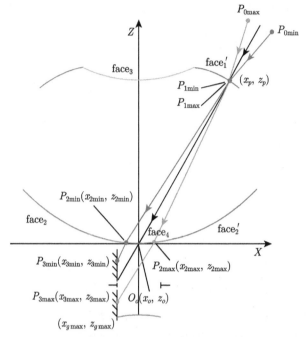

图 2.49　前方向通道透射直接到达像面非视场光线一次杂散光数学模型

公式 (2.136) 中，A 由全景环带头部单元入瞳位置与 face$_4$ 面的最小通光口径确定，其可以表示为

$$A = (x_{2\min} - x_p, z_{2\min} - z_p) \tag{2.138}$$

这里假定机械结构面是一剖面平行于 Z 轴的平面，其径向尺寸与光阑口径大小一致，由折射后的光线角度可以确定 $P_{3\min}$ 点的坐标。同时中继透镜组第一个面的边缘坐标可以大致确定为 $(x_{g\max}, z_{g\max})$。该点根据实际情况作出调整。

同理，可以对从 $P_{0\max}$ 处发出的光线进行追迹并得到 $P_{3\max}$ 点坐标。

最后需要杂散光能尽量集中在光阑之前的结构空间里，这样可以通过对光阑之前的光学机械内壁涂吸收膜，达到抑制杂散光的目的，同时减少了中继透镜组的机械结构设计难度。这就需要 $z_0 - z_{3\min}$ 的值尽量小，同时需要光线尽量不进入中继透镜组中，因此 $z_{3\max} - z_{g\max}$ 的值必须大于零。可以通过控制光阑与中继透镜组的轴向位置来实现上述目标。最后若满足如下公式，则其他任何光路不会产生类似的杂散光：

$$z_{3\max} \geqslant z_{g\max} \tag{2.139}$$

4. 后方向通道非视场光线进入系统反射后引起的杂散光

图 2.50 展示了全景环带光学系统的后方向光线发射由 $face_5$ 面传播至 $face'_7$ 面产生的杂散光光路，黄色光线入射至光学系统中，这支光线代表前方视场光线到达 $face'_7$ 面时径向距离最大的点，其初始点为 P'_{0min}，经过 P'_{1min}，P'_{2min} 点来到 $face'_7$ 面与 $face'_8$ 面的交界点处，在此点反射的光线到达 $face'_8$ 面上的点距离 $face'_7$ 面与 $face'_8$ 面的交界点最近。

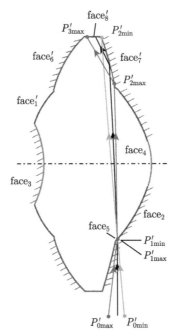

图 2.50 后方向通道非视场光线引起的杂散光光路示意图 (彩图见封底二维码)

如图 2.50 所示，系统外侧有一根褐色的光线入射至系统中，这支光线代表前方视场光线到达 $face'_7$ 面径向孔径最小的点。其初始点为 P'_{0max}，在 P'_{1max} 处光线到达全景环带头部单元的边缘，经过 $face_5$ 面的透射作用进入系统中，在系统内部传播后，光线依次经过 P'_{2max} 到达 $face'_8$ 面上的 P'_{3max}，光线在此处可能发生半反半透光学作用。根据前文中前方向通道由入射角度过大引起的杂散光的讨论结果，这里在 $face'_8$ 面上采用镀吸收膜层的方法。这支光线到达 $face'_8$ 面上的点与 $face'_7$ 面和 $face'_8$ 面交界点的距离在这类杂散光中最远，如果这支光线经过 $face'_7$ 面反射之后能够到达 $face'_8$ 面上，则这类杂散光均会到达 $face'_8$ 面上，通过吸收得到很好的抑制。

蓝色的光线表示介于两者之间的光线，如图 2.50 所示，可以看到光线经过 $face_5$ 面进入光学系统之后，到达 $face'_7$ 面后经过反射到达 $face'_8$ 面，被 $face'_8$ 面所吸收。

图 2.51 展示了全景环带光学系统的后方向光线发射由 $face_5$ 面至 $face_7'$ 面产生的杂散光光路模型。这里以前面章节建立的全景环带光学系统数学模型为基础。为简化数学模型，重点考虑光线与 $face_7'$ 面和 $face_8'$ 面的作用。定义入瞳位置为 (x_p, z_p)，假定 $face_7'$ 面入射前的光线向量为 $\boldsymbol{A}$，$face_7'$ 面反射后的光线向量为 $\boldsymbol{B}$，那么有

$$B = A - 2N_7 \cdot (N_7 \cdot A) \tag{2.140}$$

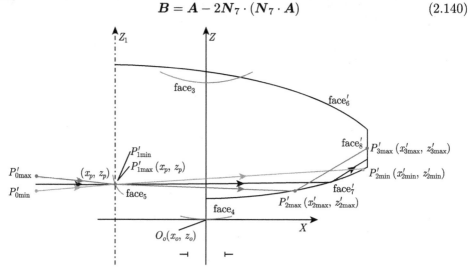

图 2.51　后方向通道非视场光线引起的杂散光数学模型

公式 (2.140) 中，$face_7$ 面的法线向量 $\boldsymbol{N_7}$ 的标量由下式确定：

$$N_7 = \left(\frac{x_{2\max}}{\sqrt{x_{2\max} + p^2}}, \frac{p}{\sqrt{x_{2\max} + p^2}} \right) \tag{2.141}$$

式中，$x_{2\max}$ 代表 $P_{2\min}'$ 点的横坐标；p 由公式 (2.82) 确定。

公式 (2.140) 中，$\boldsymbol{A}$ 由全景环带头部单元后方向入瞳位置与 $face_7'$ 面的最小通光口径确定，其可以表示为

$$A = (x_{2\max} - x, z_p - z_{2\max}) \tag{2.142}$$

类似于前文中讨论的杂散光抑制方法，可以确定 $P_{3\max}'$ 点的坐标，以及 $P_{2\min}'$ 点坐标。这里重点在于控制 $face_7'$ 面与 $face_8'$ 面之间的相对位置，以及控制 $face_7'$ 面的曲率半径。如其他任何光路不会产生类似的入射角过大引起的杂散光，则需满足如下公式：

$$|z_{3\max} - z_{2\min}| \leqslant L_8 \tag{2.143}$$

式中，L_8 代表 $face_8'$ 面的轴向长度。

2.5 双通道全景环带光学系统模拟与仿真

本书所设计的双通道全景成像系统包括全景环带头部单元以及中继透镜组两个部分,对于全景系统的设计而言,一般要求径向尺寸小、结构紧凑。

全景环带头部单元是该光学系统中采集和收集信息的关键,其视场的大小决定了扫描区域的范围和对空间中目标信息的收集量,因此作为第一部分的全景环带头部单元是整体系统设计的重难点所在。根据 2.4 节中的讨论,系统的大视场提升了设计难度,其中头部单元的初始结构中同时包含前方向通道系统与后方向通道系统,在设计的过程中需要首先合理分配各个视场通道的视场范围,使用 evenogive 面型与偶次非球面构建全景环带系统的面型,并在此基础上加以调整,保证系统各个面型进行衔接且连续,同时根据成像质量进行优化。

中继透镜组采用双分离消色差目镜式透镜作为设计参考,并以此确定初始结构,进一步改进与优化设计。为实现系统头部单元与中继透镜组 100% 匹配,全景环带头部单元的光线在出瞳位置处尽量保证平行出射,这样对于中继透镜组的设计更为方便,当中继透镜组的成像质量不错时,两者将被结合在一起。本书基于此方案对设计进行优化调整。

本章设计的双通道全景环带光学系统的前后通道视场角分别为 $360°\times42°$ $(38°\sim80°)$ 与 $360°\times36°(104°\sim140°)$。按照 f-θ 成像关系对系统进行分析,其中,为方便系统实际应用,要求保证系统的紧凑性,要求系统的外形尺寸小于 100mm。人眼敏感光谱范围为 $0.486\sim0.656\mu m$,如果设计谱段变宽,将会增大系统消除轴外色差的难度,相应的系统中继透镜组的片数会增多,最终导致系统尺寸变大,采用人眼敏感光谱范围对系统进行设计可以满足可见波段探测需求,因此系统设计波段最终选取为 $0.486\sim0.656\mu m$。双通道全景环带光学系统的详细设计参数见表 2.3。

表 2.3 光学系统设计指标

	前方向视场通道	后方向视场通道
视场	$38°\sim80°$	$102°\sim140°$
工作波段	$0.486\sim0.656\mu m$	同
系统焦距	2.75mm	3.12mm
系统 F/# 数	5	同
成像质量要求	MTF>0.3@60lp/mm	同
外形尺寸	轴向尺寸小于 100mm	同

2.5.1 双通道全景环带系统头部单元初始设计

根据 2.4 节中的讨论,这里对全景头部单元系统进行设计,优化过程中特别需要注意以下几点。

第一，在设计时特别注意限制光线在各个面型上的高度，避免一面两用，同时前方向视场通道的最大视场光线与后方向视场通道的最小视场光线的光路应很接近，目的是保证探测器的探测效率，使光路不发生重叠，以免探测器同一区域同时接收到不同的信息。

第二，为了方便实际加工，系统头部单元采用很多不同面型，必须保证表面连续性，即不同的表面拼接在一起实现连续特性，避免类似跳跃间断点的情况出现，在设计过程中必须保证 $face_1$ 面的外边缘与 $face_6$ 面的内边缘衔接，$face_7$ 面的内边缘与 $face_5$ 面的外边缘衔接，$face_2$ 面的内边缘与 $face_4$ 面的外边缘衔接。

第三，为了实现紧凑化设计，必须对头部单元的轴向距离进行压缩，根据讨论，过分对轴向距离的压缩会增加系统的径向尺寸，最终会导致头部单元边缘厚度过薄，不利于实际的加工。根据 2.4 节的讨论，控制头部单元边缘厚度还有消除杂散光的作用，通过合理分配中心厚度，最终保证将边缘厚度控制在目前加工范围内。

第四，在设计前方向视场通道头部单元时，必须提前为后方向视场通道头部单元的设计留有余量，如果前方向视场通道的设计结构形式过于紧凑，将十分不利于后方向视场通道系统设计时光路的展开，因此，在设计时必须考虑到上述因素。

经过反复的优化，在考虑系统的轴向径向尺寸，以及依据讨论建立数学模型，考虑消除杂散光的因素后，最终确定系统的头部单元初始结构。

全景头部单元的成像质量对后置镜组的设计以及系统结构整体有关键性影响，因此，需要提前观察系统性能好坏，在已经设计完的头部单元后接一个理想透镜，这样就能够通过成像质量初步判断系统性能。加装理想透镜组后继续对系统结构加以分析调整，并利用优化函数进行优化改进，通过不断的修改，最终系统光路示意图如图 2.52 所示，图 2.53 与图 2.54 为前置物镜组初始结构 MTF 曲线图。

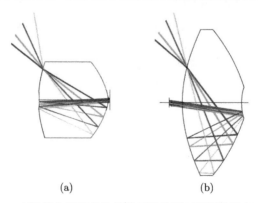

(a) (b)

图 2.52 双通道全景环带头部单元结构图 (彩图见封底二维码)

(a) 前方向通道光路示意图；(b) 后方向通道光路示意图

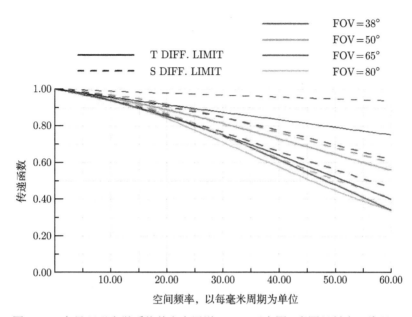

图 2.53 全景环形光学系统前方向通道 MTF 示意图 (彩图见封底二维码)

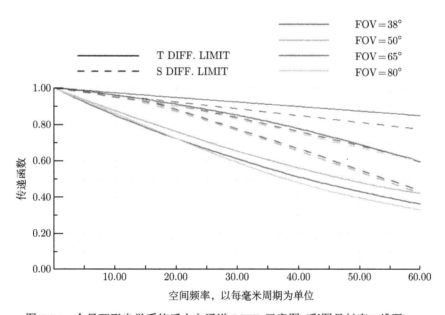

图 2.54 全景环形光学系统后方向通道 MTF 示意图 (彩图见封底二维码)

2.5.2 双通道全景环带系统中继透镜组初始设计

完成头部单元设计后, 下面将对中继透镜组的设计进行分析。

　　为保证全景环带头部单元与中继透镜组合理匹配，设计全景环带头部单元的思路是光阑放置在头部单元系统之后的轴上位置，同时不同视场的光线经过全景环带系统后最终平行出射。所以在设计中继透镜组时，可以设置为平行光入射，且光阑置于中继透镜组最前方。

　　中继透镜组与全景环形头部单元衔接，根据光瞳衔接原理，全景头部单元光学系统的出瞳直径为 2.2mm。对于中继透镜组而言，系统的光阑置于透镜最前侧，同时其具有大视场、小孔径的结构特点，类似于目镜的光学特性。因此考虑采用类似于目镜的设计方法来构建中继透镜组初始结构，并最终优化设计光学系统。

　　考虑到系统的色差特性，这里初步决定采用类似于双胶合的正负透镜组的形式对光学系统初始结构进行构建。单个双胶合透镜的屈光能力有限，所以这里采用两个双胶合的形式对系统进行设计，最终系统采用 4 片透镜对初始结构进行构建，系统结构如图 2.55 所示。为了简化光焦度分配的计算过程，假设中继透镜组第 1,2 片透镜与第 3,4 片透镜分别为组合镜组，组合镜组第一组的光焦度为 ϕ_1，第二组的光焦度为 ϕ_2；第 1 镜组距离光阑的距离为 t_1，第 1 镜组与第 2 镜组之间的空气间隔为 t_2，第 2 镜组与像面之间的空气间隔为 t_3；中继透镜组总光焦度为 ϕ；镜组 1 上的孔径高度为 h_1，在 2 镜组上的高度为 h_2。

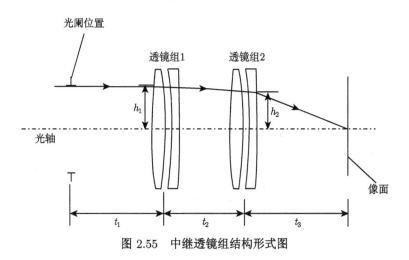

图 2.55　中继透镜组结构形式图

根据消色差公式与光焦度组合公式，可以得到

$$\phi = \phi_1 + \phi_2(1 - \phi_1 \cdot t_2) \tag{2.144}$$

$$h_1 = \frac{h_2\phi_1}{v_1} + \frac{h_2\phi_2}{v_2} \tag{2.145}$$

$$\frac{h_2}{h_1} = 1 - \phi_1 \cdot t_2 \tag{2.146}$$

其中，公式 (2.144) 是组合光焦度公式，公式 (2.145) 是系统消色差公式，公式 (2.146) 是根据光路走向得到的系统参数关系式，这里采用组合透镜的形式对光学系统进行设计，即将两个透镜组合为一个整体透镜，前提是两个透镜之间距离比较近。对于两个透镜的组合透镜，假定单个透镜的光焦度分别为 ϕ_x 和 ϕ_y，单个透镜对应材料的阿贝尔系数分别为 v_x 和 v_y，那么其组合透镜的阿贝尔系数 v 如下：

$$v = \frac{\phi_x}{v_x} + \frac{\phi_y}{v_y} \tag{2.147}$$

将中继透镜组第一镜组与第二镜组分别展开为各自的两个透镜，根据公式 (2.147) 选择不同材料组合，来构建合理的组合透镜。在对每个透镜进行材料初始赋值之后，发现求解光焦度过小，不具备实际应用价值，这种情况下就需要对公式 (2.144)~公式 (2.147) 中的参数进行改进，给每一个透镜赋予一个合理的初始光焦度参数，进而可以确定 ϕ_1 与 ϕ_2 的关系式。尝试选择不同位置、不同光焦度的两组镜组，确定合理的中继透镜组初始结构。初步确定中继透镜组系统 4 片透镜的材料分别为 H-ZF2，H-ZK9，ZF7L，H-ZK9。中继透镜组设计指标见表 2.4。

表 2.4　中继透镜组设计指标

	参数
波段范围	0.486~0.656μm
入瞳口径	2.2mm
半视场角	19.8°
F 数	5
入瞳与透镜前表面距离	⩾1mm

经过反复的修改，在考虑系统的轴向径向尺寸和消除杂散光的因素后，控制系统光阑与透镜之间的距离，对系统中的不同单元进行光焦度分配，初步构建系统初始结构形式，同时对色差进行校正；最终确定系统的模型结构，如图 2.56 所示。

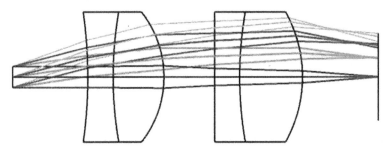

图 2.56　中继透镜组初始构建结构形式 (彩图见封底二维码)

　　中继透镜组的主要任务是将前置全景环带头部单元出射的光线会聚到像面上，并同时校正彗差、像散、场曲、色差等轴外像差。之后在优化的过程中，发现系统的成像质量并不是很好，因此，像面前又加入一个透镜对光学系统进行优化与校正，对于中继透镜组而言，大视场光线在第一面以及最后一面透镜的入射角以及出射角会很大，因此在设计中构造同心面型，使主光线与系统中某些折射面的法线近似重合，进而校正彗差与像散。光学系统成像中畸变不影响成像清晰度，因此全景环形中继透镜组不对畸变过多控制。对系统进行优化与控制，最终光学系统示意图如图 2.57 所示，系统的 MTF 与光斑点列图分别如图 2.58 与图 2.59 所示。

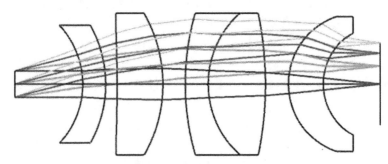

图 2.57　中继透镜组初始结构形式 (彩图见封底二维码)

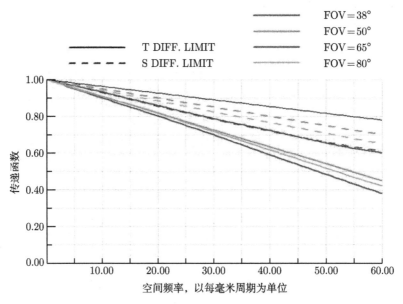

图 2.58　中继透镜组初始结构 MTF 曲线 (彩图见封底二维码)

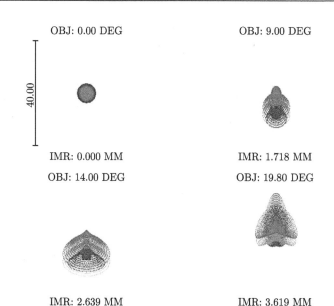

OBJ: 0.00 DEG   OBJ: 9.00 DEG

40.00

IMR: 0.000 MM   IMR: 1.718 MM

OBJ: 14.00 DEG   OBJ: 19.80 DEG

IMR: 2.639 MM   IMR: 3.619 MM

图 2.59 中继透镜组初始光斑点列图 (彩图见封底二维码)

2.5.3 双通道全景环带光学系统的优化以及设计结果

经过对全景系统头部单元以及中继透镜组的分别设计, 并且对每一部分进行单独的优化与调整, 完成设计指标要求后, 将头部单元与中继透镜组进行拼接整合。

在系统初步拼接以后, 成像质量相对全景系统头部单元的初步设计结果会有所下降, 对整体再次使用操作函数进行控制优化, 校正像差, 同时提高成像质量。由于前方的全景环带头部单元采用入瞳位置前置形式, 所以对于全景环带系统而言, 轴外色差得到很大抑制。但是依然会有残余轴外色差, 因此在将前置全景环带系统与中继透镜组对接完毕后, 应该继续针对轴外色差进行优化。

由于在优化的过程中, 头部单元各个面型之间的相互联系比较多 (包括面型衔接等许多牵制条件), 所以不对设计完的头部单元进行过多的优化, 以免系统的头部单元结构形式发生大的变化, 破坏原先的系统内部构造关系。因此, 优化全景环形光学系统的重点在系统的中继透镜组, 优化过程中重点为以下三个部分。

(1) 控制光学系统材料厚度。为了实现系统小型化设计, 主要的工作内容是对透镜的厚度进行控制以达到设计目的。但是考虑实际加工应用, 每组镜片不能太薄。所以在优化操作函数中加入控制系统中心厚度以及边缘厚度如 MNCG(最小玻璃中心厚度)、MXCG(最大玻璃中心厚度)、MNEG(最小玻璃边缘厚度) 及 MXEG(最大玻璃边缘厚度) 等操作参数进行优化控制, 同时限制空气间隔距离, 限制镜片边缘厚度及中心厚度以保证实际加工合理。

(2) 改进胶合面校正像差。中继透镜组在设计过程中采用双胶合透镜,将双胶合透镜拆为两个透镜,同时设置两个透镜之间的曲率半径为可变操作参数,此时相比原先的双胶合镜又引入了一个设计自由度,拆开后控制两个透镜之间的空气间隔,保证镜片边缘不发生重叠。

(3) 对非球面系数参数进行谨慎选择并优化。在优化过程中,对于头部单元的 face$_2$ 面以及 face$_5$ 面一般采用 evenogive 面构建,其基本参数如圆锥系数,r_0 数值以及曲率半径在优化过程中尽量不做出改变。在优化过程中首先使用低阶非球面系数进行优化,尽量不引用高阶非球面系数,因为高阶数值会对系统的面型产生很大的影响,同时,如果优化效果不理想,很难在不理想的基础上再做改变。相应地,在对中继透镜组进行优化时,镜片之间联系性不强,彼此之间独立性更高一些,因此在优化过程中可以直接使用高阶非球面系数。

经过上述一系列的调整与优化,保证光学系统中各个镜片的曲率半径合理,每个透镜的厚度以及镜片与镜片之间的空气间隔都不能为负值,在透镜形式均满足加工与装调要求的基础上分析评价成像质量是否满足设计要求,如果不满足要求,可以通过观察系统的点列图判断哪些像差对成像质量影响大,并对其进行校正。

基于上述优化方式,最终得到双通道全景环形成像系统的设计结果,光学系统总长度 (系统第一面到像面距离) 为 72mm,径向最大距离为 36.3mm,后截距为 5.6mm。光路图如图 2.60 所示,系统的前组为双通道头部单元光学,中继透镜组采用 5 片透镜,其中采用 3 片偶次非球面,用于调整光路及像差校正。各个透镜的中心与边缘厚度满足边界条件,工艺性良好。

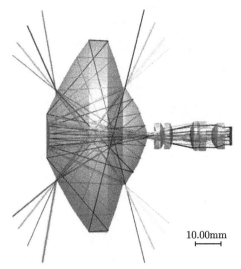

10.00mm

图 2.60   双通道全景环带光学系统光路示意图 (彩图见封底二维码)

由于采用双通道式系统，系统的头部单元的参数需要分别给出，面型曲率半径、厚度、材料，以及非球面系数由表 2.5~表 2.10 给出。

前视场通道头部单元参数如表 2.5 和表 2.6 所示。

表 2.5 前视场通道头部单元光学参数

	半径/mm	厚度/mm	玻璃材料
表面 1	无限	36.6517	H-K9L
表面 2	−41.7921	0	MIRROR
表面 3	−41.7921	−36.2058	H-K9L
表面 4	−11.7646	0	MIRROR
表面 5	−11.7646	36	H-K9L
表面 6	19.402	1	—

表 2.6 前视场通道头部单元非球面系数

conic 系数	r_0	P_2	P_4	P_6
0	—	3.519409×10^{-3}	5.711169×10^{-3}	0
−0.015695	7.9	9.481317×10^{-4}	0	4.138342×10^{-11}
0	—	0.028339	9.462946×10^{-6}	1.251533×10^{-7}
0	—	—	1.028315×10^{-4}	-3.218885×10^{-6}

后视场通道头部单元参数如表 2.7 和表 2.8 所示。

表 2.7 后视场通道头部单元光学参数

	半径/mm	厚度/mm	玻璃材料
表面 1	无限	51.34122	H-K9L
表面 2	−85.1937	0	MIRROR
表面 3	−85.1937	−34.1366	H-K9L
表面 4	55.32	0	MIRROR
表面 5	55.32	30.6169	H-K9L
表面 6	11.7646	0	MIRROR
表面 7	11.7646	−36	H-K9L
表面 8	−19.402	0	—

表 2.8 后视场通道头部单元非球面系数

conic 系数	r_0	P_2	P_4	P_6
—		0.06237	0	0
—	18.15	5.151139×10^{-4}	8.709323×10^{-3}	-4.375015×10^{-3}
—		5.548305×10^{-4}	-2.602703×10^{-6}	0
—		−0.028339	-9.462946×10^{-6}	-1.251533×10^{-7}
—		0	-1.028315×10^{-4}	0

中继透镜组参数如表 2.9 和表 2.10 所示。

表 2.9　中继透镜组光学参数

	半径/mm	厚度/mm	玻璃材料
表面 1	−4.498	1.8	H-ZF2
表面 2	−6.055	3.359	
表面 3	−16.006	3.6	H-ZK9
表面 4	−8.056	2.079	
表面 5	−36.532	2	ZF7L
表面 6	14.144	0.211	
表面 7	15.730	6.2	H-ZK9
表面 8	−17.256	2.717	
表面 9	8.869	3.613	H-ZBAF3
表面 10	26.018	5.6	

表 2.10　中继透镜组非球面系数

conic 系数	P_2	P_4
表面 1	0.01001	-3.951694×10^{-4}
表面 3	−0.03235	6.159450×10^{-4}
表面 9	—	-2.332291×10^{-3}

2.5.4　双通道全景环带光学系统性能分析

1. 双通道全景环带光学系统的成像质量分析

图 2.61 和图 2.62 为系统光斑图,图中蓝色斑点、灰色斑点、红色斑点分别对应 0.4861μm,0.5876μm,0.6563μm 波长光线的光斑。图 2.61 (a)~(d) 分别对应视场值为 38°,50°,65°,80° 时的系统光斑图,前方向视场通道系统光斑均方根半径分别为 6.288μm,4.399μm,7.735μm,8.058μm。图 2.62 中 (a)~(d) 分别对应视场值为 104°,115°,130°,140° 时的系统光斑图,后方向视场通道系统光斑均方根半径分别为 7.114μm,11.602μm,12.609μm,14.358μm,系统整体光斑形状均匀。

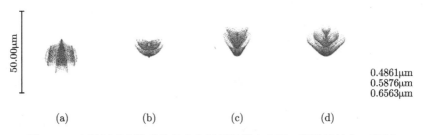

0.4861μm
0.5876μm
0.6563μm

(a)　　　　　(b)　　　　　(c)　　　　　(d)

图 2.61　全景环形光学系统前方向视场通道光斑图 (彩图见封底二维码)

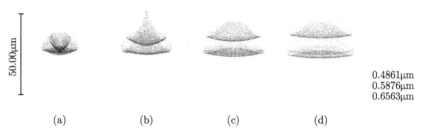

图 2.62 全景环带光学系统后方向视场通道光斑图 (彩图见封底二维码)

图 2.63 代表前方向视场通道的 MTF 曲线图,其中实线代表子午方向 MTF 曲线,短划线代表弧矢方向 MTF 曲线。黑色线代表衍射极限。系统 $38°$, $50°$, $65°$, $80°$ 视场光斑在 $60\mathrm{lp/mm}$ 处的子午 MTF 值分别为 0.301, 0.558, 0.304, 0.310。弧矢 MTF 值分别为 0.305, 0.600, 0.661, 0.412。

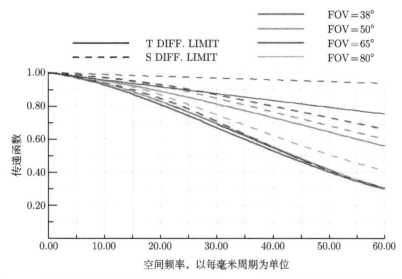

图 2.63 全景环带光学系统前方向视场通道 MTF 曲线图 (彩图见封底二维码)

图 2.64 代表后方向视场通道的 MTF 曲线图,系统 $104°$, $115°$, $130°$, $140°$ 视场光斑在 $60\mathrm{lp/mm}$ 处的子午 MTF 值分别为 0.793, 0.442, 0.350, 0.348。弧矢 MTF 值分别为 0.336, 0.369, 0.672, 0.718。

图 2.65, 图 2.66 分别是双通道全景环带光学系统前方向视场通道和后方向视场通道光斑扇形图,坐标轴纵向最大尺度为 $50\mu\mathrm{m}$。

图 2.67 所示为系统视场与像面之间的对应关系,其中蓝线代表前方向视场通道光线的像高范围,其像高跨度范围为 $0.442\sim2.12\mathrm{mm}$,紫线代表后方向视场通道

光线的像高范围，像高跨度范围为 2.21～3.27mm。图 2.67 中，像面未利用区域用灰色表示，可以看到，环形空洞区域与中心空洞区域很小，系统对像面的利用率非常高。

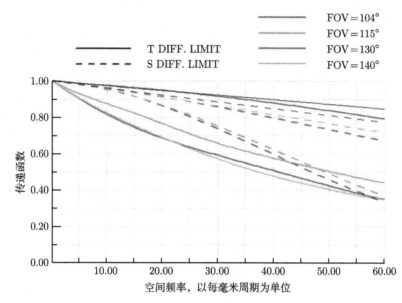

图 2.64　全景环带光学系统后方向视场通道 MTF 曲线图 (彩图见封底二维码)

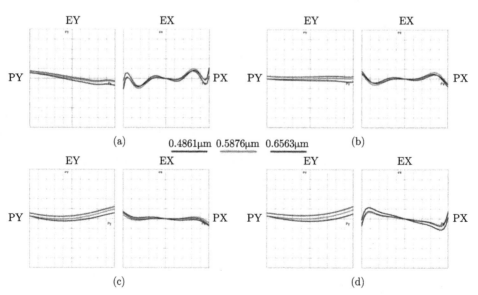

图 2.65　全景环带光学系统前方向视场通道光斑扇形图 (彩图见封底二维码)

(a) 38°；(b) 50°；(c) 65°；(d) 80°；坐标轴纵向最大尺度是 50μm

图 2.68 所示为系统畸变与视场值之间的对应关系, 其中蓝线代表前方向视场通道光线的畸变数值, 紫线代表后方向视场通道光线的畸变数值, 在设计过程中, 缩减系统中心空洞区域的范围, 导致系统的畸变值为负。前方向视场通道 38° 视场的畸变值为 −0.757, 80° 视场的畸变值为 −0.449。后视场通道 104° 视场的畸变值为 −0.345, 140° 视场的畸变值为 −0.672。

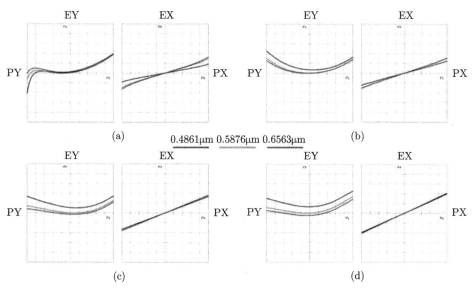

图 2.66 全景环带光学系统后方向通道光斑扇形图 (彩图见封底二维码)

(a) 104°; (b) 115°; (c) 130°; (d) 140°; 坐标轴纵向最大尺度是 50μm

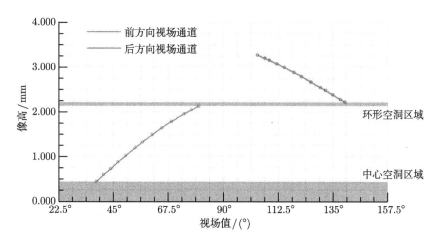

图 2.67 全景环形光学系统视场与像面高度之间的对应关系 (彩图见封底二维码)

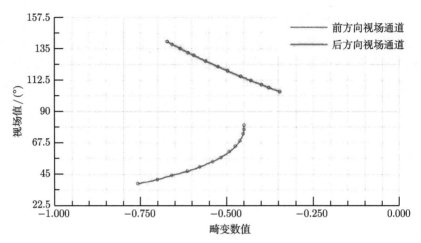

图 2.68　全景环形光学系统畸变与视场值之间的对应关系 (彩图见封底二维码)

2. 双通道全景环带光学系统的公差分析

镜片在实际加工过程中会存在加工误差, 同时在实际情况中也会存在一定量的装调误差。在实际情况下, 透镜的各个参数相对于光学系统原先设计中的参数出现变化, 光学系统在设计后必须要保证系统的实际可加工性, 因此必须要对系统设计的公差特性进行分析, 包括透镜半径的变化、厚度的变化、偏心差、倾斜误差, 以及透镜材料本身的折射率和阿贝尔数的变化等都需要考虑在内。

系统采用蒙特卡罗计算方式对所设计的双通道全景环带光学系统进行公差分析, 其中使用的各个公差项目及其取值范围列于表 2.11 中。公差范围均为目前常规的加工条件下可以保证的精度范围。

表 2.11　公差分析各项取值范围

公差项目	取值范围
半径/光圈	$\leqslant 2$
中心厚度/mm	± 0.02
X 方向表面偏心/mm	± 0.02
Y 方向表面偏心/mm	± 0.02
X 方向表面倾斜/(°)	± 0.02
Y 方向表面倾斜/(°)	± 0.02
表面不规则度/光圈	$\leqslant 2$
折射率	± 0.001
阿贝尔数/%	± 0.5

在给出上述值之后, 选择 MTF 作为评价的标准, 之后对系统进行蒙特卡罗分析, 得出对 60lp/mm 处的 MTF 影响最大的三个公差, 如表 2.12 所示。表 2.13 展

示了该光学系统 MTF 可能的下降情况。

表 2.12   双通道全景环带光学系统中对成像质量影响最大的三个公差因素

公差类型	公差表面	公差取值	前方向视场通道 MTF 改变量	后方向视场通道 MTF 改变量
TSTX	14	0.02	−0.127	−0.141
TSDY	16	0.02	−0.165	−0.086
TSDY	22	0.02	−0.104	−0.136

表 2.13   光学系统 MTF 蒙特卡罗分析结果

前方向视场通道	后方向视场通道
0.104	0.111
0.119	0.137
0.173	0.205

　　根据 2.4 节的讨论, 我们已经对全景环带光学系统进行了光学抑制设计, 为考察系统对杂散光的抑制情况, 这里对双通道全景环带光学系统进行杂散光分析, 系统采用非序列追迹软件对系统杂散光进行分析。在仿真前, 首先构建系统三维模型示意图, 如图 2.69 所示; 在构建模型过程中, 对系统头部单元分别设置透射面、反射面以及吸收面 (图 2.70)。同时对系统的结构支撑部分采用简化处理, 之后在非序列仿真软件中对系统结构进行模拟 (图 2.71), 系统结构部分均设置为结构吸收体, 默认光线到达上面会被吸收。

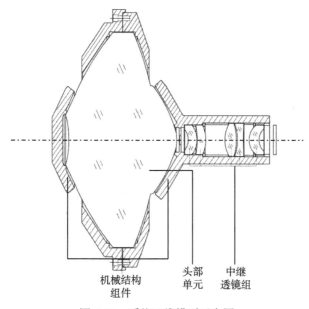

机械结构组件　　头部单元　　中继透镜组

图 2.69   系统三维模型示意图

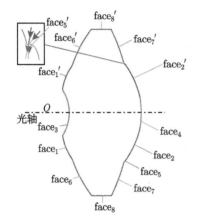

		面型设置
		透射面
		反射面
face$_3$		反射面
face$_4$		透射面
		透射面
		反射面
		反射面
		吸收面

图 2.70   全景环带系统面型设置示意图

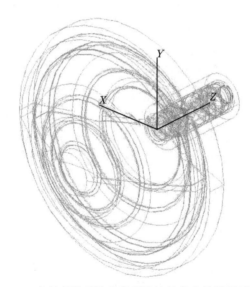

图 2.71   全景环带系统非序列追迹软件中的模型示意图

如图 2.72~图 2.75 所示，2.4 节中所讨论的几个问题比较严重的杂散光均得到了很好的抑制。其中，未经全景环带镜头反射引起的杂散光经过光阑后，进入中继透镜组内壁边缘被吸收；前方向视场通道与后方向视场通道由入射角度过大产生杂散光，这类杂散光最后均进入头部单元边缘处。根据 2.4 节的讨论，头部单元边缘部分均镀上吸收膜层以吸收杂散光，在软件中设置头部单元的边缘为吸收面，杂散光接触该面时均被吸收。因此由入射角度过大引起的杂散光得到很大的抑制。最终结果显示，在探测像面上没有由头部单元造成的杂散光。

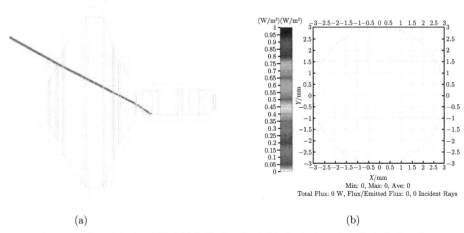

图 2.72 前方向视场通道透射直接到达像面非视场光线一次杂散光光路示意图

(彩图见封底二维码)

(a) 杂散光光路走向图; (b) 像面杂散光示意图

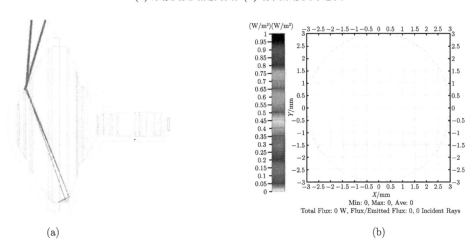

图 2.73 前方向视场通道非视场光线进入系统反射后引起的杂散光光路示意图

(彩图见封底二维码)

(a) 杂散光光路走向图; (b) 像面杂散光示意图

对于中继透镜组而言, 其光阑置于中继透镜组最前侧, 类似于目镜系统, 因此可以看成一个独立的系统。下文中对中继透镜组进行杂散光分析, 其中, 相邻面的透射及反射对系统的杂散光分析影响比较大, 因此在分析杂散光时重点对相邻面型产生的杂散光进行讨论; 同时, 对于透射面上的反射光而言, 反射两次及以上的反射光能量将大大减小, 因此重点对透射面上的一次反射光进行分析, 如图 2.76

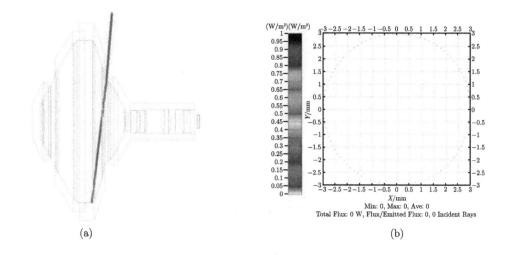

(a)　　　　　　　　　　　　　(b)

图 2.74　后方向视场通道非视场光线进入系统反射后引起的杂散光光路示意图
(彩图见封底二维码)

(a) 杂散光光路走向图；(b) 像面杂散光示意图

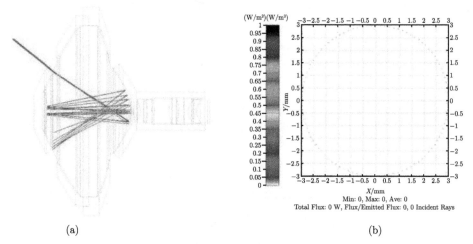

(a)　　　　　　　　　　　　　(b)

图 2.75　前方向视场通道出射透射面表面反射引起的杂散光光路示意图 (彩图见封底二维码)

(a) 杂散光光路走向图；(b) 像面杂散光示意图

所示，定义中继透镜面依次为 1~11 面。

图 2.77~图 2.82 为各个面一次反射示意图，可以看到，最后杂散光能到达像面上的并且有相互作用的面有第 1、2 面，第 2、3 面，第 3、4 面，第 5、6 面，第 6、第 7 面，第 9、10 面，而且像面反射光与第 10 面之间有相互作用，其中最严重的是第 9,10 面以及像面反射光与第 10 面之间的相互作用，该类杂散光在像面相对

更为集中。

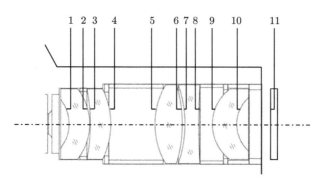

图 2.76 中继透镜组面型定义示意图 (彩图见封底二维码)

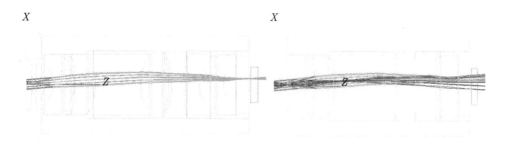

图 2.77 中继透镜组第 1 面以及第 1,2 面透射不完全光线追迹模型 (彩图见封底二维码)

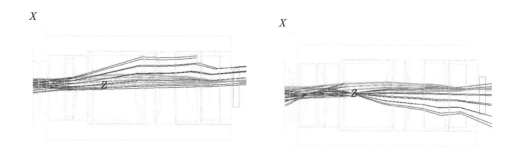

图 2.78 中继透镜组第 2,3 面以及第 3,4 面透射不完全光线追迹模型 (彩图见封底二维码)

图 2.83 与图 2.84 为当最后一个透镜没有镀膜 (透射率为 94%) 时的像面成像光斑与杂散光示意图。可以发现，最后一个透镜会对系统成像质量造成比较大的影响，因此重点需要保证第 10 面的透射率。设置头部单元以及中继透镜组的透射面透射率为 99%，反射率为 1%，反射面设置为完全反射面。再次对杂散光进行分析，如图 2.85 所示。像面上只有成像点，杂散光在像面上几乎可以忽略不计。可以

得出结论, 当中继透镜组中各透镜透射表面均镀有透射膜时, 像面杂散光可以得到很大抑制。

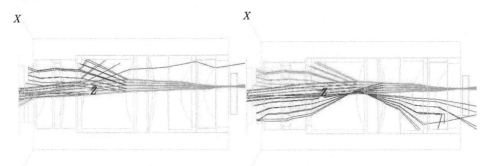

图 2.79 中继透镜组第 4,5 面以及第 5,6 面透射不完全光线追迹模型 (彩图见封底二维码)

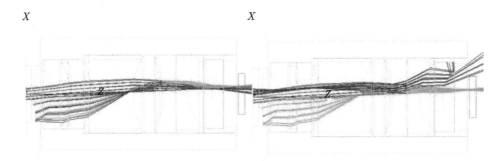

图 2.80 中继透镜组第 6,7 面以及第 7,8 面透射不完全光线追迹模型 (彩图见封底二维码)

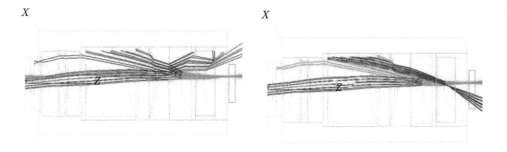

图 2.81 中继透镜组第 8,9 面以及第 9,10 面透射不完全光线追迹模型 (彩图见封底二维码)

在对系统进行杂散光分析后, 得到到达像面处的杂散光与像面总光能量的比值, 系统杂散光与视场对应关系示意图如图 2.86 所示, 横坐标代表不同的视场范围, 纵坐标代表杂散光比例值大小, 系统在分析过程中忽略了散射以及衍射因素, 并且设置机械表面不产生散射。

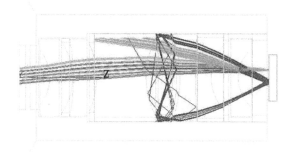

图 2.82 中继透镜组第 11 面与第 10 面相互作用光线追迹模型 (彩图见封底二维码)

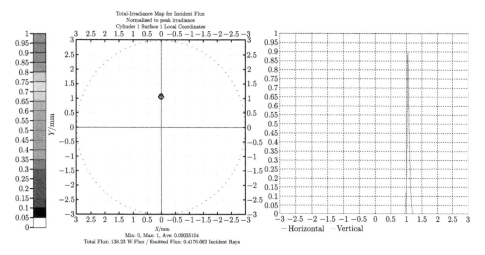

图 2.83 第 9, 10 面透射不完全像面杂散光分析示意图 (彩图见封底二维码)

从图 2.86 可以看出, 系统杂散光均得到很大的抑制。其中在 33° 附近会产生一定的杂散光, 根据 2.4 节中的讨论, 这部分杂散光主要因为没有经过头部单元内部反射作用而产生。通过在设计中改变光阑位置以及改变头部单元出射面面型, 该部分杂散光几乎得到消除。

在 41°~81° 的区间内, 所产生的杂散光是由中继透镜组透射面不完全透射引起的, 杂散光分布均在 0.051% 以下。

在 81°~100° 的区间内, 这部分杂散光主要是由前方向视场通道以及后方向视场通道入射角过大引起的, 通过设计中的优化控制, 同时在边缘区域采用吸光处理, 保证这部分杂散光最后全部进入头部单元边缘部分而被吸收, 最后保证这部分杂散光完全消失, 杂散光分布均为 0.0%。

在 100°~133° 的区间内, 与 41°~81° 的区间类似, 这部分杂散光同样是由中继透镜组透射面不完全透射引起的, 杂散光分布均控制在 0.069% 以下, 杂散光最后得到很大的抑制。

在 133°~145° 的区间内, 这部分区域杂散光很少, 根据讨论可知在头部单元内部非透射以及在反射面镀吸收膜就可以进行很大的抑制。

通过非序列光线追迹, 从仿真结果可以看出, 通过对杂散光抑制方法进行改进, 得到的全景环带系统取得了良好的杂散光抑制效果。

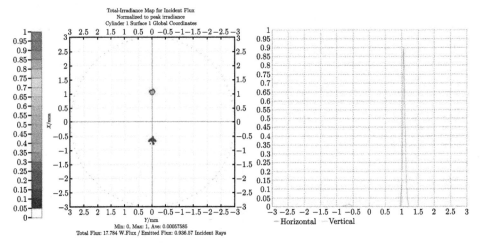

图 2.84 面反射光与第 10 面相互作用像面杂散光分析示意图 (彩图见封底二维码)

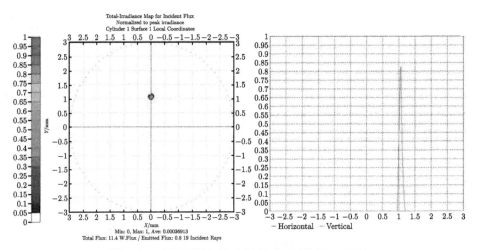

图 2.85 成像像面光斑示意图 (彩图见封底二维码)

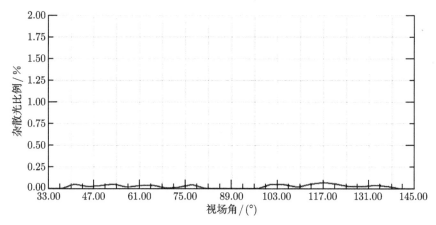

图 2.86 系统杂散光与视场对应关系示意图

参 考 文 献

[1] Lehner D L, Richter A G, Matthys D R. Characterization of the panoramic annular lens[J]. Experimental Mechanics, 1996, 36(4): 333-338.

[2] Martynov V N. New constructions of panoramic annular lenses: design principle and output characteristics analysis[C]. Proceedings of SPIE-International Society for Optics and Photonics, 2008, 7100: 710000.

[3] Malacara D, Thompson B J. Handbook of Optical Engineering[J]. New York: CRC Press, 2001.

[4] 金豪. 全景环形成像透镜的成像质量评价 [D]. 杭州: 浙江大学, 2006.

[5] 王道义, 黄大为. 全景环形透镜原理与特点剖析 [J]. 光学技术, 1998(1): 10-12.

[6] 薛峰. 基于全景成像的航道检测研究 [D]. 杭州: 浙江大学, 2008.

[7] 肖潇, 杨国光. 全景成像技术的现状和进展 [J]. 光学仪器, 2007, 29(4): 84-89.

[8] Zhao L F, Feng H J. Panoramic optical annular staring inspection system for evaluating the inner surface of a pipe[J]. Proceedings of SPIE, 2007: 6838.

[9] Hui D, Zhang M. Designs for high performance PAL-based imaging systems[J]. Applied Optics, 2012, 51(21): 5310-5317.

[10] Ma T, Yu J C. Design of a freeform varifocal panoramic optical system with specified annular center of field of view[J]. Optical Express, 2011, 19(5): 3843-3853.

[11] 牛爽, 白剑. 胶合式全景环带透镜的设计 [J]. 红外与激光工程, 2010, 39(2): 292-296.

[12] Zhu Z G, Riseman E M, Hanson A R. Geometrical modeling and real-time applications of a panoramic annular lens (PAL) camera system[J]. Amherst, University of Massachusetts, 1999.

[13] Solomatin V A. A panoramic video camera[J]. Journal of Optical Technology, 2007,

74(12): 815-817.

[14] Niu S, Bai J. Design of a panoramic annular lens with a long focal length[J]. Applied Optics, 2007, 46(32): 7850-7857.

[15] Martynov V N, Jakushenkova T I. New constructions of panoramic annular lenses: design principle and output characteristics analysis[C]. Proceedings of SPIE-International Society for Opticsand Photonics, 2008.

[16] Fest E. Stray Light Analysis and Control[M]. Bellingham: SPIE Press, 2013: 1-205.

[17] Lytle J D, Morrow H. Stray light problems in optical systems[C]. Proceedings of SPIE, 1977, 4: 18-21.

[18] Buffington A, Jackson B V. Wide-angle stray-light reduction for a spaceborne optical hemispherical imager[J]. Applied Optics, 1996, 35(34): 6669-6673.

[19] Breault R P. Problems and techniques in stray radiation suppression X stray light problems in optical systems[C]. Proceedings of SPIE-The International Society for Optical Engineering, 1977, 107: 2-23.

[20] 李晖, 李英才. 光学系统黑斑法杂散光系数和 PST 间的联系 [J]. 光子学报, 1996, 25(10): 920-922.

[21] 廖胜, 沈忙作. 红外光学系统杂光 PST 的研究与测试 [J]. 红外与毫米波学报, 1996, 15(5): 376-378.

[22] 原育凯. 光学系统杂散光消除方法 [J]. 大气与环境光学学报, 2007, 2: 6-10.

[23] Jin X R, Lin L. Analysis and protection of stray light for the space camera at geosynchronous orbit[J]. Proceedings of SPIE-The International Societyfor Optical Engineering, 2012, 855: 7-72.

[24] Shi R B, Zhou J K, Ji Y Q, et al. Stray light analysis and baffle design of remote sensing camera for microsatellite[J]. Proceedings of SPIE-International Society for Optics and Photonics, 2009, 7506: 75060T.

[25] Harvey J. Light-scattering characteristics of optical surfaces[J]. Proceedings of SPIE-International Society for Optics andPhotonics, 1977, 107: 41-47.

[26] Nicolas G, Chorier P. Scattering simulation software dedicated to the design of cooled infrared detector optical shielding[J]. Proceedings of SPIE-International Society for Optics and Photonics, 1998, 3436: 802-814.

[27] Johnson B R, Bernard R. Analysis of diffraction reduction by use of a Lyot stop[J]. JOSA. A, 1987, 8: 1376-1384.

[28] Sun J H, Lee H S, Lee J M, et al. Stray light analysis of SALEX instrument [J]. Proceedings of SPIE-International Society for Optics and Photonics, 2008, 7069: 1-14.

[29] Martin S. Stray-light problems in optical systems[J]. International Journal of Optics, 1979, 26(2): 163.

[30] Grochocki F, Fleming J. Stray light testing of the OLI telescope[J]. Proceedings of SPIE-International Society for Optical Engineering, 2010, 7794(1): 28-38.

第3章 视场拼接复眼光学系统

3.1 复眼的结构及其工作原理

本章介绍自然界中广泛存在的几种动物视觉系统。通过研究昆虫的复眼结构以及该结构的成像机理,我们不难发现,复眼具有小尺寸、大视场和高灵敏度的特点。与此同时,在目标探测领域,通过对复眼成像系统的程序特性的分析,发现复眼成像系统存在视距较短、分辨率较低等问题。最终,提出了克服现有问题的方法 —— 利用多通道成像缩放子眼系统。

3.1.1 单眼双目视觉系统

单眼双目视觉系统,或称单孔径视觉系统,其广泛存在于人和脊椎动物的视觉系统中,人眼视觉系统结构如图 3.1 所示。该视觉系统的工作原理就是利用双眼的视差在产生三维立体视觉的同时,还能够有效扩展视场的范围;单眼双目视觉系统获取高分辨率的影像,主要是通过视网膜中心部分的凹椎体细胞实现;而柱状感光细胞围绕在其四周,可以感知视野内的整体视像。这样的结构在确保视觉系统具有较高分辨率的同时,有效扩大了视野范围。

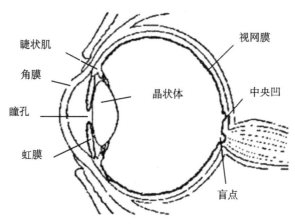

图 3.1 人眼视觉系统结构

虽然单眼双目视觉系统兼具高分辨率和高灵敏度的特点,但其视场较小、体积较大,使得使用者 (也就是人和脊椎动物) 必须移动眼睛,转动头,才能获取周边的大视场,在处理同时具有高分辨率和大视场的影像时,需要的脑容量比较大。

但是，单孔径视觉系统 (图 3.1) 体积大、消耗量大，无法胜任于体型较小的节肢动物。

3.1.2　复眼及其分类

20 世纪，科研工作者在大自然中发现的复眼结构有很多不同的类型，并列型和重叠型是根据其排列方式区分出来的两种类型。

图 3.2 是并列型复眼结构示意图。昆虫复眼的曲面结构是由上万个小眼紧密排列形成的。如图 3.2 所示，a 是小眼结构中的视轴；b 是角膜透镜；c 是晶锥；d 是感杆束。以小眼为单位，在每个小眼独立的视场范围内，入射光线要穿过角膜透镜和晶锥，到达感杆束，感杆束上的感光细胞引起复眼的感应。由此，我们发现，在并列型复眼结构中，感杆束只接收它所对应的角膜视场内的光线，二者是 "一对一" 的关系。

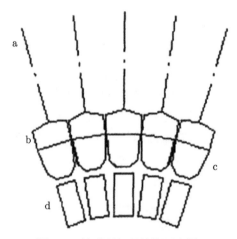

图 3.2　并列型复眼结构示意图

在图 3.3 所示的重叠型复眼结构中，A 为该类型复眼系统的孔径；角膜透镜 b 和晶锥 c 共同构成重叠复眼的屈光系统；经过屈光系统的光线经过一段透明区域 CZ 后，入射至感杆束 d 引起感光细胞响应。该结构小眼单元中的感杆束不但可以接收本身的折射光线，还可以接收来自其他小眼单元的折射光线。也就是说，各个角膜透镜可以接收各方光线传给多个光接收器，二者是 "多对多" 的关系 [1-3]。

并列型复眼与重叠型复眼根据其工作机理和结构的不同，又可以分别分出很多种类，我们可以进行详细介绍。

1. 并列型复眼

根据并列型复眼每个小眼都独立的特点，并列型复眼又可分为四种类型。

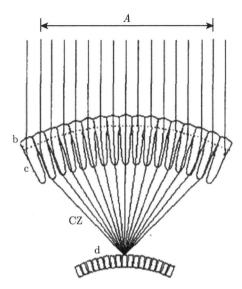

图 3.3　重叠型复眼结构示意图

1) 简单并列型

图 3.4 就是简单并列型复眼结构示意图,这是最简单、最直接的组成方式,角膜透镜上的感束杆被色素屏分开,色素细胞吸收了虚线所示的偏轴光线。

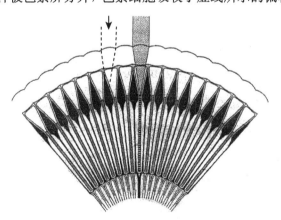

图 3.4　简单并列型复眼结构示意图

如图 3.4 所示,正透镜和感束杆组成了简单并列型复眼结构的每个小单元。从医学上看,这种结构普遍存在于动物的组织结构中。

2) 开放感束杆和神经重叠型

"开放感束杆和神经重叠" 可以解释为:动物视杆并非只是聚集在单一的某个感束杆上的情况,我们称其为 "开放感束杆";而一个视觉神经又可以接收不同的感杆束的情况,我们称其为 "神经重叠"。图 3.5(a) 就是同时具备以上两种情况的复眼结构 —— 开放感束杆和神经重叠型。

感杆束的排列形式通常为围绕式,图 3.5(b) 中的黑点就是不同的感杆束重叠到了同一个视觉神经上。

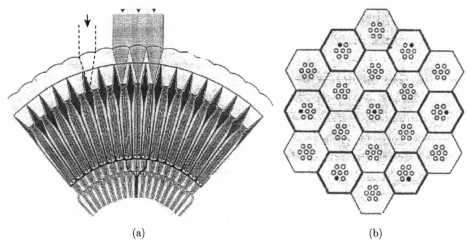

(a)   (b)

图 3.5   开放感杆束和神经重叠型复眼示意图

3) 无聚焦并列型

无聚焦并列型复眼结构与简单并列型复眼结构的不同之处在于晶锥。如图 3.6 所示,这样的光学系统结构并不简单,图中的角膜透镜依靠自身就可以聚焦到感杆

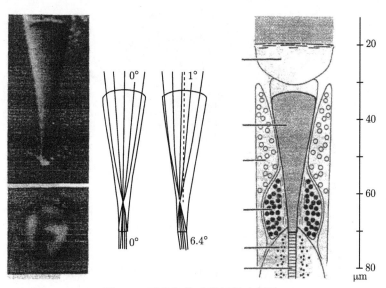

图 3.6   无聚焦并列型复眼示意图

束的末端,晶锥加强了会聚的作用。晶锥聚焦了从角膜射入的平行光,又以平行光发射到感杆束,这就是无焦系统。具有无焦系统的复眼我们叫作无聚焦并列型复眼。在这里,带着偏角的入射光束入射到感杆束上时,之前的偏角被放大了 6 ~ 7 倍。由于医学方面的限制,无法更加系统地解释无焦系统。

4) 透明并列型

透明并列型复眼结构 (图 3.7(a)) 是并列型复眼中特殊的一种,广泛存在于甲壳类动物中。透明并列型复眼中的透明缘于复眼中无色素,该特性使其拥有者在水中游动时很隐蔽,可作为伪装手段。加上长晶锥,如果没有其他替代结构完成各个单位的独立性,整个系统也就失去了并列型复眼应有的性质。

图 3.7(b)~(d) 表示几种不同的晶锥结构,在晶锥没有色素的条件下,可以保持独立性 [4-7]。

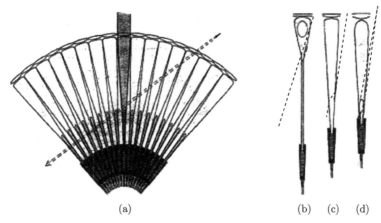

(a)　　　　　　　　　　　　(b)　(c)　(d)

图 3.7　透明并列型复眼示意图

2. 重叠型复眼 [8-14]

在大自然的进化中,生物为了更好地适应亮度比较低的黑暗环境,利用重叠型复眼结构提高自身对光的利用,也就是提高捕获光的能力。重叠型复眼利用每个小眼之间相互关联实现了这个功能。重叠型复眼可以根据其结构的不同分为三种主要类型。

1) 折射重叠型

从图 3.8 可以看到,折射重叠型复眼可以从上百的小眼中收集光线,然后聚焦到一个感杆束,主要是因为其具有很强折射能力的晶锥。这种结构可以大大提高动物对暗环境的适应能力。

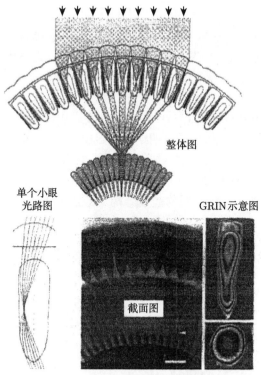

图 3.8　折射重叠型复眼示意图

2) 反射重叠型

一些动物的复眼晶锥因为具有光学均匀性，即使它们有典型的空区，也起不到渐变的折射率介质的作用。这种结构的截面是方形的，如图 3.9 所示，它利用光线反射来会聚光线，这就是反射重叠型复眼的特点。晶锥的侧壁组成了重叠成像的镜面。图 3.9 所示光路是反射倾斜的光束，是光在镜面上的两次反射和沿光轴方向传输的情况。

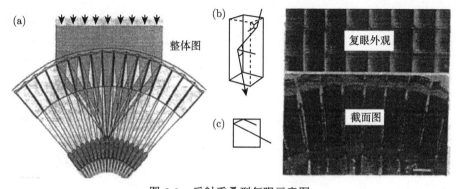

图 3.9　反射重叠型复眼示意图

3) 抛物线重叠型

最新提出的复眼结构如图 3.10 所示，角膜透镜聚焦在晶锥顶端。该结构的角膜透镜焦距短、空区宽阔、晶锥光学均匀，这些特点我们可以从图 3.9 中看到。倾斜的光线被反射，如图 3.10 所示。从横截面来看，晶锥的反射壁是环形的；从晶锥的剖面来看，光路是抛物线形状的，因此我们把它叫作抛物线重叠型复眼。其晶锥的反射壁的不同正是与反射重叠型结构的区别所在[15]。

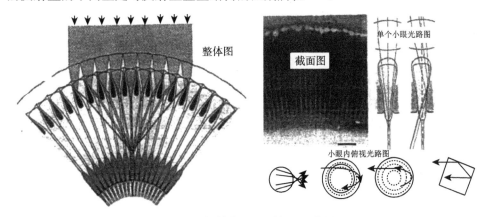

图 3.10　抛物线重叠型复眼示意图

3.1.3　并列型复眼的光学特性及成像特性

如之前所述，并列型复眼结构是由数量不等的子眼组成的，对于复眼中的每一个子眼，其光轴都沿着不同的方向，并列型复眼成像原理如图 3.11 所示。每一个子眼恰如一个微型透镜及其感光器，大量的子眼分布在半径为 R_e 的曲面形成昆虫

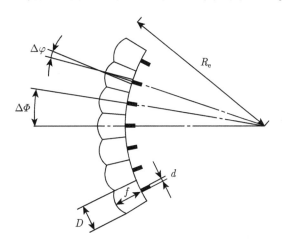

图 3.11　并列型复眼成像原理

复眼结构。每个微透镜的通光孔径为 D, 焦距为 f, 将立体角 $\Delta\varphi$ 内的入射光聚焦到感光细胞束上。为简单起见, 假设每一个感光细胞束作为一个感光单元, 且直径为 d。复眼在信息采集过程中存在着一个子眼间角 $\Delta\Phi$, 该角度即相邻子眼光轴夹角, $\Delta\Phi$ 的大小由子眼的通光孔径 D 及子眼分布半径 R_e 决定, 即

$$\Delta\Phi = \frac{D}{R_e} \tag{3.1}$$

子眼结构中的色素细胞有效地避免了相邻子眼间入射光线的串扰, 而曲面分布的多光轴结构可以实现利用较少的子眼快速增大复眼的整体视场的功能。

当物点位于小眼的光轴或光轴附近时, 才会有与物点相对应的感光结果, 最终图像的形成是所有小眼信号叠加的结果。每个小眼接收光线的角度大小 $\Delta\varphi$ 定义为: 根据 Spyro Criterion (斯派罗) 标准, $\Delta\varphi$ 是可以通过光学系统的两个亮点源的最小距离。在几何上, $\Delta\varphi$ 主要由 $\Delta\rho = d/f$ 决定, 表明了投影到物空间中的感杆的直径。同时光线透过晶体孔径发生衍射也会影响 $\Delta\varphi$。假设光的波长为 λ, 则最后

$$\Delta\varphi = \sqrt{\left(\frac{d}{f}\right)^2 + \left(\frac{1.22\lambda}{D}\right)^2} \tag{3.2}$$

一个物点受到衍射引起的模糊效应后成像为一个圆形的斑, 称为衍射斑或艾里斑。此处假设成像响应为高斯响应, 而 $1.22\lambda/D$ 是艾里函数半峰全宽 (FWHM) 的高斯近似。使用复眼的参数, 可以估计复眼的分辨率:

$$R_e \cdot \Delta\Phi \geqslant \frac{\lambda}{2} \tag{3.3}$$

由奈奎斯特采样频率可知 $v_s = 1/(2\Delta\Phi)$, 代入上式得出

$$R_e \geqslant 2\lambda v_s^2 \tag{3.4}$$

我们可以发现, 复眼半径与需要的分辨率的平方呈正比关系, 而单孔径眼半径与需要的分辨率呈线性关系, 因此, 在提高分辨率时, 同尺寸的复眼无法满足同时增加数量和尺寸的要求 [16-19]。

3.1.4 子眼系统的缩放

通过以上工作分析了限制复眼成像分辨率的复眼参数, 为克服复眼半径与子眼孔径在复眼系统成像过程中对分辨率的限制, 本书提出以缩放系统尺寸的方法实现多通道仿生复眼光学系统的设计思路。

根据生物并列型复眼的结构和生理特性可知, 构成复眼整体的子眼系统, 其结构和功能相对独立, 因此在缩放后的仿生复眼光学系统中各子眼系统满足单孔径光学系统的设计原则。

子系统的空间分辨率由探测器的截止频率 v_c 决定，其中

$$v_c = \frac{1}{2 \times \text{探测器像元尺寸}}$$

而由于缩放后的子眼系统孔径远远大于波长，解决了生物复眼中小孔径衍射效应对角分辨率的限制，此时极限分辨角主要由探测器像元尺寸 s 及系统焦距 f' 决定，即

$$\tan \Delta \varphi \approx \frac{s}{f'} \tag{3.5}$$

根据以上关系可知，通过比例放大法实现的多通道仿生复眼光学系统，其子眼在空间分辨率与角分辨率方面得到较大幅度提升。不仅如此，孔径与焦距的增大，克服了生物复眼中小孔径、短焦距造成的视距限制，使系统的可视距离具有更大的自由度。

通过以上分析，比例放大法可以克服生物复眼在实际工程应用中存在的诸多缺陷，但是随着系统的缩放，子眼系统的相对独立性增大。子眼系统的视场 2ω 遵循单孔径系统的物象共轭关系，即

$$\tan \omega = \frac{y'}{f'} \tag{3.6}$$

在实际应用中，由于子眼焦距和探测器的不同，仿生复眼系统中子眼视场间的重合变得复杂，而计算机的信息处理能力不及生物大脑，这使得仿生复眼成像技术在实际工程应用中受到极大限制，尤其是在军事和国防领域，往往需要信息的实时性。因此，在通过比例放大法提高仿生复眼系统性能的同时，研究仿生复眼多通道系统中子眼布局与子眼视场的关系变得极其重要。

3.2 仿生复眼光学系统视场拼接的理论

如前文所述，仿生复眼多通道系统中子眼布局与子眼视场关系是仿生复眼光学系统设计过程中的关键问题之一，前者决定了系统结构和尺寸参数，后者产生的眼视场重合度对后期图像处理工作具有重要意义。随着光电成像技术的不断发展，高集成性、信息处理快速性和准确性是科研工作者不断的追求。本章提出的仿生复眼多通道光学系统的视场拼接方法，在系统的总视场与子眼光学系统参数之间建立数学模型，分析子眼系统光学参数对子眼布局及总视场的关系，实现了仿生复眼系统设计从子眼参数到复眼参数的完全闭环，利用该方法可以根据实际应用的需要，快速分析子眼参数分配、子眼布局以及子眼视场重合情况，对仿生复眼成像系统从设计走向应用具有十分重要的意义。

3.2.1　视场拼接概念及其分类

视场拼接的方式一般分为两种主要类型,即内拼接和外拼接 [20]。

1. 视场内拼接

内拼接又称为像方拼接,其拼接形式又可分为直接拼接法和光学拼接法 [21]。

直接拼接法是将多个面阵感光元件在像面处直接拼接,如图 3.12(a) 所示。该方法的主要问题在于成像器件的选择与制备,需根据系统设计结果的不同对探测器光敏面的几何形状及像面尺寸提出不同要求,且往往加工精度较高,这种极具针对性的探测器件往往会很大程度地提高系统的成本。不仅如此,大孔径的系统镜头很难保证像面照度均匀性。而光学拼接法采用如图 3.12(b) 所示的结构,利用分光器件实现将视场分解并分别成像在各自的探测器,该方法的缺点是能量利用率低,为保证各探测器上一致的照度均匀性需提高分光级次,但是分光级次越多,系统的光能利用率越低,而且分光结构使系统结构布局复杂化,使系统很难满足预期的指标要求 [22-24]。

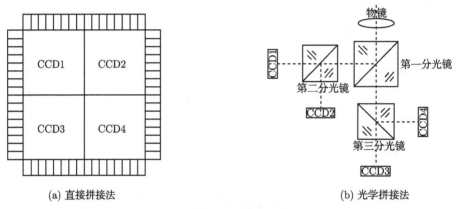

(a) 直接拼接法　　　　　　　　　　　(b) 光学拼接法

图 3.12　视场内拼接结构示意图

2. 视场外拼接

外拼接是通过计算,将多台成像设备确定的光轴夹角进行联合成像,使系统既能保证足够的分辨率要求,又能兼具较大的监测范围。

外拼接方式的优点在于,各子系统结构相对简单,且制造技术成熟、成本较低。外场拼接技术结合双目视觉原理,采用多组相机实现交会测量,如图 3.13 所示。在交会测量的实际应用过程中,往往需要两组相机具有较大的直线距离,而且测量的动态实时性较差 [25-27]。

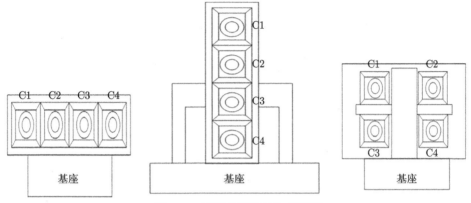

图 3.13 视场外拼接结构示意图

3.2.2 仿生复眼光学系统的视场拼接方法

通过 3.1 节复眼成像系统工作原理的研究,可利用缩放法克服生物复眼分辨率低、视距短的不足,但同时使子眼系统之间的视场关系复杂化。从 3.2.1 小节对视场拼接概念的介绍中不难看出,传统视场内拼接与外拼接都存在着诸多问题,如成像元件工艺要求高、照度均匀性差、系统空间要求过大等。本书从子眼系统的物像共轭关系入手,分析仿生复眼系统中子眼间的视场关系。

1. 子眼系统中的物像共轭关系

如前文所述,并列型生物复眼在结构上是由数量不等的子眼系统构成的,通过子眼系统低分辨率图像的 "镶嵌" 拼接方法实现大视场成像。在仿生复眼光学系统的设计中,通过比例方法,利用感光元件代替生物感光细胞,在有效提高子眼分辨率的同时,也实现了子眼系统的相对独立性。因此,仿生复眼光学系统中子眼系统的成像原理与单孔径光学系统一致,即满足如图 3.14 所示的物像共轭关系,即

$$y' = -f'\tan\omega \tag{3.7}$$

$$y' = \beta y \tag{3.8}$$

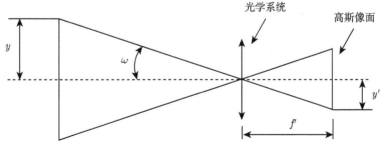

图 3.14 单孔径光学系统物像共轭关系

传统单孔径光学系统的设计过程中，入射窗决定了光学系统的成像范围，而入射窗与出射窗之间存在物像共轭关系。在无特定视场光阑的光学系统中，往往以探测器成像面作为系统的视场光阑，根据系统焦距 f' 与成像面对角线 $2y'$ 长度确定系统的最大视场角，即默认成像面外接圆为系统成像区域。

当单孔径系统线视场 $2y'$ 为确定值时，可对应不同长宽比的探测器，当系统焦距确定、探测器长宽比不同时，子眼系统对应的 X 和 Y 方向的视场角不同，在分析视场拼接过程中，增加了视场参数的不确定性。因此，在对复眼系统视场拼接的过程中应根据不同方向的视场拼接分别进行分析，建立复眼视场与子眼视场、子眼视场与子眼光学系统参数之间的统一关系，才能使仿生复眼视场拼接理论更具有普遍意义。

因此，本书以子眼系统焦距 f'、探测器尺寸 $x \times y$、子眼系统光轴夹角 $\Delta\Phi$、阵列周期 n 与仿生复眼总视场 $2w$ 为参数，将视场拼接过程分解为 X 方向视场 (w_x) 和 Y 方向视场 (w_y) 的拼接，并通过分析将各参数建立数学关系，提出一种具有普遍意义的圆周阵列分布子眼视场拼接方法。

2. 视场在 X 方向 (子午) 拼接

X 方向的视场拼接研究，其目的是利用视场在 X 方向的临界拼接条件确定阵列基元位置，根据基元位置 (即子眼视场情况) 确定 Y 方向阵列周期数。

X 方向视场拼接以 3 组元复眼系统为例进行分析，如图 3.15 所示。通过定义纵向基元数 N 来表征复眼系统的成像通道。其中 N 表示纵向基元位置，当 $N = 0$ 时，表示中心光学系统；当 $N = 1$ 时，将中心系统光轴绕 Y 轴旋转角度 $\Delta\Phi_1$ 确定纵向第 1 基元光学系统位置，再以中心光学系统光轴为旋转轴，阵列第 1 基元光学系统得到边缘第 1 阵列子系统位置；以此类推得到边缘第 2 阵列各子系统的

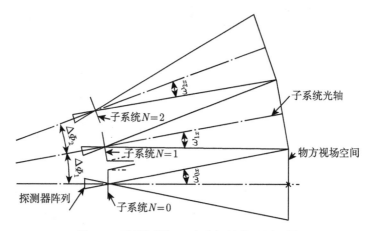

图 3.15   复眼系统 X 方向视场分配原理图

位置。因此，$\Delta\Phi_1$ 为中心光学系统与 1 级阵列透镜光轴夹角；$\Delta\Phi_2$ 为 1 级阵列透镜与 2 级阵列透镜光轴夹角。中心光学视场为 $2w_{0x}$，1 级阵列基元视场为 $2w_{1x}$，2 级阵列基元视场为 $2w_{2x}$。

在初期的分析过程中，近似子眼系统机械间隔为零，以中心光学系统边缘入射光线与相邻阵列系统的边缘入射光线平行时，作为视场无缝拼接的临界条件，根据图 3.15 所示的几何关系，相邻子眼系统视场与光轴夹角之间满足如下关系：

$$\begin{cases} \omega_{0x} + \omega_{1x} = \Delta\Phi_1 \\ \omega_{1x} + \omega_{2x} = \Delta\Phi_2 \end{cases} \tag{3.9}$$

但在实际设计与加工中，子眼的机械结构和子眼系统的固定使子眼系统间存在一定机械间隔，此时根据临界条件进行视场拼接，会在相邻子眼间出现一定的视场盲区，盲区的大小与相邻子眼机械间隔 $d_{i,i+1}$ 有关。

为保证视场拼接结果的无盲区原则，在临界条件基础上，增大相邻子眼的视场 w_{ix}，即通过相邻子眼系统视场重合以补偿子眼系统机械间隔 $d_{0,1}$，$d_{1,2}$ 引入的视场盲区，此时系统子眼视场与光轴夹角应满足如下关系：

$$\begin{cases} \omega_{0x} + \omega_{1x} \geqslant \Delta\Phi_1 \\ \omega_{1x} + \omega_{2x} \geqslant \Delta\Phi_2 \end{cases} \tag{3.10}$$

根据图 3.15 中几何关系分析，复眼系统视场角 $2W$ 与子眼视场、光轴夹角间满足以下关系：

$$W = \Delta\Phi_1 + \Delta\Phi_2 + \omega_{2x} \tag{3.11}$$

设角 $\theta_{i,i+1}$ 为实际系统中相邻子眼边缘视场夹角，则

$$\theta_{i,i+1} = w_{ix} + \omega_{(i+1)x} - \Delta\Phi_{i+1} \quad (i = 0, 1, 2, \cdots) \tag{3.12}$$

考虑机械间隔、系统工作距离及视场重合宽度之间存在的几何关系，则角 $\theta_{i,i+1}$ 满足：

$$\tan\theta_{i,i+1} = \frac{d_{i,i+1}}{l_{i,i+1}} = \frac{D_{i,i+1}}{L_{i,i+1} - l_{i,i+1}} \tag{3.13}$$

其中，$d_{i,i+1}$ 表示相邻子眼系统的机械间隔；$D_{i,i+1}$ 表示相邻子眼视场的重合宽度；$l_{i,i+1}$ 表示相邻子眼视场重合起始位置与复眼系统的距离；$L_{i,i+1}$ 表示复眼系统的工作距离。

在满足式 (3.12) 条件下，相邻子眼系统 $l \sim L$ 的空间距离内的视场空间无盲区。

由视场拼接临界条件入手，根据系统工作距离的使用要求，联立式 (3.11)~式 (3.13)，将复眼系统的 X 方向视场 $2W$ 与子眼系统视场 w_{ix}、机械间隔尺寸 $d_{i,i+1}$、工作距离 $L_{i,i+1}$ 及视场重合度 $D_{i,i+1}$ 之间建立数量关系。在实际应用设计过程中，

依据此数学关系可完成系统纵向视场的无盲区拼接，并确定子眼系统在 X 方向的分布位置。

3. 视场在 Y 方向 (弧矢) 拼接

根据确定的 X 方向子系统基元，通过阵列的子眼分布实现 Y 方向视场拼接。

采用基元阵列实现视场拼接的过程：利用基元子眼系统视场重合关系，获得具有周期规律性视场重合，以各阵列视场边缘无缝拼接为临界条件保证复眼系统的视场无盲区。阵列的形式主要分为矩形阵列和圆周阵列两种，如图 3.16 所示。

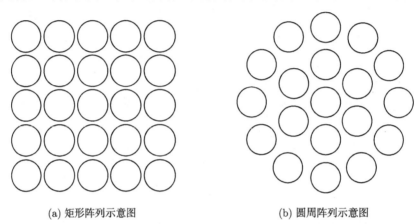

(a) 矩形阵列示意图   (b) 圆周阵列示意图

图 3.16   阵列形式示意图

其中图 3.16(a) 为矩形阵列，其特点是以 X 方向子眼位置为基元，向左右方向进行周期性阵列，相邻子眼系统 X 方向视场重合情况与基元重合情况相同，Y 方向的视场重合分析方法与 X 方向一致。但缺点在于，若采用矩形阵列的子眼分布，每个子眼系统在装调过程中应以相邻子眼为调整基准，在阵列周期较大过程中，以相邻子眼为基准的装调过程中容易累积角度误差，使视场重合的阵列规律性降低 [28]。而图 3.16(b) 所示的圆周阵列中具有较高的轴对称性，任意子眼位置都是对 X 方向基元位置的旋转，基准位置确定且唯一，在装调过程中通过旋转装调方法容易保证其装调精度。装调精度越高，视场重合的阵列规律性越强，稳定的视场重合周期对于后期图像的高速处理具有极其重要的意义。因此，本书以圆周阵列方式研究 Y 方向视场拼接方法，并根据视场重合关系确定子眼系统位置布局。

在 Y 方向视场拼接中，每个基元子眼系统分别作为各层阵列基元，其阵列周期 n 决定其基元所在圆周阵列层的视场情况。各层阵列之间既相互独立，又共同组成复眼系统的总体视场。

在单层阵列的视场拼接分析中，根据物像共轭关系，设尺寸为 $x \times y$ 的探测器，在工作距离为 L 时的物方视场空间为 $X \times Y$，则

$$\begin{cases} X = 2L \cdot \tan \omega_{ix} \\ Y = 2L \cdot \tan \omega_{iy} \end{cases} \tag{3.14}$$

设复眼系统第 i 层阵列的 X 方向边缘视场角为 W_{ix}, 则有

$$W_{ix} = \Delta\Phi_{i+1} + \omega_{ix} \tag{3.15}$$

当距离为 L 时, 复眼系统的视场空间边缘是以 R 为半径, 周长为 C 的圆形区域, 且

$$R = L \cdot \sin W_{ix} \tag{3.16}$$

$$C = 2\pi R = 2\pi \cdot L \cdot \sin W_{ix} \tag{3.17}$$

以阵列子系统的视场边缘彼此相接作为 Y 方向视场拼接的临界条件, 则有

$$n_i = \frac{2\pi \cdot L \cdot \sin W_{ix}}{Y} \tag{3.18}$$

整理得

$$n_i = \frac{2\pi \cdot L \cdot \sin\left(\sum_{i=1}^{i} \Delta\Phi_i + \omega_{ix}\right)}{2 \cdot L \cdot \tan W_{iy}} \tag{3.19}$$

又因为

$$\begin{cases} \tan W_{ix} = \tan \omega_{ix} = \dfrac{x}{2f'} \\ \tan W_{iy} = \tan \omega_{iy} = \dfrac{y}{2f'} \end{cases} \tag{3.20}$$

则有

$$n_i = \frac{\pi g \sin\left(\sum_{i=1}^{i} \Delta\Phi_i + \arctan\left(\dfrac{x_i}{2f'}\right)\right)}{\dfrac{y_i}{2f'}} \tag{3.21}$$

系统在实际设计和应用过程中, 往往空间尺寸有限, 实际阵列周期数与临界条件不同, 此时子眼系统的视场重合情况也发生了变化。因此对不同阵列周期数下的视场重合情况进行了分析, 其结果如下。

(1) 当实际阵列周期数 $n_{\mathrm{I}} = n_i$ 时, 子眼阵列系统视场边缘能够依次相接, 视场无盲区;

(2) 当实际阵列周期数 $n_{\mathrm{I}} > n_i$ 时, 子眼阵列系统视场边缘能够依次相接或重合, 视场无盲区;

(3) 当实际阵列周期数 $n_I < n_i$ 时，相邻子眼系统视场边缘不能相接或重合，即产生视场盲区，且盲区位置同样具有阵列特性。将式 (3.21) 进行变形，得到

$$\frac{x_i}{2f'} = \tan\left[\sin^{-1}\left(\frac{ny_i}{2\pi f'}\right) - \sum_{i=1}^{i}\Delta\Phi_i\right] \tag{3.22}$$

根据式 (3.22) 可以计算当阵列周期数 $n_I < n_i$ 时，探测器上图像重合的点坐标，计算出系统的无盲区视场 $2W'$。此时，可通过填补子眼法补充盲区视场，设该子眼全视场为 $2\omega_b$，则拼接无盲区时，该系统光轴与中心光轴夹角 $\Delta\Phi_b$ 应满足下式确定的边界条件：

$$\Delta\Phi_b \leqslant W' + \omega_b \tag{3.23}$$

该系统视场中心位于前一阵列系统中相邻两个子眼视场夹角的角平分线上，图 3.17 为填补后视场拼接示意图。其中，虚线矩形区域为填补子眼的视场空间。

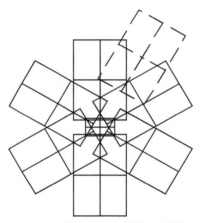

图 3.17　填补后视场拼接示意图

综上所述，利用本书提出的仿生复眼视场拼接方法，在复眼光学系统的设计过程中可根据视场拼接的实际需要，以及系统的使用要求，确定各子眼系统的光学参数和子眼阵列的周期数。

3.3　视场拼接复眼光学系统光学设计

3.3.1　系统技术参数及设计方案

1. 系统技术参数

视场拼接复眼光学系统的技术参数及指标如表 3.1 所示。

表 3.1 视场拼接复眼光学系统的技术参数及指标

技术指标	数值
工作波段	可见光
复眼视场	全视场不小于 50° 大视场范围内捕获，局部高分辨识别
目标尺寸	目标大小约 3m × 4m
探测距离	不小于 3km
识别距离	不小于 2km
复眼阵元	不少于 19 个
系统口径	不大于 200mm

本书所选探测器件性能指标如下：

(1) 像面分辨率：$752\,(V) \times 480\,(H)$；

(2) 单个像元尺寸：$6\mu m\,(V) \times 6\mu m\,(H)$；

(3) 探测器靶面尺寸：$4.51mm\,(V) \times 2.88mm\,(H)$；

(4) 响应光谱范围：可见光波段。

2. 技术参数分析及设计方案

根据技术指标要求，欲利用生物复眼的子眼曲面分布和多光轴特性，实现大范围实时探测，同时对感兴趣目标实现高分辨率识别。针对系统的使用要求，本书将生物并列复眼与跳蛛眼光学功能特性结合，依据本书研究的仿生复眼光学系统视场拼接方法，提出了一种基于视场拼接的仿生复眼光学系统。

本书设计的视场拼接仿生复眼光学系统主要由两部分组成：中心光学系统和边缘阵列子眼光学系统。其中，中心光学系统口径相对边缘阵列子眼光学系统要大，焦距相对较长，具有较高的空间分辨率，相应的视场范围较小，主要功能是实现对目标的高分辨率成像，为后端提供目标的较高分辨率图像，便于系统对目标的识别和跟踪；边缘阵列子眼光学系统口径和焦距都相对较小，具有较大的视场范围，但系统分辨率相对较低，主要用于完成目标的较低分辨率成像，以及实现大视场范围内的目标捕获。

在结构上，该系统利用子眼曲面分布特性，能够快速提高复眼凝视视场；利用仿生复眼光学系统视场拼接方法，可将子眼的球面布局与仿生复眼的子眼视场重合情况进行数学分析，根据使用要求的不同，有效控制视场范围及视场重合情况。

在功能上，根据单孔径眼的尺寸与分辨率的线性关系，利用比例放大法克服了生物复眼子眼小孔径、短焦距带来的分辨率低、视距短的功能缺陷；利用复眼系统多光轴特性，提高大视场情况下视场边缘成像质量及照度均匀性；将生物跳蛛眼功能的独立性与生物复眼多光轴大视场成像结合，使该系统能够实现边缘大视场低分辨率捕获、对感兴趣目标高分辨率识别的光学特性。

在前文的分析中可知,利用比例放大法对生物复眼进行的仿生设计中,各子眼间可以看作相互独立的单孔径光学系统进行分析。因此,在子眼系统的光学参数计算和设计过程中,将视场拼接复眼光学系统光学设计分为中心光学系统设计和边缘阵列子眼光学系统设计,并根据前文提出的仿生复眼光学系统视场拼接方法,将子眼系统参数与复眼系统参数建立数学关系并进行子眼布局的分析,并最终完成视场拼接复眼光学系统设计,实现系统功能。

3.3.2　视场拼接复眼光学系统光学设计

1. 系统分辨率分析

技术指标要求中指出,对于 3km 远车辆大小的目标,中心光学系统分辨率应满足系统高分辨识别及确认的使用要求,边缘阵列光学系统应满足目标捕获的使用要求。因此,本书利用 Johnson 判别准则分别对中心光学系统及边缘阵列光学系统的空间分辨率进行分析,进而确定各系统焦距。

Johnson 把视觉辨别分为四大类,即探测、取向、识别和确认。光学系统在单位张角内可分辨条杆或黑白相间条纹的最大周期数一般用来表征系统的空间分辨能力。在此基础上,Johnson 判别准则中将单位张角修正为目标最小尺寸的张角,以光学系统在此张角下可分辨的条杆或条纹数来评价系统的辨别能力。当以探测器作为成像器件的凝视光学系统时,应对一维识别模型中指出的最小空间周期数进行修正,各项周期数乘以二维因子 0.75,即识别模型。表 3.2 是工业上采用的 Johnson 判别准则 [29,30]。

表 3.2　工业上采用的 Johnson 判别准则

判别等级	含义	一维目标最小 尺寸上的周期数	二维目标最小 尺寸上的周期数
探测	存在一个目标,把目标从背景中分别出来	1.0	1.0
识别	识别出目标属于哪一类别	4.0	$3.0 \sim 4.0$
确认	能够认出目标,并清晰地确认目标类别	8.0	6.0

Johnson 判别准则已成为今天所用的目标辨别方法学的基石,但随着计算机技术和探测器技术的不断发展,在实际任务要求中应根据 Johnson 判别准则对周期数进行修正。

本书中所提出的设计方案中指出,中心系统完成对目标的识别与确认工作,边缘阵列光学系统完成对大视场范围内目标的捕获工作。因此利用 Johnson 判别准则分别分析。

设探测器上识别 3km 远大小为 3m × 4m 目标时需要的最小像元数为 $x \times y$,探测器分辨率为 752×480,像元尺寸为 6μm,当目标大小为 3m × 4m 时,则有如

下关系:

$$\frac{\sqrt[2]{x^2 + y^2} \times 6\mu m}{f'} = \frac{\sqrt[2]{3^2 + 4^2}m}{3km}$$

根据上式中所述关系可知,焦距与系统空间分辨率成正比。根据采用探测器靶面尺寸及像元尺寸,不同焦距下系统分辨率如表 3.3 所示。

表 3.3 不同焦距下系统分辨率

探测器对角线半高度/mm	光学系统参数				
	物距/m	焦距/mm	物体对角线/m	像方对角线长度所占像元数	3m 对应像元数
2.675	3000	10	5	1.97	1.67
2.675	3000	20	5	3.93	3.33
2.675	3000	30	5	5.90	5
2.675	3000	40	5	7.86	6.67
2.675	3000	50	5	9.82	8.33
2.675	3000	60	5	11.79	10
2.675	3000	70	5	13.75	11.67
2.675	3000	80	5	15.72	13.33
2.675	3000	90	5	17.68	15

根据以上关系,最终确定边缘阵列系统焦距为 20mm,中心光学系统焦距为 60mm。利用仿生复眼光学系统中子眼的相对独立性,以及单孔径成像系统设计方法分析各子眼光学系统参数并完成设计工作。

2. 中心光学系统设计

1) 系统相对孔径的确定

光学相对孔径往往由系统的内部参数与外部参数共同确定,其中内部参数主要是探测器件的灵敏度,外部参数主要是指系统工作环境的最低照度以及该环境下待测目标的反射特性[31]。根据系统内部与外部参数的关系,相对孔径可由下式进行计算:

$$F \leqslant \sqrt{\frac{\pi \rho \tau E}{4E'}} \tag{3.24}$$

其中,τ 为光学系统透射率;ρ 为目标反射率;E 为环境最低照度;E' 为探测器正常工作的最低照度,一般靶面的最低工作照度为 0.05lx。$\tau = 64\%$,$\rho = 11\%$,则

$$F \leqslant \sqrt{\frac{\pi \rho \tau E}{4E'}} = \sqrt{7.04} \approx 2.6$$

考虑实际加工及装调误差,取 $F^{\#} = 2.3$。

2) 视场 2ω

利用单孔径光学系统中的物像共轭关系，可以确定中心光学系统的视场角。其中，探测器靶面尺寸 $4.51\text{mm} \times 2.88\text{mm}$，对角线半高度 $y' = 2.675\text{mm}$，则有

$$2\omega = \omega' = \arctan\left(\frac{y'}{f'}\right) = \arctan\left(\frac{2.675}{60}\right) = 2.55°$$

中心光学系统全视场角 $2\omega = 5.1°$，其中，

$$2\omega_x = 2\omega'_x = \arctan\left(\frac{4.51}{2 \times 60}\right) = 4.3°$$

$$2\omega_y = 2\omega'_y = \arctan\left(\frac{2.88}{2 \times 60}\right) = 2.75°$$

3) 系统分辨率

为确保探测器性能的充分利用，光学系统的分辨率应大于探测器奈奎斯特分辨率，即

$$\text{空间分辨率} \geqslant \frac{1}{2 \times 0.006} \approx 83.3\text{lp/mm}$$

由探测器的参数计算其奈奎斯特频率为 83.3lp/mm，所以在此处对系统进行评价。

系统的角分辨率为

$$\text{角分辨率} = \arctan\frac{0.006}{60} \approx 20''$$

通过以上计算结果，可以确定中心光学系统的光学参数，具体参数如表 3.4 所示。

表 3.4　中心光学系统光学参数

名称	参数
焦距	60mm
视场 ω	$4.3° \times 2.75°$
$F^\#$	2.3

3. 光学系统设计

1) 初始结构的建立

利用现代光学自动设计方法，根据系统参数选择合适的初始结构，采用缩放法建立系统的初始结构。由于系统 F 数相对较小，空间分辨率要求较高，最终选择佩茨瓦尔 (Petzval) 物镜作为系统初始结构，其光学参数如表 3.5 所示，其结构参数如表 3.6 所示，系统结构及其成像质量如图 3.18 所示。

表 3.5 中心光学系统初始结构光学参数

名称	参数
焦距	76mm
半视场 ω	2°
$F\#$	2

表 3.6 中心光学系统初始结构参数

表面类型	半径/mm	厚度/mm	材料
标准面	49.20	8	H-LAK5A
标准面	−180.10	2.42	
孔径光阑	−69.47	6	ZF10
标准面	86.73	14.52	
标准面	66.46	15	H-LAK5A
标准面	−69.09	18.38	
标准面	−29.09	3.06	ZF10
标准面	−47.25	31.583	
像面	无限	—	

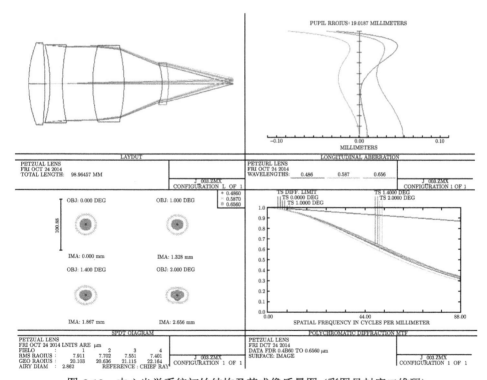

图 3.18 中心光学系统初始结构及其成像质量图 (彩图见封底二维码)

根据图 3.18 中信息, 系统参数与目标值比较接近, 由系统成像质量图可知, 系统成像质量较好, 残余像差较小, 作为系统设计的初始结构, 对其结构和成像质量进行进一步优化。

2) 系统优化设计结果

利用 ZEMAX 光学软件对系统初始结构进行优化设计, 进而校正系统参数, 提高系统成像质量。

最终得到满足要求的中心光学系统, 设计结果如表 3.7 所示, 系统结构及其成像质量如图 3.19 所示。在设计结果的结构方面, 表 3.7 中系统结构参数及图 3.19 中

表 3.7　中心光学系统设计结果

表面类型	半径/mm	厚度/mm	材料
标准面	37.07	11.00	H-ZK21
标准面	−85.51	4.30	—
标准面	−47.89	4.00	ZF10
标准面	78.48	15.70	—
孔径光阑	无限	9.70	—
标准面	35.12	4.96	ZBAF1
标准面	−36.98	4.00	—
标准面	−25.33	3.96	ZF5
标准面	−87.74	26.29	—
像面	无限	—	—

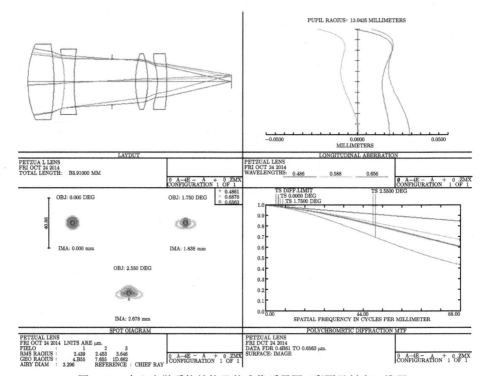

图 3.19　中心光学系统结构及其成像质量图 (彩图见封底二维码)

系统结构图显示，通过优化设计，系统中各镜片结构参数更加合理；材料方面，普通材料替换镧系光学材料有效降低了系统成本，系统通常进一步缩短至 83.9mm；在成像质量方面，系统轴向像差得到进一步校正，光学系统在 2.55° 视场范围内成像质量良好，点列图中最大视场点列图 RMS 值最大且小于 3.7μm，空间频率在 88lp/mm 处系统各视场下 MTF 均在 0.4 以上，设计结果满足成像要求。

4. 边缘阵列光学系统设计

1) 系统参数确定

边缘阵列光学系统的参数分析过程与中心光学系统相似，但由于功能要求不同，其参数产生相应变化。最终确定边缘阵列子眼光学系统的光学参数如表 3.8 所示。

表 3.8   中心光学系统光学参数

名称	参数
焦距	20mm
视场	$6.43° \times 4.13°$
$F^{\#}$	2.6

2) 光学系统设计

A. 初始结构的建立

同样根据光学系统参数，选择合适的专利镜头，利用缩放法建立系统初始结构。边缘阵列光学系统相对于中心光学系统，具有孔径小、焦距较短、视场较大的特点，根据系统参数选择一款 3 片分离式物镜作为系统初始结构，根据目标值调整参数后，其结构参数如表 3.9 所示，系统结构及其成像质量如图 3.20 所示。

表 3.9   边缘光学系统初始结构参数

表面类型	半径/mm	厚度/mm	材料
标准面	8.95	2.06	H-ZK6
标准面	无限	0.74	——
孔径光阑	无限	1.08	——
标准面	−18.48	1.07	F13
标准面	8.30	1.1	——
标准面	13.41	2	H-ZK6
标准面	−15.32	14.724	——
像面	无限	——	——

如表 3.6 与图 3.20 中所示，系统结构较为合理，但成像质量较差，可作为初始结构对其结构参数和成像质量进行进一步优化。

B. 光学系统设计

利用 ZEMAX 光学软件对系统初始结构进行优化设计，进而校正系统参数，提高系统成像质量。

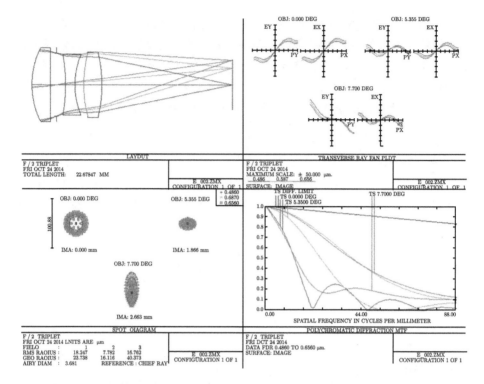

图 3.20　边缘阵列光学系统初始结构及其成像质量图 (彩图见封底二维码)

　　最终得到满足要求的边缘光学系统, 设计结果如表 3.10 所示, 系统结构及其
成像质量如图 3.21 所示。如表 3.10 及图 3.21 中所示, 通过材料选择和对系统结构
参数的优化设计, 系统成像质量得到显著提高, 系统轴外像差得到进一步校正, 中
心光学系统在 2.55° 视场范围内成像质量良好, 点列图中最大视场点列图 RMS 值
最大且小于 4.8μm, 空间频率在 88lp/mm 处系统各视场下的 MTF 均在 0.35 以上,
设计结果满足成像要求。

表 3.10　边缘光学系统最终结构参数

表面类型	半径/mm	厚度/mm	材料
标准面	8.19	4.24	H-ZBAF5
标准面	无限	0.50	—
孔径光阑	无限	0.80	—
标准面	−19.70	2.00	ZF6
标准面	5.89	2.00	—
标准面	10.77	4.00	H-ZBAF5
标准面	−13.07	12.49	—
像面	无限	—	—

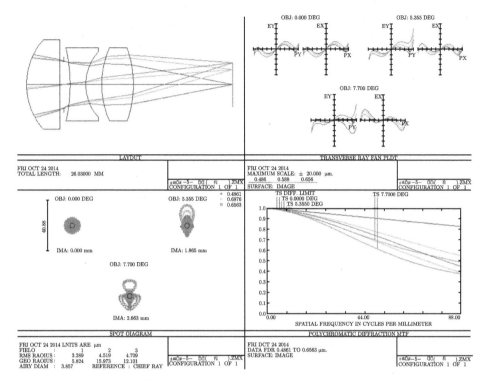

图 3.21 边缘阵列光学系统结构及其成像质量图 (彩图见封底二维码)

3.4 视场拼接复眼光学系统实验及结果分析

本书根据昆虫复眼多光轴大视场特性，提出了仿生复眼光学系统的视场拼接方法，并根据该方法设计了 29 组元的视场拼接复眼光学系统。由于 29 组元仿生复眼光学系统加工制造成本较高，为节约原理验证实验的成本，本书在完成设计工作后加工 13 组元样机，以视场临界拼接条件确定 1 级阵列中 12 个子眼光学系统的位置布局，通过 13 组元样机成像结果及视场重合情况与仿真结果进行对比，验证视场拼接理论及系统设计的正确性。

3.4.1 原理样机系统的加工制造

13 组元样机由 12 个边缘阵列子眼系统和 1 个中心高分辨率光学系统组成，其边缘阵列子眼位置参数如表 3.11 所示，并依照前文子眼光学系统设计结果。

依据《光学设计手册》和加工企业的加工精度，给定光学元件的加工公差。无论是中心镜头还是边缘阵列子眼镜头均采用同一款 CMOS (互补金属氧化物半导体) 探测器，并且该探测器光敏面芯片封装在外径为 $\phi 24\text{mm}$ 的 PCB (印刷电路板)

板内。依据现在比较成熟的装调方法，采用修切垫片的方式调整子眼镜头物镜像面位置与 CMOS 探测器光敏面的轴向距离，通过螺纹连接最终达到二者重合。利用光学 MTF 仪对加工装调后的子眼系统轴上的成像质量进行评价，结果如图 3.22 所示。

表 3.11   13 组元样机边缘阵列子眼系统位置参数

子眼标号	$(\Delta\Phi,\gamma)$	子眼标号	$(\Delta\Phi,\gamma)$
1	$(7.8°,0°)$	7	$(7.8°,180°)$
2	$(7.8°,30°)$	8	$(7.8°,210°)$
3	$(7.8°,60°)$	9	$(7.8°,240°)$
4	$(7.8°,90°)$	10	$(7.8°,270°)$
5	$(7.8°,120°)$	11	$(7.8°,300°)$
6	$(7.8°,150°)$	12	$(7.8°,330°)$

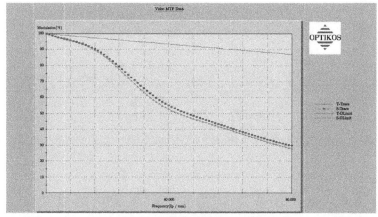

(a) 实测中心光学系统轴上MTF曲线

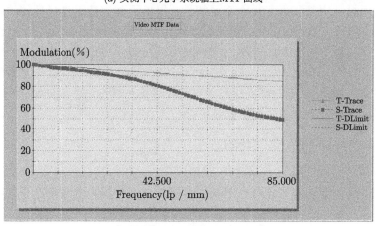

(b) 实测边缘光学系统轴上MTF 曲线

图 3.22   实测子眼光学系统 MTF 数据图 (彩图见封底二维码)

系统 MTF 检测数据结果说明,子眼光学系统的设计与装调结果,满足系统设计任务的成像要求,可以利用该子眼光学系统进行成像实验。

依据仿生复眼镜头在曲面上的阵列排布规律,结合边缘阵列子眼光学系统与中心子眼光学系统的光轴夹角,以及各个子眼镜头探测器工作像面在其垂直于光轴方向的旋转角两个重要参数的要求,设计球面固定本体,如图 3.23 所示。该本体采用精密五轴加工中心进行加工,因为五轴加工中心轴向转角精度可以达到角秒级,也就是孔位的轴线方向均指向球面固定本体的球心,并且各个孔位轴线夹角满足设计值。当各个子眼镜头安装调试后,可确保子眼系统的光轴夹角满足设计要求。

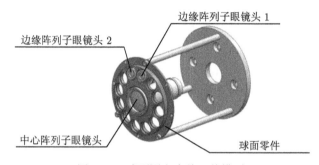

图 3.23 球面固定本体工装模型

3.4.2 复眼光学系统的装调方法研究

当中心子眼镜头及边缘阵列子眼镜头装配和测试完成之后,如何将子眼镜头安装在曲面固定本体上是此次装调的难点。按照子眼镜头在曲面上的排列分布规律以及表 3.11 给出的子眼位置参数要求,本书利用自准直经纬仪以及计算机图像处理技术来完成各个子眼镜头的安装调试。

1. 自准直经纬仪辅助装调方法

本书采用自带辅助光源的自准直经纬仪进行装调,其内部在物镜的焦面位置上安装有十字丝分划板,当有辅助光源对其照射时,通过调整物镜焦平面的位置,经纬仪会向外发出一束平行光模拟无穷远处景象。通过中心子眼镜头的接收,可以在其像面上形成清晰的十字丝像,将十字丝像的交点调整至像面中心位置,此时可认为经纬仪的光轴与系统光轴严格平行,记录经纬的角度数据。保证经纬仪的水平转角不变,俯仰角相应转动 $\Delta\Phi$ 角。

设计球面固定本体工装,如图 3.23 所示,可以使球面固定本体的旋转机械轴调整至与中心子眼镜头的光轴平行,将边缘阵列子眼镜头插入任意孔位并旋转本体,当十字丝像调整至边缘阵列子眼镜头的像面中心时,可以说明两个问题:① 两个系统的光轴满足了设计值 $\Delta\Phi$;② 两系统光轴所在平面与铅垂方向平行。此方

法适用于 $\Delta\varPhi$ 较小以及镜头口径较小的情况,当夹角 $\Delta\varPhi$ 角度较大时可利用两台经纬仪在水平面内经过互瞄对准一次,进而确定边缘子眼镜头的装调基准,并进行调整,其原理是相同的。

光轴夹角 $\Delta\varPhi$ 的严格保证是各个子眼镜头的物方视场空间的重合区域精确控制的关键,在保证没有盲区的前提下,物方视场空间的重合区域越小越好,可以为后期图像处理提供精确的重合空间。

2. 计算机图像处理技术辅助装调

根据物方视场空间的分布情况,实际子眼镜头的视场窗在垂直于光轴的方向是有一定量的旋转角度的,按照表 3.11 所给出的各个子眼镜头相对于中心子眼镜头 CMOS 探测器工作面的旋转角度参数,决定采用计算机图像处理技术进行辅助装调。

将采集到的十字丝像用 MATLAB 编写的图像处理程序进行处理,其原理是应用霍夫变换和最小二乘法拟合直线,并计算直线的斜率。通过斜率值可以确定像面视场窗在垂直于光轴方向上旋转了多少角度,进而为子眼镜头的装配调试提供参考依据。

当子眼镜头的光轴与自准直经纬仪的光轴严格平行时,十字丝像的交点位于像面的视场中心,当子眼镜头的视场窗在垂直于光轴方向且并未发生旋转时,经子眼系统最终采集到的图像如图 3.24(a) 所示;当子眼镜头的视场窗在垂直于光轴方向且发生旋转时,经子眼系统最终采集到的图像如图 3.24(b) 所示。

(a) 视场窗在垂直于光轴方向且无旋转   (b) 视场窗在垂直于光轴方向且有旋转

图 3.24   经纬仪十字丝像

在此过程中需要强调,经纬仪作为辅助参考提供十字丝像,利用经纬仪自身的安平装置,将仪器调至与大地水平然后将经纬仪固定不动,进行子眼镜头的装调。在旋转过程中十字丝像的交点要始终落在探测器像面的几何中心上。

为了保证球面固定本体可以在垂直于中心子眼系统光轴方向上进行旋转,设计了球面固定本体的辅助工装,并将其固定在电控五维调整架的旋转台上,如图 3.25 所示。

图 3.25 装调实验过程

通过调整, 当旋转台工作时, 经纬仪的十字丝像的交点在探测器像面的中心位置不动, 可以证明经纬仪的光轴, 中心子眼镜头的光轴严格平行并保持一致, 与此同时两根光轴和旋转机械轴均保持平行, 确保了系统整体装调的同轴度的要求。

根据前文所述装调方法, 首先边缘阵列子眼镜头调整至其光轴和经纬仪的光轴严格平行, 然后旋转子眼镜头, 当从十字丝像的处理数据中读出 90° 时停止旋转, 利用螺纹压圈固定镜头, 完成一个子眼镜头的装调。

利用电控旋转台, 旋转调整球面固定本体, 依次安装边缘阵列子眼镜头至相邻孔位并调整, 调整方法如前叙述。在装调边缘阵列子眼镜头时, 经纬仪始终保持不动。当完成边缘阵列子眼镜头的装调后, 将经纬仪复位, 只能调整经纬仪的俯仰角, 重新将十字丝像调至探测器像面中心位置, 单独旋转中心子眼镜头直至从十字丝像的处理数据中读出 0° 时 (图 3.26), 停止旋转。至此, 系统整体装调结束。

原始图像   0

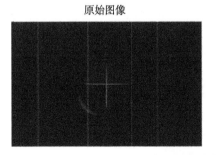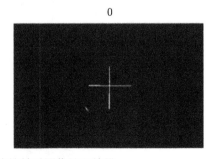

图 3.26 中心子眼镜头未发生旋转时图像处理结果

3.4.3　复眼光学系统成像实验结果及数据分析

实验过程中,利用安装调试好的 13 组元仿生复眼成像系统样机进行成像实验,成像结果如图 3.27 所示。其中图 3.27(a) 为各个子眼系统成像结果,图 3.27(b) 为视场拼接结果,其中虚线填充区域为两系统视场重合区域。根据成像结果显示,样机中边缘阵列子眼成像系统的成像结果和图像拼接结果,与视场拼接的模拟结果基本一致,样机视场范围内无盲区。尺长重合具有位置确定性和阵列周期性,而对于视场重合度的大小,可根据实际需要,依据前文提出的方法对子眼布局方式进行调整,进而实现对子眼间视场重合度的调整。

(a) 子眼系统成像　　　　　　　　　　　　(b) 视场拼接图像

图 3.27　图像采集结果

图 3.28 为图 3.27(b) 中矩形区域内目标的局部图像,该目标距观测点约 3km,如图 3.28 所示,边缘阵列系统分辨率能够捕获 3km 远窗体轮廓,窗体实际大小一般为 5m,因此系统分辨能力和成像质量满足设计要求。

图 3.28　目标局部图像

综上所述, 13 组元样机成像实验的成像结果与基于视场拼接理论进行的视场仿真结果一致, 而子眼系统能够分辨 3km 远窗体目标, 由于技术指标中的车辆目标大小一般大于窗体, 据此可知边缘阵列系统分辨率能够满足捕获目标的分辨率要求。因此, 13 组元样机的实验成功, 不仅验证了前文所提的视场拼接理论, 更说明了 29 组元及更多组元视场拼接复眼光学系统的设计和应用的可行性与正确性。

参 考 文 献

[1] 高爱华, 朱传贵. 多孔径光学仿复眼图像采集原理 [J]. 西北大学学报 (自然科学版), 1997, 04: 10-13.

[2] Land M F. Variations in the structure and design of compound eyes[J]//Facets of Vision. Berlin, Heidelberg: Springer, 1989: 90-111.

[3] Land M F. Handbook of Sensory Physiology[M]. Berlin, Heidelberg, New York: Springer, 1981.

[4] Francisco G, Varela, Wiitanen W. The optics of the compound eye of the honeybee (apis mellifera)[J]. The Journal of General Physiology, 1970, 55(3): 336-358.

[5] Jeffrey S S, Halford C E. Design and analysis of apposition compound eye optical sensors[J]. Optical Engineering, 1995, 34(1): 222-235.

[6] Ogata S, Ishida J, Sasano T. Optical sensor array in an artificial compound eye[J]. Optical Engineering, 1994, 33(11): 3649-3655.

[7] 周智伟. 光学多孔径成像系统成像性能研究 [D]. 北京: 北京工业大学, 2013.

[8] Pavani S R P, Moraleda J, Stork D G, et al. 3D imager design through multiple aperture optimization[M]. DOI: 10.1364/COSI.2011.JTuD4.

[9] Ko H C, Stoykovich M P, Song J, et al. A hemispherical electronic eye camera based on compressible silicon optoelectronics[J]. Nature, 2008, 454(7205): 748-753.

[10] Portnoy A, Pitsianis N, Sun X, et al. Design and characterization of thin multiple aperture infrared cameras[J]. Applied Optics, 2009, 48(11): 2115-2126.

[11] Son H S, Marks D L, Hahn J, et al. Design of a spherical focal surface using close-packed relay optics[J]. Optics Express, 2011, 19(17): 16132-16138.

[12] Song Y M, Xie Y, Malyarchuk V, et al. Digital cameras with designs inspired by the arthropod eye[J]. Nature, 2013, 497(7447): 95-99.

[13] Hiura S, Mohan A, Raskar R. Krill-eye: superposition compound eye for wide-angle imaging via GRIN lenses[C]. Computer Vision Workshops (ICCV Workshops), 2009 IEEE 12th International Conference on. IEEE, 2009: 2204-2211.

[14] Marks D L, Tremblay E J, Ford J E, et al. Microcamera aperture scale in monocentric gigapixel cameras[J]. Applied Optics, 2011, 50(30): 5824-5833.

[15] 李娜娜. 重叠型复眼光学系统的研究 [D]. 长春: 长春理工大学, 2010.

[16]　Lohmann A W. Scaling laws for lens systems[J]. Applied Optics, 1989, 28(23): 4996-4998.

[17]　Sanders J S, Halford C E. Design and analysis of apposition compound eye optical sensors[J]. Optical Engineering, 1995, 34(1): 222-235.

[18]　巩宪伟. 曲面仿生复眼成像系统的研究 [D]. 北京: 中国科学院研究生院 (长春光学精密机械与物理研究所), 2012.

[19]　Duparré J W, Wippermann F C. Micro-optical artificial compound eyes[J]. Bioinspiration & biomimetics, 2006, 1(1): R1.

[20]　王旻, 宋立维, 乔彦峰, 等. 外视场拼接测量系统的视场拼接和交汇测量算法及其实现 [J]. 中国光学与应用光学, 2010, 03: 229-238.

[21]　王旻, 宋立维, 乔彦峰, 等. 外视场拼接测量技术及其实现 [J]. 光学精密工程, 2010, 09: 2069-2076.

[22]　王晓明, 乔彦峰. 地基多孔径成像系统验证实验设计 [J]. 中国光学与应用光学, 2010, 06: 671-678.

[23]　龚建波. 多像机视场拼接测量系统标定技术研究 [D]. 长沙: 国防科学技术大学, 2011.

[24]　李向红. 新型仿生复眼制备及测试研究 [D]. 太原: 中北大学, 2013.

[25]　蔡梦颖. 仿生复眼视觉系统标定和大视场图像拼接的技术研究 [D]. 南京: 南京航空航天大学, 2007.

[26]　冯桂兰, 田维坚, 屈有山, 等. 实时视场拼接系统的设计与实现 [J]. 光电工程, 2007, 04: 124-127.

[27]　王晓明, 乔彦峰. 地基多孔径成像系统验证实验设计 [J]. 中国光学与应用光学, 2010, 06: 671-678.

[28]　于双双. 微透镜阵列光学耦合扩束技术研究 [D]. 哈尔滨: 哈尔滨工业大学, 2011.

[29]　李淼, 宋振铎. 图像制导动态视景目标识别概率研究 [J]. 弹箭与制导学报, 2012, 32(1): 195-198.

[30]　秦琰华, 赵军民. CCD 成像系统识别能力分析研究 [J]. 弹箭与制导学报, 2006, 26(1): 58-61.

[31]　郑雅卫. 一种用于可见光电视导引头的摄影物镜的设计 [J]. 光学仪器, 2003, 25(4): 44-49.

第 4 章　仿生龙虾眼透镜关键技术

4.1　X 射线聚焦成像原理

对于可见光来说，一般光学材料的折射率都大于 1，制成的光学元件通常可以有效地偏折可见光。X 射线的复数折射率为 $\bar{n} = 1 - \sigma - \mathrm{i}\beta$，这里，$\sigma$ 为折射损耗，β 为吸收系数。σ 为 10^{-5} 或者 10^{-6} 数量级，X 射线折射率的实部会略小于 1，因此只能很微弱地偏折 X 射线。另外，大部分材料对于 X 光的吸收系数较大，折射系统并不适用于 X 射线。通常采用各种面型的反射镜对光束进行聚焦或准直。常用的掠入射聚焦模型有 K-B 镜聚焦、Wolter 型聚焦和毛细管聚焦透镜 [1]。

4.1.1　K-B 镜聚焦模型分析

1948 年，Kirkpatrick 和 Bazz 提出 K-B 镜聚焦理论，该理论是一个既简单实用又能保持较小像差的聚焦模式 [2]。它将聚焦结构分为垂直与水平两个方向聚焦，每个方向上都是一个球面或者柱面反射镜以保证在两个方向的聚焦效果相同。通过适当调整镜曲率，这种组合可产生实像。K-B 镜结构在望远镜与显微镜中都有应用，因其具有灵敏度高与分辨率低的特点，该结构适用于捕捉较弱光源。

当两个反射镜都为球面反射镜时，K-B 镜在子午与弧矢方向的聚焦方程分别为式 (4.1) 和式 (4.2)：

$$\frac{1}{r_{\mathrm{m}}} + \frac{1}{r_{\mathrm{m}}'} = \frac{2}{R_{\mathrm{m}} \sin\theta_i} \tag{4.1}$$

$$\frac{1}{r_{\mathrm{s}}} + \frac{1}{r_{\mathrm{s}}'} = \frac{2\sin\theta_i}{R_{\mathrm{s}}} \tag{4.2}$$

式中，r_{m} 为子午面聚焦的物距；r_{m}' 为子午聚焦的像距；R_{m} 为子午曲率半径；r_{s} 为弧矢聚焦的物距；r_{s}' 为弧矢聚焦的像距；R_{s} 为弧矢曲率半径；θ_i 为掠入射角，i 分别表示第一块镜子与第二块镜子 [3]。

如果 K-B 镜其中两块镜子是柱面镜，则在弧矢方向没有聚焦能力，不需要考虑该反射镜的弧矢聚焦对下一反射镜的子午聚焦的影响；反之需要考虑第一球面镜的弧矢方向对下一反射镜子午聚焦的影响。根据式 (4.2)，当掠入射角 θ_i 很小，球面曲率半径 R_{s} 很大时，$r_{\mathrm{s}}' \approx -r_{\mathrm{s}}$。此时，考虑像差系数 F_{12} 和 F_{30} 对成像的影响，分别表示为

$$F_{12} = \frac{1}{4}\sin\theta_i \left(\frac{1}{r_{\mathrm{s}}^2} + \frac{1}{r_{\mathrm{s}}'^2}\right)\omega^2 \tag{4.3}$$

$$F_{30} = \frac{3\sin\theta_i\cos^2\theta_i}{4r'_{\rm m}}\left(M^2-1\right)L^2 \tag{4.4}$$

式中，F_{12} 为像散像差系数；F_{30} 为彗差像差系数；L 是光束照射子午长度的一半；ω 表示光束照射弧矢长度的一半。由于 $r'_{\rm s}\approx -r_{\rm s}$，所以 F_{12} 基本为 0，不会产生像散并且像弯曲量很小。但是从式 (4.4) 来看，由于镜子接收角较大，镜子的子午长度 L 很大，所以 K-B 镜结构存在很大的彗差。

　　K-B 镜结构具有较好的消像散的作用。但是球差、彗差以及视场倾斜较为严重，破坏了轴外视场的清晰度，不仅增大了离轴聚焦量，还严重影响了分辨率。在此之后，人们相继使用椭球面以及双曲面作为 K-B 结构的反射面，如图 4.1 所示。主要分为三种类型 [4-6]：① 1976 年，Seward 研制了四通道的 K-B 显微镜；② Suzuki 提出 AKB 结构，该结构由两块双曲面反射镜与两块椭球面反射镜共同组成，并且相同的反射镜在同一侧，椭球面聚焦光学结构的光源和像点分别位于椭球面的两个焦点处，在水平与垂直两个方向上同时重合，而且具有无色散、高能量、高反射率的优势，在保持 K-B 镜像散较小的特点之后又校正了球差；③ 1997 年，Sauneuf 改进了 K-B 镜系统，将原本两块正交的球面反射镜变成了四块正交的球面反射镜，使用双镜是为了减小原有系统严重的视场倾斜。

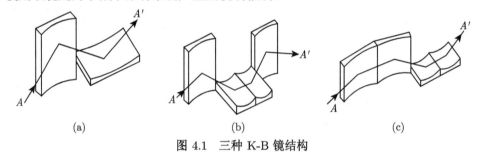

图 4.1　三种 K-B 镜结构

　　在 ESRF 实验室，研究人员将两块布拉格–菲涅耳透镜按照 K-B 镜排列组成 BFL-KB 透镜，该透镜聚焦光学可以理解为两步：第一步是晶体布拉格全反射，第二步是菲涅耳波带聚焦。他们使用 10keV，束腰为 132μm×89μm 的单色 X 射线光源，最后在焦平面上得到 0.5μm×0.5μm 的焦斑。

　　K-B 镜经过不断的改进之后，在像差校正方面已经取得显著的成就。但是仍然受到非球面面型加工和反射镜之间姿态精确调整的影响，制约 K-B 镜成像技术的发展体现在以下几点。

　　(1) 镜面面型精度主要包括两个部分：表面粗糙度 δ 和面型误差 Δ。对于 X 射线的聚焦来说，表面粗糙度引起的散射降低了光线的反射率，并且导致像面处的弥散斑直径变大。对于能量为 15keV 的 X 射线来说，当反射率达到 90% 以上时，表面粗糙度需要达到 0.7nm 以下。现有抛光技术已经可以实现该要求。但是细小的面型误差将引起弥散斑拓宽,极大地阻碍了 X 射线成像技术的发展。

(2) 反射镜的装调精度包括三个方面:第一方面,两镜面上入射角的误差,3mrad 的掠入射角偏离 2μrad,导致成像峰值宽化 5%;第二方面,两椭圆柱面的长轴平行度,即镜面的定位误差,因对成像的影响较小该误差可放宽至 2° 左右;第三方面,两镜面的垂直误差,即两镜面在入射面的垂直度,通常应小于 1μrad。

(3) 镜子面型的制作及振动对微束聚焦的影响:实现纳米级的微束聚焦,振动、温度、湿度和噪声等环境因素都有着很大的影响。一般 K-B 镜的检测装置都需要刚性固定并做防震处理。上文提及,面型偏差对像斑尺寸的影响深远,现有的非球面加工方法包括差速抛光、仿型电镀和变截面弯曲等都可以用于 K-B 镜反射镜的制作,但是面型的加工精度还有待改良。

4.1.2　Wolter 型聚焦结构分析

Wolter 在研究二次曲面旋转时,结合之前的研究成果提出 Wolter 型 X 射线聚焦结构。该结构具体可以分为三种类型,每种类型的成像机理基本相同,但是使用的反射面型有着具体的区别。Wolter 型系统的两个反射镜的面型包括椭球面、双曲面及抛物面。该结构在保证面型及高分辨率的基础上对加工装调提出了更高的要求 [7]。

图 4.2 为 Wolter I 型的望远镜与显微镜结构,通常是由双曲面与抛物面结合或者双曲面与椭球面结合构成。图 4.2(a) 表示的是 Wolter I 型望远镜结构,抛物面与双曲面的另外一个焦点重合。来自无穷远的光线首先入射到抛物面的内反射面上,这些光线本应聚焦在抛物面的焦点处,但之后又遇到双曲面的内反射面,将光线会聚在实焦点 F_2' 处。图 4.2(b) 表示的是 Wolter I 型显微镜结构,椭球面替代了抛物面,从 F_1 发出的光线先后经过双曲面与椭球面反射,将光线会聚在椭球面另一焦点 F_2' 处。

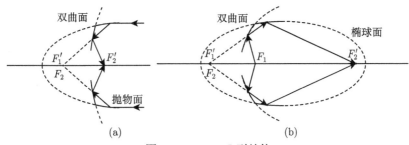

图 4.2　Wolter I 型结构
(a) 望远镜结构;(b) 显微镜结构

现有的天文望远镜设计中大部分选择了 Wolter I 型结构。与其他系统相比,在焦距相同的情况下,该结构使用共焦点抛物面–双曲面的内反射面减小了结构体积。

在系统装调方面,可以在一块基底上完成反射面的加工以降低装调难度。Wolter Ⅰ型另外一个重要优点是它可以实现多层嵌套,有利于增大系统的集光面积,便于探测微弱光源。在理论上,Wolter Ⅰ型在轴上点成像中不会产生像差。但是随着视场的增加,轴外点像差增加速度很快导致其分辨率下降。

图 4.3 为典型的 Wolter Ⅱ型结构,与 Wolter Ⅰ型不同的是其中一个反射面由内反射变为外反射。图 4.3(a) 表示 Wolter Ⅱ型望远镜结构,抛物面焦点 F_1' 与双曲面虚焦点 F_2 重合。平行光首先入射到抛物面的内反射面上,光线本应聚焦在 F_1' 处,但经过双曲面外反射面之后,光线聚焦在双曲面的实焦点 F_2' 处。图 4.3(b) 中表示的是 Wolter Ⅱ型显微镜结构,与图 4.3(a) 不同的是椭球面代替了抛物面。在软 X 射线波段,X 光的掠入射临界角更大。与 Wolter Ⅰ型比较,Wolter Ⅱ可以接受的光线掠入射角更大,因此 Wolter Ⅱ更加适用于软 X 射线波段。另外,它可以在分辨率相同的情况下使用像素尺寸更大的电荷耦合器件 (CCD)。它的缺点是结构较长和轴外点像差较大。

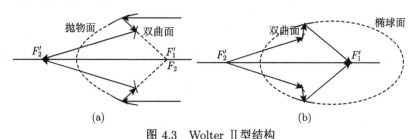

图 4.3　Wolter Ⅱ型结构

(a) 望远镜结构; (b) 显微镜结构

图 4.4 为 Wolter Ⅲ型结构,该结构由抛物面与椭球面组成。抛物面焦点与椭球面的一个焦点重合。X 射线首先到达抛物面的内反射面,经过该面反射之后再次经过椭球面外反射面折转至 F_2' 处。与其他两种结构相比较,在焦距相同的情况下,其系统长度最小,但是其加工装调非常复杂。

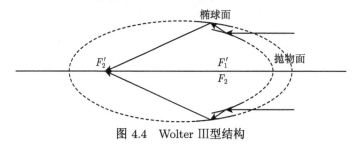

图 4.4　Wolter Ⅲ型结构

4.1.3　毛细管聚焦透镜分析

1984 年库马霍夫提出毛细管光学理论并研制出第一个毛细管聚焦透镜,为 X

射线聚焦做出贡献 [8]。毛细管对 X 射线的聚焦作用及光路，与光纤对可见光的作用相似。X 射线以小于掠入射临界角的角度进入毛细管中，在管内壁依据全反射原理多次反射。空心玻璃起波导作用，X 射线在其中进行多次反射，有效控制 X 射线束的传播方向，使每根毛细管反射 X 射线交于毛细管透镜的中心轴线上，在较短的工作区间内对发散较大的 X 射线束聚焦。目前 X 射线毛细管光学器件主要分为毛细管光学透镜与单个毛细管光学元件。

　　毛细管光学透镜是由大量空心玻璃纤维管在六边形截面上紧密排列的毛细管阵列组成的 [9]。早期的毛细管透镜中的每个毛细管通过一系列有支撑孔的薄屏固定在一起。现在是将毛细管熔融在一起放入保护体内。毛细管光学透镜根据功能分为聚焦型透镜与准直型透镜，如图 4.5 所示。

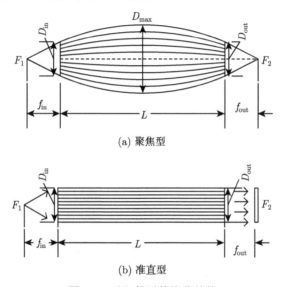

(a) 聚焦型

(b) 准直型

图 4.5　毛细管透镜聚焦结构

毛细管聚焦型透镜的主要参数有

$$强度增益：G = T \times \frac{A_i}{A_0}$$

$$焦斑尺寸：d_{F_2} = d_0 + f_{out}\theta_c$$

$$捕获度：\gamma = \frac{R\theta_c^2}{4r}$$

式中，T 是毛细管的传输效率；A_i/A_0 是毛细管入射端和出射端横截面积的比值；d_{F_2} 是焦点处的焦斑直径，d_0 是单根毛细管出口端直径，f_{out} 是出口端焦距，θ_c 是毛细管材料临界角；R 是毛细管曲率半径，r 是毛细管内壁半径，γ 是捕获度，表示毛细管透镜入口处所能接收到的 X 射线半张角。

　　毛细管聚焦透镜已经成功应用在冷凝辐射技术中，也为克服其他技术的缺陷提供了一种新的解决办法。但是，由于圆形毛细管有着很短的焦距，所以聚焦效果不是十分明显；并且，仅仅是对满足全反射条件的掠入射 X 光线聚焦，所以视场小，聚焦效率较低。从另一个方面讨论，毛细管透镜接近龙虾眼透镜，但是龙虾眼透镜有着完全球面对称的结构、更大的视场、更长的焦距，以及更加显著的聚焦效果。

4.1.4　龙虾眼透镜成像机理分析

　　毛细管阵列光学透镜自提出以来得到广泛的应用，并且在该透镜的结构上慢慢衍变为平面矩孔阵列。其由数个微通道组成一个方形平面，按照小微通道的构成方式分为 Schmidt 型和 Angle 型两种[10-12]。Schmidt 型由多组平面反射镜组成，如图 4.6(a) 所示：由多组的平行双面反射镜等间距排布构成一维结构；两个一维结构一前一后相互正交放置才形成了真正的 Schmidt 型结构。Schmidt 型结构可以依靠反射镜拼接的方法制作而成，使其更方便地在反射镜表面镀膜，从而更加适用于大型结构与高能量波段中。Angle 型结构更加接近真实的龙虾眼结构，如图 4.6(b) 所示。该结构由大量分布在球形表面的微小矩形通道构成，可使用离子刻蚀等微加工方法制作，但是要想提高通道内壁的表面粗糙度还需进一步发展。若这些微通道足够小，Angle 型结构的分辨率可以达到角秒级。

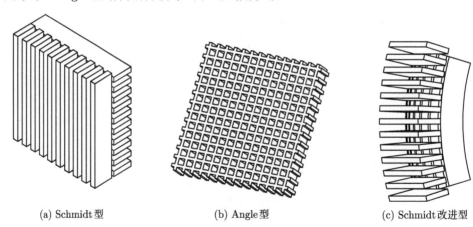

(a) Schmidt 型　　　　　　　(b) Angle 型　　　　　　　(c) Schmidt 改进型

图 4.6　Schmidt 型与 Angle 型龙虾眼结构

　　光线进入 Schmidt 型透镜之后，首先在第一维结构上进行多次反射，再进入第二维结构进行多次反射。将入射角分解为两个正交方向的分量，在其中一个方向进行反射的时候不改变另一个方向上的初始入射角度，所以透镜对光线在两个方向的作用是相互独立的。同样，光线进入 Angle 型结构之后在两个反射方向上的作用也是相互独立的，但是不同的是，光线进入 Angle 型结构后，是在一个微通道内经过二维方向的反射最终折转至像面。所以在讨论 Angle 型结构时,可以将其看作所有阵列微通道的叠加。

将 Schmidt 型结构与 Angle 型结构特点相叠加,我们将其称为改进型的龙虾眼结构 [13],如图 4.6(c) 所示。该结构在 Schmidt 型结构的基础上,将原本的平面外形改为球面,使得其外形与 Angle 型结构相近,有利于提高系统的分辨率。

图 4.7 为龙虾眼透镜的子午方向剖面视图,来自 a, b, c 三个不同方向的平行 X 射线以掠入射的方式到达通道壁表面,在水平与垂直的微通道表面反射到与龙虾眼透镜同一圆心的半径为 $R/2$ 的球形像面的不同地方。龙虾眼透镜具有完全球对称的特性,所以每个微通道反射壁反向延长至透镜球心处,由四个微通道表面互相正交构成的四棱锥的锥顶角的顶点均位于公共球心处。并且,由于每个四棱锥都有其自己的轴线,也使龙虾眼透镜具有了大视场的特性。此时龙虾眼透镜也更加近似于一个平凸透镜。

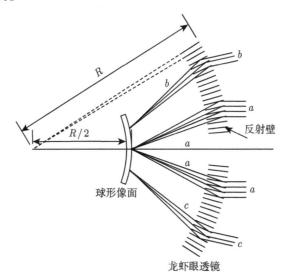

图 4.7　龙虾眼透镜的子午方向剖面视图

光线经过在龙虾眼透镜水平与垂直两个方向的反射之后会聚在像面处。如图 4.8 所示,在龙虾眼透镜的子午方向上聚焦,在像面上将会产生一条焦线。到达像面的光线可以分为四种情况。第一种情况是当光线照射到小中心张角 φ 所对应的微通道壁上时,光线在微通道壁上发生奇数次反射进入焦线位置。但是由于入射位置不同,会使得焦斑半径较大从而形成弥散斑,如图中的 1 号光线,我们称为 o 光。第二种情况是在通道内经过偶次反射之后,光线方向会偏离焦点位置,成为杂散光的主要来源,如图中的 2 号光线,我们称为 e 光。第三种情况是当光线照射到中心张角较大的微通道壁上时,会存在多次反射之后的到达焦点附近的光线。

但是这些光线到达像面的位置与中心焦点的距离较远，进一步使弥散斑直径变大，如图中的 3 号光线。但是由于 X 射线的全反射临界角很小，第三部分光线在 X 波段的龙虾眼透镜中所占比例很小。可以默认经过奇数次反射的光线都到达了焦点附近。第四种情况就是没有经过反射直接透过微通道到达像面的光线，这部分光线大都成为了背景光。综合上述几种情况，当二维龙虾眼透镜在两个方向上都是 o 光时，才是对聚焦有利的光线。

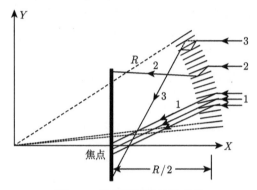

图 4.8　龙虾眼透镜光线走势

用于 X 波段的龙虾眼透镜，如图 4.9(a) 所示。主要设计参数包括锥顶角 α、通道板长度 t、微通道宽度 m、通道板中心张角 φ、龙虾眼透镜口径 D。上文已经提到 X 波段的折射率略小于 1，所以掠入射临界角非常小。这一点限制了可以接收有效光线的口径 D，oo 光的集光效率公式为

$$A_{oo} \approx R^2\theta^2\eta\left(\beta/\theta\right)^4 \tag{4.5}$$

式中，A_{oo} 表示反射的有效面积；R 为龙虾眼透镜半径 (取微通道板中心半径为龙虾眼透镜半径)；η 为前端面积；β 为掠入射角；$\theta = m/t$ 为单一通道的宽纵比，如 4.9(b) 所示。由公式 (4.5) 可知，当 θ 越小时，集光效率越高，也就是更加有利于提高光线的收集能力。而宽纵比越小也就是通道更加细长，对于龙虾眼透镜的锥顶角 α 也就越小。下面推导具体的龙虾眼近轴公式，用以讨论锥顶角 α、通道长度 t、中心张角 φ 对弥散斑以及球差的影响。

计算光线经过通道反射之后的光路，已知入射光线与通道板相交的位置折合半径为 r，物方孔径角为 $-U$，物距为 $-l$，求像方孔径角 U' 及像方截距 l'，如图 4.10 所示。在三角形 ASO 及三角形 $AS'O$ 中可以得到

$$I = I' = \varphi - U \tag{4.6}$$

$$U' = I' + \varphi \tag{4.7}$$

像方截距 l' 可以表示为

$$l' = r \left(1 - \sin I' / \sin U' \right) \tag{4.8}$$

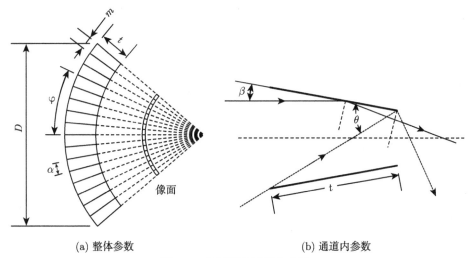

(a) 整体参数   (b) 通道内参数

图 4.9 龙虾眼透镜基本参数

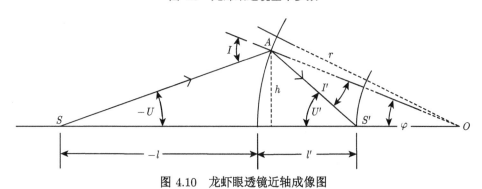

图 4.10 龙虾眼透镜近轴成像图

取微通道板中心半径为龙虾眼透镜半径 R，所以 r 属于区间 $(R-t/2, R+t/2)$。类比于近轴公式的推导过程，将光轴附近以细光线入射的光线定义为龙虾眼透镜的近轴光线。当龙虾眼透镜用于 X 波段时，因为掠入射全反射角以及锥顶角都很小，其所对应的物方孔径角也很小，所以 $\sin I' \approx I'$，$\sin U' \approx U'$。根据上述三式，可得

$$l' = r \left(1 - (\varphi - U) / (2\varphi - U) \right) \tag{4.9}$$

引入 $\rho = U/\varphi$，则 $l' = \dfrac{r}{2-\rho}$，$U' = 2 - \rho$。以往的折射透镜中，物方孔径角与物距决定了球差的大小。根据式 (4.9)，在龙虾眼透镜中，像距和像方孔径角主要与物方孔径角 U、物距 l 以及发生反射微通道壁的中心张角 φ 有着很大关联。当平行光

入射时 $\rho = 0$，对应的像距也就是 $r/2$。这也证明了龙虾眼透镜理想焦面的位置也是在 $R/2$ 处。假设入射光线为近轴区域内的光线，不存在反射壁遮挡问题，且光线只经过单次反射。此时沿轴像距偏差公式为

$$\Delta L = \frac{R + \dfrac{t}{2}}{2} - \frac{r}{2 - \rho} \tag{4.10}$$

垂轴像差为

$$\Delta S = \Delta L \times \tan U' = \left(\frac{\left(R + \dfrac{t}{2} \right)(2 - \rho)}{2} - r \right) \varphi \tag{4.11}$$

由式 (4.11) 可知，在单次反射情况下中心张角、物方孔径角与垂轴像差成正比。在上文中提到 1 号光线由于通道长度的影响，将会在像面处产生一个弥散斑。该弥散斑中不仅存在垂轴像差，也包含光带的弥散，如图 4.11 所示。反射通道长度可以包含在折合半径 r 之内。那么由通道深度 t 带来的弥散斑直径 ΔX 可以表述为

$$\Delta X = t\varphi \tag{4.12}$$

由此可得，弥散斑直径与通道深度 t 和中心张角 φ 成正比。所以在单次反射的情况下，通道深度越长、进入的通道所对应的中心张角越大，那么弥散斑直径也就越大，如图 4.12 所示。

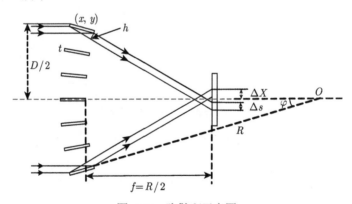

图 4.11　弥散斑示意图

从式 (4.6)~式 (4.12) 可以得出以下结论：龙虾眼近轴成像时，其垂轴像差和弥散斑直径是关于物方孔径角 U、中心张角 φ、通道长度 t 的函数。为了减小像差对龙虾眼成像的影响，通道长度 t 不宜过长，但为了提高集光效率只能尽可能地减小弦长 m。m 越小所对应的锥顶角 α 越小，也就是在一定中心角内，微通道的数目越多。

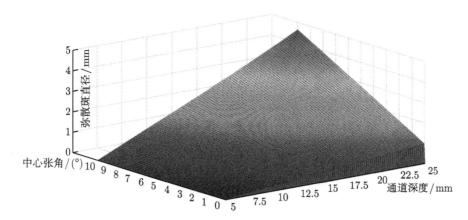

图 4.12 弥散斑直径 (彩图见封底二维码)

4.2 龙虾眼透镜能量模型分析

4.2.1 龙虾眼透镜光路计算模型

在龙虾眼透镜成像的几种光线中,当掠入射角 β 大于微通道宽纵比 θ 时,必然存在多次反射现象。单次反射在垂轴像差上的计算比较简单,但是并不满足龙虾眼透镜聚焦的实际情况。多次反射光线在龙虾眼透镜通道内部的反射情况比较复杂。决定光线出射方向的因素有很多:入射光线的掠入射角、物方孔径角、所入射微通道的中心张角及入射光线在微通道壁上的位置。

当光线进入方形微通道之后,光线是以折线方式进行的,如图 4.13(b) 所示。并且,光线的每次折转使其反射角逐步叠加,每次都增加锥顶角 α。$\angle 3 = \angle 1 + \alpha$,$\angle 5 = \angle 3 + \alpha$,$\cdots$,以此类推,发生第 n 次反射之后,其反射角为 $\angle 1 + (n-1)\alpha$。并且每次反射之后光线前进的距离逐渐减小。当反射到达一定程度时,光线有可能向反方向行进。

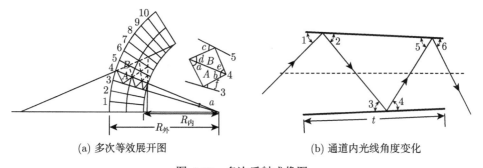

(a) 多次等效展开图   (b) 通道内光线角度变化

图 4.13 多次反射成像图

　　图 4.13(a) 中展现了具体的等效反射模型, 使用相邻通道壁的编号对微通道进行编号。光线从 3, 4 通道进入龙虾眼透镜。首先入射在 4 通道壁上, 入射角为 $\angle a$。在 $\triangle A$ 内经过在 3, 4 通道内反射两次之后, $\angle f = \angle a + \alpha$, $\angle b = \angle a + \alpha$。延长光线至 4, 5 通道之内, $\triangle B$ 内 $\angle d = \angle a$, $\angle c = \angle a + \alpha$。经过 4 通道壁的依次反射之后, $\angle e = \angle c + \alpha$。综上所述, $\angle d = \angle a$ 并且 $\angle b = \angle e$ 所以 $\triangle A \cong \triangle B$。照此推理, 在多次反射中关于通道壁对称的两三角形都是全等三角形。那么在 3, 4 通道内的 7 次反射光路就可以等效为在 6, 7 通道内的单次反射光路了。同样, 对于偶次反射也存在相同的等效原理。

　　每个四棱台微通道按照棱线展开就可以得到类似于龙虾眼透镜一维剖面图, 如图 4.13(a) 所示。展开之后, 通道的顶端与底端构成半径为 $R_{外}$ 与 $R_{内}$ 的两个圆。光线进入透镜与外圆的交点即光线进入的通道位置, 与内圆的交点为原本离开透镜的位置。光线与微通道板的相交次数即反射次数, 通过这种方法可以确定反射次数。

　　根据以上判断反射次数的方法, 在龙虾眼透镜中存在两种限制条件, 分别是光线在与内圆和外圆相切的时候 (图 4.14), 此时其对应的物方孔径角分别为 $U_{内}$ 和 $U_{外}$。当物方孔径角 U 小于 $U_{内}$ 时, 光线正常反射至龙虾眼透镜内部。当 U 在 $U_{内}$ 和 $U_{外}$ 之间时, 光线会在反射通道内多次反射之后, 重新返回物方空间之内。当物方孔径角 U 大于 $U_{外}$ 时, 光线不会进入透镜之内。$U_{内}$ 和 $U_{外}$ 的表达式分别如式 (4.13) 和式 (4.14) 所示

$$U_{内} = \arcsin\left(\frac{R - \dfrac{t}{2}}{1 + R + \dfrac{t}{2}}\right) \tag{4.13}$$

$$U_{外} = \arcsin\left(\frac{R + \dfrac{t}{2}}{1 + R + \dfrac{t}{2}}\right) \tag{4.14}$$

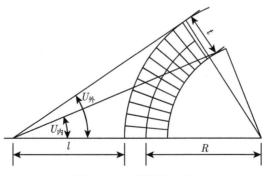

图 4.14　内外边界条件

利用上述方法,对龙虾眼透镜成像建立模型并使用 MATLAB 软件进行编程分析,流程图如图 4.15 所示。距龙虾眼透镜前端距离为 l 的点光源发出的光线以物方孔径角 U 入射至透镜方向,首先根据设定的透镜参数判断该光线是否会进入透镜之内。第二步分别计算光线与外圆和内圆的交点。根据交点位置分别计算对应的通道序号 N_1, N_2,然后计算通道内的反射次数 $N_2 - N_1$。第三步根据反射次数分为奇次反射和偶次反射两种情况。如果是奇次反射,那么可以等价为在序号为 $(N_1 + N_2 - 1)/2$ 的通道板发生单次反射。如果是偶次反射,则可以等价为在序号为 $(3N_1 - N_2)/2$ 发生单次反射。第四步根据上文中提到的单次反射像差公式计算轴上像差与垂轴像差。下面根据表 4.1 中的龙虾眼透镜参数进行龙虾眼透镜的光线追迹计算。

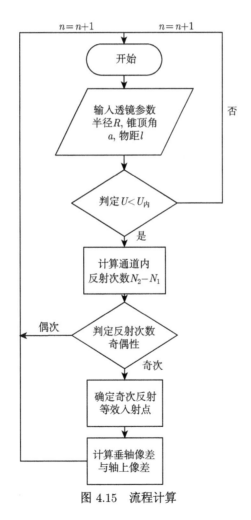

图 4.15　流程计算

表 4.1   模拟龙虾眼透镜参数

参数	数值
焦距	500mm
透镜半径	1000mm
锥顶角	0.005°
通道深度	30mm
镀层材料	Au
入射光子能量	8keV

使用平行光对龙虾眼透镜进行子午方向聚焦仿真, 仿真结果如图 4.16 所示。图 4.16(a) 横轴表示平行光的入射高度, 纵轴表示垂轴像差。图中两条红线, 上方的红线表示偶次反射产生的垂轴像差, 下方的红线表示奇次反射产生的垂轴像差。可以看出奇次反射产生的偏差量较小, 一直在 0 左右振荡。而上方偶次反射的曲线中, 既包含偶次反射也包含没有经过反射直接透射的光线。奇次反射、偶次反射与直接透射的光线占比分别是 56%, 15%, 29%。而下方曲线一直都存在振荡现象, 具体表现为分段式并且每段左高右低。产生这种现象的原因: 当光线进入一个新的微通道时, 光线从微通道前端扫描到微通道后端产生的垂轴像差逐渐变小。反射光线到达焦面中心时, 垂轴像差开始反方向增大。每小段上下两个端点的差值也就是单个微通道壁产生的弥散斑直径。图 4.16(b) 横轴 x 为像面坐标, 纵轴表示在相应的像面处接收到的光线次数。平行光线经过龙虾眼透镜子午方向聚焦后, 在探测器表面产生一条焦线。截取 y 值为 $y_{\max}$ 的 $1/e^2$ 处的两点之间的距离为焦斑直径, 可以看出此时焦线宽度大约为 0.18mm。

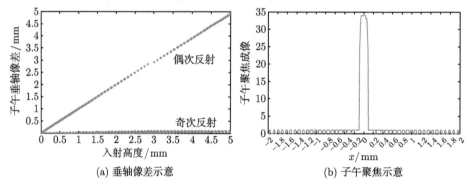

(a) 垂轴像差示意   (b) 子午聚焦示意

图 4.16   子午方向平行光聚焦 (彩图见封底二维码)

图 4.17 表示出了直径为 10mm 的平行光在二维龙虾眼透镜中的聚焦模拟情况。图 4.17(a) 为聚焦情况的三维图例。x-y 平面表示探测器表面, 被放置在透镜的理想焦面的位置上。z 轴表示 x-y 平面内某点探测到的光线条数。可以得到, 在龙虾眼透镜十字光斑的位置上, 探测到的光线次数较多, 并且在焦点位置附近光线最

为密集。在此处探测到的光线次数是其他位置的 100 倍甚至更多。图 4.17(b) 从颜色深度方面更加直观地展现出其聚焦情况。在焦点附近其 z 值达到 1200 左右，在两个方向上的焦臂之上其 z 值仅仅可以达到 30 左右。在探测器其他位置可探测到的光线基本为 0。图 4.17(c) 中将探测器焦点附近放大，截取 z 值为 $z_{\max}$ 的 $1/\mathrm{e}^2$ 处的两点之间的距离为焦斑直径，可以看出此时焦斑直径大约为 0.16mm。

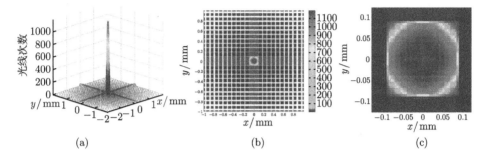

| (a) | (b) | (c) |

图 4.17 平行光聚焦模拟 (彩图见封底二维码)

对有限远物体成像与平行光聚焦的区别在于：径向偏差量主要与物方孔径角有关。孔径角的变化对径向偏差量影响特别敏感，如图 4.18 所示。与平行光聚焦相同的是，上方曲线代表偶次反射产生的径向变化量，下方曲线代表奇次反射的径向变化量。在对轴上物点成像时，从图中可以看出，奇次反射与偶次反射产生的径向偏差量都与物方孔径角呈正比关系。随着物方孔径角的增大，奇次反射造成的径向偏差增长较为缓慢。当物方孔径角为 0.1° 时，偶次反射造成的径向偏差量大约是奇次反射的 10 倍。并且此时奇次反射、偶次反射与直接透过的光线所占的比例大约分别为 50%, 49.9%, 0.1%。直接透过的光线基本上可以忽略不计，几乎所有的光线都经过通道板的反射到达焦平面内。

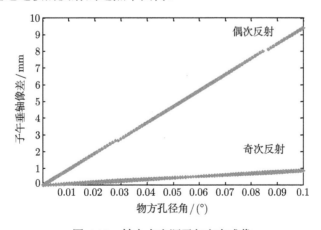

图 4.18 轴上点光源子午方向成像

图 4.19 表示物距为 5m 处的点光源在二维龙虾眼透镜中的模拟成像。图 (a) 表示 x-y 探测器表面接收到的光线次数。可以得出在焦点附近接收到的光线最多，最高点处达到 400 以上，并且可以看出明显的十字光斑，焦臂上接收到的光线明显多于探测器其他位置接收到的光线。图 (b) 表现出在焦臂以及其他位置接收的光线甚至达不到焦点附近的 1/30。图 (c) 为放大焦点处的探测器表面，可以看出其焦斑直径约为 0.3mm。但是其光线位置分布并不是非常均匀，到达像面中心的光线并不是最多的，这主要是因为对近处物点成像的像面位置并不是在透镜的理想焦面上。

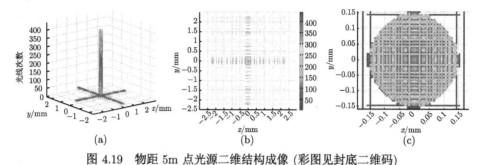

图 4.19　物距 5m 点光源二维结构成像 (彩图见封底二维码)

4.2.2　X 射线全反射与反射率分析

X 波段在各种物质中的反射率都小于 1，所以 X 射线不管是从真空还是从空气中斜入射至各种材料表面时，$\sin i / \sin i'' < 1$，由此可得折射角 i'' 大于入射角 i。当入射角达到某一角度时，光线折射角 $i'' = 90°$，不会进入折射介质中进行折射，这一现象被称为全反射现象 [14,15]。恰好发生全反射的入射角称为临界角，记为 i_c。在 X 射线中，用光线与介质表面的夹角 $\theta_c = 90° - i_c$ 表示掠入射角。X 射线的临界角 θ_c 与入射波长 λ 及表面镀层材料有关。当 X 射线与镀层表面接触时，X 射线与镀层材料原子的电子作用可以用复数介电常数 $\bar{\varepsilon} = 1 - 2\sigma - 2\mathrm{i}\beta$ 表示。图 4.20 为 X 射线掠入射反射示意图。

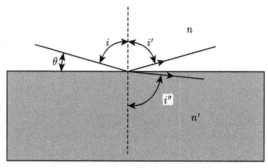

图 4.20　X 射线掠入射反射示意图

镀层材料的折射率用复数表达式描述为

$$\overline{n} = \sqrt{\overline{\varepsilon}} = 1 - \sigma - \mathrm{i}\beta \tag{4.15}$$

式中，σ 和 β 分别表示材料的色散和吸收性质[16]。倘若 X 射线的波长远离照射物质的吸收边，则 σ 和 β 的表达式分别为

$$\sigma = \frac{ne^2\lambda^2}{2\pi mc^2} = \frac{N\dfrac{Z}{A}\rho e^2\lambda^2}{2\pi mc^2}$$

$$\beta = \frac{\mu\lambda}{4\pi} \tag{4.16}$$

式中，n 表示单位体积内色散电子数；μ 表示吸收系数；N 表示阿伏伽德罗常数；Z 表示原子序数；A 表示原子量；ρ 表示密度。

当入射光线的能量确定以后，临界掠入射角 $\theta_{\mathrm{c}} = \sqrt{2\sigma} = \sqrt{n\lambda}$。所以临界掠入射角与单位体积内的色散电子数 n 和波长 λ 有关。在远离物质吸收边的低 Z 材料中，临界掠入射角 θ_{c} 与入射能量 E 的乘积为常数：

$$\theta_{\mathrm{c}} \times E = 19.38\sqrt{\rho} \tag{4.17}$$

式中，掠入射角 θ_{c} 单位为 mrad；能量 E 单位为 keV；密度 ρ 单位为 g/cm³。

图 4.21 表示不同材料在不同能量下对应的掠入射临界角。在 20keV 以下，不同材料之间的掠入射角差别比较明显。原子序数越大、密度越高的材料在相同的能量强度之下对应的掠入射角越大，镀层材料为 Cu 时对应的掠入射临界角最大。当入射能量为 1keV 时，Cu 对应的掠入射角为 87.2mrad，Al 对应的掠入射角为 32.1mrad。当入射能量超过 20keV 时，不同材料对应的掠入射角非常接近，并且整体的掠入射角非常小。从单一材料角度看，随着入射能量逐渐增大，掠入射临界角也越来越小。光线只是在表层发生瞬间传递，光进入物质的深度用消光深度表示：

$$Z_{\mathrm{ext}} = \frac{\lambda}{2\pi\sigma} \tag{4.18}$$

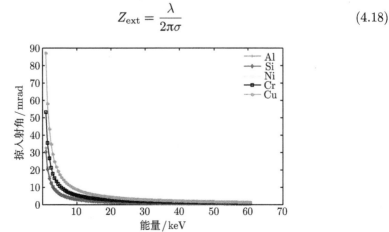

图 4.21 不同材料在不同能量下对应掠入射临界角 (彩图见封底二维码)

当光线以大于掠入射临界角 θ_c 照射镜子表面时，反射率以 $(\theta_c/\theta_i)^4$ 迅速下降，光波在入射方向进入介质，穿透深度受到介质吸收的影响，由动力学理论解释，被传送的光子密度下降到 $1/e$ 时，光在介质中下沉的深度为

$$Z_{1/e} = \frac{\lambda\sigma}{4\pi\beta} \tag{4.19}$$

多数镜子表面镀着一层膜，用于光学反射，镀层不宜太厚，应小于 $Z_{1/e}$。X 射线在镜面上的反射，由菲涅耳方程求出用掠入射角表示的复数反射系数：

$$\bar{r} = \frac{\sin\theta - \sqrt{\bar{\varepsilon} - 1 + \sin^2\theta}}{\sin\theta + \sqrt{\bar{\varepsilon} - 1 + \sin^2\theta}} \tag{4.20}$$

代入介电常数 $\bar{\varepsilon}$ 的表达式，并用 θ 代替 $\sin\theta$。得出理想光学表面的反射率公式：

$$R(\theta) = \frac{(\theta - a)^2 + b^2}{(\theta + a)^2 + b^2} \tag{4.21}$$

式中，

$$2a^2 = \left[(\theta - 2\sigma)^2 + 4\beta^2\right]^{1/2} + \theta^2 - 2\sigma$$

$$2b^2 = \left[(\theta - 2\sigma)^2 + 4\beta^2\right]^{1/2} - \theta^2 + 2\sigma \tag{4.22}$$

色散因子与吸收因子可以通过式 (4.16) 计算出来。式 (4.16) 可以看出，X 射线的反射率是关于物质原子量 Z、原子序数 N、物质密度 ρ、入射光能量 E 以及掠入射角 θ 的函数。

根据式 (4.21) 与式 (4.22) 计算出不同材料下反射率随掠入射角的变化趋势，如图 4.22(a) 所示。可以看出 X 射线反射率是一个关于掠入射角 θ 的连续函数。当光源能量为 8keV 时，随着掠入射角的逐渐增大，其反射率越来越小。但是在掠入射角小于全反射临界角 θ_c 时，该段曲线下降趋势十分缓慢。在临界角附近反射率变化十分明显，出现大幅度下跌，在之后其反射率趋向于 0，称此处为反射率截止值。镀层材料原子序数越大、密度越高，其对应的掠入射临界角越大。选用 Au 与 Ni 作为反射壁镀层材料，可以使高效率反射的角度范围更大，这样也更有利于提高能量集中度。

图 4.22(b) 描述当镀层材料统一为 Au 时，光线能量分别为 1keV，5keV 和 8keV 的 X 射线反射率与掠入射角的关系。针对不同能量的 X 射线，反射率的变化趋势在掠入射角较小的情况下基本一致。随着光线能量的增加，掠入射临界角逐渐变小，反射率的截止值向左平移。当使用软 X 射线时，可以使高效率反射的角度范围更大。

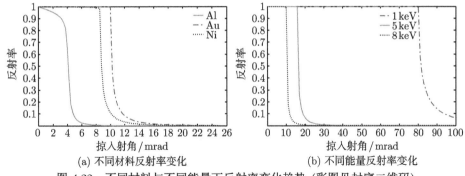

图 4.22　不同材料与不同能量下反射率变化趋势 (彩图见封底二维码)

根据上述论证，在实际中优化龙虾眼透镜参数时，必须结合使用的 X 射线能量及微通道反射壁的镀层材料，共同考虑龙虾眼透镜的集光效率和焦点能量值。

4.2.3　建立龙虾眼透镜能量模型

X 射线能量按照产生 X 射线的管电压的不同可以分为四类，分别为极软 X 射线、软 X 射线、硬 X 射线与极硬 X 射线，如表 4.2 所示。但实际上常常将波长小于 0.01nm 的称为超硬 X 射线；波长在 0.01 ~ 0.1nm 的称为硬 X 射线；波长在 0.1 ~ 10nm 的称为软 X 射线。

表 4.2　X 射线分类

名称	管电压/kV	最短波长/nm
极软 X 射线	5~20	0.25~0.062
软 X 射线	20~100	0.062~0.012
硬 X 射线	100~250	0.012~0.005
极硬 X 射线	250 以上	0.005 以下

假设在龙虾眼透镜平行光聚焦中，使用单个光子能量为 E 的 X 射线。那么一束极细的 X 射线，在透镜微通道内经过两个方向多次反射。在镀层材料以及入射光子能量已经确定的情况下，反射率是关于掠入射角的函数。出射光子的能量 E' 如下式所示：

$$E' = E \times R^{n_x}(\theta_x) \times R^{n_y}(\theta_y) \tag{4.23}$$

式中，n_x 与 n_y 分别表示光线在弧矢和子午两个方向的反射次数；θ_x 与 θ_y 分别表示在弧矢和子午两个方向的掠入射角。多次反射中每经过一次反射，其掠入射角增大一个锥顶角 α，掠入射角是逐渐增大的，造成反射率逐渐降低。将多次反射模型与 X 射线反射率函数结合，既可以得到光线的垂轴像差也可以得到每条光线携带的能量，直观统计出探测器各点的光强值，更有利于统计龙虾眼透镜的有效口径和光能集中度。图 4.23 为能量模型建立流程图。

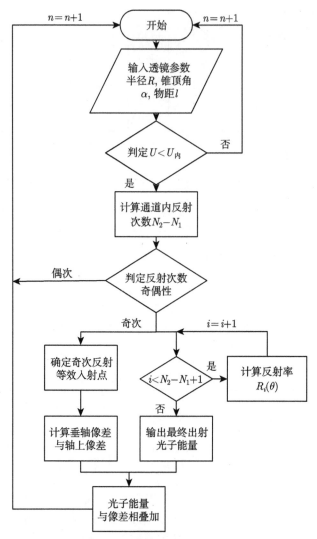

图 4.23　能量模型建立流程图

利用 MATLAB 软件仿真平行光在子午方向经龙虾眼透镜后，出射光子能量随光线入射高度的变化趋势。仿真条件为：光线高度分布在 [0mm, 15mm] 之内，单个光子能量为 8keV，共出射 10000 条光线，透镜半径分别为 200mm，500mm 和 1000mm，镀层材料为 Au。出射光子能量随光线入射高度变化的趋势如图 4.24 所示。可以看出其趋势与反射率随掠入射角变化的趋势大致相同，都存在一个断崖式的下降，将突然下降的点称为"截止高度"。在截止高度之前，其出射光子能量虽然也经过多次反射，但是能量衰减十分缓慢，还是与掠入射临界角有很大关系。当光线与微通道壁的夹角小于临界角时，其反射率接近于 1，所以此时出射光子的能量衰减缓慢; 当光线与微通道壁的夹角大于临界角时, 反射率骤降至 0 附近, 导致其出射光子能量几乎为 0。不同透镜半径下截止高度不同, 随着透镜半径逐渐增大, 截止高度也越来越大。

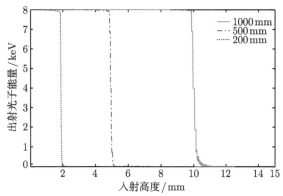

图 4.24 出射光子能量随光线入射高度的变化 (彩图见封底二维码)

利用光子能量为 8keV 的 X 射线光源模拟平行光经过龙虾眼透镜聚焦后的光场情况, 如图 4.25 所示。龙虾眼透镜参数设定为: 锥顶角 0.005°、半径 500mm、通道深度 30mm、有效通光口径 4mm。图 4.25 描述的聚焦光场与图 4.17 相近。光场能量最高点可以达到 4800keV, 焦臂位置的能量大约为 200keV。图 4.25(a) 明确地显示出龙虾眼透镜的十字光斑。图 4.25(b) 为焦点放大图, 选取光强值为 $I_{\max}/\mathrm{e}^2$ 的两点之间的距离为焦斑直径。此时焦斑直径为 1mm, 并且在焦点处的集光效率约为 30%。

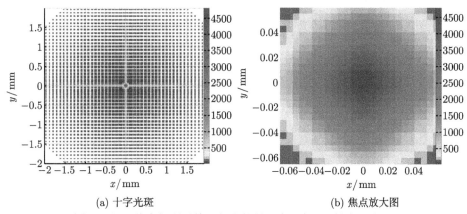

(a) 十字光斑　　　　　　　　　(b) 焦点放大图

图 4.25 二维龙虾眼透镜平行光能量聚焦 (彩图见封底二维码)

利用 MATLAB 软件模拟物距分别为 5m, 4m, 3m 的轴上物点在子午方向的出射光子能量随物方孔径角的变化趋势。单个光子能量为 8keV, 孔径角在 [0°, 0.2°] 的区间共出射 10000 条光线, 镀层材料为 Au。图 4.26 表示出射光子能量随物方孔径角及半径的变化趋势。其趋势与图 4.24 有相似之处，也存在断崖式的下跌，将此处称之为"截止半孔径角"。在半径为 1000mm 不变的情况下，物距分别为 5m，4m，3m 时，截止半孔径角分别在 0.1°，0.12°，0.14° 附近，如图 4.26(a) 所示。图 4.26(b) 表示当透镜半径不同时，出射光子能量随着物方孔径角变化的趋势。透镜半径越大，其截止半孔径角越大。综合上述两种情况，无论是对近处点物成像还是对无穷远成像时，都应该选用大半径龙虾眼透镜结构，这样将会增大龙虾眼透镜有效的集光面积，提高能量的利用率。但这意味着龙虾眼透镜聚焦系统焦距的变大以及系统体积的增加。

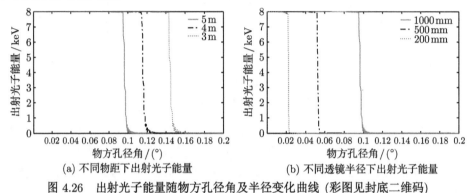

(a) 不同物距下出射光子能量　　　　(b) 不同透镜半径下出射光子能量

图 4.26　出射光子能量随物方孔径角及半径变化曲线 (彩图见封底二维码)

将光子能量为 8keV 的 X 射线光源放置在龙虾眼透镜前端 5m 的一点处，模拟经过子午龙虾眼透镜的光场。龙虾眼透镜参数设定为：锥顶角 0.005°、半径 500mm、通道深度 30mm、有效通光孔径角 0.1°。由图 4.27(a) 可以看出，其焦面上最大点处的能量约为 960keV。焦斑直径大约为 0.3mm，如图 4.27(b) 所示。焦斑附近的不均匀与图 4.17(c) 相似，焦斑能量分布不均匀，是因为其像面不在透镜理想焦面的位置。此时在焦点处的集光效率约为 26%。

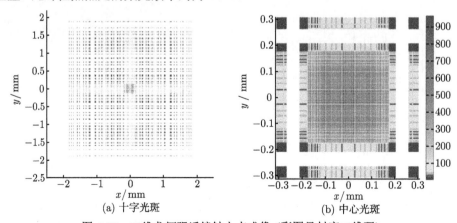

(a) 十字光斑　　　　　　　(b) 中心光斑

图 4.27　二维龙虾眼透镜轴上点成像 (彩图见封底二维码)

图 4.28 展示了空间有效入射光线的位置分布情况。龙虾眼透镜参数设定为：锥顶角 0.005°、半径 500mm、通道深度 30mm。虽然在图 4.24 及 4.26(a) 中可以得知不同入射位置的出射光子能量，但是并没有详细给出其中真正有效的 oo 光位置分布情况。4.28(a) 为平行聚焦状态下的 oo 光分布，横轴与纵轴分别为子午入射高度与弧矢入射高度。颜色图表示出射光子能量，红色能量最高，蓝色能量最低。由图 4.28(a) 可知：oo 光主要集中在 4mm×4mm 范围之内，并且在边缘下降十分迅速。4.28(b) 为物距 5m 的轴上点的 oo 光分布，横轴与纵轴分别为子午孔径角与弧矢孔径角。颜色图与 4.28(a) 相同。由这两幅图清晰地看出在不同模式之下的 oo 光分布情况。

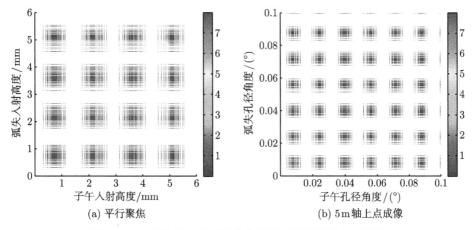

(a) 平行聚焦   (b) 5m轴上点成像

图 4.28 二维有效入射光子分布情况 (彩图见封底二维码)

4.2.4 龙虾眼透镜结构参数优化分析

4.1.2 小节已经叙述了龙虾眼透镜垂轴像差主要是关于锥顶角 α、通道长度 t 以及中心张角 φ 的函数。平行光入射时，光线进入透镜对应的微通道中心张角 φ 是由光线入射高度 h 决定的；对有限远处物体成像时，光线进入透镜对应的微通道中心张角 φ 是由物方孔径角 U 决定的。并且当龙虾眼透镜用于 X 射线时，可以收集光线的有效中心张角也与通道壁镀层材料决定的掠入射临界角和龙虾眼透镜的半径 R 有关。根据效率公式，微通道的宽纵比也决定了透镜的 oo 光集光效率。宽纵比则是由锥顶角 α 和通道长度 t 共同决定，下面将分别在平行光聚焦与有限远物点成像两种模型下讨论各个参数对集光效率 ξ、焦斑直径 $D_{\text{焦}}$ 的影响。

1. 奇次反射比

根据式 (4.9) 所示，通道的宽纵比对 oo 光的集光效率有着密切联系。在龙虾眼透镜的子午方向上，平行光聚焦与轴上点成像都存在奇次反射与偶次反射两条曲线, 如图 4.16(a) 与图 4.18 所示。通道长度 t 是决定宽纵比的一个决定性因素, 所以它的改变对通道内奇次反射的反射次数和偶次反射的反射次数所占的比例有着密切联系。所使用初始龙虾眼透镜结构均如表 4.2 所示。

保持锥顶角不变和光线在有效口径内均匀分布, 微通道长度 t 在 [1mm, 150mm] 变化。分别模拟物距为 5m, 3m 以及平行光入射三种情况下, 每个通道长度所对应的奇次反射比如图 4.29(a) 所示。在两种模式下, 通道长度对奇次反射比的影响基本相同。以平行光入射为例, 当通道长度小于 12mm 时, 奇次反射比与通道长度成正比。当通道长度太小时, 直接透过透镜的光线占比最大。在 t 等于 12mm 的时候达到最大值 58.49%, 并在此之后其比值在 50% 附近振荡。由于在单次反射时弥散斑直径与通道长度成正比, 随着通道长度逐渐增大, 所带来的弥散斑径也越来越大。多次反射时, 每反射一次, 其掠入射角便增大一个锥顶角 α。通道深度过长会导致反射次数增多, 掠入射角逐渐叠加, 会发生某次反射掠入射角大于临界角, 导致反射率迅速下降而影响集光效率。综上所述, 奇次反射比会存在第一极大值点, 此时通道长度最为适宜 (获得较高的光能集中度)。

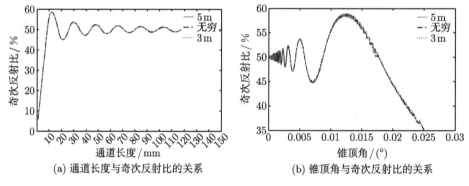

(a) 通道长度与奇次反射比的关系　　　(b) 锥顶角与奇次反射比的关系

图 4.29　通道长度与锥顶角对奇次反射比的影响 (彩图见封底二维码)

透镜通道宽纵比的另一个重要因素为锥顶角 α。锥顶角决定了单个通道前端的开口弦长 m。锥顶角如果过大, 会产生大量没有经过反射直接到达探测器的背景杂散光线, 造成能量利用率过低; 但是锥顶角如果太小, 会增加光线在通道内的反射次数, 造成不必要的能量损失。同探索通道长度 t 的方法相同, 首先考虑在透镜子午方向上锥顶角 α 对奇次反射比的影响。使用的龙虾眼透镜参数同样如表 4.1 所示。

在通道深度与有效通光口径不变的情况下, 锥顶角在 [0°, 0.025°] 内均匀变化。分别模拟物距为 5m, 3m 以及平行光入射三种不同情况下, 不同锥顶角角度所对应的奇次反射比如图 4.29(b) 所示。平行光入射时, 奇次反射比存在一个极大值点。当锥顶角小于 0.012° 时, 其奇次反射比一直在 50% 左右振荡。主要原因是通道过小时，光线在通道内反射次数过多使得偶次反射与奇次反射次数比较相近；当锥顶角大于 0.012° 时，奇次反射比与锥顶角成反比，奇次反射比越来越小。而在轴上物点成像中，奇次反射比与平行光入射时趋势基本重合。综合上面两种情况，在两种模式之下，奇次反射比随锥顶角的变化趋势大致相同，极大值约为 58.5%。

通过对比图 4.29(a) 与图 4.29(b)，在两种模式下锥顶角和通道长度对奇次反射比的影响趋势刚好相反，但是两图中的三条曲线基本重合说明有效口径内物距并不是影响奇次反射比的因素。也可以根据平行光聚焦模型对通道长度和锥顶角进行优化。

龙虾眼透镜在平行聚焦中锥顶角保持 0.005° 不变，当通道板长度为 12mm 时，奇次反射比值达到最高；当通道长度为 30mm 不变，锥顶角为 0.012° 时，奇次反射比值达到最高。并且在这两次模拟中，奇次反射的比值大约都为 58.5%。综合考虑通道长度与锥顶角对奇次反射比值的影响，其关系如图 4.30 所示。x 轴代表锥顶角的变化值，y 轴代表通道长度的变化值，z 轴表示奇次反射比。随着通道长度的逐渐增加，奇次反射比值达到最大值时对应的锥顶角也逐渐增大。仅仅观察奇次反射比值最大值部分，通道长度与锥顶角大约为一条直线。如果要使透镜在子午方向内奇次反射的比值达到最大值，那么就要确保两者之间满足比例关系。

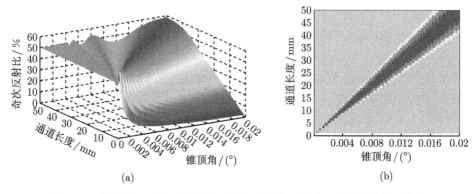

(a)　　　　　　　　　　　(b)

图 4.30　锥顶角与通道长度共同对奇次反射比的影响 (彩图见封底二维码)

为了验证物距与奇次反射比的关系，在轴上点成像模型中三种宽纵比不同的情况下，奇次反射能量随物距变化的趋势展现在图 4.31(a) 中。红线对应的龙虾眼透镜宽纵比最大，其本身通过改变锥顶角来调整结构宽纵比。黑线对应的透镜宽纵比最小，其本身通过改变通道长度来调整结构宽纵比。图中宽纵比相同时，奇次反射比随物距基本不发生变化，验证了图 4.29(a)，(b) 中三条曲线基本重合的现象。宽纵比越大，奇次反射比越高，也就是 o 光集光效率越高。

图 4.31(b) 为龙虾眼透镜半径与奇次反射比关系图。黑色曲线是在平行光聚焦模式下产生的，蓝色与红色曲线分别表示物距为 3m 和 5m 时的轴上点成像模式下

产生的奇次反射比，三条曲线也重合在一起。三条曲线起初在透镜半径较小的情况下，奇次反射比在 50% 附近振荡，振幅低，振荡频率快。随着透镜半径的增加，其周期逐渐增大，振动幅度也越来越大。不同的透镜半径奇次反射比达到极大值时对应的宽纵比不同。

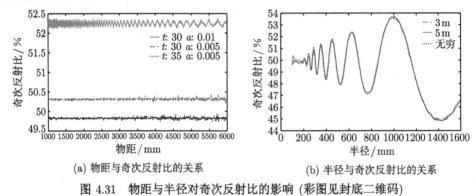

(a) 物距与奇次反射比的关系　　　　　　　(b) 半径与奇次反射比的关系

图 4.31　物距与半径对奇次反射比的影响 (彩图见封底二维码)

2. 最大垂轴像差

龙虾眼透镜成像中的有效光线主要是在通道内经过奇次反射之后的光线，奇次反射光线相比较于偶次反射光线产生的垂轴像差小很多，但是也有一部分奇次反射光线会产生较大的垂轴像差从而造成弥散斑直径过大，光斑能量集中度较低。

图 4.32 着重分析奇次反射最大垂轴像差与通道长度、锥顶角和半径的关系，并且在轴上点成像模型下分析物距对最大垂轴像差的影响。图 4.32(a) 表示通道长度与最大垂轴像差的关系。黑色曲线为平行光聚焦模式下的变化曲线。该曲线呈台阶状变化，随着通道长度的逐渐增加，奇次反射最大垂轴像差先增加后平稳如此往复，该现象符合式 (4.12)。但是在轴上点成像模型中，最大垂轴像差随通道长度的变化逐渐降低。通道长度越长、反射次数越多，导致最后奇次反射的最大垂轴像差越小。图 4.32(b) 表示锥顶角与最大垂轴偏差的关系。三条曲线趋势大致相同：锥顶角很小时，最大垂轴像差基本保持不变；随着锥顶角的增大，其最大垂轴像差在某值附近振荡，但振荡幅度很小，基本是在某个值附近变化。总体上看锥顶角对最大垂轴像差的影响较小。在图 4.32(a)、图 4.32(b) 和图 4.32(d) 中蓝色曲线都高于红色曲线的原因为：随着物距增大，最大垂轴像差逐渐变小，如图 4.32(c) 所示。4.32(d) 为半径与最大垂轴偏差的关系：平行聚焦模式下最大垂轴像差基本不变，轴上点成像模式下二者成正比。

3. 焦线宽度与能量占比

在平行光聚焦与轴上点成像两种模式之下，均取探测能量值为最大能量值的 $1/e^2$ 的两点之间的距离为焦点直径。在透镜半径与有效通光口径保持不变的情况下，利用软件仿真通道长度与锥顶角对焦点直径、焦点能量和焦点平均光强的影响。

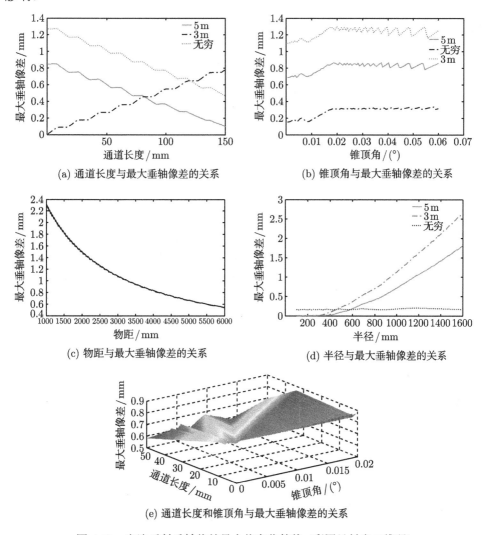

(a) 通道长度与最大垂轴像差的关系

(b) 锥顶角与最大垂轴像差的关系

(c) 物距与最大垂轴像差的关系

(d) 半径与最大垂轴像差的关系

(e) 通道长度和锥顶角与最大垂轴像差的关系

图 4.32　奇次反射垂轴偏差最大值变化趋势 (彩图见封底二维码)

　　图 4.33(a) 与 4.34(a) 分别表示通道长度与锥顶角对光斑能量占比的影响。4.33(a) 曲线的总趋势与图 4.29(a) 相似，三条曲线基本接近。每条曲线焦斑能量占比最大处对应的通道长度与图 4.29(a) 相同。这也说明了奇次反射的能量占比对光斑能量有着非常重要的影响，也就是说光斑能量也反映了 o 光的集光效率。4.34(a) 曲线的趋势也同图 4.29(b) 相近，每条曲线光斑能量占比最大处对应的锥顶角与图 4.29(b) 相同。

　　图 4.33(b) 与 4.34(b) 分别表示通道长度、锥顶角对光斑范围内平均光强的影响。在图 4.33(b) 中，当平行光聚焦模式中通道长度小于 12mm 时，平均光强基本持平。在此之后，随着通道长度逐渐增大，其平均光强也在逐渐变弱，与图 4.33(a) 中光斑能量的曲线趋势相反。但是在轴上点成像中，平均光强的变化趋势与图 4.33(a) 中光斑能量的变化趋势近似。图 4.34(b) 中呈现出光斑平均光强随锥顶角的变化趋势，基本与图 4.34(a) 的趋势一致。无论在平行光聚焦中还是在轴上点成像中，光斑内平均光强都存在一个极大值点，并且该极大值对应的通道长度和锥顶角分别与图 4.29(a) 和 4.29(b) 相同。图 4.33(c) 和 4.34(c) 分别表示通道长度和锥顶角与光斑直径的关系。

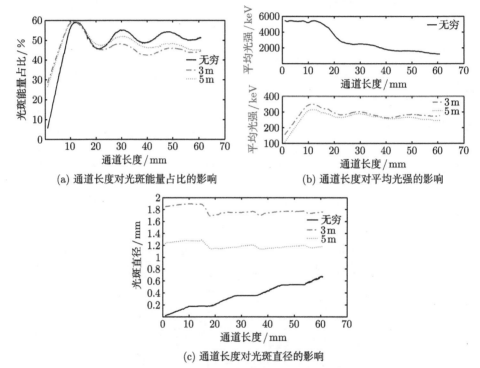

(a) 通道长度对光斑能量占比的影响　　　　(b) 通道长度对平均光强的影响

(c) 通道长度对光斑直径的影响

图 4.33　光斑能量占比、光斑直径及光斑内平均光强与通道长度的关系 (彩图见封底二维码)

　　综上所述：在两种模式之下，当通道长度与锥顶角可以使奇次反射能量值达到最大时，也就使焦斑能量与光斑内的平均光强达到最大值。当选取适合的宽纵比后，可以有效地提高光斑范围内的平均光强。

　　使用上述的方法在子午方向上讨论了龙虾眼透镜的通道深度、锥顶角、透镜半径对成像的影响。由于龙虾眼透镜的全对称特性，在其他方向上也有相同的特性，下面将验证子午方向得到的结构参数在二维龙虾眼透镜中是否会获得理想的效果。

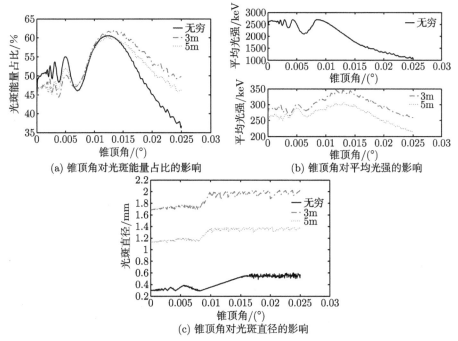

(a) 锥顶角对光斑能量占比的影响

(b) 锥顶角对平均光强的影响

(c) 锥顶角对光斑直径的影响

图 4.34 光斑能量占比、光斑内平均光强及光斑直径与锥顶角的关系 (彩图见封底二维码)

前文已经说明物距对奇次反射比几乎没有影响, 所以在此只使用平行聚焦模式进行仿真, 仿真过程中保持光线在有效口径内均匀分布。由图 4.35 可知: 锥顶角为 0.001° 时, 焦点光强最大值可以达到 3900keV, 焦斑直径约为 0.1mm, 此时在焦斑直径之内光斑能量占比约为 24.8%; 锥顶角为 0.005° 时, 焦点光强最大值为 3700keV, 焦斑直径约为 0.18mm, 在焦点位置光强比较均匀, 光斑能量占比约为 32.3%; 锥顶角为 0.01° 时, 奇次反射比较低并且垂轴像差较大导致焦点光强值整体较低并且直径最大, 此时焦斑范围内光斑能量占比为 8.6%。那么通过以上对比, 可以得出结论: 锥顶角变化时, 当锥顶角小于最优锥顶角时, 在光斑直径上取得较小的优势。但是其光斑的光斑能量占比比最优锥顶角时降低了将近 20%, 使得光能利用率降低。当锥顶角大于最优锥顶角时, 在光斑直径与 oo 光集光效率方面都大打折扣。

由图 4.36 可知: 通道长度为 24mm 时, 焦点光强最大可达 1000keV, 焦斑直径约为 0.24mm, 焦斑范围内光斑能量占比约为 32.7%; 通道长度为 36mm 时, 焦点光强分布不均匀, 焦斑直径约为 0.5mm, 焦斑范围内光斑能量占比约为 25.5%; 通道长度为 6mm 时, 最高光强达到 1500keV, 但是由于奇次反射过少, 在焦点其他位置能量过低, 在 0.11mm 的焦斑直径内, 其光斑能量占比仅有 2.7%。由此可知: 在选取适合的通道长度之后, 既能有效地减小焦斑直径 (同时包括弥散斑直径和透镜球差), 又能提高 oo 光集光效率。

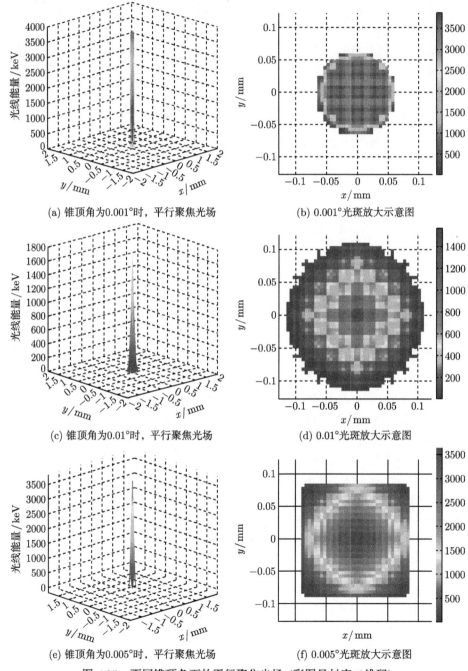

(a) 锥顶角为0.001°时, 平行聚焦光场

(b) 0.001°光斑放大示意图

(c) 锥顶角为0.01°时, 平行聚焦光场

(d) 0.01°光斑放大示意图

(e) 锥顶角为0.005°时, 平行聚焦光场

(f) 0.005°光斑放大示意图

图 4.35　不同锥顶角下的平行聚焦光场 (彩图见封底二维码)

其他龙虾眼参数: 半径为 1000mm, 通道长度为 12mm

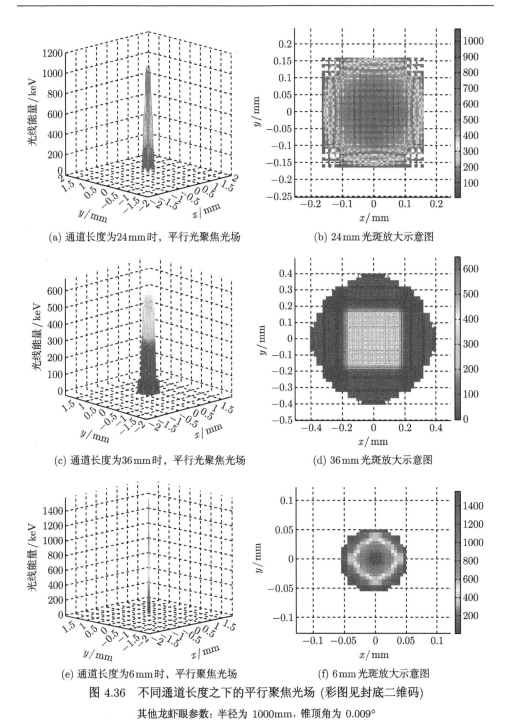

(a) 通道长度为24mm时，平行光聚焦光场

(b) 24mm光斑放大示意图

(c) 通道长度为36mm时，平行光聚焦光场

(d) 36mm光斑放大示意图

(e) 通道长度为6mm时，平行聚焦光场

(f) 6mm光斑放大示意图

图 4.36　不同通道长度之下的平行聚焦光场 (彩图见封底二维码)

其他龙虾眼参数: 半径为 1000mm, 锥顶角为 0.009°

综合以上结果, 半径保持 1000mm 不变, 得到表 4.3。表中第一行为锥顶角, 第

一列为通道长度，表中数据为光斑直径/光斑内光斑能量占比。光斑直径随通道长度及锥顶角的变化趋势与图 4.32(a) 和 4.32(b) 趋势相似。随着锥顶角增大，光能集中度越来越小；保持锥顶角不变，随着通道长度的增加，光能集中度的变化趋势与图 4.29(a) 相符。通道长度对光斑直径有较大影响，通道长度越长，光斑直径越大，导致成像质量下降。

表 4.3　光斑直径与光斑内光斑能量占比

	0.001°	0.005°	0.009°	0.012°	0.015°
6mm	0.07mm/29.1%	0.12mm/8.0%	0.11mm/2.7%	0.11mm/2.0%	0.12mm/1.0%
12mm	0.10mm/24.8%	0.18mm/32.3%	0.20mm/10.1%	0.23mm/6.9%	0.24mm/4.1%
18mm	0.18mm/26.1%	0.18mm/30.0%	0.22mm/22.9%	0.32mm/13.4%	0.35mm/9.1%
24mm	0.25mm/25.6%	0.29mm/23.5%	0.24mm/32.7%	0.4mm/23.5%	0.45mm/15.7%
30mm	0.30mm/26.1%	0.35mm/29.3%	0.32mm/28.8%	0.43mm/31.4%	0.5mm/24.1%
36mm	0.37mm/26.3%	0.37mm/27.8%	0.33mm/25.5%	0.43mm/34.0%	0.53mm/30.8%

由图 4.37 可知：锥顶角与通道长度与图 4.35(e) 相同的情况下，当半径变为 500mm 时，其焦斑直径扩大至 0.28mm，焦点光强最大值达到 648keV，焦斑范围内光斑能量占比约为 20.4%。与 4.37(a) 相比，在焦斑直径、光斑能量占比及光强最大值等方面均有很大的下降。在图 4.31(a) 及 4.32(d) 中，半径为 1000mm 时的龙虾眼透镜在奇次反射比与最大垂轴像差两个方面确实优于 500mm 时。

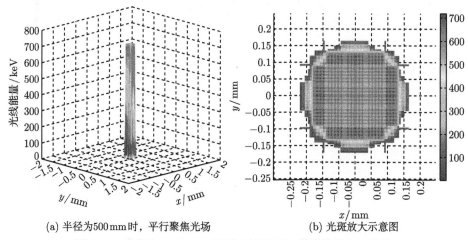

(a) 半径为500mm时，平行聚焦光场　　(b) 光斑放大示意图

图 4.37　半径为 500mm 时聚焦平行光场 (彩图见封底二维码)

龙虾眼透镜其他参数：锥顶角为 0.005°，通道长度为 12mm

4.2.5　龙虾眼透镜结构参数优化程序

选用子午方向在光能集中度及焦斑直径达到最优的龙虾眼结构参数，二维龙虾眼透镜也会获得较小的光斑直径与较大的光能集中度。由此可见，优化透镜参数

时，可以先在子午面内对龙虾眼透镜进行优化。透镜半径是需要首先确定的参数，半径不仅对成像质量评价的参数有着重要影响，而且是决定透镜焦距的根本参数。可以根据透镜的用途以及所需透镜的焦距确定透镜半径。大半径的龙虾眼透镜不论是在平行光聚焦还是在轴上点成像中都可以增大有效口径，但是，当半径过大时会使轴上点成像的弥散斑直径过大而降低透镜的成像质量，并且会影响透镜整体的集光效率。当半径确定之后，根据图 4.32(a) 与 (b)，通道长度与锥顶角相比，通道长度对弥散斑直径的影响程度更大。应当选取合适的通道长度，既可使奇次反射能量占比达到最大值，又可以使光斑直径足够小。在 4.2.4 小节提到，宽纵比存在一个合理的比例区间，在该区间之内可以有效地提高焦斑内的平均能量，随之确定了龙虾眼结构的锥顶角。

4.3 反射表面微变形的改进型龙虾眼透镜

4.3.1 子午方向微整形结构设计及衍射分析

在第 2 章提到，通道深度的影响，使得入射至同一通道内的光线不能在理想焦面上会聚在一点处，从而在焦面处产生一个直径为 ΔX 的弥散斑。为了减小弥散斑焦斑直径过大导致的光能集中度较低的问题，本书提出一种反射通道侧壁微整形的方法。该方法利用离子刻蚀技术，在反射侧壁表面刻划出一些周期与闪耀角都发生变化的闪耀光栅[17-19]。反射式的闪耀光栅表面形状主要分为锯齿形与矩形两种[20]。表面锯齿形的闪耀光栅的应用范围更加广泛并且衍射效率更高，所以在设计之初选择了锯齿形闪耀光栅结构，如图 4.38 所示。首先确定该龙虾眼透镜使用在 X 波段中。由于掠入射临界角的限制，龙虾眼透镜的有效通光口径非常小，所以在选取合适的通道长度与锥顶角之后，可以满足龙虾眼透镜单次反射条件。符合该条件的龙虾眼透镜系统参数如表 4.4 所示。

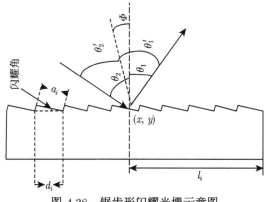

图 4.38 锯齿形闪耀光栅示意图

参数	值
半径	200mm
波长	10nm
焦距	100mm
锥顶角	0.1°
通道长度	20mm
半有效口径	5mm

现在，能使入射光的振幅或相位 (或者两者同时) 产生规律性空间调制的光学元件被称为光栅。光栅通常当作分光器件使用，但是变周期闪耀光栅可以通过改变狭缝的周期与闪耀角实现光束的聚焦与准直。变周期光栅方程 [21] 为

$$d_i = \frac{m\lambda}{\sin\theta_1 + \sin\theta_2} \tag{4.24}$$

式中，m 表示衍射级次；d 表示光栅周期；θ_1 表示入射角；θ_2 表示衍射角。当得知入射角及衍射角之后，可通过式 (4.24) 求得单个狭缝的缝宽。

根据图 4.12 及图 4.38 建立改进型龙虾眼透镜模型。由于现有的龙虾眼透镜结构参数满足单次反射条件，所以进入通道内的光线在通道壁上仅发生一次反射；并且假设内壁为全反射并且不考虑表面粗糙度带来的影响。入射光线进入中心角为 $n\alpha$ 的通道内，入射点坐标 (x, y) 分别为

$$\begin{cases} x = -(R + l_i)\cos n\alpha \\ y = (R + l_i)\sin n\alpha \end{cases} \tag{4.25}$$

由此推算出在每个接触点处的衍射角 θ_2 为

$$\begin{cases} s = \sqrt{(R/2 - X)^2 + y^2} \\ c = \dfrac{R\sin n\alpha}{2} \\ \theta_2 = \arccos\left(\dfrac{c}{s}\right) \end{cases} \tag{4.26}$$

闪耀角 γ 的计算方法为

$$2\gamma = \theta_1 - \theta_2 \tag{4.27}$$

使用闪耀光栅作为聚焦器件后，必须考虑衍射对光聚焦的影响。根据光栅狭缝的缝宽与焦距计算得出：该光栅衍射属于夫琅禾费衍射。在该模型中通过式 (4.25) 与式 (4.26) 可以确定相对于光栅平面法线的入射角 θ_1 和衍射角 θ_2；那么此时单个

狭缝衍射光波的振幅为

$$E = A' \int_{\sum_0^{n-1} d_n}^{\sum_0^{n} d_n} \exp\left(\mathrm{i}k\left(\sin\theta_1 + \sin\theta_2\right) \cdot \cos\gamma \cdot \xi\right) d_\xi \qquad (4.28)$$

解得

$$E = E_i a_n \frac{\sin\dfrac{\pi a_n\left(\sin\theta_1 + \sin\theta_2\right)}{\lambda}}{\dfrac{\pi a_n\left(\sin\theta_1 + \sin\theta_2\right)}{\lambda}} = E_i a_n \frac{\sin u_n}{u_n} \qquad (4.29)$$

单缝衍射光波向量的复数表达式为

$$\boldsymbol{A}_n = E_i a_n \frac{\sin u_n}{u_n} \times \exp(\omega t - kr + \delta_n) \qquad (4.30)$$

式中，ω 表示圆频率；t 表示时间；r 为初相位；$\delta_n = \dfrac{2\pi\left(\sin\theta_1 + \sin\theta_2\right)}{\lambda} \sum_{n=0}^{N-1} d_n$。那么经过各个缝相干光之间的干涉之后，其合成向量 $\boldsymbol{P}$ 的表达式为

$$\boldsymbol{P} = E_i a_n \mathrm{e}^{\mathrm{i}(\omega t - kr)} \sum_{n=0}^{N-1} d_n \frac{\sin u_n}{u_n} \mathrm{e}^{\mathrm{i}\delta_n} \qquad (4.31)$$

因为仅分析光栅衍射光强的分布规律，并且不考虑振幅与光程反比的关系，所以可将光栅衍射光强 I 用合成光向量 $\boldsymbol{P}$ 的平方表示，最后得到其干涉衍射因子 F 为

$$F = \left(\sum_{n=0}^{N-1} d_n \frac{\sin u_n}{u_n} \cos\delta_n\right)^2 + \left(\sum_{n=0}^{N-1} d_n \frac{\sin u_n}{u_n} \sin\delta_n\right)^2 \qquad (4.32)$$

4.3.2 不同入射高度衍射光场分析

变周期闪耀光栅具有聚焦作用，利用 MATLAB 软件仿真上述模型，分别模拟了入射高度为 2mm，3mm，4mm 及 5mm 的单个基片上的闪耀光栅的衍射光场分布，如图 4.39 所示。

图 4.39(a)~(d) 分别表示入射高度为 2mm，3mm，4mm，5mm 时，单个通道壁的衍射场分布。横轴表示观察屏，取探测能量值为最大能量值的 $1/\mathrm{e}^2$ 的两点之间的距离为焦点直径。由图可知：反射壁加入闪耀光栅之后，当平行光进入高度为 5mm 的通道之内后，其焦线直径大约为 0.2mm；并且，随着入射高度逐渐增大，通过衍射得到的焦线直径逐渐减小。主要利用变周期光栅的 −1 级衍射光，其他级次的衍射光并没有达到光斑范围内，所以需要分析每个衍射光栅光斑范围的能量占比。在 4 个入射高度之下的能量占比分别为 90.94%，89.9%，95.63% 和 96.36%，能量集中度大体呈现逐渐增大的趋势，其衍射场峰值光强逐渐降低。

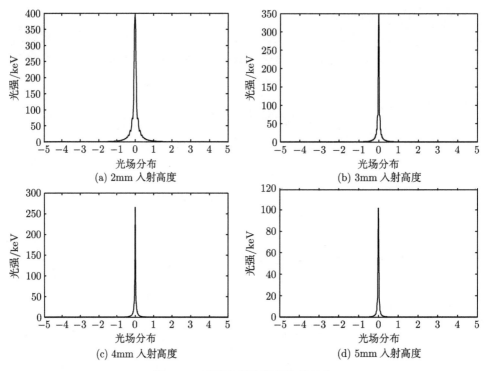

图 4.39　不同入射高度的光场分布

4.3.3　轴外视场分析

对现有龙虾眼透镜结构进行轴外光成像分析，由于在设计表面闪耀光栅时所用光栅方程与入射角 θ_1 有直接联系，当轴外光入射时，入射角相对于光栅设计入射值发生偏差，所以其聚焦位置发生偏移，光栅对光线的调制作用降低，并不能使每一单缝的 -1 级衍射光调制到理想位置，如图 4.40 所示。

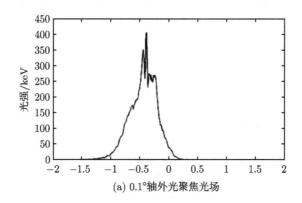

(a) 0.1°轴外光聚焦光场

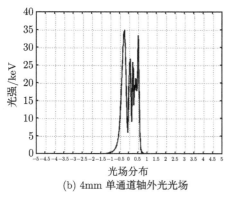 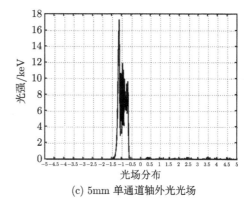

(b) 4mm 单通道轴外光光场   (c) 5mm 单通道轴外光光场

图 4.40 轴外 0.5° 平行光聚焦

图 4.40(a) 表示整体龙虾眼结构在 0.1° 轴外光时，其弥散斑直径以及光强分布。(b) 和 (c) 分别表示入射高度为 4mm 以及 5mm 时，单片结构对 0.1° 轴外光的光强分布，纵轴表示光强。在微整形结构基础上，其弥散斑直径约为 1.5mm，并且其弥散斑向左平移了大约 0.5mm。但其光强值却大大小于中心视场时的光强值。

4.3.4 衍射效率及整体一维结构仿真分析

上文中讨论了龙虾眼光学系统表面在加入光栅结构后，光斑范围内的光斑能量占比得到明显提高，每个光栅的衍射效率对整个系统的总效率起着重要作用。光栅衍射效率定义为某一级的衍射光束能量与单色入射光束能量的比值 η，也就是某级的衍射光能量与所有的光束能量和之比：

$$\eta = \frac{E_m}{\sum\limits_{m=0}^{n} E_m} \tag{4.33}$$

光栅的某一级衍射光能量主要指的是该级主极大和其两侧相邻的两个零级衍射之间的范围之内的光能量，即二倍半角宽度之内。当入射高度为 5mm 时，其对应微通道内入射角为 88.5°，根据之前的设计指标主要利用该光栅的 -1 级衍射光，如图 4.41 所示。

图 4.41(a) 与 (b) 分别表示光栅的各级衍射光束能量以及各个级次效率分布，(a) 与 (b) 横轴都表示级次，(a) 纵轴表示各个级次对应的光强，(b) 纵轴表示衍射效率。可以得到在 -1 级时，衍射光强度最大，此时计算得到 -1 级的衍射效率为 87.95%。通过以上论述，验证了设计光栅的高衍射效率。

根据龙虾眼透镜结构参数、表面变周期闪耀光栅的结构参数及以上得到的衍射效率的仿真情况，使用 MATLAB 软件对整体结构的光场进行模拟仿真。分别得到表面有微纳结构时与无微纳结构时的光场分布情况，如图 4.42 所示。图 4.42(a)

中纵轴表示光强值。通过以上对比可以得出，在没有表面微纳结构时，虽然在中央
依然是光能最高的地方，但是在底部存在大量的分散能量，其光能集中处的弥散
斑直径大约为 0.6mm；在加入微纳结构之后，其光能集中处的弥散斑直径大约为
0.2mm，计算得到，大约 89.6% 的光能集中在焦点附近。仿真结果表明，反射表面
加入变周期闪耀光栅之后，光斑直径确实得到改善，也相应地提高了光能集中度。

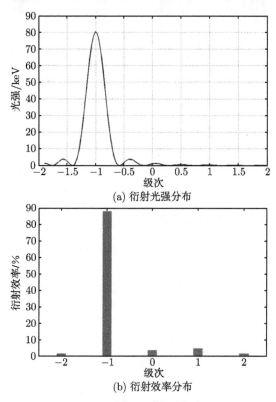

(a) 衍射光强分布

(b) 衍射效率分布

图 4.41　衍射光强和衍射效率

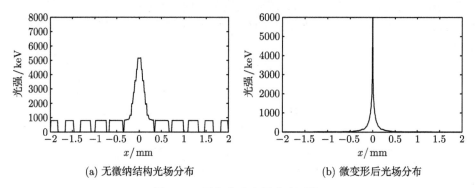

(a) 无微纳结构光场分布　　　　　　　　(b) 微变形后光场分布

图 4.42　子午方向光场分布对比

参 考 文 献

[1] 王凯歌, 王雷, 牛憨笨. 微束斑 X 射线源及 X 射线光学元件 [J]. 应用光学, 2008, 29(2): 183-191.

[2] Kirkpatrick P, Baez A V. Formation of Optical Imagesby X-Rays[J]. Journal of the Optical Society of America, 1948, 38(9): 766.

[3] 田金萍. X 射线成像旋转椭球聚焦镜的设计与检测 [D]. 合肥: 中国科学技术大学, 2009.

[4] 徐国伟. 激光诱导等离子体光谱仪的研制 [D]. 合肥: 中国科学技术大学, 2010.

[5] 赵玲玲. KBA X 射线显微镜研究 [D]. 大连: 大连理工大学, 2006.

[6] 王晶宇, 陈鑫功, 王晓方. KB 镜成像模拟以及与菲涅耳波带板成像的比较 [J]. 光子学报, 2010, 39(12): 2158-2162.

[7] 李春芳. Wolter X 射线成像系统设计及成像质量分析 [D]. 大连: 大连理工大学, 2007.

[8] 孟宪文, 王高, 黄亮. X 射线毛细管光学透镜的发展 [J]. 图书情报导刊, 2006, 16(23): 175-177.

[9] 孟宪文, 彭振居. X 射线毛细管光学透镜在医疗中的应用 [J]. 中国辐射卫生, 2006, 15(4): 462-463.

[10] 胡慧君, 宋娟, 李文彬, 等. 应用于软 X 射线成像探测的 Angel 型龙虾眼光学系统研究 [J]. 光子学报, 2017, 46(4): 29-35.

[11] Putkunz C T, Peele A G. Detailed simulation of a Lobster-eye telescope[J]. Optics Express, 2009, 17(16): 14156.

[12] 付跃刚, 张方军, 欧阳名钊, 等. 仿生龙虾眼光学系统的发展及其在红外波段的应用 [J]. 红外技术, 2014, 36(11): 857-862.

[13] 欧阳名钊, 朱万彬, 付跃刚, 等. Schmidt 结构的改进型龙虾眼光学透镜研究 [J]. 红外与激光工程, 2015, 44(12): 3610-3614.

[14] 李玉德, 林晓燕, 杜树成. X 射线反射率的讨论 [J]. 大学物理, 2006, 25(3): 9-11.

[15] 赵玲玲, 胡家升. 掠入射 X 射线显微镜反射率分析 [J]. 大连理工大学学报, 2006, 46(4): 469-472.

[16] 周佐衡, 周佐平. 关于介质吸收与色谱的振子特性参数 [J]. 光学技术, 1998(5): 23-25.

[17] 孙雨南, 秦秉坤. 反射式闪耀变周期光栅分析 [J]. 北京理工大学学报, 1991(4): 68-73.

[18] 李秉实, 吴忠. 变栅距光栅衍射强度分布的一般公式及其应用 [J]. 传感器世界, 2004, 10(5): 19-22.

[19] 王东辉, 刘林, 李秉实, 等. 变栅距闪耀光栅相对衍射效率的计算方法 [J]. 激光与红外, 2014(1): 69-72.

[20] 易迎彦. 反射型体光栅特性研究及在频谱合束中的应用 [D]. 武汉: 华中科技大学, 2011.

[21] 李亭, 黄元申, 徐邦联, 等. 计算凹面闪耀光栅衍射效率的通用方法 [J]. 光谱学与光谱分析, 2013, 33(7): 1997-2001.

第5章　仿生蛾眼减反射微纳结构

5.1　亚波长微纳结构衍射光学分析法

5.1.1　亚波长微纳结构的模拟方法概述

一般来讲，研究衍射光学微纳结构的理论方法有很多。从大方向来说有三种，即等效介质理论 (equivalent medium analysis, EMA)[1]、标量衍射理论和矢量衍射理论。其中, 矢量衍射理论又包括严格耦合波分析 (rigorous coupled wave analysis, RCWA)[2-7]、严格模式分析 (rigorous modal theory, RMT)[8-10]、C 方法、时域有限差分 (finite difference time-domain, FDTD)[11-13]、边界元法 (boundary element method, BEM)[14,15]、频域有限差分 (finite difference frequency-domain, FDFD)、有限元法 (finite element method, FEM)[16] 等。以上这些理论方法的关系图如图 5.1 所示。

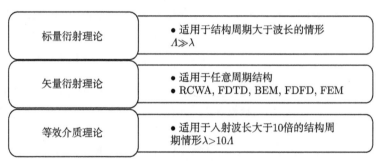

图 5.1　各种理论方法应用关系图

由此可以看出，对于周期比波长小的亚波长光栅，这时已不再适用标量衍射理论，而斜入射及其他需要考虑高级次衍射的情形则不适用于等效介质理论，所以要用矢量衍射理论进行分析。对于小入射角且小周期尺寸的亚波长光栅在满足一定条件下也可用 EMA 法进行近似计算。目前亚波长光栅的数值求解方法有很多，主要集中在提高计算效率上，但都是数值计算分析方法，只能获得数值解而得不到解析解。也就是说，给一个光栅的具体参数，可以分析得到衍射结果，但是难以根据衍射效率的要求推出光栅结构。表 5.1 归纳比较了部分数值方法。

表 5.1 部分数值计算方法的比较

	FEM	BEM	FDTD	RCWA	EMA
适用范围	电、物理几何尺寸的，可以分开定义	金属光栅和任意形状的电介质	任意形状槽形状周期结构和散射场建模等	周期性结构光学特性建模和光学散射测量	适用于入射光波长大于 10 倍光栅周期的情况
建模思想	可以克服 FDTD 阶梯建模的空间问题	先将结构划分为数条边界然后计算边界场值，再基于边界点求解内部各点电磁场分布的情况	是以 Yee 元胞作为空间电磁场离散单元，将麦克斯韦 (Maxwell) 旋度方程转化成差分方程，再在时间轴和空间轴上求解出空间场分布	是基于麦克斯韦微分形式矢量理论建模理论，将光栅区内的介电常数和电磁场做傅里叶 (Fourier) 级数展开，建立耦合波方程并进行数值求解，求得衍射效率	将具有不同介电常数结构等效成多层折射率均匀分布的薄膜，再用薄膜光学传播理论进行求解，等效近似处理方法
优点	适于分析复杂的结构，对内部电磁场建模非常有效，可用于介质非均匀介质	适用性强、计算简单，精度高，可用于孤立线条以及周期线阵结构光栅电磁场建模	能完全模拟电磁场特性，可以克服 RCWA 处理周期光栅的局限且能够实时精确计算光场的空间分布	周期性结构光学特性建模的精度高，适用性强	当建模结构尺寸小于入射波长时，要求只有零级衍射，正负一级都变为修逝波
缺点	处理开放区域封闭面上位置场点问题很难	每一个内部求解点要重复调用各边界的场值，计算量庞大、耗时	计算时间长，消耗计算机内存大	计算量与纵向结构划分层数一次方、介电常数及电磁场傅里叶展开级数相关，因此要获得更高精度，计算量加大	使用范围十分受限，一般只适用于入射波大于 10 倍光栅周期的情况

综上可知，电磁场各种建模方法都具有自身的优缺点。考虑到设计形状和现实微纳制造的加工多是针对于周期性微纳结构，而 RCWA 方法的建模理论适用于任意周期性结构电磁场建模问题，其建模精度高，因此本书选用此方法进行不同形状的仿生蛾眼微纳结构的建模分析。

总体来说，RCWA 方法研究多是在建模收敛性、数值稳定性及计算效率等方面展开，或是寻求提高单一方面性能，或是为了达到改善综合性能的目的等。

5.1.2　RCWA

RCWA 自 1981 年由 Moharam 和 Gaylord 提出至今，已经不断地得到补充和发展，现已成功应用于任意表面轮廓浮雕光栅、周期性二维表面浮雕光栅，以及各向异性光栅等。

国内外科研人员一直致力于 RCWA 法的完善和发展。1995 年，美国科学家 Moharam 等总结了在 TM(transverse magnetic)，TE(transverse electric) 偏振及锥形二元光栅的 RCWA 建模理论，并提出建模对象为任意面型微纳结构时，将增强透射矩阵法应用于边界条件求解数值稳定性问题 [17]。2003 年，亚利桑那大学的 Li(现就职于清华大学) 提出对介电常数进行傅里叶级数展开，并推广了 S 矩阵算法，使 RCWA 取得了极大的发展，在收敛速度上提高了若干数量级，并有效地解决了数值不稳定性问题 [18]。2001 年，四川大学傅克祥课题组提出了一种 RCWA 改进方法，该方法通过分析电磁场与介电常数的连续性，进行傅里叶级数展开，引入反射率与透射率矩阵，使其在求解衍射效率过程中不再出现病态特征矩阵，从而保证了在光栅建模过程中的数值稳定性问题 [19]。2002~2006 年，新加坡的 Tan 在 RCWA 建模上，进一步提出了 R 矩阵与 S 矩阵增强算法，可分别快速地直接求取全局 R 与 S 矩阵，在提高计算效率的前提下不失数值稳定性 [20,21]。2007 年，德国科学家 Kerwien 等提出了一种半矢量建模方法，其原理是基于标量基尔霍夫理论，对纵向分层结构边界采用矢量衍射理论，计算速率可提高 3 个数量级 [22]。2009 年，德国科学家 Bischoff 在 C 方法和 RCWA 的基础之上，提出一种混合算法即 C-RCWA 方法。原理是基于 S 矩阵算法，综合 RCWA 和 C 方法的优点，可解决针对极紫外 (extreme ultraviolet, EUV) 掩模中的多层结构建模等问题，提高计算精度的同时降低了所耗内存 [23]。

RCWA 是一种直接有效的分析周期性结构中衍射特性的方法，它可在光栅区域严格求解麦克斯韦方程组，将其转化为求解特征函数问题，获得光栅区域由特征函数耦合的电磁场表达式，并将光栅区域均等分割为许多平行薄层，再求解光栅区域和各个薄层交界面上的边界条件，最终得到衍射效率、反射率和透射率。

下面以周期性一维光栅、二维圆柱形光栅为例，简要说明 RCWA 方法的建模过程。

1. 一维光栅的 RCWA 方法建模

按照基本周期方向的个数分类光栅是比较合理的，即具有一个基本周期方向的光栅称作一维光栅。其中值得注意的是，光纤光栅和平面光栅都属于一维光栅 (光纤光栅是一维线光栅，常规平面光栅是一维面光栅)。光栅的求解过程是由已知的入射条件与结构参数，进行衍射场特性，即衍射效率、衍射方向、电磁场分布等问题的求解。其中衍射方向的问题可由光栅方程求出，而其他几种特性都要归结于求解电磁场强度的复振幅分布，但必须满足麦克斯韦方程组和光栅周期性边界条件，因此光栅等性质问题就归结于数学上一个求解麦克斯韦方程组边界值问题。由于本书研究的特征结构尺寸在微纳米量级，所以二维光栅的严格矢量理论需要考虑光的偏振性质等。本书就是通过 RCWA 方法来将物理问题转化成相应的经典数学问题来解答。

如图 5.2 可知，此光栅为一维光栅结构，周期为 Λ，微纳结构深度是 d，如图所示，xy 平面垂直 z 轴，入射角是 θ，方位角是 ϕ，入射线偏振光的偏振方向与入射面夹角为 ψ，电场强度与入射面相垂直，则入射光电场表达式为

$$\boldsymbol{E}_{\text{inc}} = \boldsymbol{u} \exp\left[-\mathrm{j}\boldsymbol{k}_0 n_1 \left(\sin\theta\cos\phi \cdot x + \sin\theta\cos\phi \cdot y + \cos\phi \cdot z\right)\right] \tag{5.1}$$

式中，入射波矢量为 $\boldsymbol{k}_0 = \dfrac{2\pi}{\lambda_0}$，这里 λ_0 是入射光波长，n_1 是空气折射率。$\boldsymbol{u}$ 是归一化电场矢量振幅：

$$\boldsymbol{u} = (\cos\psi\cos\theta\cos\phi - \sin\psi\sin\phi) \cdot \hat{x} + (\cos\psi\cos\theta\cos\phi + \sin\psi\sin\phi) \cdot \hat{y} - \cos\kappa\sin\theta \cdot \hat{z} \tag{5.2}$$

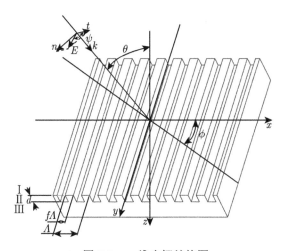

图 5.2　一维光栅结构图

区域 I，III 中电场的矢量表达式为

$$\overline{\boldsymbol{E}}_{\mathrm{I}} = \overline{\boldsymbol{E}}_{\mathrm{inc}} + \sum_{i=-\infty}^{+\infty} R_i \exp\left[-\mathrm{j}\left(k_{xi}x + k_y y + k_{\mathrm{I},zi}z\right)\right] \tag{5.3}$$

$$\overline{\boldsymbol{E}}_{\mathrm{III}} = \sum_{i=-\infty}^{+\infty} T_i \exp\left\{-\mathrm{j}\left[k_{xi}x + k_y y + k_{\mathrm{III},zi}\left(z - d\right)\right]\right\} \tag{5.4}$$

其中，区域 I 的电场矢量是入射电场和各级反射波电场叠加之和；同理，区域 III 的电场是各级透射波电场叠加。式中，第 i 级反射波和透射波复振幅矢量归一化分别是 R_i 和 T_i。波矢分量 k_{xi}，k_y，$k_{\mathrm{I},zi}$，$k_{\mathrm{III},zi}$ 分别为

$$k_{xi} = \boldsymbol{k}_0\left(n_1 \sin\theta \cos\phi - \mathrm{i}\frac{\lambda_0}{\Lambda}\right) \tag{5.5}$$

$$k_y = \boldsymbol{k}_0 n_1 \sin\theta \sin\phi \tag{5.6}$$

$$K_{l,zi} = \begin{cases} +\boldsymbol{k}_0\sqrt{k_0^2 n_1^2 - k_{xi}^2 - k_y^2}, & k_{xi}^2 + k_y^2 \leqslant k_l^2, \\ -\mathrm{j}\boldsymbol{k}_0\sqrt{\dfrac{k_{xi}}{k_0} - n_\tau^2}, & k_{xi}^2 + k_y^2 \geqslant k_l^2, \end{cases} \quad l = \mathrm{I}, \mathrm{III} \tag{5.7}$$

则入射电场的反射效率和透射效率是

$$DE_{\mathrm{r}i} = R_i R_i^* \times \mathrm{Re}\left(\frac{k_{\mathrm{I},zi}}{k_0 n_1 \cos\theta}\right) \tag{5.8}$$

$$DE_{\mathrm{l}i} = T_i T_i^* \times \mathrm{Re}\left(\frac{k_{\mathrm{III},zi}}{k_0 n_1 \cos\theta}\right) \tag{5.9}$$

1) TE 波

入射波的电场矢量 $\boldsymbol{E}$ 与入射面垂直，磁场 $\boldsymbol{H}$ 与入射面平行，简称为 T 波或 s 波。如图 5.2 所示，当 $\theta = 90°$，$\phi = 0°$ 时，入射光电场矢量只有在 y 方向有分量，且为

$$\boldsymbol{E}_{\mathrm{inc}} = E_{\mathrm{inc}y}\hat{y} = \exp\left[-\mathrm{j}\boldsymbol{k}_0 n_1\left(\sin\theta x + \cos\theta z\right)\right] \tag{5.10}$$

区域 I，III 中电场的矢量也只有 y 分量，表达式分别为

$$\boldsymbol{E}_{\mathrm{inc}} = E_{\mathrm{inc}y}\hat{y} + \sum_i \exp\left[-\mathrm{j}\left(k_{xi}x + k_{\mathrm{I},zi}z\right)\right] \tag{5.11}$$

$$\boldsymbol{E}_{\mathrm{III},y} = \sum_i T_i \exp\left\{-\mathrm{j}\left[k_{xi}x + k_{\mathrm{III},zi}\left(z - d\right)\right]\right\} \tag{5.12}$$

其中，k_{xi} 是第 i 级衍射波矢量 x 的分量：

$$k_{xi} = -\boldsymbol{k}_0 n_1 \sin\theta - \mathrm{i}\frac{2\pi}{\Lambda} \tag{5.13}$$

$$k_{l,zi} = \begin{cases} +\sqrt{k_0^2 n_1^2 - k_{xi}^2}, & k_{xi}^2 \leqslant k_i^2, \\ -\sqrt{k_{xi}^2 - k_0^2 n_1^2}, & k_{xi}^2 \geqslant k_i^2, \end{cases} \quad l = \text{I}, \text{III} \tag{5.14}$$

式中，$k_{l,zi}$ 是第 i 级衍射波矢量 z 的分量；R_i 和 T_i 分别为第 i 级反射波和透射波振幅。在光栅区域，$\boldsymbol{E}$ 和 $\boldsymbol{H}$ 按照空间谐波的傅里叶级数展开：

$$E_y = \sum_i S_{yi}(z)\exp(-\mathrm{j}k_{xi}x) \tag{5.15}$$

$$H_x = -\mathrm{j}\sqrt{\frac{\varepsilon_0}{\mu_0}}\sum_i U_{xi}(z)\exp(-\mathrm{j}k_{xi}x) \tag{5.16}$$

其中，$S_{yi}(z)$ 和 $U_{xi}(z)$ 分别是第 i 级电场和磁场空间谐波振幅。

在光栅 II 区域，通过麦克斯韦方程求取电场矢量，由于所在区域中只有 y 方向及 x，z 方向不为零的磁场，这样麦克斯韦方程可以简化为

$$\frac{\partial E_y}{\partial z} = JW\mu_0 h_0$$

$$\frac{\partial H_x}{\partial z} = \mathrm{j}w\varepsilon_0\varepsilon(x)E_y + \frac{\partial H_x}{\partial x} \tag{5.17}$$

将式 (5.15)，式 (5.16) 代入式 (5.17) 式中可得

$$\begin{pmatrix} \dfrac{\partial E_{yi}(z)}{\partial z} \\ \dfrac{\partial U_{xi}(z)}{\partial z} \end{pmatrix} = \begin{pmatrix} 0 & k_0 I \\ \dfrac{A}{k_0} & 0 \end{pmatrix} \times \begin{pmatrix} S_{yi}(z) \\ U_{xi}(z) \end{pmatrix} \tag{5.18}$$

式中，$A = k_x^2 - k_0^2 E$，两边对 z 求导得

$$\frac{\partial^2 S_{yi}(z)}{\partial z^2} = AS_{yi}(z) \tag{5.19}$$

应用本征值法求式 (5.19)，解得

$$S_y(z) = \sum_n \left\{ C_n^+ \exp\left[\sqrt{\lambda_n}(z-d)\right] + C_n^- \exp\left[\sqrt{\lambda_n}(-z)\right] \right\} w_n \tag{5.20}$$

矩阵 A 特征值和对应的特征向量分别为 λ_n 和 w_n，将上式两边对 z 求导，然后代入式 (5.17) 中第一式，得

$$U_x(z) = \frac{1}{k_0}\sum_n \left\{ C_n^+ \exp\left[\sqrt{\lambda_n}(z-d)\right] + C_n^- \exp\left[\sqrt{\lambda_n}(-z)\right] \right\} w_n \tag{5.21}$$

将式 (5.20), 式 (5.21) 写成矩阵形式:

$$S_y = WX^{z-d}C_n^+ + WX^{-z}C_n^-$$

$$U_x = \frac{1}{k_0}WQX^{z-d}C_n^+ - \frac{1}{k_0}WQX^{-z}C_n^- \tag{5.22}$$

式中, A 的特征向量矩阵为 W、Q、X, 均为对角阵且元素为 A 特征值平方根, 即边界条件是

$$\begin{cases} \delta_{i0} + R = WX^{-d}C^+ + WC^- \\ \mathrm{j}k_l\cos\theta\delta_{i0} + \mathrm{j}k_{\mathrm{I},z}R = WQC^- - WQX^{-d}C^+ \end{cases} \tag{5.23}$$

$$\begin{cases} WC^+WX^{-d}C^- = T \\ WQX^{-d}C^- - WQC^+ = \mathrm{j}k_{\mathrm{II},z}T \end{cases} \tag{5.24}$$

反射系数和透射系数分别为 R, T, 衍射效率定义为

$$\eta_{\mathrm{r}i} = \mathrm{Re}\left(\frac{k_{\mathrm{I},zi}}{k_1\cos\theta}\right)|R_i|^2$$

$$\eta_{\mathrm{t}i} = \mathrm{Re}\left(\frac{k_{\mathrm{II},zi}}{k_1\cos\theta}\right)|T_i|^2 \tag{5.25}$$

当无吸收损耗时, 即各级衍射效率总和为 1,

$$\sum_i \eta_{\mathrm{e}i} + \eta_{\mathrm{t}i} = 1 \tag{5.26}$$

2) TM 波

入射面与入射波电场矢量 $\boldsymbol{E}$ 平行, 与磁场矢量 $\boldsymbol{H}$ 垂直, 简称为 H 波或 p 波。

如图 5.2 所示, $\psi = 0°$ 且 $\phi = 0°$, $\boldsymbol{H}$ 只有 y 分量, 入射光 $\boldsymbol{E}$ 有 x 和 z 两个分量, 即 $\boldsymbol{H}$ 为

$$\boldsymbol{H}_{\mathrm{inc}} = H_{\mathrm{inc}y}\hat{y} = \exp\left[-\mathrm{j}k_0n_1\left(\sin\theta x + \cos\theta z\right)\right] \tag{5.27}$$

同理, 区域 I、III 中磁场的矢量也只有 y 分量, 表达式分别为

$$H_{\mathrm{I},y} = H_{\mathrm{inc}y} + \sum_i R_i\exp\left[-\mathrm{j}\left(k_{xi}x + k_{\mathrm{I},zi}z\right)\right] \tag{5.28}$$

$$H_{\mathrm{III},y} = \sum_i T_i\exp\left\{-\mathrm{j}\left[k_{xi}x + k_{\mathrm{III},zi}\left(z - d\right)\right]\right\} \tag{5.29}$$

式中各参数如前定义。

在光栅 II 区域，电场和磁场的傅里叶级数展开为

$$H_y = \sum_i U_{yi}(z) \exp(-\mathrm{j}k_{xi}x) \tag{5.30}$$

$$E_x = \mathrm{j}\sqrt{\frac{\mu_0}{\varepsilon_0}} \sum_i S_{xi}(z) \exp(-\mathrm{j}k_{xi}x) \tag{5.31}$$

在光栅 II 区域，H_y 和 E_x 满足麦克斯韦方程组：

$$\frac{\partial H_y}{\partial z} = -\mathrm{j}w\varepsilon_0\varepsilon(x)E_x$$

$$\frac{\partial E_x}{\partial z} = -\mathrm{j}w\mu_0 H_y + \frac{\partial E_x}{\partial x} \tag{5.32}$$

将式 (5.30)，式 (5.31) 代入式 (5.32) 中可得

$$\begin{pmatrix} \dfrac{\partial U_y(z)}{\partial z} \\[2mm] \dfrac{\partial S_x(z)}{\partial z} \end{pmatrix} = \begin{pmatrix} 0 & k_0 E \\[2mm] \dfrac{B}{k_0} & 0 \end{pmatrix} \times \begin{pmatrix} U_y \\[2mm] S_x \end{pmatrix} \tag{5.33}$$

其中，$B = K_x E^{-1} k_x - k_0^2$，上式可化简为

$$\frac{\partial^2 U_y(z)}{\partial z^2} = EBU_y(z) \tag{5.34}$$

与前面解法相同，可通过求 EB 特征值与特征向量求得 U_y 和 S_x：

$$U_y = WX^{z-d}C^+ + WX^{-z}C^- \tag{5.35}$$

$$S_x = \frac{1}{k_0}E^{-1}WQX^{z-d}C^+ - \frac{1}{k_0}E^{-1}WQX^{-z}C^- \tag{5.36}$$

式中，W 是矩阵 EB 的特征向量矩阵，EB 的特征值平方根是对角矩阵 Q，即边界条件变为

$$\begin{cases} \delta_{i0} + R = WX^{-d}C^+ + WC^- \\[3mm] \mathrm{j}\dfrac{k_1\cos\theta}{n_1^2}\delta_{i0} + \mathrm{j}\dfrac{K_{\mathrm{I},z}}{n_1^2}R = E^{-1}WQC^- - E^{-}WQX^{-d}C^+ \\[3mm] \begin{cases} WC^+ + WX^{-d}C^- = T \\[3mm] E^{-1}WQX^{-d}C^- - E^{-}WQC^+ = -\mathrm{j}\dfrac{K_{\mathrm{II},z}}{k_0 n_{\mathrm{II}}^2}T \end{cases} \end{cases} \tag{5.37}$$

最后衍射效率为

$$\eta_{ri} = \mathrm{Re}\left(\frac{k_{1,zi}}{k_1}\right)|R_i|^2 \tag{5.38}$$

$$\eta_{ti} = \mathrm{Re}\left(\frac{k_{\mathrm{II},zi}\cdot n_1^2}{k_1\cos\theta\cdot n_{\mathrm{II}}^2}\right)|T_i|^2 \tag{5.39}$$

因此,所有反射率和透射率之和应等于 1。

2. 二维光栅的 RCWA 方法建模

从广义上讲,任何二维周期结构都可看作是二维光栅。按照周期方向的个数来看,即具有两个基本周期方向的光栅定义为二维光栅;同理,类似的晶体的三维周期结构就是三维光栅。

应用 RCWA 方法,以二维仿生蛾眼微纳结构阵列为例,进行理论分析。

图 5.3(a) 中可以看出,将圆柱形蛾眼微纳结构阵列分为三个区域,区域Ⅰ和Ⅲ都是均匀介质区域,区域Ⅱ是二维圆柱微纳结构区域,h 是圆柱高度,设圆柱形蛾眼微纳结构沿 x 和 y 轴方向周期分别为 T_x,T_y。当给出一个周期内圆柱端直径 R 时,光栅占空比就确定下来。如图 5.3(b) 所示,一束单色光斜入射到蛾眼微纳结构表面,入射波矢量 $\boldsymbol{k}_1$ 与 z 轴构成入射面,且 $\boldsymbol{k}_1$ 和 z 轴夹角是 θ,设入射面和入射光偏振方向夹角是 ψ,则区域Ⅰ和Ⅲ波矢量为 $\boldsymbol{k}_1 = k_0\sqrt{\varepsilon_{\mathrm{I}}}$ 和 $\boldsymbol{k}_3 = k_0\sqrt{\varepsilon_{\mathrm{III}}}$,式中,$k_0 = \dfrac{2\pi}{\lambda_0}$。定义 x,y 和 z 方向单位矢量为 $\boldsymbol{i}$、$\boldsymbol{j}$ 和 $\boldsymbol{k}$。在分析过程中,假定三个区域的相对磁导率为 $\mu = \mu_0 = 1$,并假定光栅基底材料的电阻率很高以至于可以忽略表面电流。然后将圆柱形蛾眼微纳结构沿界面法向方向分为多层结构,每一层都可以看作是周期相同而占空比不同的圆柱形微纳结构阵列,采用 RCWA 方法根据各层圆柱形微纳结构阵列电磁波边界连续条件进行求解分析,从而实现任意形状蛾眼微纳结构阵列衍射特性的求解。

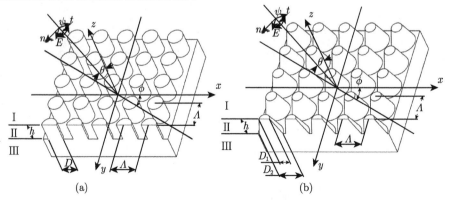

图 5.3　微纳结构示意图

(a) 圆柱形仿生蛾眼微纳结构阵列图; (b) 蛾眼微纳结构入射面及已知条件的定义示意图

现在对此二维圆柱形蛾眼微纳结构阵列进行严格耦合波分析。如图 5.3(a) 所示，在区域 I 和 III 中光场可以写成一系列平面波的叠加，设入射光的电场为 $\boldsymbol{E}_{\mathrm{i}}$，其波矢量为 $\boldsymbol{k}_1$，u 为振幅，反射波振幅强度 R_{mn} 的波矢量是 $\boldsymbol{k}_{1mn}$，同理，透射波振幅强度 T_{mn} 的波矢量是 $\boldsymbol{k}_{3mn}$。因此，按照瑞利 (Rayleigh) 展开，区域 I 和 III 电场为

$$\boldsymbol{E}_{\mathrm{I}} = \boldsymbol{E}_{\mathrm{i}} + \sum_{m=-\infty}^{\infty} \sum_{n=-\infty}^{\infty} R_{mn} \exp\left(\mathrm{i}\boldsymbol{k}_{1mn}r\right) \tag{5.40}$$

$$\boldsymbol{E}_{\mathrm{III}} = \sum_{m=-\infty}^{\infty} \sum_{n=-\infty}^{\infty} T_{mn} \exp\left[\mathrm{i}\boldsymbol{k}_{3mn}\left(r-h\right)\right] \tag{5.41}$$

其中，$\boldsymbol{E}_{\mathrm{i}} = u\exp\left(\mathrm{i}\boldsymbol{k}_0{\cdot}r\right)$。由麦克斯韦方程 $\nabla \times \boldsymbol{E} = \mathrm{i}w\mu_0\mu\boldsymbol{H}$ 得到入射光、反射光及透射光磁场分量为

$$\boldsymbol{H}_{\mathrm{i}} = \left(w\mu_0\right)^{-1} \boldsymbol{k}_0 \times u\exp\left(\mathrm{i}\boldsymbol{k}_0 \cdot r\right) \tag{5.42}$$

$$\boldsymbol{H}_{\mathrm{I}} = \boldsymbol{H}_{\mathrm{i}} + \left(w\mu_0\right)^{-1} \sum_{m=-\infty}^{\infty} \sum_{n=-\infty}^{\infty} \boldsymbol{k}_{1mn} \times R_{mn} \exp\left(\mathrm{i}\boldsymbol{k}_{1mn}{\cdot}r\right) \tag{5.43}$$

$$\boldsymbol{H}_{\mathrm{III}} = \left(w\mu_0\right)^{-1} \sum_{m=-\infty}^{\infty} \sum_{n=-\infty}^{\infty} \boldsymbol{k}_{mn} \times T_{mn} \exp\left[\mathrm{i}\boldsymbol{k}_{3mn}(r-h)\right] \tag{5.44}$$

在区域 I 和 III 中波矢量 $\boldsymbol{z}$ 的分量为

$$k_{zmn}^{\mathrm{I}} = \sqrt{k_0^2\varepsilon^{\mathrm{I}} - k_{xm}^2 - k_{yn}^2} \tag{5.45}$$

$$k_{zmn}^{\mathrm{III}} = \sqrt{k_0^2\varepsilon^{\mathrm{III}} - k_{xm}^2 - k_{yn}^2} \tag{5.46}$$

在区域 II 中，由 Floquet 定理可知，波矢量无 z 分量，仅有 x 和 y 分量：

$$\boldsymbol{E}_{\mathrm{II}} = \sum_{m=-\infty}^{\infty} \sum_{n=-\infty}^{\infty} \left[E_{mn}^x\left(z\right)\boldsymbol{i} + E_{mn}^y\left(z\right)\boldsymbol{j}\right] \times \exp\left[\boldsymbol{i}\left(k_{xm}\boldsymbol{i} + k_{yn}\boldsymbol{j}\right)\right] \tag{5.47}$$

$$\boldsymbol{H}_{\mathrm{II}} = \sqrt{\frac{\varepsilon_0}{\mu_0}} \sum_{m=-\infty}^{\infty} \sum_{n=-\infty}^{\infty} \left[H_{mn}^x\left(z\right)\boldsymbol{i} + H_{mn}^y\left(z\right)\boldsymbol{j}\right] \times \exp\left[\mathrm{i}\left(k_{xm}\boldsymbol{i} + k_{yn}\boldsymbol{j}\right)\right] \tag{5.48}$$

$$k_{xm} = k_{x0} + \frac{2\pi}{T_x}m \tag{5.49}$$

$$k_{yn} = k_{y0} + \frac{2\pi}{T_y}n \tag{5.50}$$

式中, $m = 0, \pm 1, \cdots; n = 0, \pm 1, \cdots$, 为得到区域 II 中各级衍射波反射振幅与透射振幅 R_{mn} 和 T_{mn}, 需求取区域 II 的麦克斯韦方程和三个区域界面边界条件, 再将其电场与磁场用特征向量 $w_{mn,j}^j$, 特征值 λ_j 表示:

$$E_{mn}^x = \sum_j C_j w_{mn,j}^1 \exp\left(\lambda_j z\right) \tag{5.51}$$

$$E_{mn}^y = \sum_j C_j w_{mn,j}^2 \exp\left(\lambda_j z\right) \tag{5.52}$$

$$H_{mn}^x = \sum_j C_j w_{mn,j}^3 \exp\left(\lambda_j z\right) \tag{5.53}$$

$$H_{mn}^y = \sum_j C_j w_{mn,j}^4 \exp\left(\lambda_j z\right) \tag{5.54}$$

将上述四式代入麦克斯韦方程组, 根据 $\lambda w = Aw (A$ 是常系数矩阵) 即 $A = \begin{pmatrix} 0 & A_{12} \\ A_{21} & 0 \end{pmatrix}$, λ 是对角矩阵, $w_{mn,j}^i (i = 1,2,3,4)$ 是组成本征值 λ_j 对应的本征向量, 当 A 确定后, 可求得特征值 λ。

下面将求解 RCWA 方法分为四个步骤。

(1) 光栅区介电常数及其倒数按照傅里叶级数展开成

$$\varepsilon\left(x, y, z\right) = \sum_{p=-\infty}^{\infty} \sum_{q=-\infty}^{\infty} \varepsilon_{pq}\left(z\right) \exp\left[\mathrm{i}\left(p\frac{2\pi}{T_x}x + q\frac{2\pi}{T_y}y\right)\right] \tag{5.55}$$

$$\varepsilon^{-1}\left(x, y, z\right) = \sum_{p=-\infty}^{\infty} \sum_{q=-\infty}^{\infty} \varepsilon_{pq}\left(z\right) \exp\left[\mathrm{i}\left(p\frac{2\pi}{T_x}x + q\frac{2\pi}{T_y}y\right)\right] \tag{5.56}$$

其中, $p = 0, \pm 1, \cdots; q = 0, \pm 1, \cdots$。

(2) 在 RCWA 方法中, 不同结构光栅的介电常数及其倒数都是不同的。

对于周期性二维圆柱形蛾眼微纳结构, 其介电常数及其倒数为

$$\varepsilon = \begin{cases} \varepsilon_1, & -T_x/2 < xT_x/2, \quad -T_y/2 < y < T_y/2, \quad x^2 + y^2 > (R/2)^2 \\ \varepsilon_2, & x^2 + y^2 < (R/2)^2 \end{cases} \tag{5.57}$$

将此式代入上面两式, 可得介电常数的系数矩阵为

$$\varepsilon_{pq}\left(z\right) = \begin{cases} \varepsilon_1 + \pi\left(\varepsilon_2 - \varepsilon_1\right)\dfrac{R^2}{4T_xT_y}, & \rho = 0 \\[3mm] \dfrac{R\left(\varepsilon_3 - \varepsilon_1\right) \cdot \mathrm{J}_1\left(\pi R\rho\right)}{2\rho T_xT_y}, & \rho \neq 0 \end{cases} \tag{5.58}$$

$$\bar{\varepsilon}_{pq}(z) = \begin{cases} \varepsilon_1^{-1} + \pi\left(\varepsilon_2^{-1} - \varepsilon_1^{-1}\right)\dfrac{R^2}{4T_xT_y}, & \rho = 0 \\[3mm] \dfrac{R\left(\varepsilon_3^{-1} - \varepsilon_1^{-1}\right)\cdot \mathrm{J}_1\left(\pi R\rho\right)}{2\rho T_xT_y}, & \rho \neq 0 \end{cases} \tag{5.59}$$

其中，$\mathrm{J}_1(2\pi R\rho)$ 是第一类 Bessel 函数；$\rho = \sqrt{\left(\dfrac{p}{T_x}\right)^2 + \left(\dfrac{q}{T_y}\right)^2}$ $(p = 0, \pm 1, \cdots; q = 0, \pm 1, \cdots)$。求解出本征值 λ 与本征向量 $w_{mn,j}^i$ $(i = 1, 2, 3, 4)$，并代入边界方程中，然后求得反射波与透射波的各级空间谐波的振幅 R_{mn} 与 T_{mn}。

(3) 反射率和透射率：

$$\eta_{mn}^{\mathrm{I}} = \mathrm{Re}\frac{k_{zmn}^{\mathrm{I}}}{k_{z00}^{\mathrm{I}}}R_{mn}^2 \tag{5.60}$$

$$\eta_{mn}^{\mathrm{III}} = \mathrm{Re}\frac{k_{zmn}^{\mathrm{III}}}{k_{z00}^{\mathrm{III}}}T_{mn}^2 \tag{5.61}$$

(4) 介质无吸收时，反射率与透射率满足能量守恒定律：

$$\sum_{m=-\infty}^{\infty}\sum_{n=-\infty}^{\infty}\left(\eta_{mn}^{\mathrm{I}} + \eta_{mn}^{\mathrm{III}}\right) = 1 \tag{5.62}$$

从其上的一维光栅、二维光栅分析中可以看出，RCWA 方法具有以下优点：第一，能够较为直接地得到光栅衍射问题的严格麦克斯韦方程组解，通过计算机软件 MATLAB 编程可以提高亚波长微纳结构反射率与透射率计算速度；第二，该方法适用于任意周期性面型结构的设计分析；第三，其求解过程是严格并且稳定的；第四，随着计算水平的飞速发展，可快速求解任何面型的周期性结构。

5.2 蛾眼微纳结构参数与性能关系

仿生蛾眼抗反射微纳结构尺度一般小于工作波长，使得入射波不能分辨微纳结构形状。在微纳结构层区域内，各级衍射波矢量互相耦合，表现为在反射区或透射区内不存在高级衍射。同时由于亚波长微纳结构的各向异性，所以微纳结构表面表现出独特的偏振衍射特性。

在设计过程中，蛾眼抗反射微纳结构设计参数周期选择较大时，会导致透射光束的能量分散到其他衍射级当中，而使中央主极大零级衍射光能损失较大。因此，本节利用光栅衍射瑞利展开形式推导出正入射及斜入射条件下各级衍射波倏逝条件，并对其各自的衍射特性进行仿真分析与验证。

而后本节着重针对一维光栅和二维光栅的偏振特性进行分析。以一维光栅的偏振特性为基础，设计三种不同分光模式的光栅结构，并使用 FDTD 方法进行验证，并分析三种光栅光谱特性以及制造容差大小。

5.2.1　高级次衍射波倏逝条件

1. 正入射光高级次衍射波倏逝条件

亚波长微纳结构光栅各级次衍射光传播矢量 k 可表示为

$$k_{xi} = k_0 \left[n_1 \sin\theta - \mathrm{i}\,(\lambda_0/\Lambda) \right] \tag{5.63}$$

$$k_{l,yi} = \begin{cases} +\mathrm{j}k_0 \left[n_l^2 - (k_{xi}/k_0)^2 \right]^{1/2}, & n_l k_0 > k_{xi} \\[2mm] -\mathrm{j}k_0 \left[(k_{xi}/k_0)^2 - n_l^2 \right]^{1/2}, & n_l k_0 < k_{xi} \\[2mm] & l = 1, 2 \end{cases} \tag{5.64}$$

其中，k_{xi} 为 k 沿界面切线方向的分量；k_{1,y_i} 与 k_{2,y_i} 分别为 k 在反射区域与透射区域沿界面法向方向的分量。第 i 级衍射波发生倏逝的条件是 k_{l,y_i} 为虚数，由式 (5.64) 可知，当入射光波为正入射 ($\theta = 0°$) 时，第 i 级衍射波倏逝须满足 $n_l < k_{xi}/k_0 = -\mathrm{i}\,(\lambda_0/\Lambda)$，即

$$\Lambda < -\mathrm{i}\frac{\lambda_0}{n_l} \tag{5.65}$$

由上式可知，当光线由折射率为 n_1 的介质入射到基底折射率为 n_2 的仿生蛾眼微纳结构层时，在反射区域仅存在零级衍射的条件为刻蚀周期 $\Lambda < \lambda_0/n_1$，而在透射区域则需要满足 $\Lambda < \lambda_0/n_2$。

假设通光尺寸远远大于结构周期，且入射光由光疏介质入射到光密介质，即 $n_1 < n_2$，则当微纳结构周期 $\Lambda > \lambda_0/n_1$ 时，反射区和透射区将存在衍射波；当微纳结构周期 $\lambda_0/n_2 < \Lambda < \lambda_0/n_1$ 时，不存在反射衍射波，但是仍然存在透射衍射波；当微纳结构周期 $\Lambda < \lambda_0/n_2$ 时，反射及透射衍射波全部倏逝，仅存在零级衍射，即可认为入射波不能分辨微纳结构，微纳结构层可看作等效折射率层，不再需要考虑衍射影响。

以硅基底 ($n = 3.42$) 为例，计算不同衍射级次的反射和透射衍射效率，图 5.4 和图 5.5 分别是不同衍射级次的反射率和透射率曲线，可以看出，当 $\Lambda/\lambda < 1$ 时，反射 +1 级衍射级次衍射效率为 0；而当 $\Lambda/\lambda < 0.29$ 时，透射 +1 级衍射级次衍射效率为 0。

2. 斜入射光高级次衍射波倏逝条件

在斜入射条件下，根据公式 (5.64) 可知，高级次衍射波倏逝条件需满足 k_{l,y_i} 为虚数，即 $n_l < k_{xi}/k_0$，将公式 (5.63) 代入不等式得

$$n_l < \frac{k_0\,(n_1 \sin\theta - \mathrm{i}\lambda_0/\Lambda)}{k_0} \tag{5.66}$$

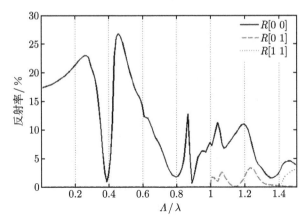

图 5.4 不同衍射级次的反射率曲线

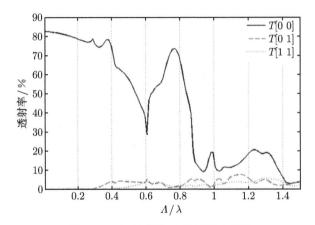

图 5.5 不同衍射级次的透射率曲线

则反射衍射级次倏逝条件为

$$\Lambda < \frac{\mathrm{i}\lambda_0}{n_1 + n_1 \sin\theta} \tag{5.67}$$

透射衍射级次倏逝条件为

$$\Lambda < \frac{\mathrm{i}\lambda_0}{n_2 + n_1 \sin\theta} \tag{5.68}$$

图 5.6 与图 5.7 分别给出了反射和透射 +1 级衍射效率与入射角 θ、归一化结构周期 Λ/λ 的关系图，图中白色虚线为倏逝条件临界位置。当入射角与结构周期满足倏逝条件时 (白色虚线下部区域)，该级次衍射效率为 0。可以看出，随着入射角的增大，满足抗反增透性能所需的结构周期尺度需要进一步减小。

同理，对于反射波，当 $\Lambda < \dfrac{\mathrm{i}\lambda_0}{2n_1}$ 时，或对于透射波，当 $\Lambda < \dfrac{\mathrm{i}\lambda_0}{n_2 + n_1}$ 时，由于

结构周期足够小, 所以在任何角度入射条件下均不存在高级衍射, 能够避免大角度入射时反射率的快速升高。

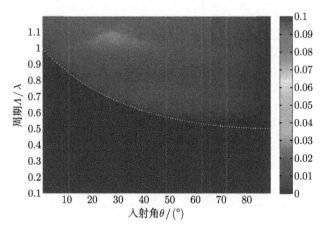

图 5.6   反射 + 1 级次衍射效率和入射角、周期关系图 (彩图见封底二维码)

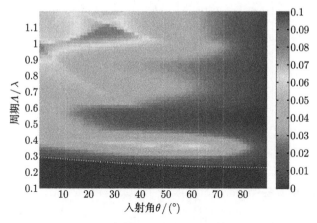

图 5.7   透射 + 1 级次衍射效率和入射角、周期关系图 (彩图见封底二维码)

5.2.2   一维光栅偏振效应分析

一维亚波长光栅结构具有沿单一方向的周期沟槽或折射率更替, 因此对于 TE 波与 TM 波具有不同的衍射效应, 这种衍射能量的重新分布特性使它能够成为一种偏振元件。目前, 亚波长光栅主要基于导模共振原理实现偏振光分束 [24-26], 这就需要构建波导层并使其等效折射率大于基底层与覆盖层, 通常通过制备折射率周期变换的介质层或独立膜层来实现, 制作过程相对复杂 [27-30]。

本小节对一维刻蚀二元亚波长光栅结构参数进行合理设计, 采用斜入射光束,使 TE 波与 TM 波分量分别位于不同衍射级次, 以实现高消光比的偏振光分束, 并应用 FDTD 软件进行仿真验证。光栅结构为一次刻蚀制成, 因此具有更好的光栅层稳定性。

图 5.8 为亚波长一维光栅结构模型。光栅区域 $(0 < z < h)$ 沿 x 方向周期分布的介电常数与磁导率可表示为 $\varepsilon(x)$ 和 $\mu(x)$, 覆盖层区域 $1(z < 0)$ 和基底层区域 $2(z > h)$ 的介电常数与磁导率分别为 ε_1, μ_1 和 ε_2, μ_2。

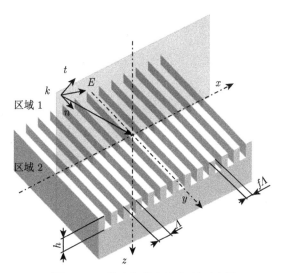

图 5.8 一维光栅偏振光入射示意图

波长为 λ_0 的线偏振光以入射角 θ 入射到光栅界面, 入射平面与光栅沟槽方向垂直, 偏振角为 ψ。

在光栅区域, 任意位置电磁场分布满足麦克斯韦方程组。由于光栅层折射率沿 x 方向周期变化, 而沿 y 方向恒定不变, 则 TE 波与 TM 波传播互相独立, 在光场区域不发生耦合。此时, 电磁场方程可以简化为一组标量波动方程:

$$\mu\frac{\partial}{\partial x}\left(\frac{1}{\mu}\frac{\partial}{\partial x}\boldsymbol{E}^{(\mathrm{e})}\right) + \frac{\partial^2}{\partial z^2}\boldsymbol{E}^{(\mathrm{e})} + \boldsymbol{k}^2\boldsymbol{E}^{(\mathrm{e})} = 0 \tag{5.69}$$

$$\varepsilon\frac{\partial}{\partial x}\left(\frac{1}{\varepsilon}\frac{\partial}{\partial x}\boldsymbol{H}^{(\mathrm{h})}\right) + \frac{\partial^2}{\partial z^2}\boldsymbol{H}^{(\mathrm{h})} + \boldsymbol{k}^2\boldsymbol{H}^{(\mathrm{h})} = 0 \tag{5.70}$$

其中, $\boldsymbol{k}$ 为波矢量; ε 和 μ 分别为介质材料介电常数与磁导率; $\boldsymbol{E}^{(\mathrm{e})}$ 和 $\boldsymbol{H}^{(\mathrm{h})}$ 分别为 TE 波电矢量和 TM 波磁矢量。

对于常规的使用无磁材料制备的二元亚波长光栅, TE 波与 TM 波分量表现出不同的衍射分布特性, 这就使得通过合理配置亚波长光栅结构占空比、周期和光栅层厚度时能获得较好的偏振性能。

在覆盖层区域,入射光波电矢量可表示为

$$\boldsymbol{E}_{\text{inc}} = u \exp\left[-\mathrm{j}k_0 n_1 \left(\sin\theta x + \cos\theta z\right)\right] \tag{5.71}$$

其中,

$$u = \cos\psi\cos\theta\hat{x} + \left(\cos\psi\cos\theta - \sin\psi\right)\hat{y} - \cos\psi\sin\theta\hat{z}$$

在覆盖层与基底层区域内反射和透射电场矢量可以表示成瑞利展开式形式:

$$\boldsymbol{E}_1\left(x, z\right) = \boldsymbol{E}_{\text{inc}} + \sum_i R_i \exp\left[-\mathrm{j}\left(k_{xi}x - k_{1,zi}z\right)\right] \tag{5.72}$$

$$\boldsymbol{E}_2\left(x, z\right) = \sum_i T_i \exp\left\{-\mathrm{j}\left[k_{xi}x - k_{2,zi}\left(z - h\right)\right]\right\} \tag{5.73}$$

其中,

$$k_{xi} = k_0\left[n_1\sin\theta - \mathrm{i}\left(\lambda_0/\varLambda\right)\right]$$

$$k_{l,yi} = \begin{cases} +k_0\left[n_1^2 - \left(k_{xi}/k_0\right)^2\right]^{1/2}, & n_l k_0 > k_{xi} \\ -\mathrm{j}k_0\left[\left(k_{xi}/k_0\right)^2 - n_l^2\right]^{1/2}, & n_l k_0 < k_{xi} \\ & l = 1, 2 \end{cases} \tag{5.74}$$

R_i 和 T_i 分别为归一化的反射和透射光的第 i 级衍射电场振幅。

在光栅区域内部,任意一点电磁场分布为各级次谐波场的叠加,可以表示为傅里叶展开形式:

$$\boldsymbol{E}_{\text{g}} = \sum_i \left[S_{xi}\left(z\right)\boldsymbol{x} + S_{yi}\left(z\right)\boldsymbol{y} + S_{zi}\left(z\right)\boldsymbol{z}\right] \exp\left[-\mathrm{j}k_{xi}x\right] \tag{5.75}$$

$$\boldsymbol{H}_{\text{g}} = -\mathrm{j}\sqrt{\frac{\varepsilon_0}{\mu_0}} \sum_i \left[U_{xi}\left(z\right)\boldsymbol{x} + U_{yi}\left(z\right)\boldsymbol{y} + U_{zi}\left(z\right)\boldsymbol{z}\right] \exp\left[-\mathrm{j}k_{xi}x\right] \tag{5.76}$$

亚波长光栅结构周期较小,高级次衍射以倏逝波形式传播,通过改变光栅周期与入射角大小,可控制光栅反射或透射光仅存在 0 和 −1 级衍射。在光栅上下界面,由于电磁波需要满足边界连续条件,各级次衍射波在光栅区域内相加或抵消,所以能量被重新分配到不同的衍射级次。而反射与透射各级次的能量大小能够通过 RCWA 方法计算求解。

1. 偏振分光结构设计

为全面评价偏振分光效率, 引入评价函数:

$$\eta = \eta_{n_{\mathrm{TE}}}^{\mathrm{TE}} \times \left(1 - \eta_{n_{\mathrm{TE}}}^{\mathrm{TM}}\right) \times \eta_{n_{\mathrm{TM}}}^{\mathrm{TM}} \times \left(1 - \eta_{n_{\mathrm{TM}}}^{\mathrm{TE}}\right) \tag{5.77}$$

其中, η_n^{TE} 和 η_n^{TM} 为 TE 与 TM 波第 n 级次衍射波衍射效率。利用该评价函数, 不仅能够评价消光比, 同时也能够表征入射光光能利用率的大小。

偏振输出能够被五个参数影响, 它们分别为周期、折射率、占空比、光栅沟槽深度以及入射角。在光栅区域波矢量可表示为 Floquet 谐波形式:

$$\boldsymbol{K}_i = \boldsymbol{K}_2 - \mathrm{i}\boldsymbol{K}_x$$

其中, $\boldsymbol{K}_x = 2\pi/\varLambda$; $\boldsymbol{K}_2$ 为在光栅区域内未经调制的波矢量 (图 5.9)。TE 与 TM 波的等效折射率 $n_\perp$ 和 $n_{//}$ 与两侧折射率、光栅占空比相关, 为

$$n_\perp = \left[\frac{1}{n_1^2}f + \frac{1}{n_2^2}\left(1 - f\right)\right]^{1/2} \tag{5.78}$$

$$n_{//} = \left[n_1^2 f + n_2^2 \left(1 - f\right)\right]^{1/2} \tag{5.79}$$

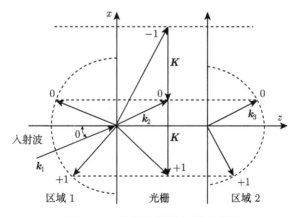

图 5.9 亚波长光栅波矢量示意图

各级衍射波在光栅区域内耦合, 波矢量的方向与相位决定了最终各级出射波的衍射效率。各光栅结构参数的互相关系如图 5.10 所示。

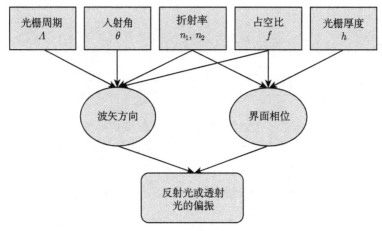

图 5.10　亚波长光栅的结构参数关系示意图

2. 偏振分束的衍射特性

光栅各结构参数之间的关系十分复杂，因此不能简单地通过符号计算的方法进行直接设计，但是利用数值计算方法能够获得局部最优的参数组合。经过尝试计算发现，亚波长光栅能够存在三种偏振分束形式，分别为反射型、半反半透型和透射型。

1) 反射型偏振分束光栅

当入射到反射型偏振分束光栅后，TE 波沿反射 0 级衍射方向传播，而 TM 波沿反射 +1 级衍射方向传播。该分束形式下，光波由光密介质入射到光疏介质，即 $n_1 > n_2$，且入射角大于临界角，因此所有透射衍射级次发生倏逝。同时，反射 +1 级衍射波出射方向与入射方向相反 (图 5.11)，光栅归一化周期 Λ/λ_0 与入射角 θ 满足如下关系：

$$-k_0 n_1 \sin\theta = k_0 \left[n_1 \sin\theta - \lambda_0/\Lambda \right] \tag{5.80}$$

即 $\theta = \arcsin\left(\lambda_0/2n_1\Lambda\right)$。

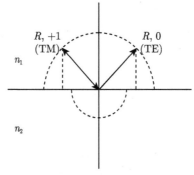

图 5.11　反射型偏振分光光栅波矢量图

图 5.12 为反射型偏振分束光栅评价函数 η 与归一化周期 Λ/λ_0、入射角 θ 的关系图，由图可知，最优化的结果分布基本符合上文公式。

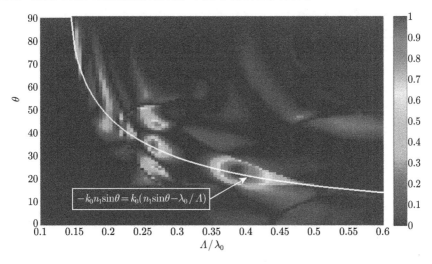

图 5.12　反射型分光光栅关于周期与入射角的评价函数图 (彩图见封底二维码)

在硅基底上建立分束光栅仿真模型，入射光采用 4μm 中波红外近似平行光束，周期 $\Lambda=1.52$μm，占空比 $f = 0.3$，沟槽深度 $h = 2.4$μm，入射角 $\theta=22.9°$。利用 FDTD 方法分别对 TE 波与 TM 波进行仿真计算，衍射能量分布计算结果如图 5.13 所示。对于 TE 波，入射光强与反射光强近似；而对于 TM 波，反射 0 级衍射波几乎消失，而入射波与反射 +1 级衍射波发生干涉，并出现干涉条纹。

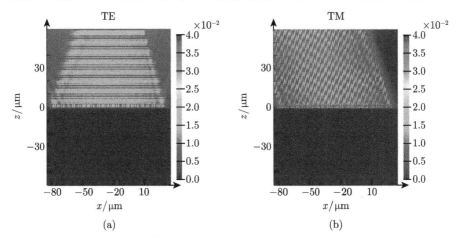

图 5.13　反射型分光光栅光强分布图 (彩图见封底二维码)

(a) TE 波入射; (b) TM 波入射

　　由于该偏振形式下 +1 级衍射波与入射波的叠加与相消模式，根据能量守恒，理论上能够使反射形偏振分光光栅达到极高的消光比与光能利用率。图 5.14 显示了该类型分束光栅的光谱特性。在设计中心波段，偏振消光比极高，但是随着波长偏移迅速降低。

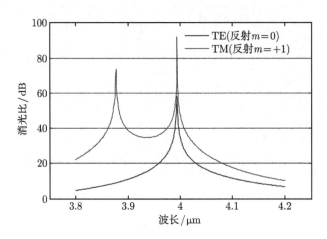

图 5.14　反射型分光光栅出射光光谱 (彩图见封底二维码)

2) 半反半透型偏振分束光栅

　　半反半透型偏振分束光栅利用亚波长二元光栅结构将 TE 波与 TM 波能量分别分配在反射 0 级与透射 0 级衍射级次上 (图 5.15)。此种分束形式下，入射波由光密介质入射到光疏介质，且透射 +1 级衍射处于倏逝临界位置 ($\theta_{t,+1} = 90°$)，光

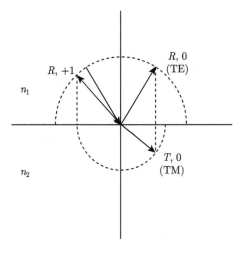

图 5.15　半反半透型偏振分光光栅波矢量图

栅归一化周期 Λ/λ 与入射角 θ 满足如下关系:

$$-k_0 n_2 = k_0 \left[n_1 \sin\theta - \lambda_0/\Lambda \right] \tag{5.81}$$

即 $\theta = \arcsin\left[(\lambda_0/\Lambda - n_2)/n_1 \right]$。

其中, 图 5.16 显示了偏振分束光栅评价函数 η 与上式推导关系基本吻合。

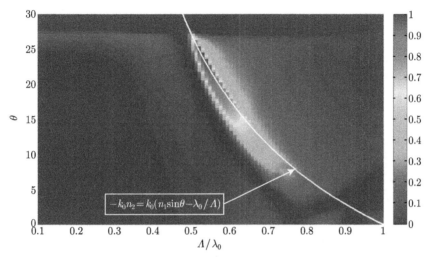

图 5.16 半反半透型分光光栅关于周期与入射角的评价函数图 (彩图见封底二维码)

在此种分光模式下, 虽然反射 +1 级衍射理论上存在, 但是通过参数优化设计, 它只携带了较少能量, 对偏振分光消光比和光能利用率的影响有限。图 5.17(a) 和 (b) 为 FDTD 仿真计算结果, 结构参数如下: 周期 $\Lambda = 2.121\mu\text{m}$, 占空比 $f = 0.609$, 沟槽深度 $h = 2.217\mu\text{m}$, 入射角 $\theta = 23.84°$。图 5.17(c) 光谱特性显示, 该偏振分光

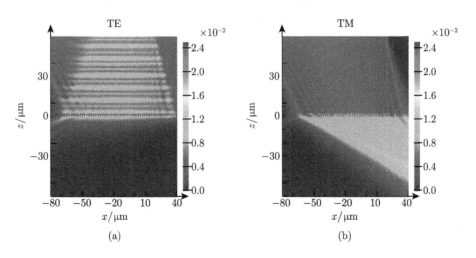

(a)   (b)

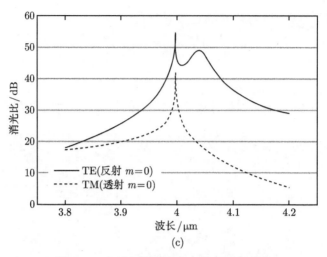

(c)

图 5.17　半反半透型分光光栅光强分布图

光栅对 TE 波在较宽的波段范围内具有高消光比 (>20dB)，而对于 TM 波，消光比大于 20dB 的光谱宽度约为 0.03λ。

3) 透射型偏振分束光栅

透射型偏振分束光栅工作时，入射光由光疏介质入射到光密介质，TE 波与 TM 波主要分配到透射 0 级和 +1 级衍射 (图 5.18)。此种模式下，反射 +1 级衍射接近临界位置，即 $\theta_{t,+1} = 90°$。光栅归一化周期 Λ / λ 与入射角 θ 满足如下关系：

$$-k_0 n_1 = k_0 \left[n_1 \sin\theta - (\lambda_0/\Lambda) \right] \tag{5.82}$$

即 $\theta = \arcsin\left(\lambda_0/(n_1\Lambda) - 1\right)$。

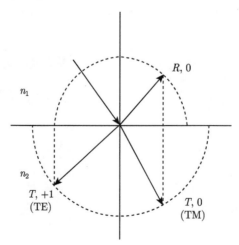

图 5.18　透射型偏振分光光栅波矢量图

如图 5.19 所示,评价函数 η 与上式推导曲线重合,但是 η 值略低于上述两种分光光栅,这主要是由于不可避免的反射降低了光能利用率。

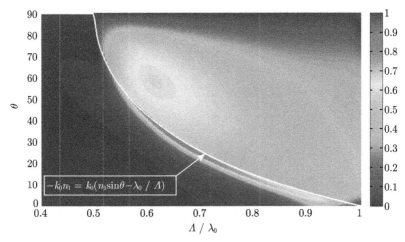

图 5.19 透射型分光光栅关于周期与入射角的评价函数图 (彩图见封底二维码)

对周期 $\Lambda = 2.558\mu m$,占空比 $f = 0.257$,沟槽深度 $h = 2.217\mu m$,入射角 $\theta = 32.74°$ 的结构形式进行模拟仿真,由图 5.20 中 FDTD 仿真计算结果可以明显看出,TE 波与 TM 波经过亚波长光栅后分别沿两个不同的衍射级次方向传播。图 5.21 光谱特性图显示,分光光栅能够在一个偏振态获得较高的消光比,而在另一个偏振态上分光效果略差 (约 30dB)。

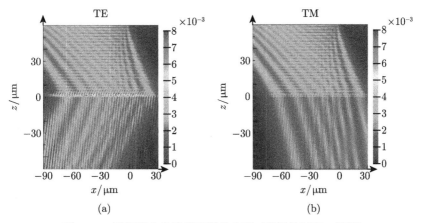

图 5.20 透射型分光光栅光强分布图 (彩图见封底二维码)

(a) TE 波入射; (b) TM 波入射

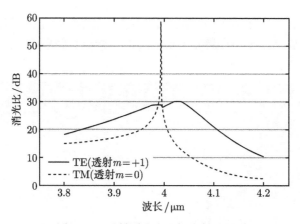

图 5.21　透射型分光光栅出射光光谱

3. 容差分析

光栅的轮廓误差将在制备过程中不可避免地引入，它们主要包括沟槽深度误差、占空比偏差以及微纳结构形状误差，如图 5.22 所示。这些形状尺寸的改变将影响亚波长光栅的衍射特性，从而降低偏振消光比和光能利用率。利用 RCWA 方法对占空比 f，深度 h，边缘倾角 α 等误差来源进行分析。

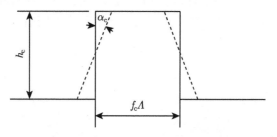

图 5.22　二元光栅形状误差示意图

如图 5.23 所示，对于反射型偏振分光光栅，实现 TE 波与 TM 波的最大消光比的占空比位置一致，这主要是由于无用衍射级次的倏逝使得能量能够完全保留

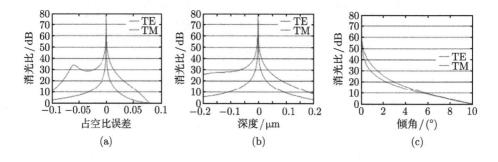

(a)　　　　　　　　　　　(b)　　　　　　　　　　　(c)

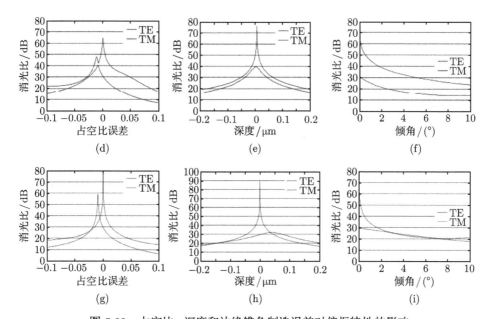

图 5.23 占空比、深度和边缘锥角制造误差对偏振特性的影响

(a)~(c) 反射型光栅容差分析; (d)~(f) 半反半透型光栅容差分析; (g)~(i) 透射型光栅容差分析

在有用的两个衍射级次上,但是也使得形状尺寸的容差很小。偏振消光比迅速下降到 20dB 以下。由于可使用材料的限制,半反半透型与透射型分光光栅工作时 TE 波与 TM 波的消光比峰值不重合,因此具有相对小的消光比和较弱的误差敏感性。

5.2.3 二维亚波长微纳结构的偏振特性

二维亚波长微纳结构对不同偏振态电磁波也具有不同的偏振特性。同时,入射光相对微纳结构的方位角 φ 也对亚波长微纳结构的反射特性存在影响,这是由于不同的方位角对应不同的周期与占空比,如图 5.24 所示。对于二维正交排列的微纳结构阵列,微纳结构阵列相对于 x 轴与 y 轴对称,因此微纳结构反射特性曲线以 90° 为周期随方位角改变。

图 5.25 和图 5.26 为一个二维亚波长微纳结构阵列的偏振特性图。当入射光束正入射时 ($\theta = 0°$),由于 TE 与 TM 波电矢量方向正交且平行于基底表面,对于二维阵列等效,因此不存在偏振效应;而且,虽然不同入射光方位角下各衍射级次的衍射效率不同,但是总反射率却恒定不变。当光束斜入射时,不仅由入射角的增加导致反射率的增加,TE 波与 TM 波也表现出不同的衍射特性,而且方位角的改变也将引起总反射率的较大变动。

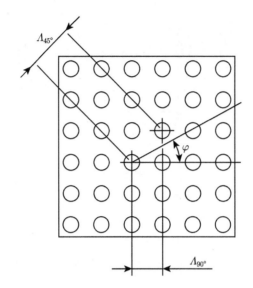

图 5.24　二维微纳结构阵列入射光方位角示意图

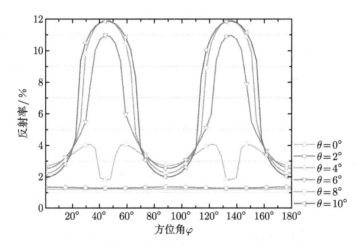

图 5.25　二维微纳结构阵列 TE 波偏振特性 (彩图见封底二维码)

　　本节分析了仿生蛾眼抗反射微纳结构周期阵列的衍射特性，并对其大周期的微纳结构阵列的透射率下降的问题进行了原因分析，并推导出正入射及斜入射条件下的高级次衍射波倏逝条件，为接下来的设计及制作提供了非常重要的衍射理论基础。

　　应用 RCWA 方法分析了一维亚波长光栅的衍射特性，并提出可以使用一维光栅的偏振性质实现偏振分光效果，根据计算设计了反射型、半反半透型和透射型三种不同分光模式的光栅结构，并使用 FDTD 方法进行了验证，并分析了三种光栅的光谱特性以及制造容差大小。

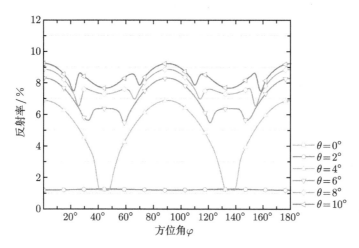

图 5.26 二维微纳结构阵列 TM 波偏振特性 (彩图见封底二维码)

最后,分析了二维亚波长微纳结构的偏振特性,并分析了其入射角和方位角对反射率的影响。

5.3 单波段仿生蛾眼微纳结构

仿生蛾眼微纳结构单元具有不同的轮廓形态,比如圆柱形、圆孔形、圆锥形、圆台形、抛物面形及高斯面形等。不同的轮廓形态具有不同的等效折射率变化趋势,从而具有各不相同的衍射特性。而对于同种轮廓形态,由于各自阵列周期、深度、占空比等结构参数的影响,各级次衍射波也具有不同的衍射效率,从而使光栅层的反射率和透射率发生改变。

二维微纳结构阵列的结构参数众多,且各衍射级次间互相耦合,难以直接计算推导出结构形式及尺寸,但是可以通过数值计算方法研究各结构参数与反射率和衍射率的关系,根据趋势设计二维微纳结构阵列的具体结构参数。应用 RCWA 方法,编制程序针对不同形状的仿生蛾眼抗反射微纳结构进行模拟仿真,根据分析得到的参数关系合理选择设计初值,遍历附近数值解,能够得到局部最优的结构参数组合,从而实现较理想的设计结果。

5.3.1 圆柱形抗反射微纳结构

圆柱形结构是蛾眼抗反射微纳结构的一种基本形式,结构参数数目相对少,同

时也相对容易制作。圆柱形二维周期阵列结构层内部折射率表达式为

$$f(x,y) = \begin{cases} 0, & x^2 + y^2 > d/2 \\ n_2 - n_1, & x^2 + y^2 \leqslant d/2 \end{cases} \tag{5.83}$$

$$n(x,y) = n_1 + f(x,y) \times [\operatorname{comb}(x/\varLambda)\operatorname{comb}(y/\varLambda)] \tag{5.84}$$

式中，n_2 是基底折射率；n_1 是覆盖层 (即空气) 折射率；d 为圆柱直径，$\varLambda$ 为微纳结构周期；$f(x,y)$ 是单周期函数。二维圆柱形抗反射微纳结构如图 5.27 所示。

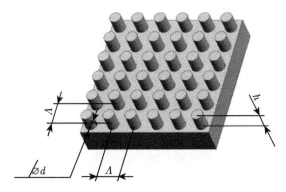

图 5.27   二维圆柱形抗反射微纳结构示意图

本征硅片、本征锗片及人造石英玻璃 (JGS1 型) 都是常用的光学材料，本节依次在各基底表面进行圆柱形抗反射微纳结构设计及模拟仿真分析。

1. 本征硅片基底表面蛾眼微纳结构的研究

硅是微机械与微流体系统使用最广泛的材料，也是半导体工业的基本材料。在集成电路中，硅是作为标准材料使用的，也是世界上研究最广泛的一种材料[31-35]。这种材料适宜用作高温半导体，是一种容易生长的氧化物绝缘材料。硅材料应用于诸如发光二极管、波导和太阳能电池等光电器件，由于其良好的红外透过特性，在红外光学系统中大量使用。本节以双面抛光的本征硅片作为基底材料进行研究，应用 RCWA 方法，在中红外 3~5μm 波段设计并制作圆柱形仿生蛾眼抗反射微纳结构元件。其材料物理特性基本参数为：阻值 $> 10000\Omega\cdot\mathrm{cm}$，晶向 $\langle 100 \rangle \pm 0.5°$，直径 $(50.8 \pm 0.2)\mathrm{mm}$，厚度 $(440 \pm 5)\,\mu\mathrm{m}$，工作波段内折射率约为 3.42。

1) 周期对反射率及透射率的影响

圆柱形周期阵列表面微纳结构等效于一层中间折射率的膜层，同时具有明显的光栅衍射特性。当结构周期大于波长时 $(\varLambda > \lambda)$，反射与透射区域均发生衍射，对于相同的占空比和深度，光栅层等效折射率并不发生改变，反射率较高，0 级透射率曲线表现为随波长改变的波浪形，而与周期几乎无关；当 $\varLambda < \lambda/n$ 时，即反射

区与透射区仅存在 0 级衍射，反射率与透射率互补，并呈现出随周期和波长共同改变的光谱曲线。当 $\lambda/n < \Lambda < \lambda$ 时，该亚波长区域内，仅存在反射 0 级衍射，而透射则存在多级衍射，此种情况下光栅层内 0 级与 ±1 级衍射波互相耦合，当等效折射率合适时，将在较宽波段内实现较好的抗反增透效果，如图 5.28 所示。

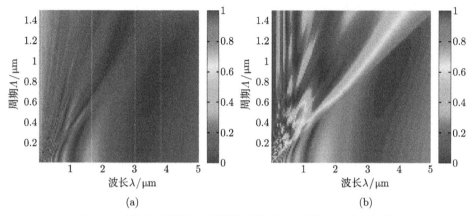

(a)   (b)

图 5.28　周期对蛾眼结构衍射特性的影响 (彩图见封底二维码)

(a) 周期与反射率关系; (b) 周期与衍射 0 级透射率关系

微纳结构周期尺寸在亚波长区 ($\lambda/n < \Lambda < \lambda$) 与小周期区 ($\Lambda < \lambda/n$) 具有不同的衍射特性，因此本节将两者分开讨论。

2) 微纳结构参数分析

当微纳结构周期尺寸位于亚波长尺度 ($\lambda/n < \Lambda < \lambda$) 上时，总反射率能够得到一定的抑制，而衍射 0 级透射率较低。当结构周期略小于波长时，高级次衍射波衍射角较大，因此能够被介质材料大量吸收，能够应用于吸收型或非透射型光学元件。

(1) 占空比对反射率的影响。

占空比 f 是蛾眼微纳结构单周期凸起底面直径与结构周期之比。计算三组不同占空比对反射率的影响曲线，如图 5.29 所示。占空比的变化导致蛾眼微纳结构层等效折射率发生改变，主要表现为在 3.8~4.8μm 波长范围内反射光谱的平移，进而导致极小值点发生偏移。因此，在实际制作过程中，应当尽量减小微纳结构的占空比偏差，避免工作波段的偏移。

(2) 微纳结构占空比与刻蚀深度对反射率的影响。

占空比对光栅区内不同级次衍射波的耦合影响不是独立作用的。利用 RCWA 方法对不同占空比与刻蚀深度的圆柱形抗反射微纳结构进行数值计算得到关系图，如图 5.30 所示。其中 x 轴为占空比，y 轴表示微纳结构深度。由图中可以看出，占空比在 $f = 0.2$ 位置有较明显反射率分界线，当占空比 $f > 0.8$ 时，反射率也较大。

这主要是由于，当占空比过低或过高时，光栅区难以形成合适的等效折射率。在占空比适中区域，由占空比决定的等效折射率与微纳结构深度共同作用，改变上下界面耦合条件，反射率表现为倾斜的高低交替分布。值得注意的是，深度越小，低反射率对应的占空比的允许值越宽，即具有更大的制造误差容差，但是其能达到的抗反射性能相对于深度更深的结构来说略差。

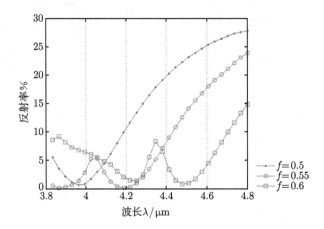

图 5.29　占空比与反射率关系曲线图 (彩图见封底二维码)

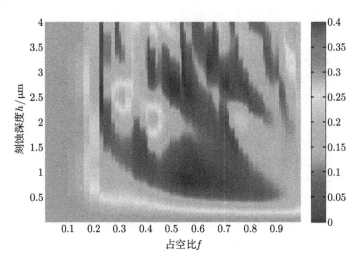

图 5.30　微纳结构占空比与刻蚀深度对反射率的影响 (彩图见封底二维码)

占空比对微纳结构参数选择的影响有以下两种原因：① 对于一定的周期，由于制造方法的限制，占空比太小或太大都不利于制造微纳结构模板；② 在周期确定时，占空比也影响刻蚀的深度，即占空比较小时，周期较大，能够刻蚀的深度较大，占空比较大时，周期较小，最大刻蚀深度也减小。因此从以上分析和实际制作角度综合考虑，最合适的占空比是 0.6。选取占空比为 0.6，刻蚀深度为 2.6μm 时，也具有相对合适的误差容差，设计反射率为 2% 左右。

(3) 微纳结构周期与刻蚀深度对反射率的影响。

以占空比 0.6 为基准，以 $\lambda = 0.4$μm 为设计波长，计算不同结构周期 Λ 和刻蚀深度 h 下的反射率大小并得到关系图，如图 5.31 所示。由图中可以看出，在周期 $\Lambda = 4$μm 位置存在分界线，为设计波长光束 $0°$ 入射角入射时 ± 1 级衍射发生倏逝的临界值，当结构周期较大而衍射波不足以发生倏逝时，± 1 级衍射波发生反射，影响整体抗反射性能。

根据上文选定的深度值 $h = 2.6$μm，在周期为 $\Lambda = 3.8$μm 时，反射率能够达到局部最小值，且具有一定的公差范围，即约为 2%。

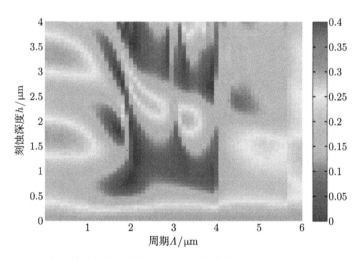

图 5.31　微纳结构周期与刻蚀深度对反射率的影响 (彩图见封底二维码)

3) 小周期硅基底圆柱形微纳结构阵列参数分析

大周期双面周期微纳结构在斜入射情况下不可避免地存在衍射级反射，而小周期圆柱形微纳结构由于周期足够小，所以在大入射角情况下仍然不存在高级次衍射，因此能够进一步提高抗反增透特性。

由于设计的小周期圆柱形蛾眼微纳结构组合参数尺寸小，直接采用激光直写技术进行制作能够得到较小线宽。根据激光直写系统的极限特征尺寸限制，最终将设计的在其允许的最小尺寸范围内的小周期圆柱形蛾眼微纳结构参数组合为：周期 900nm、占空比 0.8、直径 720nm、刻蚀深度 500nm，折射率为 3.42 的本征硅片作基底材料。图 5.32 为仿真模拟只有衍射 0 级的反射率与透射率曲线。可知，在中心波长 4μm 附近达到最优达 100%；最低效果时，透射率达 78% 以上。并且，根据设计要求下面分析组合参数 (诸如周期、占空比及刻蚀深度) 对反射率及透射率的影响。

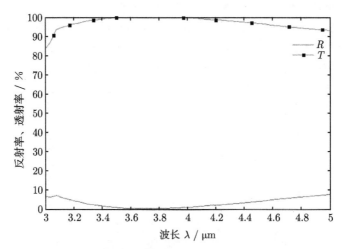

图 5.32　小周期微纳结构衍射 0 级的反射率与透射率曲线图

(1) 占空比对反射率和透射率的影响。

占空比主要影响光栅层等效折射率，具体表现为光栅反射率和透射率曲线的偏移，如图 5.33 所示，反射透射曲线互补。合适地选择占空比，能够在设计波段获得较好的抗反增透结果。

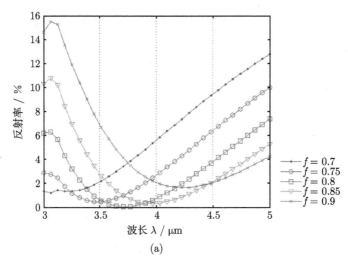

(a)

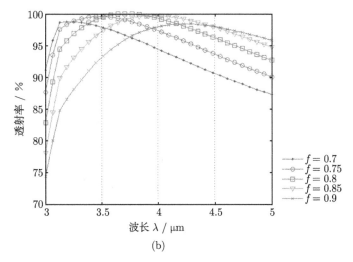

(b)

图 5.33 占空比对蛾眼微纳结构衍射特性的影响 (彩图见封底二维码)

(a) 占空比对反射率的影响; (b) 占空比对衍射 0 级透射率的影响

(2) 刻蚀深度与反射率及透射率的关系。

刻蚀深度的改变能够影响微纳结构上下界面各级衍射耦合波的相位, 从而与占空比相互作用对反射率及透射率产生影响。因此与占空比相似, 也能够使反射率和透射率曲线发生偏移 (图 5.34), 是优化设计过程中必须要考虑的参数。

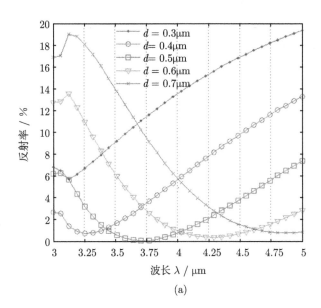

(a)

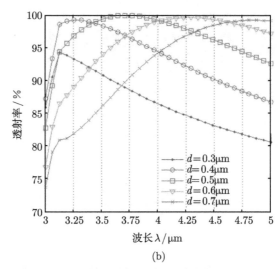

图 5.34　刻蚀深度对蛾眼微纳结构衍射特性的影响 (彩图见封底二维码)

(a) 刻蚀深度与反射率的关系; (b) 刻蚀深度与衍射 0 级透射率的关系

2. 本征锗片基底表面蛾眼微纳结构的研究

锗是另一种重要的半导体材料, 主要的终端应用为光纤系统与红外光学, 尤其是长波红外热成像系统中的窗口和透镜, 也用于聚合反应的催化剂, 以及电子用途与太阳能电力等。锗单晶折射率较大 ($n = 4.01$), 导致其表面反射损失在 37% 以上。在应用过程中传统解决方法是在表面镀薄膜来抑制其反射特性。但是此方法受自身因素 (诸如抗蚀性、热稳定性) 以及所处环境的影响很大。

在本征锗片 (双面抛光, 厚度 500μm, 晶向 ⟨100⟩, 阻值 4 ~ 20Ω) 表面制作单面和双面蛾眼抗反射微纳结构。制作及测试结果显示, 在工作波长范围内蛾眼微纳结构具有良好的抗反射效果。

1) 本征锗基底表面周期微纳结构设计及分析

本节设计的锗基底圆柱形蛾眼微纳结构推导表达式与硅基底圆柱结构相同, 下面应用 MATLAB 软件对此种材料的圆柱形微纳结构的周期、深度、占空比及形状等参数进行理论模拟分析。

(1) 周期对反射率和 0 级透射率的影响。

应用 RCWA 方法, 可计算得到波长和周期对反射率及透射率的影响, 如图 5.35 所示。图中 x 轴为波长, y 轴为周期, 图 5.35(a) 为微纳结构周期对总反射光谱的影响, 图中 $\lambda = \Lambda$ 直线右侧波长较大不存在高级衍射光束, 因此存在较低反射率。图 5.35(b) 反映微纳结构周期对 0 级透射光谱的影响, 衍射 0 级透射率高低分界线约出现在 $\lambda = n\Lambda$ 处。

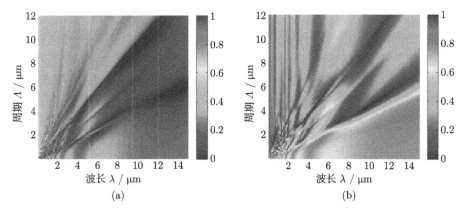

图 5.35　微纳结构周期与反射率或透射率的关系图 (彩图见封底二维码)

(a) 周期与反射率的关系; (b) 周期与衍射 0 级透射率的关系

(2) 占空比对反射率的影响。

反射率随占空比变化曲线如图 5.36 所示，与硅材料相同，随着占空比变化，表现为 8~12μm 波长范围内反射光谱极小值点发生偏移。因此，在实际制作过程中，选择最优的制作方式，尽量减小微纳结构的占空比偏差，对于实际加工具有现实意义。由上述分析，当本书选取占空比为 0.65 时，均有较小的反射率。

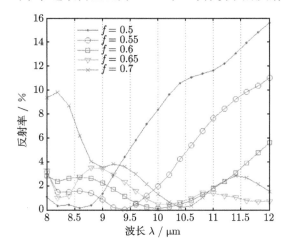

图 5.36　反射率随占空比的变化规律 (彩图见封底二维码)

(3) 刻蚀深度对反射率的影响。

经过计算仿真可知，与硅基底微纳结构的衍射特性相同，并不是结构刻蚀深度越深，抗反射效果越好，取不同深度值时，反射率随波长的变化很大。由图 5.37(a) 可以看出，当刻蚀深度为 2.5μm 时，在设计中心波长的反射率相对较低，反射率在

9.9∼10.1μm 范围内平均值低于 0.1%, 刻蚀深度大于 2.6μm 或小于 2.3μm 时反射率均有明显升高; 在宽波段范围内, 如图 5.37(b) 可知, 微纳结构刻蚀深度越小, 总体上反射率降低, 抗反射光谱范围展宽, 但是当刻蚀深度大于 2.3μm 时, 边缘波长波段反射率均有较大升高。综上所述在 8∼12μm 波长范围内, 微纳结构的深度与其抗反射特性不成比例, 因此需要针对具体使用需求综合考虑, 进行合理设计。

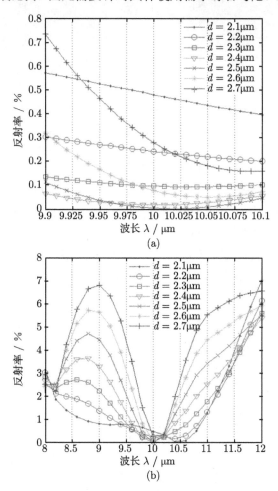

图 5.37 反射率随刻蚀深度的变化规律 (彩图见封底二维码)

(a) 刻蚀深度在 9.9∼10.1μm 波长范围内反射率的变化曲线;

(b) 刻蚀深度在 8∼12μm 波长范围内反射率的变化曲线

(4) 形状对反射率的影响。

下面分析形状对反射率的影响, 图 5.38 为不同底面直径时, 不同锥度微纳结构的反射特性。从图 5.38(a) 中可以看出, 当蛾眼微纳结构参数经过设计后, t(实际

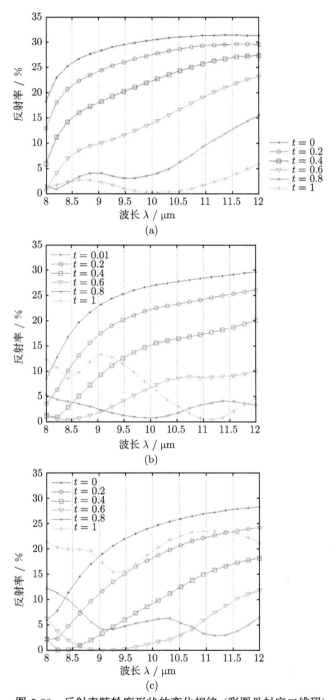

图 5.38 反射率随轮廓形状的变化规律 (彩图见封底二维码)

(a) 微纳结构底面直径 0.6Λ; (b) 微纳结构底面直径 0.8Λ; (c) 微纳结构底面直径 Λ

圆柱顶面直径与底面直径之比) 减小时 (柱体变尖), 表现为光谱曲线平滑, 平均反射率没有下降反而升高, 这说明亚波长微纳结构抗反射性能受占空比、周期、轮廓形状等参数综合作用的影响。由图 5.38(b), 5.38(c) 可知, 锥形微纳结构欲获得更好的抗反射性能, 需要有更大的底部直径和与之匹配的锥度, 且底面占空比越大, 所需锥度也越大。

　　根据以上分析结果, 在本征锗片上制作工作波长为 8~12μm 波段的微纳结构, 微纳结构尺寸参数为: 周期 $\Lambda = 8.0\mu m$、深度 $h = 2.5\mu m$、底面直径 $d = 4.8\mu m$。

2) 小周期本征锗基底表面蛾眼微纳结构的研究

　　在双面抛光的本征锗片基底表面上制作小周期圆柱形蛾眼微纳结构, 参数组合为: 设计波长 8~12μm, 结构周期 $\Lambda = 2.0\mu m$、沟槽深度 $h = 1.2\mu m$、占空比 0.8、折射率 4.0、圆柱直径 $d = 1.6\mu m$。采用 JSM-7800F 型热场发射扫描电镜配置的电子束系统进行蛾眼微纳结构的制作。图 5.39 为模拟仿真只有衍射 0 级的反射率与透射率曲线。可知, 在中心波长为 10μm 时, 透射率约为 100%, 反射率约为 0, 达到最优抗反增透效果。

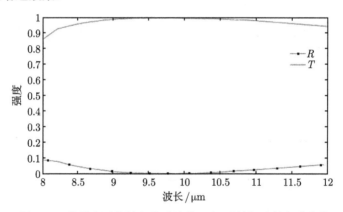

图 5.39　锗基底圆柱蛾眼微纳结构 0 级反射与透射光谱曲线

(1) 周期对反射率和透射率的影响。

　　对于本征锗材料基底蛾眼微纳结构抗反射层, 在反射区域仅存在衍射 0 级的条件为刻蚀周期 $\Lambda < \lambda_0$, 而在透射区域则需要满足 $\Lambda < \lambda_0/n_{Ge}$。应用 RCWA 方法, 可计算得到波长和周期对反射率及透射率的影响, 如图 5.40 所示。图 5.40(a) 中 $\lambda = \Lambda$ 时, 直线右侧变波长较大不存在高级次衍射反射光束, 因此存在较低反射率。图 5.40(b) 中衍射零级透射率高低分界线约出现在 $\lambda = 4\Lambda$ 处。

　　综合图 5.40 可知, 符合高透射率特性的参数组合有多组, 但是制作周期变小, 其难度大大增加并且费用昂贵。综上选择周期 $\Lambda = 2.0\mu m$, 不仅能够得到较低反射率, 周期误差的容差也较大。

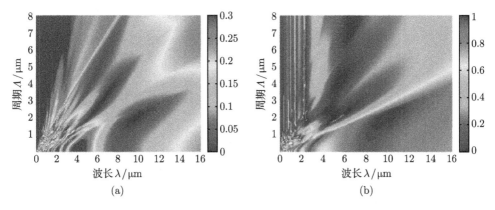

图 5.40 波长、周期与反射率和透射率的关系图 (彩图见封底二维码)

(a) 波长和周期与反射率的关系; (b) 波长和周期与衍射 0 级透射率的关系

(2) 深度对反射率及透射率的影响。

图 5.41(a) 是微纳结构刻蚀深度分别为 1μm, 1.1μm, 1.2μm、1.3μm 和 1.4μm 时, 刻蚀深度对反射率影响的光谱图。图中可以看出, 刻蚀深度的变化主要引起了蛾眼微纳结构在 8~12μm 波长范围内反射光谱的平移, 进而导致极小值点发生偏移; 且仿真的 5 条不同深度的曲线表现为近似抛物线分布。当深度为 1μm 时, 最低反射率在 9μm 波长处, 反射率约为 0.08%, 工作波段内反射率约小于 12%。同理, 当深度取 1.4μm 时, 反射率的最小值在波长 10.5~11μm 处且为 0.06% 左右; 最大值约为 16%。反射率与刻蚀深度呈非线性关系。由于仿真模型采用 8μm 周期结构,

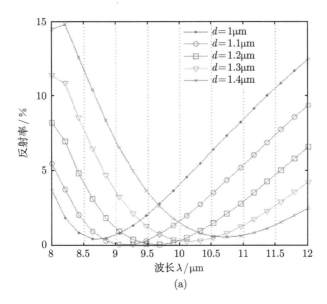

(a)

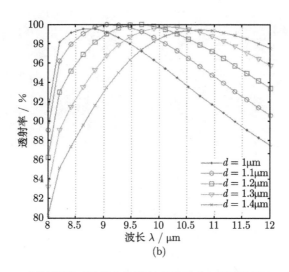

(b)

图 5.41 刻蚀深度对反射率和透射率的影响 (彩图见封底二维码)

(a) 刻蚀深度与反射率的关系; (b) 刻蚀深度与透射率的关系

因此反射率在波长 $\lambda=8\mu m$ 附近时出现波动, 图中 $d=1.4\mu m$ 曲线在该波长出现低点。图 5.41(b) 仿真了刻蚀深度与透射率的影响曲线。可以看出, 虽然透射率曲线也发生了平移, 但是透射率曲线与其对应的反射率曲线是对应互补关系, 综合圆柱形微纳结构组合参数的关系及以下几组仿真结果, 本节选取深度为 1.2μm 作为加工设计值。

(3) 入射角度与反射率和透射率的关系。

计算 $0° \sim 60°$ 不同角度下的反射率与透射率, 所得结果如图 5.42 所示。在

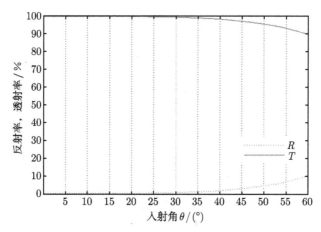

图 5.42 入射角度与反射率和透射率的关系 (彩图见封底二维码)

$0° \sim 30°$ 时，入射角对反射率及透射率几乎没有影响，反射率为 0，透射率约 100%，达到非常理想的抗反增透效果；在 $30° \sim 60°$ 范围内，可以看出，随着角度增加，反射率逐步增大至 10%，透射率逐渐减小至 90%，说明入射角度对反射率和透射率都有影响，并且两者是互补增减的关系。

(4) 占空比对反射率及透射率的影响。

利用 RCWA 分析占空比对反射率与透射率的影响，表现为光谱曲线的平移，其中当占空比 $f = 0.8$ 时，反射率与透射率曲线相对于 $\lambda=10\mu m$ 时近似对称，在全工作波段上能够获得相对低的抗反增透效果。其中，图 5.43(a) 是占空比与反射率

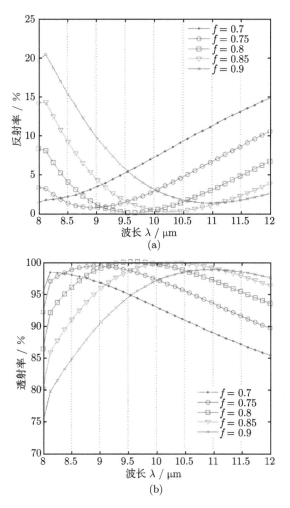

图 5.43 占空比与反射率和透射率的关系图 (彩图见封底二维码)

(a) 占空比与反射率的关系; (b) 占空比与透射率的关系

的关系图, (b) 是占空比与透射率的关系图。由于采用 $\Lambda=8\mu m$ 作为结构周期, 在 $\lambda=8\mu m$ 附近出现临界效应从而使反射率发生较大变化, 出现轻微拐点。

综合考虑反射率与周期、占空比和刻蚀深度三者间的关系。三者取值的最佳结合原则是周期应尽可能大, 刻蚀深度应可能小且占空比应尽量靠近, 这样有助于制造加工, 但具体数值要根据设计经验及加工工艺技术确定。

3. JGS1 型石英玻璃基底表面蛾眼微纳结构的研究

人造石英玻璃 (quartz glass) 是一种只含有非晶体 SiO_2 的玻璃。由于高纯度的合成工艺, 人造石英玻璃的光学和热性质都优于其他类型的玻璃, 并且有非常低的热膨胀系数 (在 20~30℃ 温度范围内为 $(4\sim5.5)\times10^{-7}℃^{-1}$), 非常适合极端温度或温度变化的环境。该材料在远紫外光谱区有很高的透射率和较低的折射率 (并有低的菲涅耳反射损失), 所以人造石英玻璃是一种理想的光学材料。这种材料还能够应用于各种微流体器件及宽波段光学元件。

本书选择 ZS-1 远紫外光学石英玻璃, 对应牌号为 JGS1, 二氧化硅含量 > 99.5%, 其基本性能如下。

(1) 机械性能: 密度为 $2.2g/cm^3$, 抗弯强度为 67MPa, 抗拉强度为 48MPa, 抗压强度为 1100MPa, 莫氏硬度为 5.5~6.5, 刚性模量为 31000MPa, 杨氏模量 $E = 72000$MPa, 泊松比 $\mu = 0.14 \sim 0.17$。

(2) 热学性能: 热膨胀系数为 $5.5\times10^{-7}℃^{-1}$, 此值是普通玻璃的 1/20~1/12, 热加工温度为 1750~2050℃, 热导率 (20℃) 是 $1.4W/(m\cdot℃)$。

(3) 化学性能: 石英玻璃耐酸强 (除 HF 与 H_3PO_4(300℃ 以上))。

(4) 应用光谱波段: 185~2500nm。

(5) 电绝缘性好, 其电阻在常温下是普通玻璃的 100 倍。

(6) 平面度是 $1.3\mu m$、光密度 (optical density, OD) 是 3.03、正性光刻胶 AZ1500 厚度为 501.1nm(其中均匀性 < 20nm)、铬层厚度为 102.1nm, 光洁度达高光学级别。

实验中所购买的 JGS1 型石英玻璃是已经镀有铬 (Cr) 掩模和 AZ1500 型正性光刻胶的匀胶铬版。在 JGS1 型石英玻璃上设计了中心波长为 905nm 时, 折射率是 1.45, 周期是 900nm, 底面直径是 450nm, 刻蚀深度是 900nm 的圆柱形蛾眼抗反射微纳结构周期阵列。表 5.2 为不同材质的圆柱形微纳结构参数组合设计列表。

表 5.2 圆柱形微纳结构设计参数表

圆柱形微纳结构	设计波长/μm	基底材料	折射率	占空比	周期/μm	深度/μm	直径/μm
小周期	3~5	本征硅片	3.42	0.8	0.9	0.5	0.72
标准周期	8~12	本征锗片	4.0	0.65	8	2.3	4.8
小周期	8~12	本征锗片	4.0	0.8	2	1.2	1.6
标准周期	0.85~1.1	人造石英 (JGS1)	1.45	0.5	0.9	0.9	0.45

5.3.2 圆孔形抗反射微纳结构

圆柱形或圆锥形抗反射微纳结构,其单个结构单元尺寸较小且互相分立,从而在大刻蚀深度的制备过程中容易出现刻蚀过度、边缘钝化、柱体纺锤化等轮廓缺陷。假如将柱形结构改为圆孔形结构,刻蚀后基底材料成为网状结构,如图 5.44 所示,微纳结构力学强度更好,在刻蚀过程中即使出现刻蚀过度也不容易造成结构缺陷。因此本小节对在不同材料上的圆孔形抗反射微纳结构进行研究和制备。

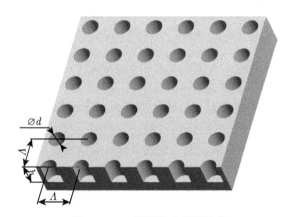

图 5.44 三维圆孔形周期结构

1. 本征硅片基底表面微纳结构的研究

周期阵列微纳结构的周期 Λ、刻蚀深度 h 和占空比 f 之间是相互影响的,可通过迭代法寻求三者间的最佳组合值。具体实现是首先选取初始值,在固定微纳结构某一重要特性参数值后,通过数值计算寻找附近最优值,而后使用最优值进行迭代,通常两次循环迭代即可得到局部最优值。对于周期微纳结构而言,结构周期决定了衍射级次的传播方向,而占空比与刻蚀深度共同改变了边界条件。因此先选取周期,再同时优化占空比与刻蚀深度是较合理的设计方法。

周期是影响光栅衍射效率的重要因素,根据仿真结果可以看出 (图 5.45),由于

衍射 ±1 级倏逝的影响, 在波长和周期关系图谱上 0 级透射率存在明显的分界, 这说明, 为了在获得低反射率的同时满足高透射率要求, 应当满足衍射倏逝条件, 即 $\Lambda < \lambda/n$。同时需要注意, 对于圆孔形微纳结构, 当周期一定时, 反射率与折射率光谱曲线高低波动, 因此应当综合占空比和刻蚀深度参数, 使在设计波段内能够获得较好的抗反增透性能。

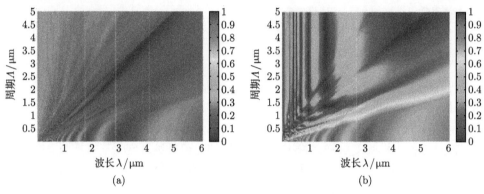

(a)　　　　　　　　　　　　　　(b)

图 5.45　周期与反射率和透射率的关系图 (彩图见封底二维码)

(a) 反射率光谱分布; (b) 衍射 0 级透射率光谱分布

　　为在工作波段 3~5μm 内实现低反射率, 同时考虑加工可行性, 选择 $\Lambda = 3.8\mu m$。对于此圆孔形周期微纳结构的占空比 f 及刻蚀深度 h 的设计, 运用 MAT-LAB 软件仿真微纳结构占空比、刻蚀深度对反射率的影响。硅折射率较大 ($n = 3.42$), 圆孔结构的高占空比能够获得较理想的等效折射率值, 因此由图 5.46 可以看出, 低反射率区域主要集中在大占空比区域。当占空比固定, 刻蚀深度较小时, 表现为更宽的低反射光谱宽度。

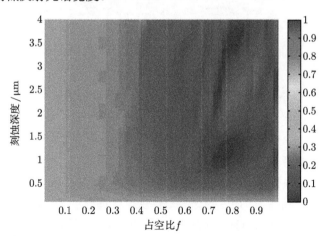

图 5.46　占空比、刻蚀深度对反射率的影响 (彩图见封底二维码)

综上，本征硅基底圆孔形抗反射结构选用占空比为 0.75，对应的刻蚀深度为 1.2μm，此时 $\lambda = 4\mu m$ 对应的反射率约为 3%。

2. 小周期圆孔形微纳结构的研究

根据透射衍射级次倏逝条件可知，只有在微纳结构阵列周期小于 λ/n 时，透射区域才能不存在透射高级衍射级次，否则高级次透射衍射波将成为杂散光，影响透射系统的光学性能。为获得更好的抗反增透特性，在本征硅片基底上设计并制作小周期圆孔形微纳结构。

利用数值分析方法对不同周期、刻蚀深度以及占空比的微纳结构进行分析，发现在 $\lambda > n\Lambda$ 的波段区域内，反射率与透射率能够互补，反之，衍射 0 级透射率较低，透射能量主要分布在高级次衍射波中，如图 5.47~ 图 5.49 所示。

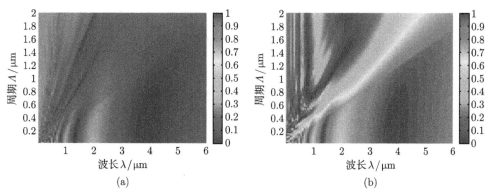

(a)   (b)

图 5.47 周期与小周期圆孔形微纳结构反射率及透射率的关系 (彩图见封底二维码)

(a) 反射率; (b) 衍射 0 级透射率

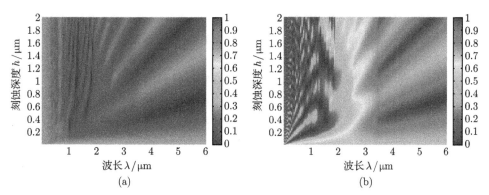

(a)   (b)

图 5.48 刻蚀深度与小周期圆孔形微纳结构反射率及透射率的关系 (彩图见封底二维码)

(a) 反射率; (b) 衍射 0 级透射率

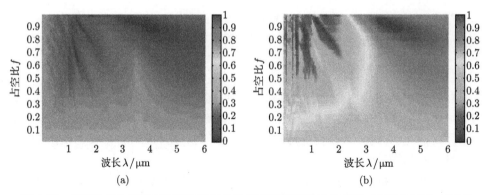

图 5.49　占空比与小周期圆孔形微纳结构的反射率及透射率的关系 (彩图见封底二维码)

(a) 反射率; (b) 衍射 0 级透射率

为获得低反射率和高透射率，同时使圆孔形结构具有尽量宽的抗反增透光谱范围，根据分析结果选择高占空比和较小刻蚀深度。综上，总结了圆孔形微纳结构的设计基本参数，如表 5.3 所示。

表 5.3　圆孔形微纳结构设计参数表

圆孔形微纳结构	设计波长/μm	基底材料	折射率	占空比	周期/μm	深度/μm	直径/μm
标准周期	3~5	本征硅片	3.42	0.75	3.8	1.2	2.85
小周期	3~5	本征硅片	3.42	0.85	1	0.5	0.85
标准周期	8~12	本征锗片	4.01	0.8	9.5	3.25	7.6

5.3.3　圆锥形抗反射微纳结构

圆柱形或圆孔形抗反射微纳结构虽然在特定波段具有较好的抗反增透特性，但是波段范围仍然较窄，不能满足宽谱段应用的需要。圆锥形在沿深度方向上具有渐变，使得等效折射率也在上下表面间渐次变化，因此是获得宽波段抗反增透特性的一种有效途径。

单次 RCWA 方法能够求取单层结构各衍射级次的电磁波能量大小分布，因此将特殊形状微纳结构沿深度方向分层，各层周期相同而占空比不同，每层使用RCWA 方法，最终利用上下边界电磁波连续条件求解出射反射波与透射波各级次衍射波大小与方向。

1. 圆锥形设计与分析

圆锥形微纳结构面型表达式可表示为

$$z\left(x,y\right) = \left(1 - \frac{r\left(x,y\right)}{\varLambda/2}\right)h, \quad r\left(x,y\right) < \varLambda/2 \tag{5.85}$$

式中，$r(x,y) = \sqrt{(x-x_0)^2 + (y-y_0)^2}$ 为单一周期内各坐标点 (x,y) 到顶点坐标 (x_0, y_0) 的距离，顶点坐标位于单一周期中心；z 轴垂直于透镜平面；Λ 为微纳结构周期；h 为顶点高度。其中，对于所有的 $r(x,y) < \Lambda/2$，$z > 0$；当单一周期内 $r(x,y) > \Lambda/2$ 时，z 为 0 或根据加工实际略小于 0，即允许轻微凹陷。图 5.50 为圆锥形仿真蛾眼微纳结构周期阵列的示意图。

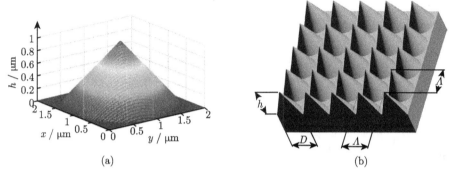

(a)   (b)

图 5.50 圆锥形仿真蛾眼微纳结构周期阵列的示意图 (彩图见封底二维码)

(a) 归一化的单周期高度图; (b) 圆锥形阵列三维图

2. 圆锥形微纳结构参数分析

1) 周期对反射率的影响

圆锥形微纳结构与单层结构的圆柱形和圆孔形微纳结构相比，抗反增透光谱更加平滑，对于一定的阵列结构周期，在较宽波段内能够维持较低反射率，尤其是在反射高级衍射波完全倏逝的情况下；而对于 0 级透射波，在 $\Lambda = \lambda/n$ 位置，由于透射 ± 1 级衍射波衍射角位于临界位置，所以存在明显的分界。当周期较小时，0 级透射率很高，与反射率互补，而当周期较大时，能量主要分布于 ± 1 级衍射级次上，使得 0 级透射率降低，如图 5.51 所示。

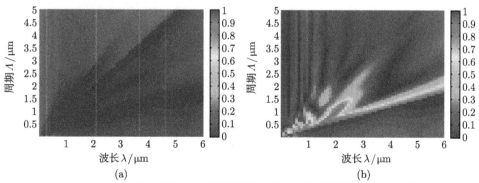

(a)   (b)

图 5.51 微纳结构周期与反射率和透射率的关系 (彩图见封底二维码)

(a) 周期与反射率的关系; (b) 周期与衍射 0 级透射率的关系

2) 刻蚀深度对反射率的影响

对于给定的微纳结构阵列周期, 利用 RCWA 计算不同刻蚀深度条件下的反射波和 0 级透射波衍射效率, 结果如图 5.52 所示。由于周期固定, 根据上文对衍射级次倏逝条件的讨论, 反射率和衍射 0 级透射率在特定波长存在阶跃。排除阶跃的影响, 可以看出深度越深, 抗反射性能越好, 这与圆柱形或圆孔形微纳结构的衍射特性是不同的。因此, 为了得到更好的抗反射效果, 应当最大限度地增加微纳结构刻蚀深度。

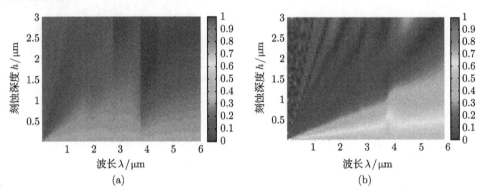

图 5.52　刻蚀深度对反射率和透射率的影响 (彩图见封底二维码)

(a) 刻蚀深度与反射率的关系; (b) 刻蚀深度与衍射 0 级透射率的关系

3) 占空比对反射率的影响

圆锥形微纳结构圆锥底面直径一般与周期相同, 但是当刻蚀制备存在一些误差时, 底面半径可能存在偏差, 从而造成反射率和透射率的改变。通过计算分析, 对于圆锥形结构, 底面积越大, 抗反射性能越好, 如图 5.53 所示。

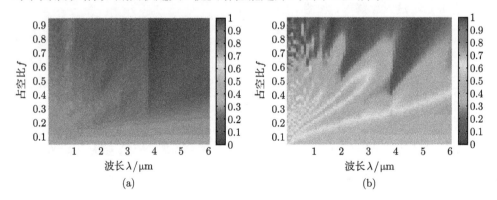

图 5.53　占空比对反射率和透射率的影响 (彩图见封底二维码)

(a) 占空比与反射率的关系; (b) 占空比与衍射 0 级透射率的关系

根据以上分析结果，在中红外波段 3~5μm，圆锥形二维阵列周期微纳结构设计参数及公差范围分别为：周期 $\Lambda = (3 \pm 0.1)\,\mu m$，刻蚀深度 $h = (3 \pm 0.1)\,\mu m$，底面直径 $d = (2.5 \pm 0.1)\,\mu m$。

3. 形状轮廓偏差对反射率的影响

由于微纳结构形状轮廓的塑形受到实际加工手段的限制，微纳结构的形状往往是不理想或有缺陷的。圆锥形结构可能由于顶面或底面光刻胶保护而形成圆台形甚至圆柱形，它们沿界面法向的等效折射率变化是不同的，因而具有不同的衍射特性。引入实际柱顶面直径与底面直径之比 t 表征圆锥形微纳结构边缘锥度，使得圆锥形、圆台形、圆柱形公式能够统一表达，由形状改变引起的反射率变化趋势连续，能够更好地分析形状轮廓对反射率的影响。引入参数 t 后，第 i 层光栅层结构特征直径与折射率分布分别为

$$d_i = \left[t + (i-1)\,\frac{1-t}{N-1} \right] d_N \tag{5.86}$$

$$f_i(x, y) = \begin{cases} 0, & x^2 + y^2 > d_i/2 \\ n_2 - n_1, & x^2 + y^2 \leqslant d_i/2 \end{cases} \tag{5.87}$$

$$n_i(x, y) = n_1 + f_i(x, y) \times [\mathrm{comb}\,(x/\Lambda)\,\mathrm{comb}\,(y/\Lambda)] \tag{5.88}$$

式中，N 为微纳结构分层数；d_N 为其底面直径。

通过分析形状对反射率的影响发现，t 减小时 (柱体变尖)，表现为光谱曲线平滑，同时反射率受占空比的影响很大。如图 5.54(a) 和 (b) 所示，当占空比 $f = 0.6$ 时，t 值越大，边缘越陡峭，反射率波动越大，但随着 t 变小，反射率总体上有增大的趋势；当占空比为 $f = 1$，t 值变小时，圆锥形微纳结构产生等效折射率的渐变，使反射率变小。说明圆柱形与圆锥形微纳结构的参数设计是有区别的，当设计圆柱形微纳结构时，应当合理选择占空比、刻蚀深度等结构参数，并在加工时保证一定程度的边缘锥度。而在设计圆锥形微纳结构时，应当尽量扩大圆锥形底面面积，提高微纳结构锥度，避免顶部圆台，从而达到低反射率效果。

综上所述，可以看出圆柱形阵列结构等效为单层介质膜，圆锥形阵列结构可等效为渐变折射率膜。微纳结构形状的改变导致了各细分层占空比的变化，使得渐变折射率膜折射率曲线可调，因此具有实现各种光学特性的可能性。

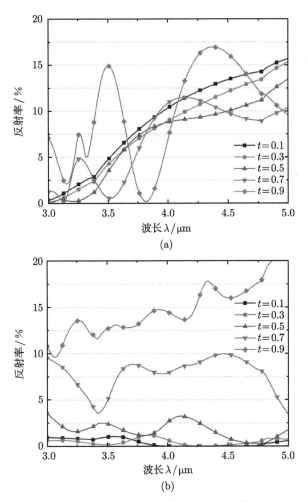

图 5.54   形状对反射率的影响 (彩图见封底二维码)

(a) 占空比 $f = 0.6$; (b) 占空比 $f = 1$

5.3.4   抛物面形抗反射微纳结构

抛物面形仿生蛾眼微纳结构可以看作是由多层直径不等、周期相同的圆柱形阵列组合而成, 各层直径不同使得微纳结构的等效折射率变化趋势不同, 从而导致衍射特性的差异。

抛物面形蛾眼微纳结构的单周期形状的面型表达式为

$$z\left(r\right) = \left[1 - \left(\frac{2r}{\varLambda p}\right)^2\right] h \tag{5.89}$$

其中, z 轴垂直于介质平面, 微纳结构底部坐标为 $z = 0$, 顶部坐标为 $z = h$; r 为单周期内各点到中心的距离; Λ 为结构周期; 参数 p 决定了突起的宽度。归一化的单结构高度图及三维图, 如图 5.55 所示。

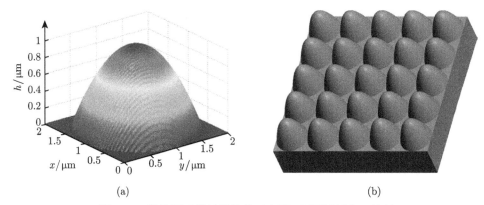

(a)   (b)

图 5.55 抛物面形微纳结构的示意图 (彩图见封底二维码)

(a) 归一化的单结构高度图; (b) 三维周期阵列图

1) 反射率随结构周期变化

经过严格耦合波理论分析可得周期对反射率的影响曲线, 如图 5.56 所示, 在周期为 1.8μm 时此点为极大值点, 反射率最高达 2.5%; 相反, 当周期在 1.2μm 时, 反射率达最小值为 0.1% 左右。但是周期越小越难加工, 必须根据实际实验条件, 选择一组平衡的组合参数, 使反射率最低。

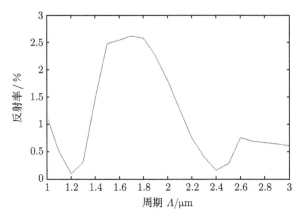

图 5.56 周期对反射率的影响曲线

2) 反射率随微纳结构刻蚀深度变化

图 5.57 是反射率随着微纳结构刻蚀深度变化的曲线图, 可以看出微纳结构的深度与反射率的大小不呈比例关系。当微纳结构刻蚀深度是 0.5μm 时, 反射率达

到 25%；当刻蚀深度为 1.5μm 时，反射率最低在 1% 以下，符合设计要求。

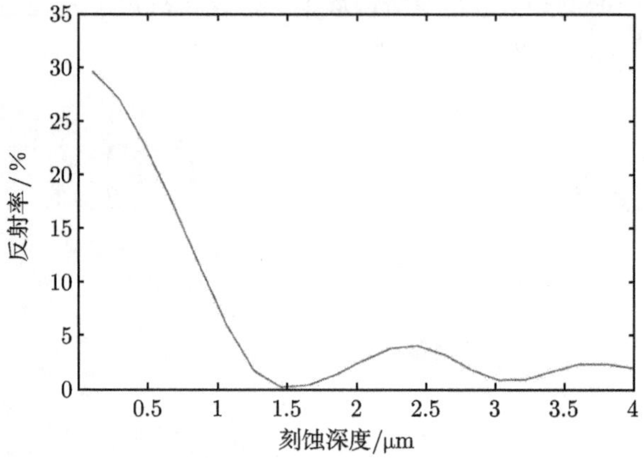

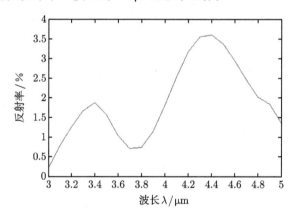

图 5.57　反射率随刻蚀深度变化

3) 反射率随波长变化

波长取不同值时，反射率也会随其相应变化。从图中 5.58 可知，在中红外波段，波长的变化与反射率不成比例，在 3μm 处反射率最低，在 0.25% 左右；同理，反射率最大值是在设计中心波长为 4.4μm 处，大约为 3.5%。

图 5.58　反射率随波长变化曲线图

4) 反射率随折射率变化

图 5.59 为反射率随折射率变化关系图。从图中可知折射率改变时，反射率也不尽相同。当折射率约为 2.5 时，反射率几乎为零。因此，折射率变化对反射率也有较大影响。

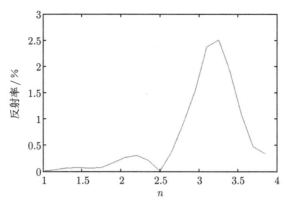

图 5.59 反射率随折射率变化关系图

5.3.5 高斯面形抗反射微纳结构

本小节研究高斯面形仿生蛾眼微纳结构在硅基底表面的抗反射特征，由于此结构可以看成是由直径不等的圆柱形叠加组合而成的，所以相当于梯度折射率分布。每一层占空比不同，用周期可求每一层每一级衍射的方向和大小，以及电磁波能量大小分布。因此可以由电磁场边界条件，求得单层的反射率。下面以本征硅片为基底，简要分析占空比、周期、刻蚀深度等结构参数对反射率的影响。

高斯面形微纳结构的单周期形状可表示为

$$z(r) = h\mathrm{e}^{-(r/p)^2} \tag{5.90}$$

其中，z 轴垂直于介质平面，微纳结构底部坐标为 $z=0$，顶部坐标为 $z=h$；r 为单周期内各点到中心的距离；参数 p 决定了突起的宽度。归一化的单结构高度图及三维图，如图 5.60 所示。

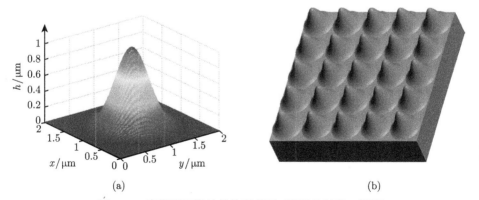

(a)   (b)

图 5.60 高斯面形微纳结构形貌图 (彩图见封底二维码)

(a) 归一化的单结构高度图; (b) 三维示意图

1) 反射率随微纳结构周期变化

图 5.61 是反射率随微纳结构周期变化的关系图。从图中可知，在近红外波段 1 ~ 1.8μm 范围内，随着设计波长的增大，反射率逐渐降低，最后在 1.8μm 处达到最小值，小于 1%；1.8μm 以后，曲线上升，当反射率达到 8%左右时，曲线开始振荡分布。

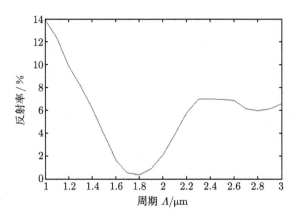

图 5.61　反射率与微纳结构周期变化关系图

2) 反射率随微纳结构刻蚀深度变化

由图 5.62 可知，刻蚀深度的不同对反射率影响较大。从曲线可知 (x 轴表示刻蚀深度，y 轴表示反射率)，在刻蚀深度从 0 ~ 4μm 不断增大的同时，反射率随着深度的增加而不断减小，在约 3.5μm 处达到最低，即反射率值为 1%左右。

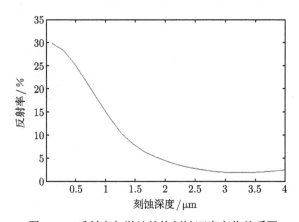

图 5.62　反射率与微纳结构刻蚀深度变化关系图

3) 反射率随波长变化

模拟仿真了反射率随波长变化的关系, 如图 5.63 所示, x 轴表示波长, y 轴表示反射率, 在中红外波段随着波长由 $3 \sim 5\mu m$ 的变化, 反射率则呈正弦曲线分布。在此波段存在一个最大值点与最小值点。其中, 在波长 $3.5\mu m$ 处, 反射率最大值为 5%; 同理, 最小值点在波长 $4.3\mu m$ 处, 反射率为 1% 左右。

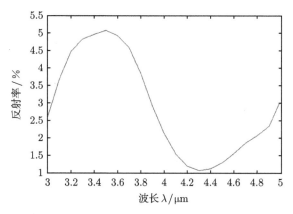

图 5.63   反射率与波长的变化关系图

4) 反射率随折射率变化

图 5.64 给出了反射率与折射率的变化关系。从图中可以看出, 折射率为 3.2 左右时, 反射率约为 1%; 折射率在 3.2~4 时, 反射率随折射率的增大而增大。

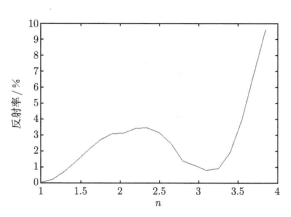

图 5.64   反射率随折射率变化曲线

5) 方位角与反射率的关系

图 5.65 是方位角对反射率的影响关系图。当入射角为单一变量变化, 光线是垂直入射时 (入射角 $\theta = 0°$), 方位角随反射率的变化曲线平直, 说明方位角对反

射率没有影响,即此时反射率约为 0.485%;当入射角 $\theta = 2°$ 时,方位角随反射率的变化曲线略有波动,但总体趋于平稳,且反射率约为 0.48%;当入射角 $\theta = 4°$ 时,方位角随反射率的变化曲线较入射角为 2° 时波动略大,且为 0.47%左右。同理,入射角为 6° 时,曲线波动明显且呈余弦趋势,且反射率最高为 0.46%,最低为 0.43%。当入射角增大到 8° 时,可以明显看到曲线呈余弦分布,反射率最高约是 0.45%,最低是 0.39%。综上可知,入射角增大过程中,方位角对反射率的影响越来越突出;当入射角较小时,可以得到非常高的反射率,并且,入射角是 4° 以上时,反射率随着方位角的变化而发生振荡,大致呈余弦分布。

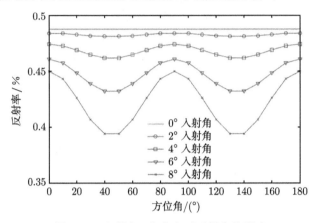

图 5.65　入射角、方位角对反射率的影响

5.4　复合波段宽角度蛾眼减反射结构

对仿生蛾眼生物结构的研究发现,仿生蛾眼结构一般呈柱状周期阵列排布。随着应用的发展,蛾眼结构形状不仅仅局限于传统的圆柱形仿生结构,圆台形、圆孔形、抛物线形及高斯面形等具有不同轮廓形态的蛾眼结构单元也被广泛地研究和应用。目前,理论仿真和实验制备是研究蛾眼微纳结构减反射性能的两种最常用的方式。直接实验制备的研究成本较高,通过仿真模拟找到符合应用要求的蛾眼结构尺寸参数,再通过实验制备是一种简单而快速的研究方法。

本节主要通过 FDTD-Solutions 仿真软件建立硅和 ZnS 两种材料的蛾眼亚波长结构仿真优化模型。结合 RCWA 理论计算和有效折射率结构模型,对不同形貌的蛾眼结构进行渐变折射率的对比分析,选取符合复合波段宽角度减反射性能要求的最佳蛾眼结构形貌参数。从波长和角度两方面对蛾眼结构的周期、底端直径、结构高度和顶端直径等参数进行优化设计,最终设计出满足实际应用要求的最佳蛾眼结构模型,为下一步实验制备提供理论模型。

5.4.1 硅基底近红外和中红外宽角度蛾眼结构

1. 不同形貌蛾眼结构减反射性能对比

目前已有的蛾眼结构模型有圆柱形、圆台形、圆孔形、高斯形等，本书提出一种新型蛾眼结构形貌——束腰形，并利用 FDTD-Solutions 对硅材料圆柱形、圆台形、束腰形蛾眼结构和无结构裸片在 2~5μm 光谱范围内，进行减反射性能的对比分析，仿真结构模型如图 5.66 所示。在减反射性能仿真过程中，选用 3~5 个结构周期进行仿真。圆柱形、圆台形和束腰形蛾眼结构具有相同的周期、底端直径、结构高度及基底厚度等参数，保证了仿真变量的单一性，确保仿真结果能准确反映出不同形貌蛾眼结构的减反射性能。

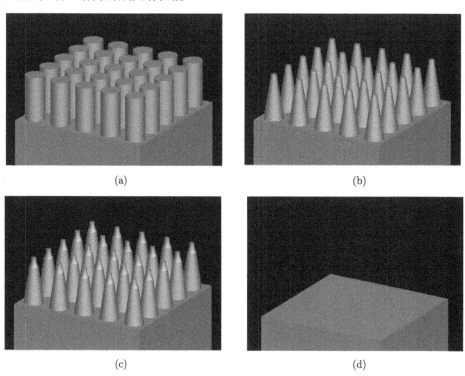

(a)   (b)

(c)   (d)

图 5.66　FDTD-Solutions 仿真结构模型

(a) 圆柱形; (b) 圆台形; (c) 束腰形; (d) 裸片

FDTD-Solutions 仿真结果如图 5.67 所示，在仿真模拟中不同形状蛾眼结构的透射率明显高于裸片结构，说明表面的微纳结构可以有效地提高材料表面的减反射性能。从三种结构的仿真结果可以看到，圆柱形蛾眼结构较其他形貌结构，在 2.0~5.0μm 波段范围内透射率较低。因此，圆柱形蛾眼结构阵列在提高减反射性能应用方面并不理想。圆台形 (即不具有束腰形貌的蛾眼结构) 和束腰形蛾眼结构在波长较短的近红外波段平均透射率都在 96% 以上，具有良好的减反射性能。随着波长的增大，在中红外波段，圆台形蛾眼结构的减反射性能调制力明显减弱，透射率呈下降趋势。束腰形蛾眼结构在中红外波段透射率略有下降，但随着波长的增大，其透射率明显高于圆台形蛾眼结构，依旧具有较好的减反射性能。通过对比分析可以证明，束腰形蛾眼结构在 2~5μm 光谱范围内具有较好的减反射性能，是提高硅基蛾眼亚波长结构减反射性能的新型结构形貌。

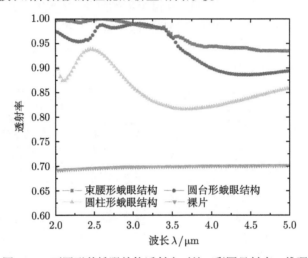

图 5.67　不同形貌蛾眼结构透射率对比 (彩图见封底二维码)

2. 蛾眼结构有效折射率数值模型

形貌对减反射性能的影响可以通过对不同形状的蛾眼结构进行分层，计算折射率，形成渐变折射率梯度模型。正入射情况下有效介质折射率可以被表示为

$$n_{\text{eff}} = \sqrt{n_s^2 f + n_i^2 (1 - f)} \tag{5.91}$$

式中，n_{eff} 为介质有效折射率；n_s 为材料折射率；n_i 为空气折射率；f 为蛾眼周期阵列占空比。

不同形貌蛾眼结构有效折射率随高度变化的数值模型，如图 5.68 所示。所仿真的三种蛾眼结构模型有相同的结构高度、周期和占空比 (分别为 1.5μm, 1.5μm, 0.8)。可以看到，圆柱形蛾眼结构的有效折射率在柱状纳米结构的顶部与空气间出现突变，从顶部到底部保持恒定值，有效折射率不具有渐变特性。圆台形和束腰形蛾眼结构的有效折射率从结构阵列的顶部到底部逐渐变化。基于梯度折射率特性 (GRIN)，束腰形蛾眼结构的界面折射率间隔小于圆台形蛾眼结构。根据 Snell 定律，折射率变化均匀且折射率间隔越小，入射光对菲涅耳反射率的影响越小，将有助于蛾眼结构宽带减反射性能的实现。

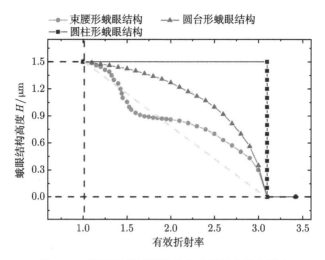

图 5.68 不同形貌蛾眼结构有效折射率数值模型

3. 束腰形蛾眼结构建模

束腰形蛾眼结构数学模型如图 5.69 所示，蛾眼结构呈周期性阵列排布。图 5.69(a) 和 (b) 分别给出了蛾眼结构单元的几何参数和仿真模型，蛾眼结构的周期为 T、底端直径为 D、结构高度为 H、顶端直径为 d_1、束腰直径为 d_2 和束腰高度为 h_1。蛾眼结构基底为 $500\mu m$ 厚的硅基片。蛾眼结构质心对应其结构单位的中心。仿真分析过程中，主要考虑蛾眼周期结构的光学特性，而不考虑边界吸收的影响，因此也可以通过设置周期边界条件来简化仿真模型。

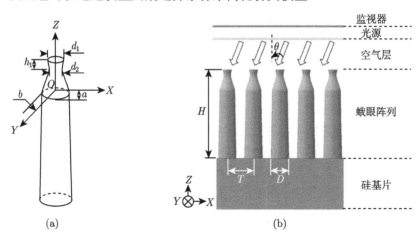

图 5.69 束腰形蛾眼结构数学模型

(a) 蛾眼结构单元的三维坐标参数; (b) 仿真模型

仿真模型三维坐标轴原点在蛾眼结构的束腰底部。因此,蛾眼结构每个单元的截面可以看成是双曲面和圆台截面的组合。束腰截面形状可以用数学形式表示为

$$z = z_c + h_1 \sqrt{\left(\frac{x - x_c}{a}\right)^2 + \left(\frac{y - y_c}{b}\right)^2 - 1} \tag{5.92}$$

式中,a 和 b 为束腰原点 O 沿 x 和 y 方向的半径长度;$x = x_c + a\cos\theta\cos h_1 t$,$y = y_c + b\sin\theta\cos h_1 t$,$z = z_c + h_1 \sin h_1 t$;$\theta$ 为入射角度;t 为坐标参量。

4. 结构参数随波长变化对透射率的影响

1) 周期 T 对蛾眼结构透射率的影响

亚波长结构各衍射级次的光传播矢量 $\boldsymbol{k}$ 可表示为

$$k_{xi} = k_0 \left[n_1 \sin\theta - \mathrm{i}\,(\lambda/T) \right] \tag{5.93}$$

$$k_{l,yi} = \begin{cases} k_0 \left[n_l^2 - (k_{xi}/k_0)^2 \right]^{1/2}, & n_l k_0 > k_{xi} \\ -\mathrm{j}k_0[(k_{xi}/k_0)^2 - n_l^2]^{1/2}, & n_l k_0 < k_{xi} \end{cases} \quad l = 1, 2 \tag{5.94}$$

式中,k_{xi} 为沿界面切线方向的衍射光传播矢量;$k_{1,yi}$ 和 $k_{2,yi}$ 分别为 k 在反射区域与透射区域沿界面法向方向的分量;$k_0 = 2\pi/\lambda$ 为入射波矢量;n_1 和 n_2 分别为空气和材料折射率;T 为结构周期。第 i 级衍射波发生倏逝的条件是 $k_{l,yi}$ 为虚数,即 $n_l < k_{xi}/k_0$,将公式 (5.93) 代入可知:透射衍射级次倏逝条件为

$$T < \frac{\mathrm{i}\lambda}{n_2 + n_1 \sin\theta} \tag{5.95}$$

从理论公式的推导中可以看到,具有周期分布的亚波长蛾眼结构要实现良好的减反射性能,需要周期结构尺寸满足衍射 0 级条件。这也说明,周期与结构的减反射性能直接相关。

根据理论计算和实际加工要求,选择 1.0~1.5μm 的周期范围来分析蛾眼结构的透射率光谱。蛾眼结构的底端直径和结构高度是固定的 (分别为 500nm,1500nm)。如图 5.70 仿真结果所示,周期越小,蛾眼结构的宽带减反射性能越好,而随着周期尺寸的增大,宽带减反射的调制效果也随之减弱。由公式 (5.95) 可知,当周期足够小,满足衍射 0 级条件时,高级次衍射均转化为倏逝波,结构表面的反射损耗减少,亚波长结构宽带透射率也随之提升。但随着结构周期的减小,对蛾眼结构的加工难度也会增大。因此,在 2.0~5.0μm 应用波段范围内,满足减反射性能要求并且适合实际加工的周期尺寸为 1.0μm。

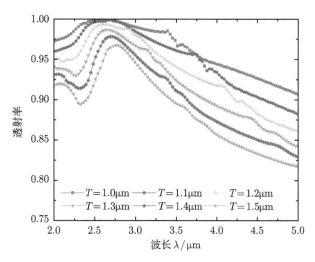

图 5.70 束腰结构周期变化对宽光谱透射率的影响 (彩图见封底二维码)

2) 底端直径 D 对蛾眼结构透射率的影响

底端直径在 500~1000nm 变化的束腰形蛾眼结构的透射率曲线, 如图 5.71 所示。蛾眼结构的周期和结构高度是固定的 (分别为 1000nm 和 1500nm)。仿真结果表明: 蛾眼结构的透射率随底端直径的增大而增大。这是因为, 底端直径的变化改变了周期结构占空比 (即蛾眼结构单元底端直径与周期的比值), 蛾眼结构阵列的有效折射率随着占空比的减小而减小, 两种介质的界面处存在较大的折射率不连续, 从而导致表面反射的增加。通过对底端直径的优化仿真发现, 蛾眼结构阵列的底端直径与周期尺寸越接近, 其平均透射率越高。

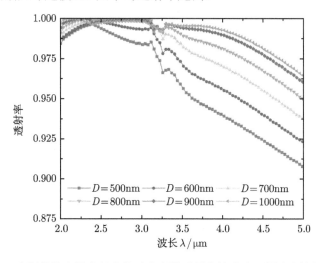

图 5.71 束腰结构底端直径变化对宽光谱透射率的影响 (彩图见封底二维码)

3) 结构高度 H 对蛾眼结构透射率的影响

如图 5.72 所示, 束腰形蛾眼结构高度的仿真范围为 1.5~2.0μm。结构的周期和底端直径是固定的 (分别为 1000nm 和 500nm)。从仿真结果可以看到, 入射波长在 2.0~3.5μm 范围内, 透射率变化很小, 而当入射波长大于 3.5μm 时, 透射率出现明显的变化。这是因为, 在波长较大的光谱范围, 无法识别具有较小高度的蛾眼结构, 等效于减反射性能不明显的平面膜。另一方面, 纵向折射率梯度间隔随高度的增加而减小, 根据分层介质理论, 菲涅耳反射对介质层的影响也逐渐减小, 这有利于提高蛾眼结构宽带减反射性能。

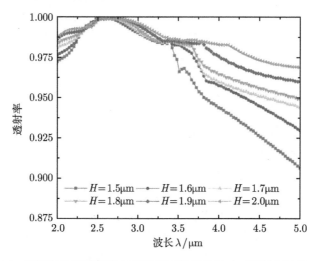

图 5.72 束腰结构高度变化对宽光谱透射率的影响 (彩图见封底二维码)

4) 束腰长径比 d_1/d_2 对蛾眼结构透射率的影响

束腰形蛾眼结构优越的减反射性能主要来源于其束腰结构形式的存在, 因此, 通过仿真进一步研究束腰参数对宽带减反射特性的影响是研究的重点。在对蛾眼结构基本参数进行优化的基础上, 选择优化后的蛾眼结构 (周期 1μm, 底端直径 1μm, 结构高度 1.5μm) 对其束腰参数进行优化。

图 5.73 给出了束腰长径比为 1.5~2.0 时透射率光谱曲线仿真结果。由图 5.73(a) 的二维曲线图可以清晰地看到透射率随波长的变化趋势。随着束腰长径比的增大, 透射率的波峰和波谷越来越明显, 尤其在波长相对较短的范围内。这说明束腰长径比越大, 蛾眼结构在 2.0 ~5.0μm 波长范围内受到光谱衍射的影响越大, 导致结构对减反射性能的调节能力减弱。透射率随束腰长径比变化的趋势, 如图 5.73(b) 所示, 可以看到, 在 2.5~3.0μm 波长范围内出现了透射率反转带, 说明束腰长径比对波长 3.5~5.0μm 光谱范围透射率的影响开始逐渐增大。束腰长径比带来的透射率变化可能是因为结构的变化改变了腰部结构有效折射率的分布。随着束腰长径比

的减小, 蛾眼结构中间过渡层的有效折射率变化间隔逐渐减小, 从而提高了蛾眼结构的透射率。

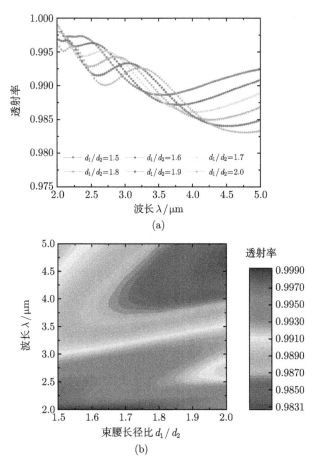

图 5.73 束腰长径比变化对宽光谱透射率的影响 (彩图见封底二维码)

(a) 二维曲线图; (b) 图层分布图

5) 束腰高度 h_1 对蛾眼结构透射率的影响

蛾眼结构单元的三维坐标图如图 5.69(a) 所示, 这里所指的束腰高度 h_1 是蛾眼结构束腰的半高度。束腰高度在 200~450nm 变化的透射率光谱曲线, 如图 5.74(a) 所示。束腰高度越小, 透射率曲线的波峰和波谷愈加明显, 当束腰高度为 200nm 时, 在约 2.4μm 和 4.2μm 波长处出现了两个明显的透射波谷。由图 5.74(b) 的图层分布图可以看到, 束腰高度主要影响波长较大的光谱的透射率, 并且在 2.75~3.5μm 光谱范围出现明显的透射率数值反转带。但总体来看, 随着束腰高度的增加, 蛾眼结构的减反射性能也随之提高。这是因为, 束腰高度的增加, 结构的有效折射率变

化呈双曲线 (高—低—高) 分布, 等效于多层减反射膜层, 提高了蛾眼结构的减反射性能。通过对束腰长径比和束腰高度进行优化设计, 可以有效地提高蛾眼结构的减反射性能。

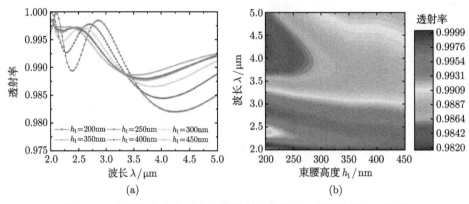

图 5.74　束腰高度变化对宽光谱透射率的影响 (彩图见封底二维码)

(a) 二维曲线图; (b) 图层分布图

5. 宽角度束腰形蛾眼结构减反射性能仿真

通过对束腰形蛾眼结构在宽谱段和宽光谱范围内形貌参数进行优化设计后, 确定最佳的蛾眼结构尺寸为: 周期 1μm、底端直径 1μm、结构高度 2μm、束腰长径比 1.5 和束腰高度 450nm。基于正入射情况下束腰形蛾眼结构的优化结果, 下面进一步研究斜入射情况下束腰形蛾眼结构的减反射性能, 并与圆台形蛾眼结构进行对比。

如图 5.75 所示, 当入射角小于 30° 时, 束腰形蛾眼结构的透射率波动并不明显, 在 2.0~5.0μm 波长范围内平均透射率高于 98.7%。当入射角大于 30°, 达到 45° 和 60° 时, 透射率略有下降, 但平均透射率仍高于 96%。对于具有相同结构参数 (周期 1μm、底端直径 1μm、结构高度 2μm) 的圆台形蛾眼结构而言, 当入射角大于 30° 时, 透射率数值在光谱范围内下降很快, 尤其当入射角达到 60° 时, 平均透射率下降了 10% 以上。这是因为, 斜入射的光程比正入射时要长得多, 导致空气介质层到基底材料之间的有效折射率间隔变大。束腰形蛾眼结构的有效折射率呈双曲线形分布, 可减少斜入射时光能传输的损失, 从而具有较高的光谱透射率。

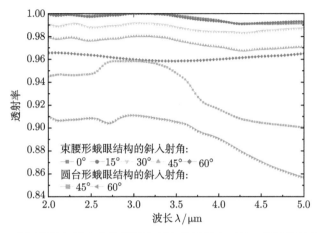

图 5.75 束腰结构与圆台结构不同入射角的透射率对比 (彩图见封底二维码)

5.4.2 ZnS 基底可见光、近红外、中红外宽角度蛾眼结构仿真优化

1. 蛾眼结构仿真建模

蛾眼减反射结构模型, 如图 5.76(a) 所示。蛾眼结构呈周期阵列排布。图 5.76(b) 给出了蛾眼结构的单元几何参数。在一般情况下, 仿真蛾眼结构的形心被放置在相应结构单元的中心位置。该蛾眼结构单元的数学表达式为

$$Z(x,y) = \left(D - \sqrt{x^2 + y^2}\right) \cdot \frac{H}{D-d}, \quad d < \sqrt{x^2 + y^2} < D \tag{5.96}$$

其中, (x,y) 为结构单元内坐标点; T 为结构周期; D 为底端直径; H 为结构高度; d 为顶端直径; θ 为入射光线与法线的夹角; Z 轴垂直于结构平面。

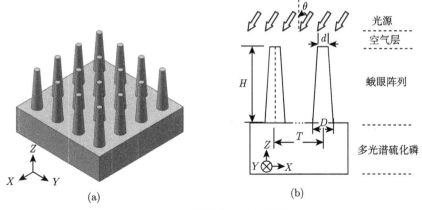

图 5.76 蛾眼结构仿真模型

(a) 三维结构模型; (b) 仿真模型

　　诸如此类的蛾眼结构可以有效地提高光能传输, 并在可见光和红外波段保持几乎不变的材料吸收特性。

2. 不同衍射级次蛾眼结构透射率的计算分析

　　通过公式 (5.93)~ 公式 (5.95) 对亚波长透射衍射级次的理论计算, 可以初步确定亚波长蛾眼结构周期与入射波长的关系。正入射条件下, 不同衍射级次的透射率如图 5.77 所示。从图中可以看到, 当 $T/\lambda < 0.435$ 时, 透射率 $+1$ 级衍射效率为 $0(T[0\ 1] = 0)$, 光入射到亚波长蛾眼结构表面仅剩 0 级衍射波, 其他高级次衍射波均以倏逝波的形式传播开。

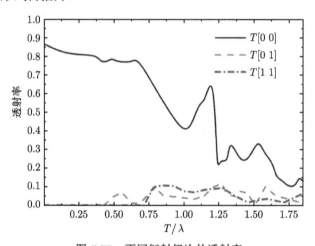

图 5.77　不同衍射级次的透射率

$T[0\ 0]$ 为 0 级衍射透射率; $T[0\ 1]$ 为 $+1$ 级衍射透射率; $T[1\ 1]$ 为高阶衍射透射率

3. 结构参数随波长变化对透射率的影响

1) 周期 T 对蛾眼结构透射率的影响

　　考虑到实际加工限制等因素, 选定初始结构周期变化范围为 1~2μm, 底端直径、结构高度和顶端直径固定 (分别为 400nm, 1000nm, 50nm)。如图 5.78 所示, 随着周期尺寸的增加, 蛾眼结构的透射率在不断降低, 并且在可见光和近红外波段峰值变化越来越明显。这是因为, 当周期大于波长与材料折射率的比值时, 高级次衍射效应将会影响蛾眼结构的光能传输, 影响减反射性能。

2) 底端直径 D 对蛾眼结构透射率的影响

　　底端直径的改变对蛾眼结构性能的影响是通过改变蛾眼结构的占空比 $(f = D/P)$ 来实现的。在周期固定的情况下, 对底端直径参数的仿真可以直观地反映占空比对结构透射率性能的调控机制。

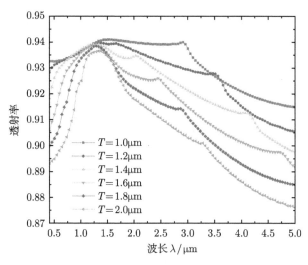

图 5.78 周期变化对宽光谱透射率的影响 (彩图见封底二维码)

底端直径的变化范围为 400~1000nm，周期、结构高度和顶端直径固定 (分别为 1000nm，1000nm，50nm)。如图 5.79 所示，随着底端直径的增大，蛾眼结构的减反射性能不断提高。当蛾眼结构的底端直径接近周期时，宽带减反射性能达到最大，尤其是在中红外波段，1000nm 的底端直径较 400nm 底端直径平均透射率提高了近 4%。这主要是因为，在周期不变的情况下，底端直径的增加使蛾眼结构单元的占空比增大，使折射率梯度分布更加均匀，从而提高了光能透射率。

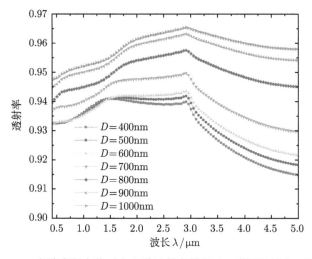

图 5.79 底端直径变化对宽光谱透射率的影响 (彩图见封底二维码)

3) 结构高度 H 对蛾眼结构透射率的影响

蛾眼结构高度变化直接改变蛾眼结构纵向折射率梯度分布, 因此, 高度参数与结构的减反射性能直接相关。

结构高度变化范围为 1.0~1.5μm, 周期、底端直径和顶端直径固定 (分别为 1000nm, 1000nm, 50nm)。如图 5.80 所示, 蛾眼结构高度的减反射作用机理与底端直径相同, 都是通过改变梯度折射率进而提高减反射性能。从仿真结果可以看出, 随着蛾眼结构高度的增加, 透射率不断增大。这是因为, 结构高度的增加, 使蛾眼结构梯度折射率的纵向变化间隔逐渐减小。根据分层介质理论, 梯度折射率的变化间隔越小, 介质层受菲涅耳反射的影响越小, 越有利于宽带减反射性能的实现。

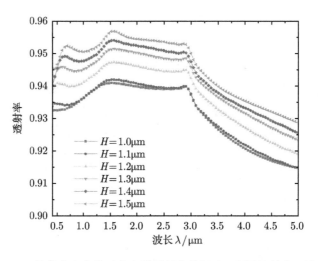

图 5.80 结构高度变化对宽光谱透射率的影响 (彩图见封底二维码)

4) 顶端直径 d 对蛾眼结构透射率的影响

蛾眼结构顶端直径的变化, 一方面改变的是形貌, 在仿真过程中表示圆柱形到圆锥形的转变过程; 另一方面改变的是折射率纵向分布间隔。在实验制备过程中, 顶端直径的大小主要与刻蚀气体的横向刻蚀比、掩模尺寸和刻蚀时间等参数有关, 因此, 在实验过程中是较难控制的参数。如图 5.81 所示, 顶端直径变化范围为 50~400nm, 周期、底端直径和结构高度固定 (分别为 1000nm, 400nm, 1000nm)。顶端直径的变化主要影响可见光和部分近红外谱段的透射率。随着顶端直径的增加, 蛾眼结构的透射率不断降低, 当其数值等于底端直径时, 蛾眼结构的形貌呈圆柱形, 从透射率数值则可以看出, 圆台形蛾眼形貌的减反射性能明显优于圆柱形, 这与图 5.68 不同形貌硅基蛾眼结构的仿真结构不谋而合。

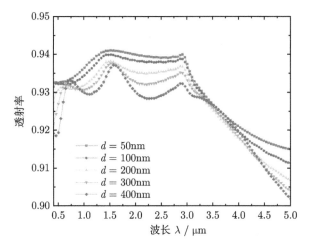

图 5.81 顶端直径变化对宽光谱透射率的影响 (彩图见封底二维码)

4. 结构参数随角度变化对透射率的影响

1) 周期 T 对蛾眼结构透射率的影响

周期对宽角度入射蛾眼结构透射率性能的影响, 如图 5.82 所示, 底端直径、结构高度和顶端直径固定 (分别为 400nm, 1000nm, 50nm)。从图中可以看到, 当周期增加时, 透射率逐渐降低, 并随着角度的增大, 这种下降趋势越来越明显。周期为 1.0μm 的结构与周期为 2.0μm 的结构相比, $0° \sim 60°$ 入射角平均透射率相差近 8%。从透射率曲线还可以看出, 在 $0° \sim 20°$ 入射角度范围内, 透射率下降较慢, 随着周期的增加, $25° \sim 60°$ 范围透射率的下降趋势持续增大。这说明, 周期较大的蛾眼结构阵列不利于宽角度减反射性能的实现, 而周期较小的蛾眼结构光谱传输共振较强, 有利于结构表面光能的传输。

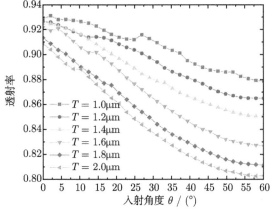

图 5.82 周期变化对宽角度透射率的影响 (彩图见封底二维码)

2) 底端直径 D 对蛾眼结构透射率的影响

底端直径变化对宽角度透射率的影响, 如图 5.83 所示, 周期、结构高度和顶端直径固定 (分别为 1000nm, 1000nm, 50nm)。从仿真结果可以看到, 随底端直径增大, 透射率呈现上升趋势, 当底端直径大于 600nm 时, 透射率的上升趋势更加明显。当蛾眼结构底端直径接近周期尺寸时, 蛾眼结构的透射率数值达到最大。还有一点值得注意, 底端直径的容差范围很大, 在 800~1000nm 均可达到良好的宽角度减反射性能。

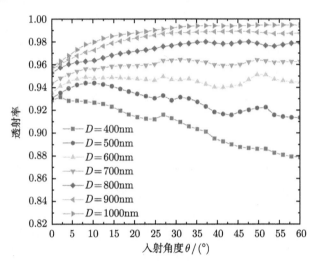

图 5.83　底端直径变化对宽角度透射率的影响

3) 结构高度 H 对蛾眼结构透射率的影响

结构高度的变化对宽角度透射率的影响, 如图 5.84 所示, 周期、底端直径和顶端直径固定 (分别为 1000nm, 400nm, 50nm)。从仿真结果可以看到, 随结构高度增大, 透射率呈现上升趋势。相比于光谱透射率, 结构高度变化对宽角度透射率的影响较小。从仿真结果可以得到, 结构高度为 1.5μm 时, 比 1.0μm 的平均透射率提升了约 1.8%, 影响程度较周期和底端直径相比要小很多。这也说明, 在考虑宽角度透射率时, 结构高度可以作为减小加工难度的优化参量。

4) 顶端直径 d 对蛾眼结构透射率的影响

顶端直径的变化对宽角度透射率的影响, 如图 5.85 所示, 周期、底端直径、结构高度固定 (分别为 1000nm, 400nm, 1000nm)。从仿真结果可以看到, 随着顶端直径减小, 透射率呈现上升趋势。在前面的分析中提到, 顶端直径对宽光谱的透射率影响并不明显, 但顶端直径变化对宽角度透射率有一定的调制作用。

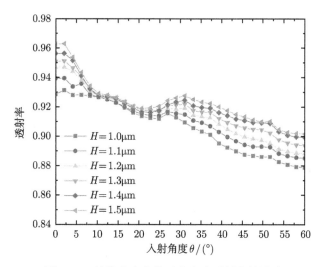

图 5.84 结构高度变化对宽角度透射率的影响

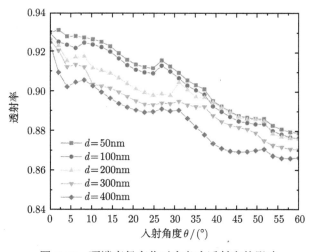

图 5.85 顶端直径变化对宽角度透射率的影响

5. 蛾眼结构场分布特性分析

分别选取了 $0.727\mu m$、$1.568\mu m$ 和 $2.151\mu m$ 三个特征波长, 计算 $0°$、$30°$ 和 $60°$ 入射角度情况下周期蛾眼结构的电场分布, 如图 5.86 所示。

仿真蛾眼结构周期为 $1\mu m$, 底端直径为 $800nm$, 结构高度为 $1.5\mu m$, 顶端直径为 $200nm$。从图 5.86(a) 可以看出, 由于波长较短的光谱段消光系数较高, 入射光穿透 ZnS 的有源层受阻碍, 并随着角度的增加, 这种阻碍越发明显。这说明, 在该波段上的蛾眼结构减反射性能取决于结构表面的减反射和前向散射。如图 5.86(b)

所示，光穿过蛾眼结构膜层并与 Bloch 模式仿真区域耦合。可以看到，在 1.568μm 波长下，蛾眼结构的 ZnS 有源层出现明显的电场能量分布，随着入射角度的增大，这种电场能量的分布逐渐降低，并且越来越分散。这说明该波段与图 5.86(a) 相似，角度的增加阻碍了光能传输。当波长增加到 2.151μm，如图 5.86(c) 所示，电场分布在 ZnS 蛾眼的基底层区域中呈现出明显的干涉条纹。这种现象的主要原因是，当波长远大于结构底端直径时，蛾眼结构表面被视为 ZnS 平面膜层，光谱特性由 Fabry-Perot 干涉决定。

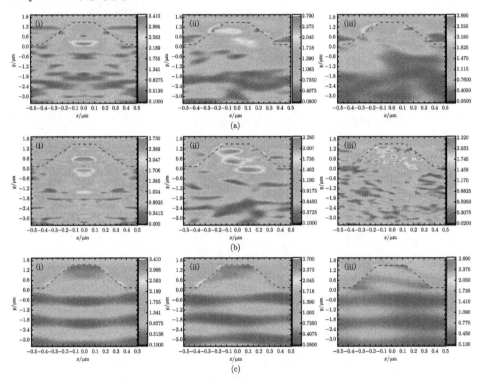

图 5.86　蛾眼结构在不同波长和入射角度的电场分布 (彩图见封底二维码)

(a) 波长 0.727μm, 入射角度 (i) 0°, (ii) 30°, (iii) 60°; (b) 波长 1.568μm, 入射角度 (i) 0°, (ii) 30°, (iii) 60°; (c) 波长 2.151μm, 入射角度 (i) 0°, (ii) 30°, (iii) 60°

　　基于仿真优化的理论设计结果，将优化后的 ZnS 材料蛾眼微纳结构与平面 ZnS 基底进行了对比，如图 5.87 所示。从图 5.87(a) 可以很明显地看到，蛾眼结构透射率比平面基底的透射率高出近 12%~20%，尤其在宽角度入射条件下，可以有效地抑制表面反射，提高光能透射率。图 5.87(b) 为优化后的蛾眼结构随角度和波长变化的透射率光谱。从图中可以看到，在 0°~60° 入射角度范围和 0.41~2.5μm 的波长范围内，所设计的蛾眼结构透射率均高于 98.5%，峰值透射率可达 99.99%，在

0.41~5.0µm 的可见光、近红外、中红外复合的光谱范围内，平均透射率可达 97% 以上。

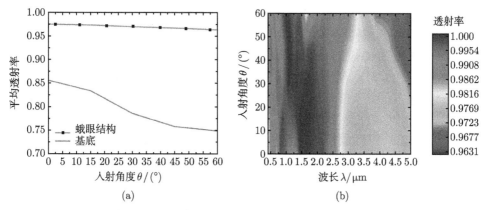

图 5.87 优化后的周期蛾眼结构阵列平均透射率 (彩图见封底二维码)

(a) ZnS 基底和 ZnS 蛾眼结构透射率对比; (b) 蛾眼结构随角度和波长变化的透射率光谱 ($T= 1$µm, $D = 1$µm; $H=1.5$µm 和 $d = 50$nm)

5.5 复合周期与混合结构的蛾眼

为了能够在红外波段具有良好的保偏效果的同时，进一步突破单一周期结构所能达到的最佳减反射效果，本书提出了复合周期混合结构蛾眼减反射超表面。根据 5.1 节已有文献经验，从结构形式上可以将复合周期混合结构分为两类，一类是仿照复眼结构模型不同结构纵向叠加的多级结构模型，另一类是指在同一水平面上，两个或两个以上的微纳结构进行嵌套复合。

5.5.1 单一周期圆锥台结构的特性

单一周期蛾眼结构可以提高光学器件表面的抗反射性能，单一周期圆锥台型结构参数基本包括以下几项：占空比 (base diameter/Λ)，顶底端直径比 (top diameter /base diameter)，长径比 (height/base diameter) 等。下面以硅作为基底材料进行仿真，研究单一周期结构形貌改变和周期尺寸改变时的抗反射变化情况。

1. 单一周期结构形貌变化对反射率的影响

随着占空比的增加 (< 1)，透射率会在一定范围内提高，并且二者之间存在一定关系。选择硅作为基底材料，在 FDTD 软件中模拟仿真的结果如图 5.88 所示。图 5.88(a) 中表示不同占空比在不同波长的条件下结构尺寸为 1.45µm 的两种圆台

结构反射率随顶底端直径比增加的变化情况, 其中 f_1, f_2 分别为 0.935, 0.468。曲线表示为 "波长 (nm)–占空比" 的形式, 即当仿真波长为 8.8μm, 占空比为 0.935 时, 反射率曲线表示为 "8800-f_1"。在顶底端直径比为零时中波波长的反射率曲线以及长波波长的反射率总是高于中波波段的反射率。当占空比接近于 1 时, 顶端直径变化的反射率曲线更加平滑, 且在不同波长下可以观察到反射率低谷值的变化平移情况; 随着顶底端直径比的增加, 最佳仿真结果的比值取值范围为 0.2~0.45。当比值接近于 0.5 时, 各波长反射率变化曲线不能够观察到峰谷值的变化, 并且仿真出的曲线并不平滑, 随着波长的降低, 反射率下降效果明显, 在顶底端直径比为接近或等于 1 时取得反射率最小值。当仅改变结构长径比时, 微纳结构的反射率随比值的增加而下降, 如图 5.88(b) 所示, 随着波长的增加, 反射率随高度变化降低的效果明显减弱。

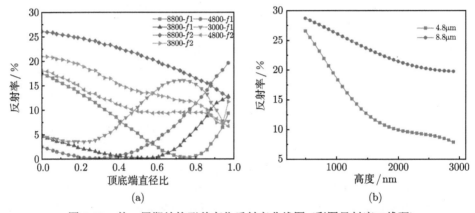

图 5.88　单一周期结构形貌变化反射率曲线图 (彩图见封底二维码)

(a) 单一周期不同占空比下结构反射率随顶底端直径比变化曲线; (b) 不同波长条件下反射率随结构高度变化曲线

2. 单一周期结构周期尺寸变化对反射率的影响

根据单一结构形貌变化的特点, 取微纳结构的占空比 $f = 0.9355$、顶底端直径比 $k=0.288$、长径比 $s=1:1$, 仅改变单一结构的周期尺寸进行仿真, 微纳结构表面的反射率变化情况如图 5.89 所示。根据仿真结果可以得出如下的结论: 当不考虑长径比和占空比等因素对微纳结构表面反射率的影响时, 随着结构周期尺寸的增加, 其在红外中长波波段范围内的抗反射能力得到明显增强, 高抗反射波段范围也随之拓宽; 同时, 波长–反射率曲线上对应的峰谷值由于周期尺寸的增加出现向长波移动的现象。从图 5.89 发现, 当结构周期尺寸取值为 1.0~1.6μm 时, 在中波波段范围内反射率小于 1%, 长波减反效果不佳; 而当结构周期尺寸大于 2.8μm 时,

其反射率在 $3\sim4\mu m$ 波段范围内存在峰值, 在长波范围内反射率小于 1%。根据单一周期结构的这一特点, 在两种结构中选取合适的结构进行嵌套组合, 可为全仿真波段范围内实现高抗反射效果的微纳结构设计提供依据。

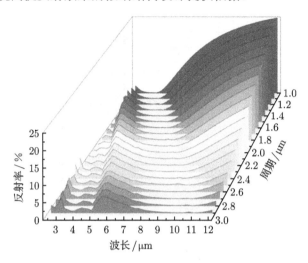

图 5.89　周期尺寸变化反射率曲线 (彩图见封底二维码)

5.5.2　多级式复合结构的特性研究

多级式复合周期混合结构具有良好的减反效果, 常见于微透镜阵列以及功能型表面上, 具有抗菌、超疏水等特殊作用。在这里提出了一种不同的多级式混合结构, 根据小结构周期分为两类, 分别为单一周期混合结构和复合周期混合结构。

1. 多级式单一周期结构

如图 5.90 所示, 在多级式单一周期结构中, 大、小结构分别记为 A, B。在一个完整的结构周期中, A, B 结构始终在同一中轴线上。该结构可以表示为

$$z = \begin{cases} h, & \sqrt{x^2+y^2} < R_1 \\ h_1, & R_1 < \sqrt{x^2+y^2} < R_2 \\ 0, & \sqrt{x^2+y^2} > R_2 \end{cases} \tag{5.97}$$

其中, 结构中心点为直角坐标系 $O\text{-}xyz$ 的原点; R_1, R_2 和 h_1, h_2 分别表示 A, B 结构的半径和高度; h 为多级结构的整体高度; T 为周期。

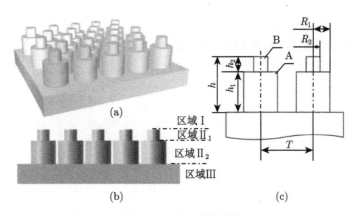

图 5.90　单一周期结构

将多级结构模型分为四个区域如图 5.90(b) 所示，其中包括空气介质层区域 Ⅰ、微纳结构介质层区域 Ⅱ 和基底介质层区域Ⅲ三个常规区域，在此基础上针对多级结构的模型特性，将区域 Ⅱ 分为上微纳结构层区域 Ⅱ$_1$ 和下微纳结构层区域 Ⅱ$_2$。针对不同区域内结构形式不同，将嵌套结构模型在区域 Ⅱ 中沿 x,y,z 三个方向离散化后，得到两个介质模型分界面处的截面图形如图 5.91(a) 和 (b) 所示。其中，Δx，Δy，Δz 分别为多级结构离散化后的每个微小单元的数值。

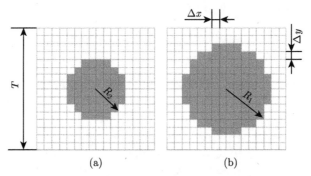

图 5.91　多级结构离散化截面示意图

(a) 区域Ⅱ$_1$ 的介质分界图形；(b) 区域Ⅱ$_2$ 的介质分界图形

令 $f(x,y,z,t)$ 代表电场 $\boldsymbol{E}$ 或磁场 $\boldsymbol{H}$ 在直角坐标系中某一分量，满足如下关系式：

$$f(x,y,z,t) = f(\boldsymbol{i}\Delta x, \boldsymbol{j}\Delta y, \boldsymbol{k}\Delta z, n\Delta t) = f^n(\boldsymbol{i},\boldsymbol{j},\boldsymbol{k}) \tag{5.98}$$

对于多级式单一周期结构，上述两个分区的介电常数及其倒数并不同。根据图 5.90 所建立的模型结构，区域 Ⅱ 的介电常数可分为以下两种情况：

$$\varepsilon_{R_{\mathrm{II}}^1} = \begin{cases} \varepsilon_1, & -T_x/2 < x < T_x/2, \quad -T_y/2 < y < T_y/2 \\ & \sqrt{x^2+y^2} > R_2 \\ \varepsilon_2, & \sqrt{x^2+y^2} < R_2 \end{cases} \tag{5.99}$$

$$\varepsilon_{R_{\mathrm{II}}^2} = \begin{cases} \varepsilon_1, & -T_x/2 < x < T_x/2, \quad -T_y/2 < y < T_y/2 \\ & \sqrt{x^2+y^2} > R_1 \\ \varepsilon_2, & \sqrt{x^2+y^2} < R_1 \end{cases} \tag{5.100}$$

其中, ε_1 和 ε_2 分别为空气和微纳结构材料的介电常数; $\varepsilon_{R_{\mathrm{II}}^1}$ 和 $\varepsilon_{R_{\mathrm{II}}^2}$ 分别为在区域 II_1 和区域 II_2 的介电常数表达式。因此, 离散化后的各微元的介电常数已知, 根据矢量衍射理论, 电场强度 $\boldsymbol{E}$ 和磁场强度 $\boldsymbol{H}$ 可求, 进而求得整体结构衍射效率。

1) 多级式单一周期结构 B 结构半径变化对反射率的影响

在单一结构周期中随着半径的增加, 透射率、反射率颜色图会呈现出明显的线性关系, 如图 5.92 所示。在多级式单一周期结构中改变 B 结构中 R_2 的大小, 由于结构分界面之间发生的高级次衍射, 半径与反射率之间的线性关系消失, 如图 5.93 所示。在该结构中周期 T 为 3μm, A 结构为圆台结构, 半径 R_1 为 1.2μm, 高度 h_1 为 1.5μm; 为方便研究, B 结构同为圆台结构, 高度 h_2 为 0.8μm, 以半径 R_2 为研究对象。在 2.8~5.5μm 的全波段范围内, R_2 取得 0.5μm 时反射率低于 5%, 并且随着 R_2 增加, 结构整体的反射率峰值发生红移, 在相对较长的波段内下降 20%, 此时 R_2=0.9μm。说明在当前波段下, 结构间的距离恰好满足结构间再次在不同介质间传递的条件。随着 R_2 的进一步增加, 反射率回升, 减反射性能再次减弱。由此, 多级式单一周期结构中 B 结构半径 R_2 的变化能够起到明显的减反增透的效果。

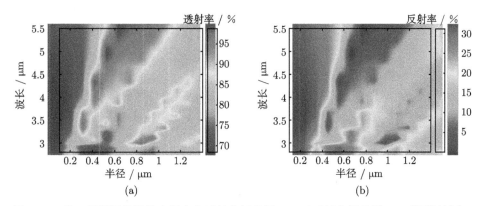

图 5.92 单一周期圆柱结构半径变化透射率颜色图 (a) 及反射率颜色图 (b)(彩图见封底二维码)

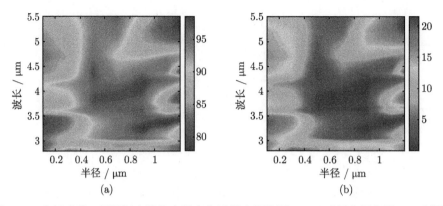

图 5.93   多级式单一周期混合结构半径变化透射率颜色图 (a) 及反射率颜色图 (b)(彩图见
封底二维码)

2) 多级式单一周期混合结构 B 结构高度变化对反射率的影响

根据上述多级式单一结构中对 B 结构半径变化的研究, 将 B 结构的半径 R_2 固定在 $0.8\mu m$。如图 5.94 所示, 随着结构高度的增加, 在 $3.3\mu m$ 处观察到明显的反射率下降现象, 反射率达到 1% 以下。由于结构周期为 $3\mu m$, 当波长为 $3\mu m$ 时存在高级衍射, 所以结构高度变化对此时的反射率影响效果不明显。当波长大于 $4.8\mu m$ 时, 受结构形貌限制影响, 随着 B 结构高度的增加, 反射率下降高度基本不变, 当 B 结构高度大于 $0.8\mu m$ 时出现过载荷现象, 反射率峰值红移同时迅速拔高。

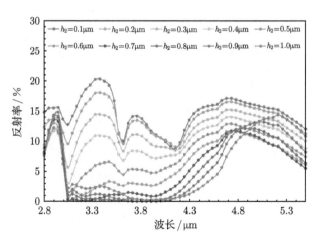

图 5.94   多级式单一周期混合结构高度变化反射率曲线 (彩图见封底二维码)

2. 多级式复合周期混合结构

结合上述研究, 尽管多级式单一周期混合结构能够实现反射率和透射率的明显下降，但都是在较短波段范围内实现抗反射特性的调控。为了在宽谱段范围内实现更有效的减反射作用，本书结合蛾眼结构的特性，通过增加小结构的排布密度来降低反射率，提出多级式复合周期混合结构，如图 5.95 所示。其中，结构分区与多级式单一周期混合结构相同，分为四个区域，大小结构分别记为 A，B。

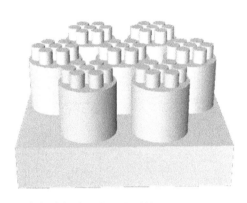

图 5.95　多级式复合周期混合结构图 (彩图见封底二维码)

1) 多级式复合周期混合结构 B 结构高度变化对反射率的影响

如图 5.96 所示，在中红外波段，当 h_2 低于 0.7μm 时，随着高度的增加，反射率呈明显下降趋势，并且能够有效地降低波长在 3μm 处的高级次衍射效率，在结构高度取值为 0.5μm 时，该点反射率降至最低，小于 3%。在波长为 3.6μm 处取得该高度下反射率的最小谷值，红移效果不明显。当 h_2 继续增高时，结构减反能力被削弱，峰谷值红移的同时反射率变化幅度再次增加。在中红外波段高度变化对反射率的影响效果明显，高低值差异不小于 15%。在长波波段改变 B 结构高度，反射率变化没有中波波段明显，由于结构形貌的影响，波长在 8μm 附近时，反射率变化量可达 6%，但随波长的变化，反射率有收敛现象发生。这是由于，在长波波段下，B 结构的尺寸远远小于波长，B 结构之间几乎不存在高级次衍射。因此，此时在结构中起主要作用的是 A 结构。由于 B 结构在 A 结构上方以六边密排的方式存在，B 结构的高度变化可以等效为 A 结构的高度变化。同时推测波长在 10.4μm 处实现了晶格共振。

2) 多级式复合周期混合结构 B 结构顶端直径变化对反射率的影响

根据上述仿真结果确定 B 结构的高度。如图 5.96 所示，当 B 结构顶端直径 TR_2 改变时，中红外波段反射率受其影响效果明显，反射率随顶端直径的增加而减小。当 B 结构顶底端直径相等时，在 3.5~4.3μm 波长范围之间出现反射率的小幅峰包，说明 B 结构存在一定角度，有利于保持在此波段下的减反能力。而在长波波段下，不同顶端直径的反射率的变化曲线交叉于一处，交叉点前，反射率随顶端直径的增加而减小；交叉点后，反射率随顶端直径的增加而增大。

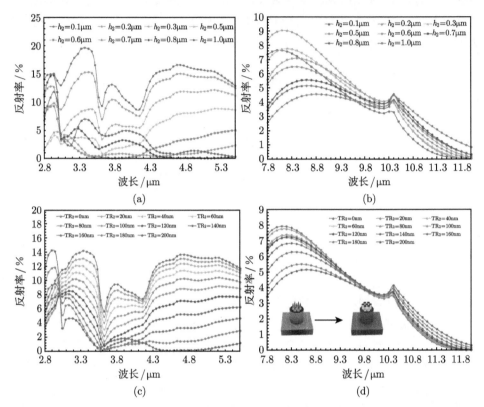

图 5.96　红外波段多级式复合周期混合结构 B 结构反射率变化曲线，(c)、(d) 所示波段范围
与 (a)、(b) 相同 (彩图见封底二维码)

(a)、(c) 波段范围为 2.8~5.5μm；(b)、(d) 波段范围为 7.8~12μm

5.5.3　嵌套式复合周期混合结构的特性研究

利用微纳结构在不同周期下对于不同波段的抗反射效果的平移现象，假设蛾眼结构的抗反射效果具有可叠加性，将不同周期尺寸的微纳结构进行嵌套组合，就能够找出最优化的双周期嵌套式结构，从而实现在全谱段都具有良好的减反射特性。为了实现这一特性，本书从单一蛾眼结构出发，根据上述单一周期结构的抗反射特性研究，通过研究影响微纳结构的主要结构参数 (如结构的周期尺寸、占空比、顶底端直径、高度等) 的改变与嵌套结构衍射效率的变化关系，验证当微纳结构进行嵌套时其抗反射性能是否具有可叠加性，从而设计超宽谱段减反射的嵌套式复合周期混合结构蛾眼超表面。

1. 嵌套式双周期结构

嵌套式双周期结构，这里简称为"嵌套结构"。相较于多级复合结构和混合双杂交微纳结构，其设计方法不同。嵌套结构是由两种单一结构基于同一基底平面正交组合分布形成的新型表面复合结构，在不破坏原有单一周期结构形貌的基础上优化结构表面抗反射的性质，实现波长在 2.4~12μm 的超宽谱段范围内高透过低反射的效果。这一表面结构的研究能够降低中长波红外双波段窗口的反射率的问题，对实现蛾眼结构在红外光学系统中的应用具有重要意义。

1) 嵌套结构模型

嵌套结构可看作是由不同形式的单一周期结构按照一定规律进行嵌套或组合，其表面结构的影响可以看作简单的三维微纳结构的叠加。与多级式单一周期结构相同，将结构底面中心建立在直角坐标 $O\text{-}xyz$ 的原点 $(0, 0, 0)$ 上，单一圆锥台表面微纳结构可以表示为

$$\tan\theta = \frac{h}{R - r} \tag{5.101}$$

$$z = \begin{cases} h, & \sqrt{x^2 + y^2} \leqslant r \\ (R - \sqrt{x^2 + y^2}) \cdot \tan\theta, & r \leqslant \sqrt{x^2 + y^2} \leqslant R \\ 0, & R \leqslant \sqrt{x^2 + y^2} \leqslant \Lambda \end{cases} \tag{5.102}$$

式 (5.101) 中，h 为圆锥台高度；R，r 分别为结构的底端半径和顶端半径；θ 为圆锥台结构母线与结构下界面之间的角度；式 (5.102) 中，z 为垂直于结构的界面，表示的是结构高度；当 $x, y < r$ 时，取得圆台上端面上的点高度值均为 h。对于具有周期特性的微纳结构而言，它的形态多为轴对称结构，如圆柱体、圆锥体、抛物线形、高斯型等结构，影响这些曲面面型结构在单个周期内形貌变化的主要因素是结构半径 ρ 与高度 h 的变化，并且二者依据特定的数学关系形成直线或曲线。因此，可以将单个周期内的表面结构简化表示为 $z(\rho)$。

图 5.97 为研究的圆锥台形嵌套结构图，周期长度为 T，$T = T_x = T_y$，较大结构为 A 结构，较小结构为 B 结构，计算过程与多级式结构相同。且嵌套结构模型也可分为四个区域 (图 5.97(c))，其中包括区域 I、区域 II$_1$、区域 II$_2$ 和区域III。针对不同区域内结构形式不同，将嵌套结构模型在区域 II 中沿 x, y, z 三个方向离散化后，介质模型分界面处的截面图形如图 5.98 所示。

对于嵌套结构，根据所建立的模型区域 II 的介电常数可分为以下两种情况：

$$\varepsilon_{R_{II}^1} = \begin{cases} \varepsilon_1, -T_x/2 < x < -T_x/2, & -T_y/2 < y < -T_y/2 \\ & x^2 + y^2 > \rho_1^2 \\ \varepsilon_2, & x^2 + y^2 < \rho_1^2 \end{cases} \tag{5.103}$$

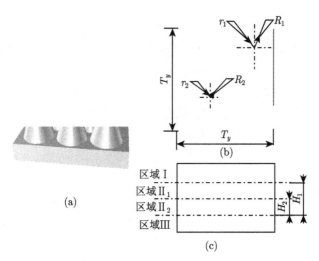

图 5.97   嵌套结构示意图

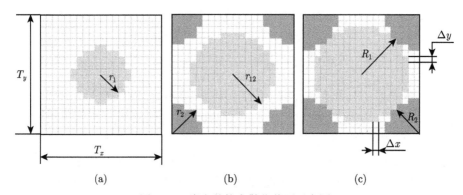

图 5.98   嵌套结构离散化截面示意图

(a)、(b) 分别表示区域 II$_1$、区域 II$_2$ 的介质分布变化；(c) 为最终基底界面位置处的介质分布

$$
\varepsilon_{R_{II}^2} = \begin{cases}
\varepsilon_1, & -T_x/2 < x < -T_x/2, \quad -T_y/2 < y < -T_y/2 \\
& x^2 + y^2 > \rho_1^2, \qquad (x \pm T_x/2)^2 + (y \pm T_y/2)^2 > \rho_2^2 \\
\varepsilon_2, & x^2 + y^2 < \rho_1^2, \qquad (x \pm T_x/2)^2 + (y \pm T_y/2)^2 < \rho_2^2
\end{cases}
\tag{5.104}
$$

其中，与多级式单一周期结构的介电常数函数相同，ρ_1，ρ_2 分别为当高度为 z 时所对应的圆锥台截面半径，可根据式 (5.102) 解得，衍射效率可求。

2) 嵌套结构与单一周期结构抗反射特性的比较

根据图 5.97 所示结构进行优化仿真，图 5.99 为嵌套结构与单一结构反射率变化的对比图，其中 S 表示单一结构，C 表示嵌套结构，L 为大结构即 A 结构，TopD 表示 A 结构的顶端直径。在本组仿真中，令 A 结构的占空比均相等，周期尺寸分

别取为 3μm, 3.1μm, 结构高度取值为 2.8μm, 2.9μm, 并且这里嵌套的 B 结构底端
直径为 1.45μm。由图 5.99 结果可以得出: 嵌套结构的反射率变化形貌与单一周期
时反射率变化相似, 并且当保证占空比等其他影响参数不变时, 仅改变结构周期尺
寸, 反射率曲线发生蓝移; 并且在仿真波长区域内反射率的峰值都明显降低, 从而
提高了仿真区域内的抗反射效果。当改变嵌套结构中 A 结构的顶端直径时, 反射
率在仿真波段范围内波动范围明显增加, 受影响严重, 因此在嵌套结构中的反射率
变化趋势受 A 结构控制, B 结构为辅助调制结构。

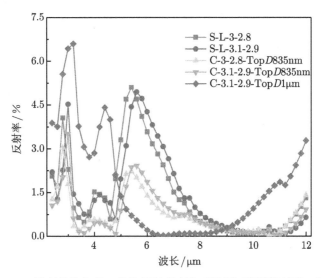

图 5.99 嵌套结构与单一结构反射率变化对比图 (彩图见封底二维码)

图 5.100 对电场强度进行了一定的后续运算, $\lg(|\boldsymbol{E}|)=\lg(\sqrt{E_x^2 + E_y^2 + E_z^2})$, 使
得颜色条的取值范围拓延, $\lg(|\boldsymbol{E}|) < 0$ 时的电场变化明显, 便于观察 $|\boldsymbol{E}|$ 小于 1 时
的电场变化情况。根据图中所给出的信息, A, B 结构之间存在较强的多重衍射, 当
波长为 3μm 时, 由于此处周期与 A 结构周期相近, 多重衍射中反射的能量更多,
但是对电场的分布依然有影响。当入射波长 $\lambda > T$ 时, 这种衍射效果更为明显。例
如, 在波长为 4.8μm 处, 嵌套结构有效地改善了空缺位置处的电场强度分布, 场强
得到了增强, 电场分布更为均匀。随着波长的继续增加, 波长对 B 结构的识别能
力则被削弱, 这种多重衍射的效果不再明显, 但是对整体结构依然存在影响, 与单
周期结构相比能量分布对比更为鲜明。

(1) 嵌套结构的外观参数变化对透射率的影响。

根据上述单一周期与嵌套结构反射率对比可知: 对于嵌套结构而言, 其反射率
变化总体趋势与 A 结构相仿, 因此, A 结构决定嵌套结构的总体抗反射效果, B 结
构在嵌套结构中起到辅助调制反射率的作用。因此, 在研究嵌套结构的外观变化时

主要研究 B 结构的形貌变化对表面反射率的影响。

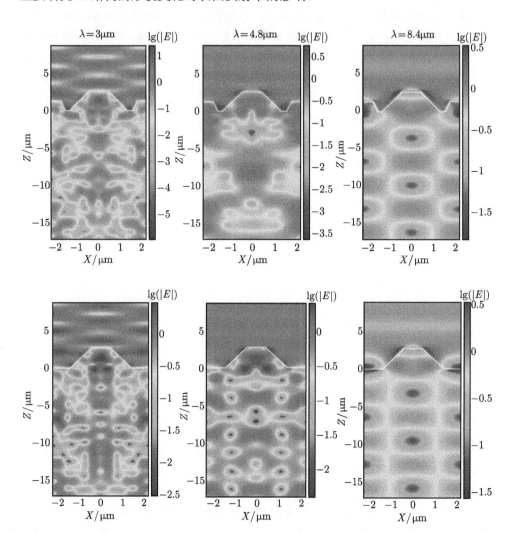

图 5.100　波长分别为 3μm，4.8μm 以及 8.4μm 时单周期结构与嵌套结构的电场强度分布图
(彩图见封底二维码)

　　根据仿真结果，在此给出嵌套结构中 A 结构底端直径反射率变化曲线
(图 5.101(a)) 及 B 结构不同顶端直径反射率随波长变化的曲线 (图 5.101(b))。

　　图 5.101(a) 中仿真波长为 3μm。当 A 结构的底端直径增加时，即 A 结构的占
空比增加时，反射率减小。这与单一周期 A 结构的反射率随底端直径变化是一致
的。当 B 结构底端直径为 1.45μm 时取得最大值，因此当 B 结构底端直径减小，即
B 的占空比减小时，嵌套结构的反射率在任意波长范围的情况下均减小。

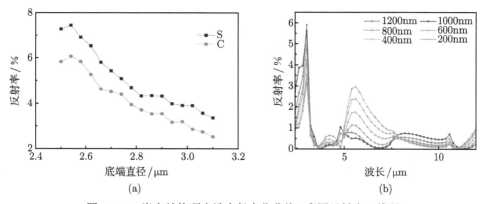

图 5.101　嵌套结构顶底端直径变化曲线 (彩图见封底二维码)

(a) A 结构底端直径变化反射率曲线；(b) B 结构顶端直径取值不同时波长–反射率曲线

当改变 B 结构的顶端直径时反射率的变化曲线如图 5.101(b) 所示。由于 A 结构周期尺寸确定在 3.1μm 的条件下进行仿真求解受到衍射效应的影响，在波长为 3μm 处反射率存在尖峰值。根据图像信息，波长在 3μm 处的峰值点与 B 结构的顶端直径存在正比关系，随着 B 结构顶端直径的增加，5μm 左右的反射率峰值点逐渐升高，最大差值接近 3%，并且，在仿真波段范围内顶端直径的变化影响结构反射率的波动情况，顶端直径越大，反射率的波动范围越小，当顶端直径取得 1200nm 时，能够实现在 3.2~12μm 的波段范围内反射率均小于 1%。

(2) 嵌套结构长径高度变化对表面反射率的影响。

在嵌套结构中 A 结构的高度变化与单一结构仿真结果相一致，因此这里主要讨论在嵌套结构中，B 结构在不同波长情况下高度变化对反射率变化的影响，如图 5.102 所示。中波波段范围内，其受到周期边界尺寸的影响，因此在 3μm 处不能观察到明显的反射率变化趋势，呈波浪形变化。而在 3.5~5μm 的波段范围内，反射率在不同波长值下随长径比的增加而降低，并且随着波长的增加反射率的降低效果减弱。在长波波段范围下，当波长小于 10.5μm 时，反射率随长径比的增加而增加，当波长大于 12μm 时，反射率随长径比的增加而减小。而 B 结构在单一结构情况下，在仿真波长范围内增加仿真结构的长径比时，反射率均下降。因此，在嵌套结构中 A 结构的高度变化是影响表面反射率的主要因素，但是通过对 B 结构高度的补偿能够抑制由波长变化等因素引起的反射率峰值的产生，从而保证在仿真波段范围内嵌套结构反射率的平缓变化。

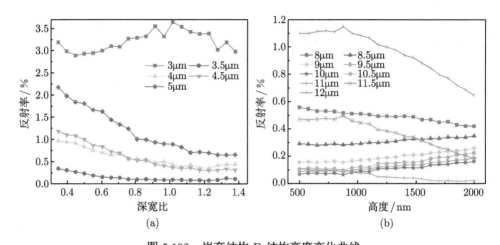

图 5.102　嵌套结构 B 结构高度变化曲线

(a) 中波波段深宽比-反射率曲线图；(b) 长波波段高度-反射率曲线图

(3) 嵌套结构的入射角变化对透射率的影响。

嵌套结构入射角度变化的仿真模拟如图 5.103 所示。从图像可以得出，在 0° ~ 10° 时，反射率低于 3.5%，最低点处可达 0.08%。当入射角度增加时，在 8° ~ 14° 取得最佳入射角度，在全部仿真区域内反射率低于 2.15%，此入射角范围内的反射率在仿真波段范围内实现超宽谱段的低反射，在 3.1~5μm 及 8~12μm 波段范围反射率最大值小于 1%。随着入射角度的进一步增加，反射增加的波段范围也随之增加。当入射角增加到 40° 以上时长波红外区域的反射率高于 4%，透射率在 94% 左右。因此，嵌套结构入射角度在 0° ~40° 时能保证良好的抗反射特性。在光学系统中，当边缘光束入射到光学元件表面时，其表面反射率过高，能够接收到的光强有

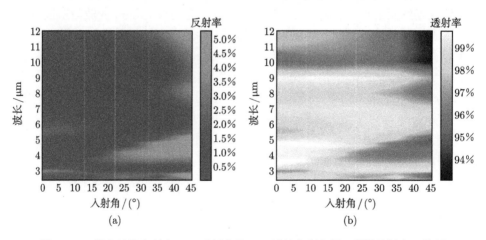

图 5.103　嵌套结构入射角 (a) 反射率及 (b) 透射率彩色图 (彩图见封底二维码)

限，因此光学系统的成像质量会受到影响。将嵌套结构应用于光学系统中作为窗口表面时，能够保证在全视场范围内具有高透射率，使光学系统的成像质量得到良好的保证。

2. 嵌套式复合周期混合结构的特性

为了进一步证明嵌套式复合周期混合结构具有不同周期结构减反射的叠加效果，下面根据上述嵌套结构的仿真结果，通过改变复合周期结构中 A，B 结构混合的比例，研究分析多复合周期对结构反射率的影响规律。为了在嵌套式复合周期中实现微纳结构的紧密排列，通过改变 A，B 结构的数量之比，经简单推算后设计的复合结构模型如图 5.104 所示，在一个完整周期内，A，B 结构的数量比为 2:8。

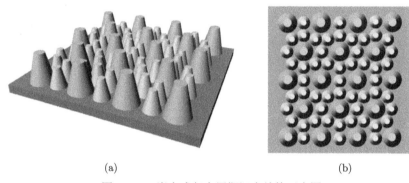

(a)　　　　　　　　　　　(b)

图 5.104　嵌套式复合周期混合结构示意图

(a) 透视图；(b) 俯视图

比较上述嵌套式复合周期混合结构随波长变化的反射率曲线与 A，B 密排结构，复合模型中仅有 A 或 B 的单一周期结构以及上述的嵌套结构的对比情况如图 5.105 所示。复合模型中 A，B 单一周期结构模型并非密排性周期结构，所以在中红外波段反射率普遍偏高，减反能力有限，而在长波红外波段由于 B 结构本身周期尺寸的影响，不存在 0 级以外的衍射现象，反射率随波长增大而增加。重点关注嵌套式复合周期混合结构反射率曲线的变化情况，发现波长小于 $3.8\mu m$ 时其反射率变化趋势与 B 结构密排时相似，并且保留的 A 结构在此波段下的减反射特性、减反效果优于单一周期的 B 结构；另外，在长波红外波段嵌套式复合周期混合结构反射率曲线变化趋近于嵌套模型中 A 结构的疏松六方结构。综上所述，本节所提出的嵌套式复合周期混合结构能够实现在红外宽谱段范围内的全波段减反射，并且受其结构分布的影响，B 结构属于主要结构，在中波红外波段起主要调制作用，而 A 结构因其尺寸优势在长波波段受到周期及占空比变化的影响成为主导结构。因此，进一步证明了微纳结构以嵌套的方式进行周期复合和结构混合时，能够实现减反射效果在不同的波段下进行调制补偿。

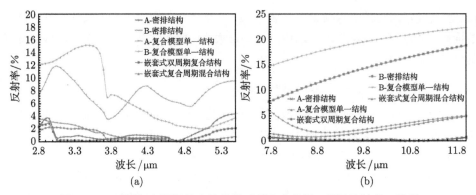

图 5.105　不同复合周期混合结构的反射率曲线图 (彩图见封底二维码)

(a) 中波波段波长–反射率曲线图; (b) 长波波段波长–反射率曲线图

5.6　蛾眼减反结构的制备

本节主要研究硅材料和 ZnS 材料蛾眼结构的制备工艺方法。基于 FDTD-Solutions 仿真设计的蛾眼减反射结构的形貌参数，选用干法刻蚀的方法对其进行实验制备，制备工艺如图 5.106 所示。工艺流程主要分为：三光束激光干涉光刻、金属掩模沉积、电感耦合等离子体 (ICP) 刻蚀形貌结构三部分。

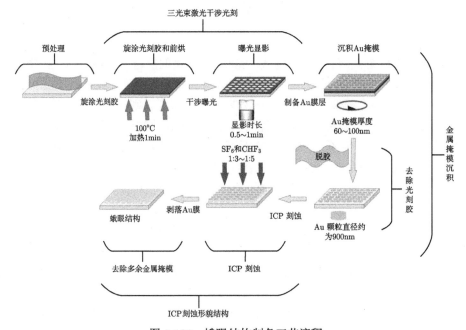

图 5.106　蛾眼结构制备工艺流程

5.6.1 激光干涉光刻掩模制备工艺

1. 多光束激光干涉系统原理

多光束激光干涉光刻系统是基于 N 束光干涉原理搭建的光刻系统。多光束干涉可以描述为相干光束电场矢量的叠加，m 级次电场矢量可以表示为

$$\boldsymbol{E}_m = A_m \boldsymbol{P}_m \cos\left(\boldsymbol{k}_m \cdot \boldsymbol{r}_m - \omega t + \phi_m\right) \tag{5.105}$$

其中，A_m 为平面波振幅；$\boldsymbol{P}_m$ 为平面波偏振矢量；$\boldsymbol{k}_m$ 为波矢量；$\boldsymbol{r}_m$ 为位置矢量；ϕ_m 为相位常数；ω 为频率。

在相应方位角为 $0°$，$90°$ 和 $180°$ 的 TE-TM-TE 模式的三光束干涉中，三个入射角为 $\theta_1 = \theta_3 = \theta$ 和 $\theta_2 = \theta'$，干涉光场的强度可以表示为

$$\begin{aligned} I =&\, 3A^2 + 2A^2 \left(\sin^2\theta - \cos^2\theta\right) \cos\left(2k\sin\theta x\right) \\ &- 2A^2 \cos\theta \cos\left[k\sin\theta x - k\sin\theta' y - k\left(\cos\theta - \cos\theta'\right) z\right] \\ &+ 2A^2 \cos\theta \cos\left[k\sin\theta x + k\sin\theta' y + k\left(\cos\theta - \cos\theta'\right) z\right] \end{aligned} \tag{5.106}$$

其电场分量表示为

$$E = \sum_j^3 E_{0j}^2 + 2\sum_{i<j} E_{0i} E_{0j} e_{ij} \cos\left[(\boldsymbol{k}_i - \boldsymbol{k}_j) \cdot \boldsymbol{r} + \phi_{0i} - \phi_{0j}\right] \tag{5.107}$$

该光场在 x 和 y 方向上的周期分别为

$$d_x = \frac{\lambda}{2\sin\theta} \tag{5.108}$$

$$d_y = \frac{\lambda}{\sin\theta \sin\theta'} \tag{5.109}$$

通过 MATLAB 计算模拟三光束光场分布图和光强振幅图，如图 5.107 所示。

1) 三光束激光干涉光刻系统

根据多光束激光干涉原理建立三光束激光干涉光刻系统，如图 5.108 所示。其中 B1，B2 为 1:1 分光镜，M1，M2 和 M3 为高反射镜，H1，H2 和 H3 为偏振晶体，P1，P2 和 P3 为 1/4 波片，F1，F2 和 F3 为滤波器。为获得 1μm 周期的点阵结构，通过计算得到三光束的入射角度分别为 $13.5°$，$13.5°$ 和 $15°$，对应的偏振态分别为 $90°$，$90°$ 和 $0°$，空间角分别为 $0°$，$90°$，$180°$。激光由激光器射出，通过 B1 和 B2 进行分光，得到能量相近的三束相干光源，三束光分别通过偏振晶体、波片和滤波器会聚于曝光台，其中偏振晶体、波片可以控制光束的能量和偏振方向，滤波器可以对分光光束进行整形和扩束，上述各部分构成了三光束激光干涉光刻系统。

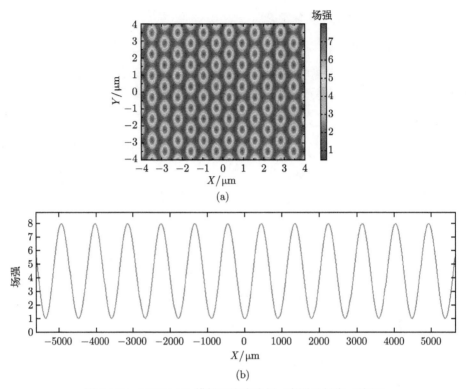

图 5.107　MATLAB 模拟三光束光场 (彩图见封底二维码)

(a) 光场分布; (b) 光强振幅

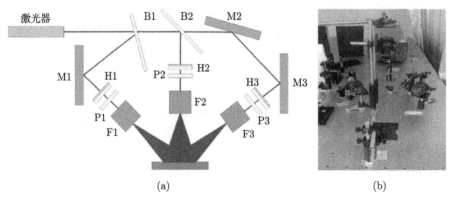

图 5.108　三光束激光干涉光刻系统

(a) 示意图; (b) 实物图

2) 光刻胶掩模制备

在仿真结果中,适用于可见光、近红外、中红外减反射蛾眼结构的周期为 1μm,为制备本征硅和 ZnS 两种材料的减反射蛾眼结构,调整图 5.108 中三光束激光干涉光刻系统的刻蚀光斑大小,在硅材料和 ZnS 材料上制备周期为 1μm 的光刻胶掩模阵列,具体制备步骤如下。

(1) 清洗预处理。

在干涉曝光过程中,样品表面的杂质对辐照光有很严重的影响,会形成很多杂散衍射环,从而影响曝光结果,因此,对样品的清洗很重要,也就是图 5.106 中的预处理过程。预处理过程为:实验基片被放入盛有丙酮的培养皿中,在超声清洗机中超声振荡 10min;丙酮清洗后用镊子取出,使用脱脂棉擦干基片上多余的液体,然后依次放入盛有酒精和去离子水的培养皿中,超声清洗 10min;最后用纯氮气吹干备用。清洗预处理的主要目的是去除基底表面的灰尘颗粒和油污等,以免影响旋涂光刻胶的均匀性。

(2) 旋涂光刻胶。

光刻胶是指具有光敏化学作用的高分子聚合物材料,其作用是作为抗刻蚀层保护基底表面,因此又可称为 "抗蚀剂"。光刻胶可以按其形成图案的极性分为两类: 正型光刻胶与负型光刻胶。聚合物的长链分子因光照而截断成短链分子的为正型胶;聚合物的短链分子因光照而交连成长链分子的为负型胶。短链分子聚合物可以被显影液溶解掉,因此正型胶的曝光部分被去除,而负型胶的曝光部分被保留。因实验的后续过程需要制备金属掩模,因此选用的是 AR-3740 正型光刻胶。不同种类的光刻胶的旋涂厚度与旋涂时间和转速的配比也不相同,光刻胶厚度与转速之间的关系可用公式表示为

$$H^2 \infty \frac{1}{v} \tag{5.110}$$

其中,H 为光刻胶厚度;v 为转速 (r/min)。在室温下,选用 KW-4A 型匀胶机,将实验基片吸附于匀胶机的真空吸盘中心位置,用无机材料吸管吸取预先配置好的 AR-3740 正型光刻胶,悬滴于实验基片中心,待光刻胶液滴平铺基片一半面积时开始匀胶。本实验设置转速 4000r/min,光刻胶薄膜厚度约 1.4μm。

(3) 前烘。

将旋涂光刻胶的实验基片放置在 100° 加热板上烘烤 1min。前烘可以除去光刻胶中多余的溶剂,增加与基底的黏附力并加快定形,在后续显影过程中提高光刻胶的对比度与灵敏度。

(4) 曝光显影。

经过前述的匀胶和烘烤过程后,利用三光束干涉光刻系统对样品进行曝光,本实验选用 360nm 波长固体激光器 (CNI, MSL-FN-360-S) 作为激光光源,其激光功

率密度为 $3\mathrm{mW/cm^2}$，相干长度可以超过 50m，最大功率为 50mW。结构形貌表征采用环境扫描电子显微镜 (SEM, FEI Quanta 250 FEG，以上设备来源：长春理工大学国家纳米操纵与制造国际联合研究中心)。通过分束器将输出激光束分为三束，将四分之一波片和偏振器放置在样品前，以精确控制三束光束的功率和偏振角。采用聚焦透镜 (f=35mm) 和直径 $20\mu\mathrm{m}$ 的针孔对光束进行优化。选用 AR-300 显影液与去离子水以 1:3 的比例进行稀释，作为该光刻胶的显影试剂。调节曝光时间和显影时间，制备所需尺寸的光刻胶掩模，然后用去离子水清洗，自然晾干，进而获得如图 5.109 所示的孔状光刻胶结构。

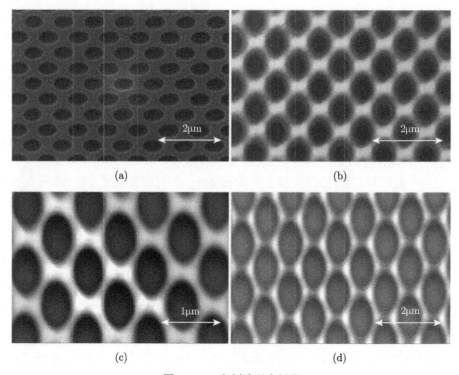

图 5.109　光刻胶曝光显影

(a) 曝光剂量 20 mJ/cm^2 (曝光时间为 5s，显影 1min)；(b) 曝光剂量 40 mJ/cm^2 (曝光时间为 10s，显影 1min)；(c) 曝光剂量 60 mJ/cm^2 (曝光时间为 15s，显影 1min)；(d) 曝光剂量 80 mJ/cm^2 (曝光时间为 20s，显影 1min)

　　从图 5.109 中可以看出，通过调节激光的辐照能量密度，可以改变孔形结构的尺寸。如图 5.110 所示，将光刻系统的曝光剂量精确控制在 $20\sim80$ mJ/cm^2 范围内，光刻胶孔形结构的长轴可在 250nm$\sim$1μm 调整。经过后续烘干等步骤处理后，实验所需的光刻胶掩模制备完成。

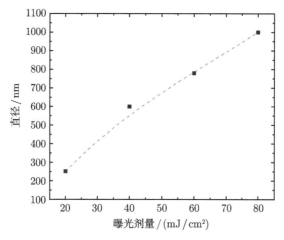

图 5.110　光刻结构直径随干涉激光的能量密度变化关系

2. 金属掩模沉积工艺

通过 5.6.1 小节中激光干涉光刻已制备出周期为 1μm 的光刻胶阵列，但根据仿真设计结果，复合波段蛾眼减反射结构的高度在 1.5～2μm，仅用光刻胶作为掩模进行 ICP 刻蚀所能刻蚀出的形貌高度较小。因此，在制备结构高度较深、尺寸较小的蛾眼结构时，需要在光刻胶表面沉积一层抗刻蚀金属作为新的掩模，再进行刻蚀加工。

1) 薄膜沉积方法

薄膜沉积的方法有很多，大致分为两类：① 物理气相沉积 (PVD) 方法；② 化学气相沉积 (CVD) 方法。两类方法按照工艺流程的不同又分为如表 5.4 所示几类沉积技术。

表 5.4 中对比分析了目前国内外所用到的薄膜沉积技术的特性参数及优缺点，综合沉积材料、致密性等参数对比结果和实验条件，本书采用磁控溅射的方法沉积 Au 作为金属刻蚀掩模材料。

2) 磁控溅射沉积金属掩模工艺

磁控溅射是在垂直电场方向上加一个磁场，利用垂直方向上产生的磁力线将电子约束在靶表面附近做回旋运动，延长其在等离子体内的运动路径，提高气体分子碰撞和电离过程概率，从而降低溅射过程的气体压力，提高溅射效率和沉积速率。磁控溅射的优点有：低工作气压 (0.1Pa)，减少了薄膜污染；沉积速率高，靶电压低，电子对基底的轰击能量小，降低了沉积温度，可减少基底损伤。本书实验采用由 Angstrom Engineering Inc. 生产的集物理气相沉积、化学气相沉积和其他真空镀膜工艺综合系统于一体的镀膜设备 (型号：Evo Vac)，如图 5.111 所示。

表 5.4　各种薄膜沉积技术的比较

沉积方法			沉积材料	光学损耗	致密性	薄膜晶粒尺寸	沉积速率	沉积方向
物理气相沉积方法	真空蒸发沉积	电阻蒸发沉积	低熔点金属或介质	较高	差	10~100nm	较慢	好
		电子束蒸发沉积	高熔点金属或介质	较高	差	10~100nm	快	好
	溅射沉积	直流溅射	金属	较高	好	约10nm	快	较差
		射频溅射	金属或介质	较高	好	约10nm	金属快,介质慢	较差
		磁控溅射	金属或介质	较低	好	约10nm	金属快,介质慢	较差
		反应溅射	介质	较高	好	约10nm	慢	较差
		离子束溅射	金属或介质	极低	很好	约10nm	慢	好
	外延	分子束外延	金属或介质	极低	很好	1nm	非常慢	非常好
化学气相沉积方法	化学气相沉积	低压化学气相沉积	个别金属或介质	低	非常好	1~10nm	快	差
		常压化学气相沉积	介质	较高	好	10~100nm	快	差
		等离子体增强化学气相沉积	介质	低	好	10~100nm	快	差
		金属有机化学气相沉积	金属或介质	较高	好	10~100nm	较慢	差
	原子层沉积	原子层沉积	个别金属或介质	极低	非常好	1nm	非常慢	差
	化学反应沉积	电镀	金属	较低	较好	10~100nm	快	差

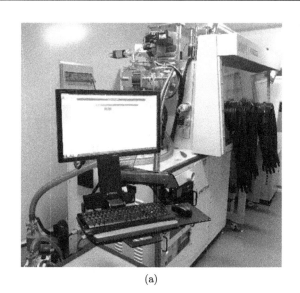

(a)

(b)

图 5.111 Evo Vac 设备

(a) 设备实体; (b) 操作界面

磁控溅射制备 Au 膜的操作流程主要分为五个步骤, 如图 5.112 所示。其中, 设置参数部分, 由于 Evo Vac 型号设备有记忆功能, 可以通过比对性质相近的金属沉积参数, 进行参数范围调整, 有效地提高了工艺制备效率。

仿真设计的两种蛾眼结构高度在 $1\sim2\mu m$, 根据现有实验参数比对, Au 薄膜沉积的厚度为 $50\sim80nm$ 即可达到刻蚀掩模要求。将镀膜后的实验样品依次在去胶液中进行去胶处理、去离子水清洗、自然干燥后, 获得如图 5.113 所示的 Au 掩模阵列结构, 掩模厚度约为 $60nm$。待刻蚀完成后, 多余的掩模材料可置于丙酮中浸泡超声，然后依次用酒精、去离子水清洗，氮气吹干即可去除。

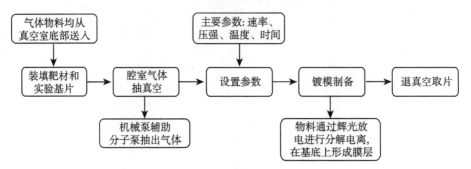

图 5.112   磁控溅射沉积工艺流程

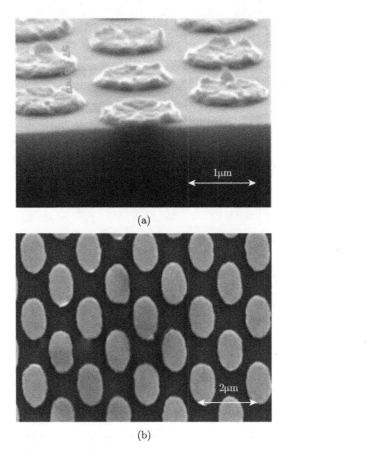

(a)

(b)

图 5.113   Au 掩模阵列

(a) 平面图; (b) 截面图

3. ICP 刻蚀工艺

ICP 的结构原理示意图,如图 5.114 所示。相比于反应离子刻蚀,ICP 中射频 (RF) 功率是通过感应线圈从外部耦合进入等离子体刻蚀腔体的,等离子体产生区与刻蚀区是分开的。除了等离子体产生区的射频电感耦合之外,样品台基板与另外一个射频源相接,作为辅助功率源来加强等离子体的产生。电感耦合产生的电磁场可以长时间维持等离子体区域内电子的回旋运动,大大增加了电离概率。另一方面,样品基板是独立输入射频功率,所产生的自偏置电压可以独立控制,因此,ICP 既可以产生很高的等离子体密度,又可以维持较低的离子轰击能量,实现了高刻蚀速率和高抗刻蚀比的要求。典型的 ICP 装置一般包括射频 ICP 离子源、等离子体引出部分和射频匹配网络三部分。

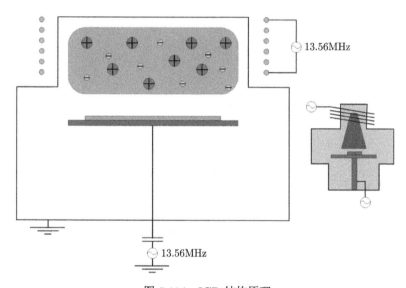

图 5.114　ICP 结构原理

ICP 刻蚀具有如下特点:① 运行气压低,可降低离子的碰撞,刻蚀的各向异性更强;② 高等离子体密度、高电离度,可以激发大量的活性基团,提高刻蚀效率;③ 可以相对独立地控制离子到达基片的能量,减小对基片的损伤,提高刻蚀的各向异性;④ 刻蚀过程属于无极放电,降低了电极材料对刻蚀基底和等离子体本身的污染。影响 ICP 刻蚀的因素包括射频功率、工作气压、气体流量等。不同形式的输入射频功率是产生等离子体能量的来源。气压的大小直接决定了电子、分子或基团之间的平均碰撞自由程长短。气体流量影响腔体内刻蚀产物的滞留时间,流量增加可以提高反应离子量,提高刻蚀速率。施加自偏压可以改善基片刻蚀的各向异性,同时改变刻蚀腔内的离子能量,刻蚀速率也随之改变。

1) ICP 刻蚀设备

如图 5.115 所示，刻蚀设备选用德国 SENTECH 公司生产的 SI500 型 ICP 刻蚀机 (设备来源：长春理工大学高功率半导体激光国家重点实验室)。SI500 型 ICP 刻蚀系统可用于广泛的等离子刻蚀加工，其范围从普通的反应离子刻蚀 (RIE) 到高精度的刻蚀加工，其突出特性为平面 ICP 源、氦气背面冷却式基板电极和高导率的真空系统，系统的重要参数全部为自动控制。另一方面，刻蚀材料广泛，对 III -V 和 II -VI 族半导体材料具有高精度的刻蚀加工能力。基于已有实验数据，典型的材料为 Si，SiC，InP，GaN，GaAs，AlGaAs 及其相关化合物等。

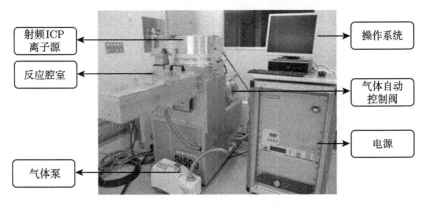

图 5.115　SI500 型 ICP 刻蚀机

主要技术参数：

(1) 激励电源：13.56MHz，1500W；

(2) 偏压电源：500W；

(3) 真空系统：分子泵、机械泵；

(4) 反应室尺寸：ϕ300mm；

(5) 气路系统：9 路工艺气体，CHF_3，H_2，SF_6，O_2，Ar，N_2，Cl_2，BCl_3，HBr；

(6) 可加工基片尺寸：ϕ150mm 以内；

(7) 均匀性：±5% (4 英寸 (1 英寸 =254cm) 硅片内)。

刻蚀气体流量、刻蚀时间、功率与工作气压是影响刻蚀速率的主要参数，其对微纳结构侧壁刻蚀陡直度及形貌均匀性的影响，如表 5.5 所示。本书主要分析刻蚀气体流量和刻蚀时间对硅材料和 ZnS 材料蛾眼结构形貌的刻蚀影响。

表 5.5　刻蚀速率影响因素

刻蚀气体流量	刻蚀时间	工作气压	功率 (RF 和 ICP)
影响物理轰击和化学反应过程直接刻蚀反应速率	直接影响刻蚀形貌尺寸	气压较低影响辉光放电反应过程	影响电子能量和电离概率

2) 硅材料蛾眼结构 ICP 刻蚀制备及分析

硅材料蛾眼结构的 ICP 刻蚀使用 SF_6 和 CHF_3 作为刻蚀气体,化学反应如下:

$$SF_6 + e^- \longrightarrow SF_5^+ + F(*) + 2e^- \tag{5.111}$$

$$SF_5 + e^- \longrightarrow SF_4^+ + F(*) + 2e^- \tag{5.112}$$

$$CHF_3 + e^- \longrightarrow CHF_2^+ + F(*) + 2e^- \tag{5.113}$$

$$CHF_3 + e^- \longrightarrow CF_3^+ + H(*) + 2e^- \tag{5.114}$$

$$Si + 2F(*) \longrightarrow SiF_2 \tag{5.115}$$

$$Si + 4F(*) \longrightarrow SiF_4 \tag{5.116}$$

氟离子因其具有强反应活性,是刻蚀硅材料的主要反应离子。在反应过程中,CHF_3 和 SF_6 经过电离与硅反应,生成物 SiF_2 和 SiF_4 等均为气态化合物,能够被真空系统抽走,可以避免反应产物阻碍刻蚀效率的弊端。

(1) 刻蚀气体流量对刻蚀速率的影响。

ICP 刻蚀过程是气体物理轰击和活性离子与基底化学反应的双重刻蚀过程,所以不同刻蚀气体所引起的不同化学反应会影响到硅的刻蚀速率。设定工作气压 0.8Pa,ICP 功率 600W,RF 功率 20W,刻蚀时间 1min,CHF_3 和 SF_6 气体总量 24sccm,刻蚀气体流量对刻蚀速率的影响如图 5.116 所示。在气体总量不变的情况下,随着 SF_6 气体含量的增加,刻蚀速率也在不断提高,当气体含量全部为 SF_6 气体时,刻蚀速率达到最大,由此可以看出,控制 SF_6 气体的含量可以明显地提高硅基材料的刻蚀速率。

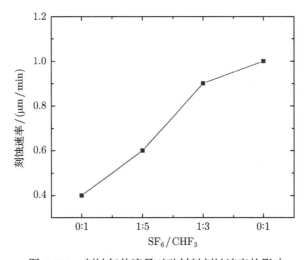

图 5.116 刻蚀气体流量对硅材料刻蚀速率的影响

　　但 SF$_6$ 气体的含量并不能一直增加，当刻蚀气体的含量增加到最大时，刻蚀会持续激发离子轰击导致 Au 掩模层损失，此过程中离子轰击没有选择性，会导致侧壁形貌的损坏。如图 5.117 所示的硅基蛾眼结构，就是由于 SF$_6$ 气体的含量过高导致刻蚀侧壁形貌的缺失。虽然快速的刻蚀速率在最短时间内达到了刻蚀深度的要求，但刻蚀形貌很难控制。另一方面，这种侧壁形貌的损伤会导致结构在复合波段的减反射能力大大降低。因此刻蚀速率的选择并不是越快越好，需要合理控制气体流量配比，才能有效地提高刻蚀效率和改善形貌粗糙度。经验证，实验最佳的 SF$_6$ 和 CHF$_3$ 总气体流量为 40sccm，气体流量配比为 SF$_6$/CHF$_3$=1:5~1:3。

图 5.117　侧壁形貌损伤的硅材料蛾眼结构

(2) 刻蚀时间对刻蚀深度的影响。

　　固定刻蚀气体流量、功率和工作气压的情况下，可以通过对刻蚀时间的控制制备所需形貌的蛾眼减反射结构。设定刻蚀气体流量为 40sccm，SF$_6$ 和 CHF$_3$ 气体流量比为 1:3，ICP 功率为 600W，RF 功率为 20W，工作气压为 0.8Pa，不同刻蚀时间的蛾眼结构形貌如图 5.118 所示。随着刻蚀时间的增加，蛾眼结构的深度逐渐增加，当刻蚀时间达到 4min 时，结构深度已经增加到约 2.156μm，并且保持了良好的周期形貌。

　　从图中也可以看到，随着刻蚀时间的增加，蛾眼结构的横向和纵向的形貌尺寸参数在不断变化，由于顶端金属掩模的作用，蛾眼结构纵向刻蚀速率明显高于横向刻蚀速率。通过对刻蚀参数的进一步实验验证，刻蚀时间控制在 3.5~4.0min 为本书所设计的硅基蛾眼结构的最佳刻蚀时间。根据束腰形硅基减反射蛾眼结构的设计参数，进一步调整刻蚀参数，采用分步式方法进行蛾眼结构的形貌修饰，从而改变结构在 Z 方向的尺寸参数，形成束腰形结构，如图 5.119 所示。所制备的蛾眼结构参数：周期为 1μm；结构高度为 2.05μm；束腰长径比为 1.55；束腰高度为 430nm。

图 5.118 不同刻蚀时间硅材料减反射蛾眼结构

(a) 1min—正视图; (b) 1min—截面图; (c) 2min—正视图; (d) 2min—截面图; (e) 4min—正视图;

(f) 4min—截面图

从仿真模拟图和实验扫描电子显微镜 (SEM) 扫描图可以看出，实验制备的束腰形蛾眼结构参数与仿真结果相比存在相对较小的结构误差。实验过程中造成加工误差的原因有很多，主要有以下几个方面：① 刻蚀气体的不均匀性；② 腔室温度的变化不规律；③ 长时间工作气压不稳定；④ 环境因素等。这几方面都会导致形貌的非均匀性和尺寸误差。减小误差的方法可以通过优化掩模厚度、刻蚀时间以及气体流量比等实现。总体来说，实验和仿真结果形貌的总误差在可接受范围内，实验结果与仿真结构参数匹配较好。

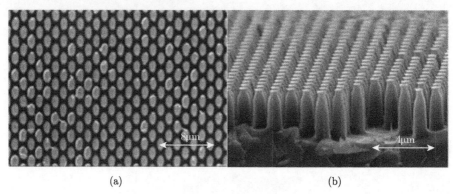

(a)	(b)

图 5.119	束腰形硅材料蛾眼减反射结构

(a) 正视图; (b) 截面图

3) ZnS 材料蛾眼结构 ICP 刻蚀制备及分析

常温下，ZnS 材料的化学性质较为稳定，湿法腐蚀的方法很难形成理想形貌，因此，对于 ZnS 材料增透类光学元件的制作，主要采用干法刻蚀的工艺。对 II - VI 族化合物常用的刻蚀气体有两类，一类是氯基气体化合物，如 Cl_2，BCl_3，CCl_4 等；另一类是烷烃类气体，如 CHF_3，CH_4 等。由于烷烃类气体对 ZnS 材料的刻蚀速率较慢，很难实现周期较小、结构尺寸较深的刻蚀结构，因此，本书选用 Cl_2 为刻蚀反应气体，Ar 作为物理刻蚀气体和保护气体，对 ZnS 材料的蛾眼结构进行制备，化学反应如下：

$$Cl_2 + 2e^- \longrightarrow 2Cl^- \tag{5.117}$$

$$ZnS + xCl^- \longrightarrow ZnCl_x + S^{2-} \tag{5.118}$$

Cl_2 在 RF 电压作用下发生辉光放电过程，被电离成活性基团 Cl、负电离子和游离电子，游离电子在工作压强和电场作用下对 ZnS 材料表面进行物理轰击，活性基团和 Cl^- 附着在 ZnS 材料表面，与之反应生成沸点较低的 $ZnCl_x$，这些气态物质被真空泵的循环系统抽离，新的刻蚀气体不断补充，从而完成刻蚀过程。另一方面，Ar 在压强作用下对 ZnS 材料表面进行物理刻蚀，并辅助化学反应气体对表面刻蚀残余物质进行清理，保证刻蚀的持续进行。

(1) 刻蚀气体流量对刻蚀速率的影响分析。

由于 ZnS 材料蛾眼结构刻蚀过程中只有 Cl_2 作为化学反应气体，Ar 作为物理作用气体，因此在研究气体流量对刻蚀的影响过程中，设定 Ar 流量为固定值 20sccm，Cl_2 流量变化范围为 10~16sccm，设定工作气压为 0.5Pa(5mTorr)，ICP 刻蚀功率 1200W, RF 刻蚀功率 100W, 刻蚀时间 2min。刻蚀气体流量对刻蚀速率的影响关系, 如图 5.120 所示。从图中可以看到, 随着 Cl_2 流量的增加, ZnS 材料的刻蚀速率在不断提升。当气体流量在 10sccm 时, 虽然有刻蚀形貌出现, 但刻蚀速率较慢, 结构的横向和纵向刻蚀均没有明显结构出现, 无法清晰辨别蛾眼结构形貌。在气体流量达到 14sccm 时明显出现柱状蛾眼结构, 横向和纵向刻蚀达到均匀配比, 结构清晰并且侧壁形貌较好, 已满足基本柱状蛾眼结构形貌。继续增加气体流量达到 20sccm 时, 结构形貌呈 "云孔" 状态, 出现横纵刻蚀失常情况, 无法准确测量刻蚀深度及其他形貌特征。通过实验验证, 对本书仿真设计的 ZnS 材料蛾眼结构, 最佳刻蚀气体流量范围为 13~15sccm。

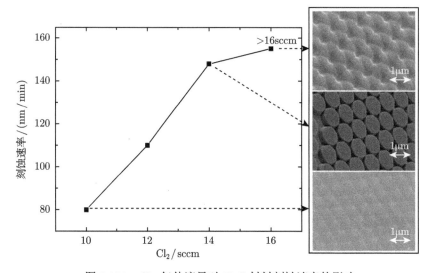

图 5.120 Cl_2 气体流量对 ZnS 材料刻蚀速率的影响

(2) 刻蚀时间对刻蚀深度的影响。

基于以上实验分析, 设定刻蚀气体流量为 35sccm, Cl_2 流量为 15sccm, Ar 流量为 20sccm, ICP 功率为 1200W, RF 功率为 100W, 工作气压为 0.5Pa。不同刻蚀时间与刻蚀深度的关系, 如图 5.121 所示。从图中可以看到, 随着刻蚀时间的增加, 刻蚀深度不断增大, 但由于 ZnS 材料的晶格特性, 刻蚀时间过长会出现侧壁缺失的现象, 损伤形貌。

在对实验刻蚀参数进一步探索与修正后, 总结出采用 ICP 刻蚀加工 ZnS 材料减反射蛾眼结构的最佳刻蚀参数: 刻蚀气体流量为 35sccm; Cl_2 流量为 15sccm; Ar 流量为 20sccm; ICP 功率为 1200W; RF 功率为 120W; 工作气压为 0.8Pa; 刻蚀时间为 6min, 所得到的蛾眼结构如图 5.122 所示。

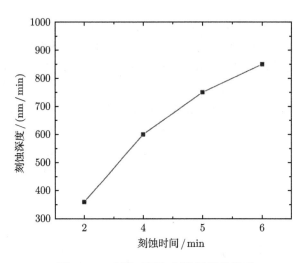

图 5.121   刻蚀时间与刻蚀深度的关系

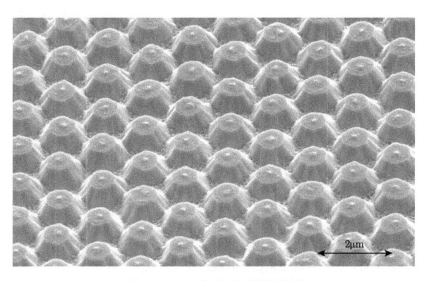

图 5.122   ZnS 材料减反射蛾眼结构

目前，对于 ZnS 这类质地较硬的材料，在蛾眼微纳结构的加工方面并没有达到硅基材料的工艺水平。在调整工艺参数和刻蚀条件时发现，当刻蚀深度约大于 1μm 时，在刻蚀腔室气压和气体物理轰击作用下，会出现大面积的结构断裂。经查证，结构断裂的原因是，目前实际应用中的多光谱级 ZnS 材料是用 ZnS 粉末经高温高压加工成型，这种工艺可以使材料具有机械强度高、耐热冲击性强、耐化学腐蚀等特点；但在进行 ICP 加工过程中，气压和刻蚀气体对材料的轰击和腐蚀作用使 ZnS 材料分解形成粉末颗粒，当刻蚀深度较高时在气压作用下出现结构断裂。

通过大量实验探索，最终制备出的相对较好的蛾眼结构参数为：周期 1μm、结构高度 985nm、底端直径 980nm。

5.6.2　复合波段宽角度蛾眼结构的制备与检测

蛾眼结构光学性能测试主要利用红外傅里叶光谱仪和双光束分光光度计 (设备来源：中国科学院长春光学精密机械与物理研究所) 对硅材料和 ZnS 材料进行透射率的测试分析。选用两种测试仪器，一方面是因为现有实验设备所能测试的光谱范围不同，另一方面也是通过对比同一光谱范围测试结果，以减少测量的不准确性。

1. Si 材料蛾眼结构减反射测试分析

束腰形硅材料减反射蛾眼结构实物样片如图 5.123 所示。硅样片直径 30mm，有效蛾眼结构面积可达 85%~98%，可以满足多种口径红外窗口的应用要求。为了避免入射光对测试结果的干扰，最小测试角度应大于 0°，因此设置相对于正入射光束的 6°，30° 和 60° 三组入射角度进行透射率测量。不同角度蛾眼结构与硅材料裸片的透射率测试数据如图 5.124 所示。从图 5.124(a) 测量结果可以看出，入射角为 6° 时，硅材料裸片平均透射率为 69.86%，蛾眼结构平均透射率为 99.57%，透射率提高了近 29.71%。如图 5.124(b) 所示，当入射角为 30° 时，硅材料裸片平均透射率为 65.94%，蛾眼结构平均透射率为 98.15%，透射率提高了近 32.21%。如图 5.124(c) 所示当入射角为 60° 时，硅材料裸片平均透射率为 59.87%，蛾眼结构平均透射率为 96.22%，透射率提高了近 36.35%。由此可以看出，实验制备的束腰形蛾眼结构在近红外和中红外宽光谱，以及宽角度范围内，具有良好的减反射性能。

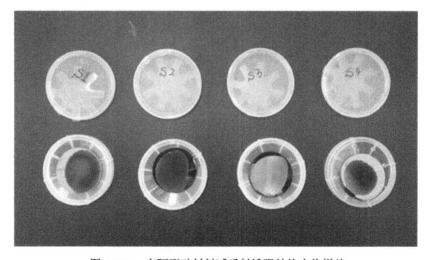

图 5.123　束腰形硅材料减反射蛾眼结构实物样片

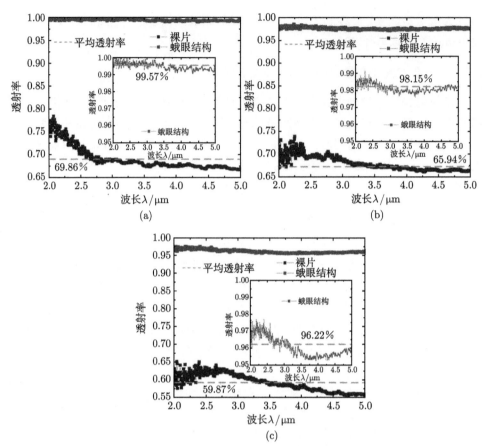

图 5.124　硅基束腰形蛾眼结构与裸片的透射率测试结果 (彩图见封底二维码)

(a) 入射角为 6°; (b) 入射角为 30°; (c) 入射角为 60°

2. ZnS 材料蛾眼结构减反射测试分析

ZnS 材料蛾眼结构如图 5.125 所示。实验样片直径 30mm, 有效蛾眼结构面积可达 55%~70%。由于 ZnS 材料中 Zn 原子和 S 原子的配位几何结构都是四面体, 较半导体硅材料而言具有更稳定的立方形式, 刻蚀加工难度较大。

利用红外傅里叶光谱仪和双光束分光光度计对 ZnS 材料蛾眼结构的透射率进行表征。设置相对于正入射光束的 6°, 15° 和 45° 三组入射角度进行透射率测量。不同角度蛾眼结构与 ZnS 材料裸片的透射率测试数据如图 5.126 所示。

图 5.125 ZnS 材料减反射蛾眼结构样片

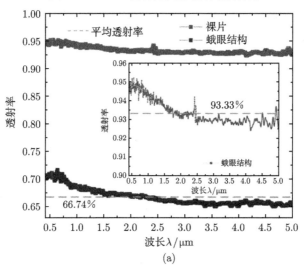

(a)

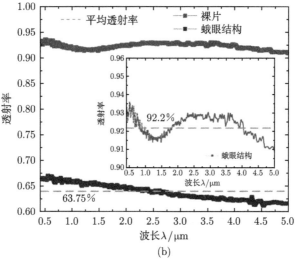

(b)

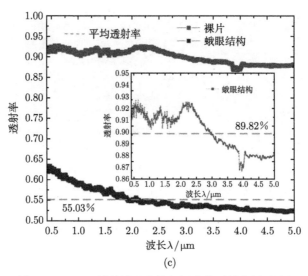

图 5.126　ZnS 材料蛾眼结构与裸片的透射率测试结果

(a) 入射角为 6°; (b) 入射角为 15°; (c) 入射角为 45°

从图中可以看出，入射角为 6° 时，具有蛾眼结构的平均透射率为 93.33%，相比于不具备的蛾眼结构的裸片平均透射率提升了近 26.59%，这说明蛾眼结构可以有效地减少由材料本身反射和高级次衍射带来的反射光能损失。当入射角为 15° 时，具有蛾眼结构的平均透射率为 92.2%，相比于裸片的平均透射率提升了近 28.45%。随着入射角增加到 45°，斜入射光所带来的高级次衍射也逐渐增强，裸片的平均透射率由入射角为 6° 时的 66.74% 下降到了 55.03%。相较于裸片，蛾眼结构的平均透射率为 89.82%，透射率提升了近 34.79%。由此可见，蛾眼结构可以有效地抑制由入射角度的增大所带来的反射能量损失。ZnS 材料减反射蛾眼结构的实验结果与仿真结果存在一些差异，这是因为，ICP 制备的蛾眼结构高度与仿真设计存在一定偏差，导致蛾眼结构的透射率能量有所损耗，尤其是在波长较长的红外波段。这也说明结构高度是影响蛾眼结构透射率的重要参数，下一步将对实验工艺进行改良或寻找更合适的加工工艺进行高深宽比蛾眼结构的制备。

5.6.3　蛾眼结构力学性能测试分析

微纳结构器件在长时间使用过程中不会出现因材料不匹配所带来的结构脱落或变形等问题。所以，在设备和元器件的长时间使用过程中，其表面因外力造成的变形和磨损是其性能下降的主要形式。尤其在光学窗口应用方面，微纳元器件直接或间接与外界环境接触，造成其使用寿命大大降低。因此，通过力学性能表征，测试微纳结构器件的耐损伤值，对器件的保护和耐损伤性能的提升具有重要的参照价值。

1. 蛾眼结构耐损伤性能测试方法

国内外对蛾眼结构耐损伤程度的表征并没有统一的测试方法,目前最直接的方法是采用涂膜铅笔硬度测试。实验选用测试设备如图 5.127 所示。一组 GB149 日本三菱硬度铅笔,铅笔标号为 6H, 5H, 4H, 3H, 2H, H, F, HB, 1B, 2B, 3B, 4B, 5B, 6B, 其硬度由 6H 到 6B 递减。测试标准如下。

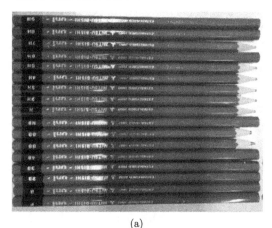

(a)

(b)

图 5.127 涂膜铅笔硬度测试设备

(a) GB149 日本三菱硬度铅笔; (b) 测量仪器工装

(1) 试验铅笔的制备:用削笔刀削去木杆部分,使铅芯呈圆柱状露出 3mm。然后在坚硬的平面上放置 400#水砂纸,将铅芯垂直靠在砂纸上画圆圈,慢慢研磨,直至铅笔尖端磨成平面,边缘锐利为止。

(2) 将测量仪器的载物板放置水平台上。将待测样片有结构形貌的一面向上,水平放置且固定。

(3) 将已削磨的铅笔插入设备孔使其与待测样片刚好接触并自然成 45° 角。

(4) 从最硬的铅笔开始，以约 1mm/s 的速度向前推进。

(5) 评判标准：每级铅笔划 5 次，5 次中若有两次能破坏微纳结构则换用较软的铅笔，直至找出 5 次中至少有 4 次不能破坏微纳结构的铅笔为止，此铅笔的硬度即为被测样品的铅笔硬度。

2. 硅材料和 ZnS 材料蛾眼结构耐损伤性能表征

表 5.6 中对硅基底和 ZnS 基底两种材料蛾眼结构的耐损伤性能进行了对比表征。从表中可以看出，在制备了蛾眼结构后，材料基底的耐损伤硬度降低。在实际应用中，显示类器件的涂膜硬度应达到 3H 以上，在光学设备中非接触类光学器件涂膜硬度应达 HB 以上，才能保证较好的环境适应能力。前面章节也提到，因多光谱 ZnS 的制备工艺使其材料硬度较大，耐损伤性能较强，即使在制备了蛾眼结构后其表面耐损伤硬度仍能达到 3H。但硅材料的耐损伤硬度明显下降，这说明硅材料蛾眼结构在没有保护膜层的情况下，对外界的刻划损伤较为敏感。

表 5.6　耐损伤硬度测试结果

样片	耐损伤硬度	测试损伤面距离/mm
硅基底	3H	6
ZnS 基底	5H	6
硅材料蛾眼结构	1B	6
ZnS 材料蛾眼结构	3H	6

将蛾眼结构经涂膜铅笔硬度测试后的样品片放到扫描电镜下进行观测，如图 5.128 所示。从硅基蛾眼结构涂膜铅笔硬度测试结果可以看到，当铅笔硬度增加到 1B 的时候，蛾眼结构出现明显划痕并伴随倒伏的情况，这说明硅材料蛾眼结构的耐损伤涂膜硬度为 1B。

3. 硅材料蛾眼结构力学性能改进方法

通过力学性能测试可以看到，硅基结构耐损伤硬度较低，在其表面制备微纳蛾眼结构改变了表面力学稳定性，致使其力学性能下降。因此有必要改善硅材料蛾眼结构的力学性能，通常是在结构表面制备保护膜层。本书中选用在硅材料蛾眼结构表面制备 Al_2O_3 保护膜层的方法来提高其耐损伤硬度。

1) Al_2O_3 薄膜材料特性及制备

室温下 Al_2O_3 光学性能参数如图 5.129 所示。Al_2O_3 分子量为 101.96，密度为 $3.97 \times 10^3 kg/m^3$，熔点为 2045℃，沸点为 3500℃，在 10^{-4}Torr 真空下的蒸发温度为 1550℃。Al_2O_3 在 0.230~2μm 波长范围内为无吸收，在 2.7~5.3μm 范围内吸收很小。Al_2O_3 薄膜的透明区为 0.2~8μm。其折射率与基底温度有关，基底为室温时

$n = 1.53 \sim 1.60(\lambda = 550\text{nm})$，基底为 300℃时 $n = 1.60 \sim 1.64(\lambda = 550\text{nm})$。$Al_2O_3$ 适用于 0.2~5.3μm 的宽光谱范围，有效折射率为 1.43~1.67，是一种低折射率材料，满足本书所研究的可见光、近红外和中红外范围的光谱应用。

图 5.128　硅基蛾眼结构表面损伤形貌

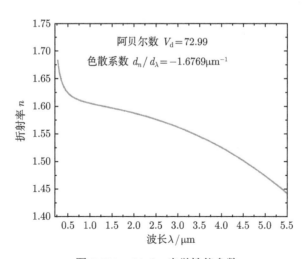

图 5.129　Al_2O_3 光学性能参数

Al_2O_3 作为保护膜层材料，因其具有较宽的透射率应用光谱、耐高温、热稳定性好、强度高、化学性质稳定、材料易获得及制备工艺简单等优点被广泛应用到元器件中。目前 Al_2O_3 薄膜的制备方法有电子束蒸发、磁控溅射沉积、反应蒸发技术等。基于实验室现有设备，本书选用磁控溅射的方法来制备 Al_2O_3 薄膜。

具有 Al_2O_3 保护膜层的蛾眼结构如图 5.130 所示，膜层厚度约 100nm。图 5.130(a) 中实验样片有效蛾眼结构直径尺寸为 2cm。从图 5.130(b) 中可以看到，Al_2O_3 在蛾眼结构顶端形成一层致密的薄膜，与蛾眼结构结合十分紧密，大面积 Al_2O_3 保护膜层制备的均匀性也非常好，每个蛾眼结构单元间无材料粘连，保证了蛾眼结构减反射的形貌特征。

(a)　　　　　　　　　　　　　　　　(b)

图 5.130　具有 Al_2O_3 保护膜层的硅材料蛾眼结构

(a) 实物图; (b) SEM 图

2) 具有 Al_2O_3 保护膜层的蛾眼结构力学性能测试

利用磁控溅射的方法制备了厚度分别为 20nm，40nm，60nm 和 100nm 的 4 组 Al_2O_3 薄膜，并对三组膜厚进行耐损伤性能测试，测试结果如表 5.7 所示。从表中数据可以看到，随 Al_2O_3 薄膜厚度的增加，蛾眼结构的耐损伤性能逐渐提高，膜层厚度达到 60nm 时，耐损伤硬度达到了 4H，膜层厚度增加到 100nm 时，耐损伤硬度仍然为 4H。由此可见，Al_2O_3 保护膜层的耐损伤性能与膜层厚度关系并不密切，20nm 和 40nm 厚度时耐损伤性能较低，经过实验分析，是因为其膜层较薄，膜层间空隙较大没有形成致密的 Al_2O_3 保护膜层。

具有约 65nm 厚度的 Al_2O_3 保护膜层的硅材料蛾眼结构，如图 5.131 所示。从图中可以看到，Al_2O_3 保护膜层均匀地覆盖在每一个蛾眼结构单元表面，实现了结构耐损伤性能的提高。

表 5.7 不同厚度 Al_2O_3 薄膜耐损伤性能测试

膜厚/nm	耐损伤硬度	测试损伤面距离/mm
20	1H	6
40	2H	6
60	4H	6
100	4H	6

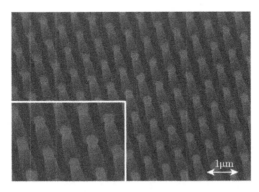

图 5.131 具有 Al_2O_3 保护膜层的硅材料蛾眼结构

3) 具有 Al_2O_3 保护膜层的蛾眼结构光学性能测试

通过涂膜硬度测试实验可以证明,Al_2O_3 保护膜层达到 60nm 厚度时可以明显增加蛾眼结构的耐损伤性能。在此基础上对该结构进行光学性能测试,验证 Al_2O_3 保护膜层是否会改变蛾眼结构的减反射性能。利用红外傅里叶光谱仪和双光束分光光度计对其进行表征,设定入射角为 6°,具有 Al_2O_3 保护膜层和没有 Al_2O_3 保护膜层的蛾眼结构透射率对比,如图 5.132 所示。从图中可以看出,具有 Al_2O_3 保

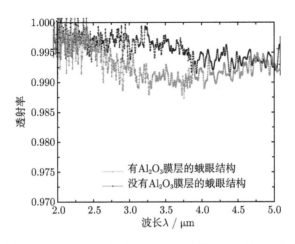

图 5.132 Al_2O_3 保护膜层对硅材料蛾眼结构透射率影响

护膜层的蛾眼结构与没有 Al_2O_3 保护膜层的蛾眼结构相比，透射率在 2.5~4.5μm 波段范围略有下降，但整体平均透射率高于 99%。这种透射率的波动可能包含了工艺和测量的误差，因此总体来说 Al_2O_3 保护膜层对于蛾眼结构的透射率影响非常小。

5.6.4　复合周期混合结构超表面的制作工艺及检测

1. 利用微球自组装法制备基底掩模

自组装技术是当下较为常见且热门的掩模制备方法，其原理是在一定条件下，利用原子、分子、胶体粒子、纳米粒子等结构单元间的价键或弱相互作用 (包括范德瓦耳斯力、静电力、疏水作用力以及表面张力作用)，形成复杂规律性排布的聚合体结构。从微观粒子上看，自组装技术可分为三类：分子自组装、粒子自组装，以及嵌段共聚物的自组装。从聚合体结构上看，单分散胶体粒子经简单自组装可以构成二维和三维胶体晶体。随着浸涂技术的发展，人们在提高自组装产品的质量和生产率方面付出了很大的努力，总结出了一些可供选择的方法 [36-39]。

图 5.133 中描述了五种主要的单分子层加工制作工艺，分别为垂直提拉法 (图 5.133(a))、蒸发诱导法 (图 5.133(b))、表面旋涂法 (图 5.133(c))、重力沉降法 (图 5.133(d))，以及提拉法 (图 5.133(e))。

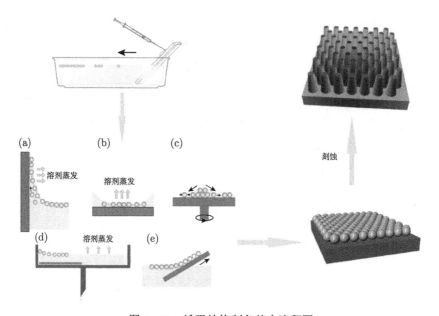

图 5.133　蛾眼结构制备基本流程图

(1) 垂直提拉法。

这种方法需要将基片浸没到单分散微球悬浮液液面以下, 待液面完全静止时, 溶剂蒸发, 垂直向上提拉基片, 受毛细力的影响, 介质交界面呈弯月形液面驱动微球在基片表面自组装整齐排列。该方法需要控制粒径尺寸, 以保证胶体粒子下沉时不受溶剂蒸发过慢的影响, 有效减少了一些点缺陷和面缺陷的产生。这种方法的主要影响因素是基片和溶液间的相对运动速率。一般情况下效果优于重力沉降法自组装。

(2) 蒸发诱导法。

将基片倾斜或垂直插入胶体溶液中, 利用基片上润湿薄膜中溶剂的蒸气, 胶体粒子在毛细作用和对流迁移的共同作用下在基片–空气–溶液三相界面逐渐沉积, 最终可形成单层或多层的二维或三维胶体晶体。胶体溶液浓度、胶体粒子大小、溶剂蒸发速度、基片插入溶胶的倾斜角度、基片和分散介质的性质等, 对生成胶体晶体的厚度和质量都有影响。近年来, 研究人员利用温度梯度驱动蒸发诱导自组装成功利用大的 SiO_2 胶体粒子构成的大面积胶体晶体薄膜。也有人在研究温度、相对湿度、干燥工艺条件等对胶体晶体生长的影响, 并认为基片与胶体间的亲和性和表面电性质是这种方法制备胶体晶体成功的关键。

(3) 表面旋涂法。

这种方法主要适用于小尺寸的纳米粒子, 在离心力的作用下, 尽管无法通过重力沉降, 但最终依然可以实现微粒的有序排列。这一方法的影响因素包括溶液浓度、介质环境温度、相对湿度, 还有离心力作用下的旋转速度。其中旋转速度尤为重要, 若速度过快, 将会造成序列结构出现更多的缺陷; 过慢, 则会致使粒子提前凝聚造成大面积堆积、叠层现象, 不能实现沉降。旋涂法的优点在于能够大幅缩减实验时间, 同时该方法对粒径的选择范围宽泛, 胶粒直径在 $0.1\sim2\mu m$ 的粒子均可实现较大面积的无缺陷有序规则聚集体。

(4) 重力沉降法。

又称自然沉降法, 当单分散胶体粒子与分散介质密度差别较大时 (前者大于后者), 胶体粒子在重力场中自然缓慢沉降可以形成底面为 (111) 晶面的具有面心立方密堆积结构的三维胶体晶体。组装而成的膜层受胶体粒子大小、粒子密度、沉降速度等因素影响明显, 因此应选取合理粒径的胶体粒子 (300~550nm 为最佳), 并严格控制胶体粒子的下沉速率。改变分散介质的密度和黏度, 即单分散液的浓度对改善沉降法组装是有意义的。重力沉降法的优点在于过程简单, 缺点则是用时长 (几周至几个月), 有时会出现 “多层” 沉降, 即在重力场方向可能形成胶粒的堆积和叠层。

(5) 提拉法。

提拉法是最为简捷的一种实验方法。在不碰触有序胶体结构的情况下, 轻轻将基片插入胶体粒子悬浊液液面以下，调整基片角度，尽可能使基片与液面平行，在接近液面时快速将基片水平提出，保证在一个较小且稳定的角度下避风干燥，进而获得整齐有序的胶体粒子聚合体。这种由垂直提拉法以及蒸发诱导法结合并简化而来的方法，大大节省了时间，但是受环境因素影响严重。

　　除上述五种方法以外，自组装方法还包括狭缝过滤法自组装、外电场法自组装、静电力法自组装以及模板辅助自组装。

　　根据上面重点描述的五种方法，结合现有的实验加工能力，本书选择重力沉降法、垂直提拉法以及提拉法对粒径在 500nm 以上的聚苯乙烯 (polystyrene，PS) 进行实验验证。选择相对大尺寸粒径下，单一周期掩模制备的方法，并进行微球混合的复合周期掩模制备实验。

1) PS 微球单一周期二维掩模的制备

　　为后续复合周期微球掩模制备实验做准备，在制备单一周期二维掩模板时所使用的微纳米胶球如表 5.8 所示。

表 5.8　微纳米胶球简表

公司	微球材料	样品标注直径	样品实际测量平均直径	样品浓度
中科雷鸣 (北京) 科技有限公司	PS	600nm	512nm	50mg/mL
		1μm	1.102μm	50mg/mL
		2μm	1.943μm	50mg/mL
上海阿拉丁 (Aladdin) 生化科技股份有限公司	PS	0.2～0.5μm	438nm	2.5%[①]
		0.6～1.0μm	728nm	2.5%
		1.0～1.9μm	1.569μm	5.0%
	SiO₂	500nm	460nm	2.5%

　　制备掩模板的基底材料为掺 P 型硅和单晶硅，直径为 4 英寸的圆形单面抛光硅片。通过 Millipore 公司 Milli-Q 净水机获得去离子水。

　　首先，利用丙酮、无水乙醇以及去离子水分别超声清洗基片 30min，并用 Ar 吹干。将浓度为 98% 的 H₂SO₄ 溶液与过氧化氢溶液 (H₂O₂，30%) 按比例为 3:1 进行配比并轻轻搅拌，将清洗后的基片放入溶剂中静置 30～50min，再用去离子水超声振荡将基片清洗并吹干；取浓度为 30% 的氨水加入 H₂O₂ 和去离子水，混合比例为 3:1:1，完成硅基材料的表面亲水处理。配制 3wt% 的 SDS 表面活性剂溶液。取适量浓度为 2.5wt% 的 PS 微球，向其中加入无水乙醇和去离子水，低频超声振荡 1min，以稀释微球溶液并使其具有延展性。

　　接着就是自组装单分子膜层制备的过程。取一支口径为 10cm 带有下出水口的蒸发皿，出水口速度可调。关闭出水口，向蒸发皿中注入适量的去离子水，同时

_____
① 此处代表质量分数，余同。

摆放并调整具有亲水性的硅基片,倾斜放置同样进行过亲水性处理的玻璃板。待液面静止后,取微量 PS 微球混合液,缓慢滴加在玻璃斜板上,使液滴受重力作用滑入水中,斜板能够有效地分解液滴的重力加速度,避免过快速度下造成的冲击破坏 PS 微球的力学平衡,使得 PS 微球出现沉积现象。另外,带有亲水性的玻璃板与液面之间呈弯月形面连接,PS 分子在滑入液面前预先分散,更加有效地避免了微球在成膜过程中的堆积叠层现象。当更多 PS 微球滑入液面时能够观察到明显的小面积微球聚合体呈心形环绕的运动轨迹,直至 PS 单分子膜层铺满整个蒸发皿时停止滴加溶液。此时在远离基片的位置沿器皿侧壁逐滴缓慢加入 SDS 表面活性剂,推实单分子层,确保 PS 微球形成六方密排结构。

(1) 微球单分散液与无水乙醇的配比对单一周期掩模的影响。

从现有的文献中不难了解到,在单一周期 PS 微球掩模制备过程中,无水乙醇作为微球的延展剂,是必不可少的。它能够有效降低 PS 微球铺展在水溶液中时产生的堆叠缺陷,另外大口径的承装容器也有利于 PS 微球铺展为单层膜结构。

图 5.134 为直径在 1.0~1.9μm 区间的阿拉丁 PS 微球在制备单一周期掩模时,调整微球单分散液与无水乙醇的配比,所获得的电镜图。其中 (a), (b) 分别为溶液配比在 1:1 和 1:2 的情况下观察到的电镜图。将局部结构放大至 10000 倍,能够清晰地比较出图 5.134(a) 中微球间的空缺区域更少 (即红色区域) 且面积更小,结构排布也更加紧密,自组装为六方密排单层膜结构。因此在 PS 微球单分散液的质量分数为 3wt% 时,获得最佳配比为 1:1。适量的延展剂能够使小球充分铺展,但是当延展剂加入过量时,会造成 PS 微球单层膜上出现大量空缺,影响成膜质量。

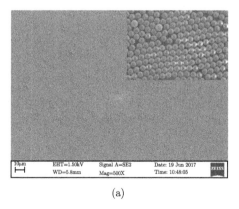 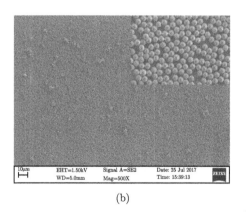

(a)   (b)

图 5.134 平均直径为 1.569μm 的阿拉丁 PS 微球单层掩模电镜图

(a), (b) 分别为 PS 微球溶液与无水乙醇配比在 1:1 和 1:2 的情况下观察到的电镜图

(2) 表面活性剂 SDS 的浓度对单一周期掩模的影响。

表面活性剂是影响 PS 微球成膜的另一重要因素。表面活性剂种类繁多，在这里选用最常见的十二磺基硫酸钠 (SDS, 分子式为 $CH_3(CH_2)_{10}CH_2OSO_3Na$)，这种药品用作阴离子表面活性剂。向溶液中加入表面活性剂，实质上是利用分子中的亲水亲油基团实现 PS 微球表面改性的过程，这有利于实现 PS 微球有序密排膜层。

将平均直径为 $1.102\mu m$ 的 PS 微球单分散液与无水乙醇按照上述 1:1 浓度进行配比，SDS 溶液质量分数为 3wt% 时所制得的 PS 单分子膜层如图 5.135(a) 所示。尽管在图片上并未观察到明显的空缺堆叠情况，但是 PS 微球并不能完成有序排布，此时需要从外部施加推力。通过增加 SDS 溶液浓度的方法，重复实验获得 PS 单层膜效果如图 5.135(b) 所示，此时 SDS 溶液的质量分数为 5wt%。观察到 PS 微球再次实现有序六方密排，消除了图 5.135(a) 中的细小空隙。

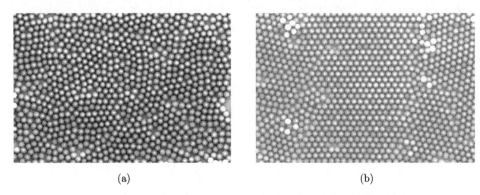

(a)   (b)

图 5.135   平均直径为 $1.102\mu m$ 的中科雷鸣微球单层掩模电镜图

(a), (b) 的质量分数分别为 3wt% 和 5wt%

(3) 不同自组装技术的方法对单一周期掩模的影响。

在垂直提拉法、重力沉降法，以及提拉法三种方法中，经多次反复验证，三种实验方法各有利弊。对于直径大于 $1\mu m$ 的 PS 微球，在使用垂直提拉法进行提膜的过程中，经常出现肉眼可见的断纹，同时这种方法用时较长，对于大尺寸微球，并不适用。提拉法是三种方法中最快捷的一种方法，但其稳定性最差，极易受外在因素干扰，使单层膜结构造成损害。同时，基片在干燥过程中，前后的干燥速度明显不同，在基片表面能够观察到明显的水纹痕迹。尽管在三种方法中，重力沉降法的稳定性最好，但是由于基片水平干燥，依旧会出现水纹痕迹。

因此，本书制作了一种基底角度可调的沉降法样品台 (图 5.136(a))，其中红色斜板为基底。将三种自组装方法有效地结合起来，最终能够获得相对大面积、无缺损及无叠层堆积现象的 PS 微球单一周期掩模层，如图 5.136(b) 所示。

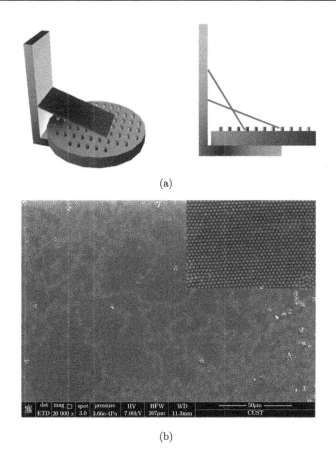

(a)

(b)

图 5.136 (a) 可变角度垂直沉降法样品台和 (b) 垂直沉降法实验结果电镜图

2) 复合周期 PS 微球掩模制备

在过去的二十年里，人们通过多种方法尝试将纳米微球膜层进行叠加复合。Wang 和 Mohwald 通用多次旋涂不同直径 PS 微球的方法制备出了复合周期的 PS 小球阵列，然而在这种方法中二次旋涂获得的结构是脱离于基底表面的，并不能直接进行刻蚀加实验，因此，制备嵌套式复合周期混合结构的掩模层仅凭单一周期掩模的多次叠加实验是不能实现最终目的的[40]。Zhu 等利用不同直径混合后 PS 微球单分散液进行旋涂，组合出矩形排列的阵列结构大、小结构规律嵌套，实现了真正意义上的单层复合周期结构的表面制备[41]。2018 年，Li 等通过二氧化硅单层胶体晶体在基底上进行简单热处理的方法，研制出一种由两种不同尺寸的二氧化硅纳米帽组成的抗反射透明表面，在可见光波长范围内透射率高达 $(98.75\pm0.15)\%$；值得注意的是，这种减反射超表面实现了全向性透过，使在 $60°$ 的入射角下的反射率小于 2.5%；他们所制备的超抗反射二氧化硅纳米涂层在抗反射性能、波长范围和全方向性方面优于现有技术的透明抗反射涂层，同时它具有一定的机械耐磨性和疏水性 [42]。根据上述两种复合微球自组装形成的有序结构，可以得出这样的结论：复合周期微球掩模是建立在单层平面上的，因此，利用自组装方法实现的嵌套式复合周期掩模，须在涂膜之前完成不同直径微球单分散液的混合配比。嵌套复合周期微球阵列样品及加工方法见图 5.137。

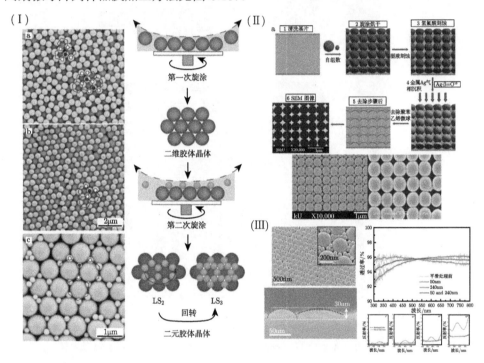

图 5.137　嵌套复合周期微球阵列样品及加工方法

在制备复合周期 PS 掩模之前，根据图 5.138 模型，通过简单计算可以获得在复合周期 PS 微球单分子层中不同直径微球的质量比值。D_1，D_2 分别为大、小两种微球的直径，直径之比即为半径之比，假设同种材料密度相等，在一个完整复合周期内，大球和小球的数量分别为 m_1，m_2，所以在该周期内大球与小球的质量之比记为

$$W_{\text{large}} : W_{\text{small}} = (m_1 \times D_1^3) : (m_2 \times D_2^3) \tag{5.119}$$

因此，假设在图 5.138(a) 中，大、小球直径比为 3:1，在一个完整的周期内微球的数量比为 1:3，其大、小球的质量比即为 27:3；而在图 5.138(b) 中，大、小球直径比为 2:1，微球的数量比为 1:12，其质量比即为 2:3。

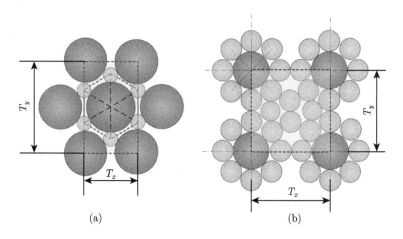

(a)　　　　　　　　　　(b)

图 5.138　直径比为 (a)3:1 和 (b)2:1 微球组合排布结构图

　　首先，选取的两种微球均为上海阿拉丁生物科技股份有限公司的是单分散微球溶液。其中，大球的平均直径约为 1.569μm，小球的平均直径为 438nm，直径比值接近 3:1，与图 5.138(a) 的模型相似。因此，在完整周期内的大、小球质量之比已知，为 27:3，由于两种微球单分散液的浓度相差 1 倍，经过换算最终配比为 27:6，即 9:2。将上述比例混合的微球单分散液与无水乙醇分别以 1:1 的比例进行混合，制备出的样品的电镜观察结果如图 5.139(a) 所示。图中，能够明显观察到微球堆叠的现象，结合单一周期 PS 掩模的制作经验分析，这是微球铺展不充分所造成的。因此，在微球混合液中加入适量的无水乙醇，振荡混合均匀，再次涂膜获得结果如图 5.139(b) 所示。图中显示，在实现大球单层六方密排的同时，能够保证每个空隙位置都有小球进行补充，实现了复合周期掩模的制备。通过观察图像比较发现，这种掩模结构并不适合后续的刻蚀加工技术。PS 微球掩模需预先进行微球缩减处

(a)　　　　　　　　　　(b)

图 5.139　直径分别为 1.569μm 和 438nm 的大、小球以 9:2 比例混合样品电镜图

理，而微球直径的大小决定了其耐刻蚀能力的强弱，由于大、小球之间尺寸差异较大，这样就难以达到平衡，造成小周期掩模的消失，不能制备出完整的复合周期混合结构。因此，须在此实验基础上调整 PS 微球直径完成进一步实验。

在上述复合周期掩模制备的基础上，调整复合周期掩模中小球的直径为 728nm。仿照图 5.138(b) 的理想排布结构将大、小球以 2:3 的比例进行混合直径微球单分散液的配制，在预先加入适量无水乙醇后获得的样品电镜图如图 5.140(a) 所示。虽然没有出现堆叠的现象但能观察到大面积空缺区域，因此调整微球混合液的速度并增加 SDS 溶液的质量分数至 5wt%，获得样片的电镜图如 5.140(b) 所示。同时，为了获得可加工且有序排列的复合周期掩模结构，大、小球的混合比例调整至 1:1，最终获得样品如图 5.140(c) 所示。观察图 (b)，(c) 发现，尽管两图中均未呈现出理想的复合周期掩模结构，但是包括 (a) 在内的所有样品图中，均有大球呈线性排布的趋势，而小球总是围绕大球实现局部有序排列。

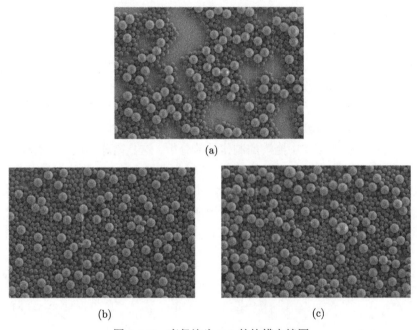

(a)

(b) (c)

图 5.140 直径比为 2:1 的掩模电镜图

(a) 直径分别为 1.569μm 和 728nm 的大、小球在 SDS 质量分数为 3wt%时的电镜图；(b)，(c) 分别为质量比为 2:3 和 1:1 的样品电镜图，SDS 质量分数为 5wt%

2. 利用反应离子深刻蚀技术制备复合周期混合结构阵列

反应离子深刻蚀 (deep reactive ion etching, DRIE) 技术主要用于加工长径比较大、侧壁陡直度高的微纳结构，如太阳能电池板纳米线结构。DRIE 的主要加工工艺有以下两种：电感耦合等离子体 (inducyively coupled plasma，ICP) 和交替复合深刻蚀工艺 (time multiplexed deep etching，TMDE)。本书主要应用第一种方法进行实际加工。

ICP 工艺是将等离子体的产生区与刻蚀区分离，这样电感耦合产生的电磁场可以长时间维持等离子体区内的电子的回旋运动，进而增加电离概率。另外，区别于传统的 RIE 刻蚀，在 ICP 工艺中，基底材料处的射频功率可以独立输入，所产生的自偏压也能够实现独立控制。ICP 装置一般由以下三个部分组成：射频 ICP 离子源、等离子体引出部分以及射频匹配网络部分。ICP 装置在工作时运行气压低，能够降低离子的碰撞，使得刻蚀的各向异性更强；由于等离子体密度高、电离度高，在刻蚀过程中能够产生大量的活性基团，加速刻蚀；能够独立地完成对离子到达基片的能量的控制，减小基片损伤，增强刻蚀的各向异性；ICP 工艺属于无极放电，有效地减少了电极材料造成的污染。在采用 ICP 工艺进行刻蚀时，主要影响因素有：射频功率、工作气压、气体流量以及刻蚀时间。

利用上述方法及工艺制备对加工好的复合周期微球掩模进行加工，可以分为两部分：结构占空比的控制和刻蚀深度的控制。

1) 调整待刻蚀结构占空比

结构的占空比即 PS 微球的占空比，利用 O_2 通压物理轰击胶粒，能够有效地缩减 PS 微球的粒径。保证压强在 0.5Pa，上下射频功率分别为 200W 和 250W，O_2 的气体流量为 25sccm 这些条件不变，时间决定 PS 微球的缩减尺寸，时间越长，PS 微球剩余直径越小。图 5.141(a)，(b) 分别为刻蚀 15s 和 25s 之后 PS 掩模的电镜图，原直径为 1.569μm 的 PS 微球剩余直径分别为 1.317μm 和 1.172μm.

(a)   (b)

图 5.141 O_2 缩减处理后的 PS 掩模电镜图

(a)，(b) 分别为 O_2 缩减时间为 15s，25s 的电镜图

2) 蛾眼减反射超表面结构的刻蚀工艺

针对蛾眼减反射超表面结构，本书通过研究单一周期蛾眼结构的刻蚀工艺，指导复合周期混合结构的刻蚀参数。

(1) 单一周期蛾眼结构刻蚀。

在 ICP 刻蚀工艺中，微纳结构受反应气体影响，不同的刻蚀气体条件下刻蚀出的结构形貌不同。本书根据刻蚀气体的不同将 ICP 工艺分为无硫型和有硫型两类。无硫型 ICP 刻蚀主要刻蚀气体选择 CF_4，通入 Ar 作为保护气体。有硫型 ICP 刻蚀是在刻蚀气体中引入了 SF_6。这一做法本质上是在提高反应腔室中 F 的含量，加快纵向刻蚀的速度。从另外一个角度理解，可以称其为 "Bosch 工艺"(图 5.142)，通过在 ICP 刻蚀过程中进行 SF_6 等离子体高效刻蚀，产生 (nCF_2) 聚合物，引入边壁沉积钝化，保护反应继续进行，而在垂直基底表面方向上持续有粒子轰击表面沉积聚合物，钝化膜脱落，使得各向同性的化学过程继续发生，通过交替转换刻蚀过程和边壁沉积过程，获得具有较高深宽比的结构。

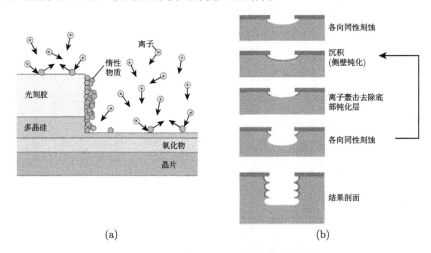

图 5.142　Bosch 工艺的基本过程

(a) 化学反应微观示意图；(b) 基本流程图

① 硫型单周期 PS 掩模刻蚀。

图 5.143 为无硫型刻蚀后所得结构的电镜图。图 5.143(a) 中，结构周期为 1.102μm，经过时长为 25s 的掩模缩减后，保证 ICP 内反应压强为 1Pa，刻蚀气体 CF_4 和保护气体 Ar 按照 43:5 的比例充入，进行刻蚀 5min，最终获得底端直径为 942.8nm，结构高度为 612.2nm 的表面较粗糙的高斯型结构。在未经清洁处理的样品中，观察不到 PS 掩模的残余，说明刻蚀时间过长，PS 微球过刻蚀，全部消失。这也是造成结构表面粗糙的主要原因之一。另一原因可能是腔室内混入杂质，对刻蚀环境造成污染。重复实验，将刻蚀时间调整为 3min，扫描电镜结果如图 5.143(b) 所示，结构周期不变，底端直径为 965.2nm，高度为 694.1nm，消除了过刻蚀对表面结构造成的损伤，所获结构为近平顶高斯型结构。改变 PS 掩模

微球直径为 1.943μm, 刻蚀条件保持不变, 在相同的刻蚀时间下刻蚀, 电镜结果如图 5.143(c) 所示, 结构为高斯型圆台结构, 其周期与 PS 微球的初始直径相等, 底端直径为 1.785μm, 顶端直径为 1.381μm, 结构高度为 664.5nm, 微球剩余高度为 738.1nm, 最大残余直径为 1.345μm, 经比例尺换算, 可得 2μm 微球在 O_2 缩减及刻蚀后微球的中心高度减小 1.1956μm, 最大残余直径处高度减小 1.5245μm, 明显大于中心高度变化量, 如图 5.143(d) 所示。由此, 我们可以得出, PS 微球的中心比边缘更加耐刻蚀。

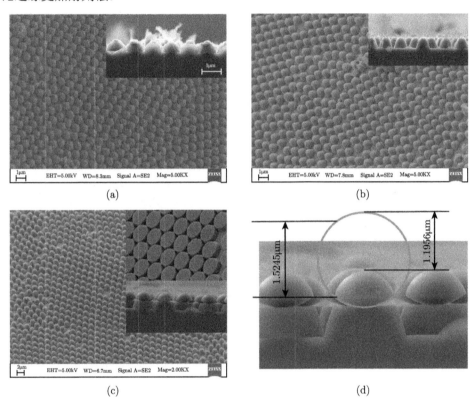

(a)

(b)

(c)

(d)

图 5.143 无硫型单一周期刻蚀样品电镜图

1μm 微球: (a), (b) 分别为刻蚀时间为 5min 和 3min 时的样品电镜图; 2μm 微球: (c) 刻蚀时间为 3min 时的电镜图, (d) 为图 (c) 端面放大电镜图

② 有硫型单周期 PS 掩模刻蚀。

PS 掩模的耐刻蚀能力有限, 一味地增加刻蚀时间并不能有效地提高结构的深宽比。因此, 需要对充入腔室的气体成分和气体流量比值关系以及射频功率做出相应的调整。在经过 25s O_2 的微球缩减后, 进行刻蚀。结合以往经验, 确定上、下射频功率分别为 300W 和 20W, 充入 CHF_3 和 SF_6 以及 Ar 的比例为 30:10:5, 压强

控制在 0.5Pa。刻蚀时间作为变量，取值在 120s，150s，180s 以及 240s，扫描电镜结果如图 5.144 所示。柱形结构的周期为 1.569μm。计算得出四个时间下的高度平均值分别为 728.5nm，1.0713μm，1.376μm 和 499nm；图 5.144(a)~(d) 所对应的结构直径分别为 1.250μm、823nm、1.187μm 和 499.1mm。根据图 (e) 所绘制的结构高度变化曲线可知，刻蚀时间在 120~180s 时，结构高度与时间可近似视作线性变化关系，随着刻蚀时间的增加，PS 微球耐刻性能逐渐下降，当达到某一临界点时，PS 微球将不再具有耐刻性，快速消失，在此之后直接刻蚀基底材料，基底上微纳结构形貌也被破坏。因此，在微球耐刻性消失的这一时间临界点，刻蚀过程中微纳结构的高度为最大值，然后迅速下降。值得注意的是，图 (a)~(c) 中在不同高度的柱形结构都是由具有较小高度的圆锥台结构和圆柱型结构组合而成的，随着刻蚀深度的增加，圆锥台结构高度缓慢增加，这是由于，在 ICP 刻蚀过程中微球掩模与被刻基底之间存在一定空隙，造成结构上端面的腐蚀，夹角越大，腐蚀越明显，最终形成柱形结构的上端圆锥台结构。

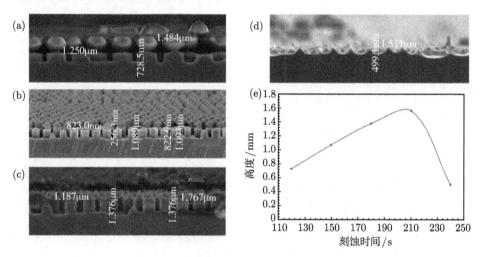

图 5.144　有硫型单一周期刻蚀样品电镜图

(a)~ (d) 分别为刻蚀时间为 120s，150s，180s 和 240s 时的样品电镜图；(e) 时间–结构高度关系曲线

(2) 复合周期混合结构蛾眼超表面的刻蚀。

同样地，通过对单一周期刻蚀结构电镜扫描结果的分析，下面刻蚀加工带有复合周期 PS 掩模的基底材料。

图 5.145 为图 5.140(b) 对应的掩模结构在进行 15s O_2 缩减处理和 3min 无硫型 ICP 刻蚀后所得复合周期混合结构蛾眼超表面样品的电镜图。图中大、小结构分别具有不同的结构高度，其中，大结构上方仍有少量 PS 残余，为高斯圆锥台结构，小结构则由于 PS 微球的消失处于过刻蚀的状态，此时的结构高度随时间的增

加而降低。这一现象打破了原有刻蚀理论中固有的结构深度同向变化的观点,利用复合周期掩模之间的尺寸差额,首次实现了单一掩模材料下,微纳结构深度的反向变化。

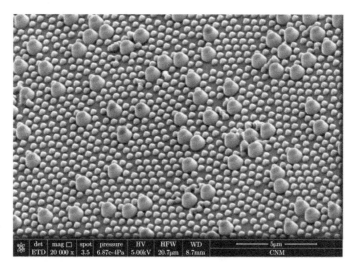

图 5.145 直径分别为 1.569μm 和 728nm 的大、小球以 2:3 比例混合缩减刻蚀后的电镜图

为进一步证明上述结论的可靠性,改变微球的直径进行验证。图 5.146 样品的 O_2 缩减时间为 25s,图 (a),(b) 的无硫型 ICP 刻蚀时间分别为 3min 和 5min。2μm 微球在缩减和刻蚀过程中的采样数据不足,导致刻蚀时间设置过长。图 (b) 中结构边缘出现了明显的由过刻蚀造成的边界损伤,结构最高点被中心化,在倾斜截面中结构高度变得难以测量。另外,两种直径微球混合比例不合理,造成垂直截面电镜图中找不到 1μm 结构,仅能通过估算的方法大致得出大小结构之间的差异,若想得到精确数值需要对上述两种影响因素进行优化。

(a)   (b)

图 5.146 直径分别为 1.943μm 和 1.102μm 的大、小球以 3:1 比例混合缩减刻蚀后的电镜图

(a) 刻蚀时间为 3min 时的电镜图; (b) 刻蚀时间为 5min 时的电镜图

刻蚀后的样片表面会有残余的 PS 微球和刻蚀过程中产生的杂质，利用去离子水、无水乙醇、丙酮这些常见药品难以清除微纳结构表面的微球杂质。因此使用纯度为 99.5% 的二氯甲烷 (CH_2Cl_2) 进行低频超声震荡清洗。

至此，复合周期混合结构蛾眼超表面结构已经能够成功制备。

3. 蛾眼超表面的减反射性能测试与分析

为进一步研究所制得的复合周期混合结构蛾眼超表面的光学特性，对制备的蛾眼表面结构进行了宽谱段反射率的检测。选用美国 PerkinElmer 公司 Lambda 950 紫外可见分光光度计作为测量设备，可测波长范围为 175~3300nm。

Lambda 950 紫外可见分光光度计稳定性和耐用性好、基线平直度高、杂散光低。其光学系统如图 5.147 所示，具有双光束、双单色器，能够实现比例记录，同时由计算机控制分光光度计。

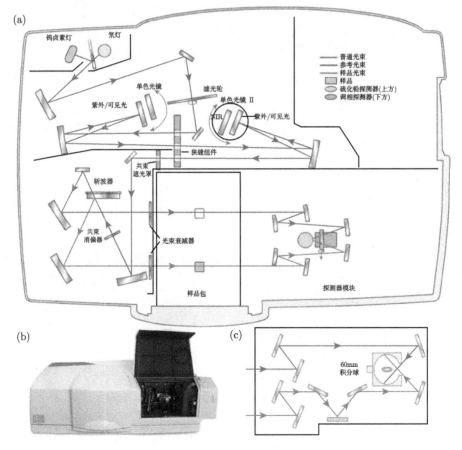

图 5.147　Lambda 950 紫外可见分光光度计光路图与实物图

在实际测量过程中，样品的反射率在 3000nm 前后测得表面的真实值，所以实际测量波长范围为 1300~3000nm。图 5.148 中，(a), (b) 分别表示周期为 1μm 和 2μm 时无硫刻蚀 3min 样品的测试结果。图 5.149 中，(a), (b) 分别表示上述两种样品掩模所用微球在混合比例为 1:3 和 1:4 时无硫刻蚀 3min 样品的测试结果。实验结果说明，随着小结构数量的减小，大结构数量的增加，样品的减反射能力也由强到弱变化，在可测量波段，反射率受样品中掩模 PS 大、小微球混合比例的影响，比值越高测得结果与单一周期大结构的反射率在数值和变化趋势上越接近。

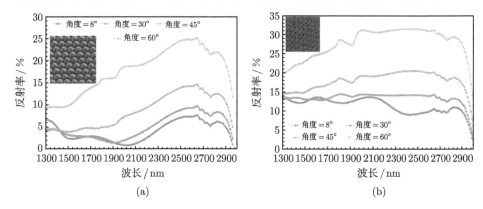

(a)　　　　　　　　　　　　　　　　　(b)

图 5.148　单一周期蛾眼结构表面的实际测量反射率 (彩图见封底二维码)

(a) 周期约为 1μm 微纳结构表面波长–反射率曲线；(b) 周期约为 2μm 微纳结构表面波长–反射率曲线

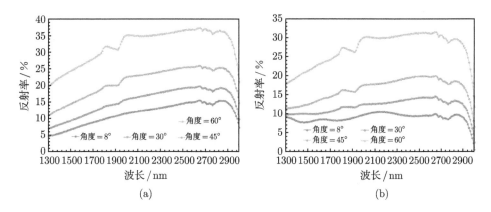

(a)　　　　　　　　　　　　　　　　　(b)

图 5.149　复合周期混合结构的蛾眼超表面实际测量反射率 (彩图见封底二维码)

(a) 1μm 及 2μm 微纳结构复合比为 1:3 时表面波长–反射率曲线；(b) 复合比为 1:4 时表面波长–反射率曲线

由于测量波段并不在主要研究波段范围内，更换设备后再次进行测量，其测量结果如图 5.150 所示。其中，单一周期 1μm 结构能够在近红外及中红外波段各取得一个反射率谷值, 在近红外波段 1μm 结构起到了明显的补偿作用, 当光线入射角度为 60° 时反射率低于 15%。由于大、小结构复合比为 3:1, 在中红外波段复合周期结构反射率与 2μm 单一周期结构更相近, 与上述结构相符合, 因此进一步证明了复合周期结构中大结构起到了抗反射性能的主要调控作用, 而小结构则能够进行一定程度的补偿。

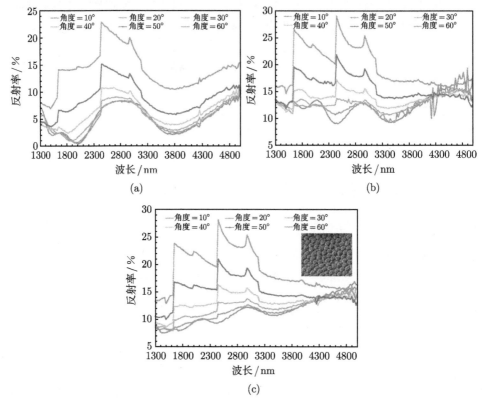

图 5.150　红外波段超表面实际测量反射率 (彩图见封底二维码)

(a) 周期约为 1μm 微纳结构表面波长–反射率曲线; (b) 周期约为 2μm 微纳结构表面波长–反射率曲线; (c) 2μm 及 1μm 微纳结构复合比为 3:1 时表面波长–反射率曲线

参 考 文 献

[1] Lalanne P, Hugonin J P. High order effective-medium theory of subwavelength gratings in classical mounting: application to volume holograms[J]. Opt.Soc.Am., 1998,15(7):1843-1851.

[2] Zhou C H, Wang L, Nie Y, et al. The rigorous coupled-wave analysis of guided–mode resonance in dielectric gratings[J]. Acta Physica Sinica, 2002,51(1): 68-73.

[3] Moharam M G, Gaylord T K. Rigorous coupled-wave analysis of planar-grating diffraction [J]. Opt. Soc. Am., 1981,71(7):811-818.

[4] Yuan H, Zhou J, Wang X W, et al. Rigorous coupled-wave analysis of a new one-dimensional deep sub-wavelength grating[J]. Chinese Journal of Lasers, 2002,(9):795-800.

[5] Li L F. A modal analysis of lamellar diffraction gratings in conical mountings[J]. Journal of Modern Optics, 1993,40(4):553-573.

[6] 陈德伟. 衍射光学中的严格耦合波分析方法 [D]. 合肥: 中国科学技术大学,2004.

[7] Moharam M G, Pommet D A, Grann E B. Stable implementation of the rigorous coupled-wave analysis for surface-relief gratings: enhanced transmittance matrix approach[J]. Opt.Soc.Am., 1995,12(5): 1077-1086.

[8] Fischer P B, Chou S Y. Sub-50nm high aspect-ratio silicon pillars, ridges, and trenches fabricated using ultra high resolution electron beam lithography and reactive ion etching[J]. Appl. Phys. Lett., 1993,62(12):1414-1416.

[9] Li L F. Bremmer series, R-matrix propagation algorithm, and numerical modeling of diffraction gratings[J]. Opt. Soc. Am., 1994,11(11):2829-2836.

[10] Li L F. Use of Fourier series in the analysis of discontinuous periodic structures[J]. Opt. Soc. Am., 1996, 13(9): 1870-1876.

[11] Shlager K L, Schneider J B. A selective survey of the finite-difference time-domain literature[J]. IEEE Transactions on Antennas and Propagation Magazine, 1995,37(4): 39-56.

[12] Ichikawa H. Electromagnetic analysis of diffraction gratings by the finite-difference time-domain method[J]. Opt. Soc. Am., 1998,15(1):152-157.

[13] Taflove A, Hagness S C. Computational Electrodynamics: the Finite-Difference Time-Domain Method[M]. 3rd ed. Norwood, MA: Artech House,2005.

[14] Nakata Y, Koshiba M. Boundary-element analysis of plane-wave diffraction from groove-type dielectric and metallic gratings[J]. Opt. Soc. Am., 1990,7(8):1494-1502.

[15] 杨德全, 赵忠生. 边界元理论及应用 [M]. 北京: 北京理工大学出版社, 2003:178-182.

[16] Jiang P L, Chu H, Hench J. Forward solve algorithms for optical critical dimension metrology[J]. SPIE, 2008,6922:69220.

[17] Moharam M G, Grann E B, Pommet D A, et al. Formulation for stable and efficient implementation of the rigorous coupled-wave analysis of binary gratings[J]. Opt. Soc. Am., 1995,12(5):1065-1076.

[18] Li L F. Note on the S-matrix propagation algorithm[J]. Opt. Soc. Am., 2003,20(4): 655-660.

[19] 周传宏, 王植恒, 张奇志, 等. 二元台阶形光栅的校正傅里叶展开耦合波分析 [J]. 光电工程, 2001,28(4): 13-18.

[20] Tan E L. Note on formulation of the enhanced scattering-(transmittance-) matrix approach[J]. Opt. Soc. Am., 2002, 19(6): 1157-1161.

[21] Tan E L. Enhanced R-matrix algorithms for multilayered diffraction gratings[J]. Applied Optics, 2006, 45(20): 4803-4809.

[22] Kerwien N, Schuster T, Rafler S, et al. Vectorial thin-element approximation: a semirigorous determination of Kirchhoff's boundary conditions[J]. Opt. Soc. Am., 2007, 24(4): 1074-1084.

[23] Bischoff J. Improved diffraction computation with a hybrid C-RCWA-method[J].SPIE, 2009,7272: 72723Y.

[24] Gayloed T K, Moharam M G. Analysis and applications of optical diffraction by gratings[J]. IEEE, 1985,73(5):894-937.

[25] Magnusson R, Shin D, Liu Z S. Guided-mode resonance Brewster filter[J]. Optics Letters, 1998，23(8):612-614.

[26] Shokooh-Saremi M, Magnysson R. Design and analysis of resonant leaky-mode broadband reflectors[J]. PIERS Proceedings, 2008: 846-851.

[27] Shiraishi K, Sato T, Kawakami S. Experimental verification of a form-birefringent polarization splitter[J]. Appl. Phys. Lett., 1991, 58(3): 211, 212.

[28] Haggans C W, Li L, Fujia T. Lamellar gratings as polarization components for speccularly reflected beams[J]. J.Mod. Opt., 1992,40(12):675-686.

[29] Lalanne P, Lemeicier-Lalanne D. On the effective medium theory of subwavelength periodic structures[J]. Journal of Morden Optics, 1996,43(10):2063-2085.

[30] Okoniewski M, Okoniewska E, Stuchly M A. Three-dimensional subgridding algorithm for FDTD[J]. IEEE, 1997,45(3):422-429.

[31] Kemme S A. 微光学和纳米光学制作技术 [M]. 周海宪, 程云芳, 译. 北京: 机械工业出版社, 2012:110-118.

[32] Park G C, Song Y M, Ha J H, et al. Broadband antireflective glasses with subwavelength structures using randomly distributed ag nanoparticles[J]. Journal of Nanoscience and Nanotechnology, 2011, 11(7):6152-6156.

[33] Song Y M, Yu J S, Lee Y T, et al. Design of highly transparent glasses with broadband antireflective subwavelength structures[J]. Optics Express, 2010,18(12):13063-13071.

[34] Yang L, Feng Q, Ng B, et al. Hybrid moth-eye structures for enhanced broadband antireflection characteristics[J]. Applied Physics Express, 2010,3(10):102602-1-102602-3.

[35] Lehr D, Helgert M, Sundermann M, et al. Simulating different manufactured antireflective sub-wavelength structures considering the influence of local topographic variations[J]. Optics Express, 2010,18(23):23878-23890.

[36] 罗先刚. 亚波长电磁学: 上册 [M]. 北京：科学出版社，2016.

[37] 沈钟，赵振国，康万利. 胶体与表面化学 [M]. 4 版. 北京：化学工业出版社, 2012.

[38] 江明, 艾森伯格 A, 刘国军, 等. 大分子自组装 [M]. 北京: 科学出版社, 2006: 369-390.

[39] Ye X Z, Qi L M. Two-dimensionally patterned nanostructures based on monolayer colloidal crystals: Controllable fabrication, assembly, and applications[J]. Nano Today, 2011, 6: 608-631.

[40] Wang D Y, Mohwald H. Rapid fabrication of bingay colloidal crystals by stepwise spin-coating[J].Advance Materials, 2004, 16(3): 244-247.

[41] Zhu S, Li F, Du C, et al. Novel bio-nanochip based on localized surface plasmon resonance spectroscopy of rhombic nanoparticles[J].Nanomedicine, 2008, 3(5): 669-677.

[42] Li Z G, Lin J J, Li Z Q, et al. Durable broaband and omnidiectional ultra-antireflective surface[J].ACS, Applied Materials & Interfaces, 2018, 10(46): 40180-40188.

第6章   仿生虾蛄眼偏振成像机理研究

6.1   虾蛄眼偏振光谱机理研究

为深入解析虾蛄眼结构特性以及功能特性，本节对中频带具有两行小眼的口虾蛄进行生物学解剖，通过光学显微镜观察其整体结构，并采用透射式电子显微镜观察其微纳结构；与文献中研究的多种虾蛄眼进行对比研究，对虾蛄眼结构和光学功能特性进行简述和解析；通过与脊椎动物感杆束对比，分析偏振产生的原因和其结构特性，为之后的光学仿生奠定基础。

6.1.1   虾蛄眼形态学剖析

1. 虾蛄眼外形

虾蛄眼属于并置复眼，小眼呈六角形并密集排列，如图 6.1(a) 所示。图 6.1(b)~(d)

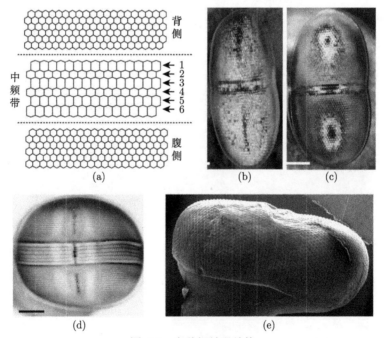

图 6.1   多种虾蛄眼结构

(a) 虾蛄小眼分布示意图; (b) 齿指虾蛄眼; (c) 琴虾蛄眼; (d) 小指虾蛄眼; (e) 口虾蛄眼

分别为齿指虾蛄、琴虾蛄、小指虾蛄以及口虾蛄的眼睛。虾蛄眼按小眼结构被分为三部分：中频带、腹侧和背侧；中频带小眼位于虾蛄眼中央，腹侧小眼与背侧小眼位于中频带两侧。腹侧小眼与背侧小眼大小基本一致，占虾蛄眼的绝大部分面积，具有偏振探测能力，但仅对光强敏感。中频带小眼平行于中频带并被分为 6 行 (口虾蛄中频带只有 2 行，相比之下功能相对减少)，如图 6.1(a) 所示；其中第 2 行和第 4 行小眼面积较小，而第 5 行与第 6 行小眼面积基本相同。中频带小眼具有光谱和偏振探测功能，其中第 1~4 行小眼可以进行光谱探测；第 5 行和第 6 行小眼可以进行圆偏振的探测。

2. 虾蛄眼小眼的结构

图 6.2(a) 和 (b) 为虾蛄眼小眼纵剖视图，每个小眼依次由角膜、晶锥和感杆束构成。角膜方向趋近平行于中频带方向，位于虾蛄眼的最外层；晶锥位于角膜下

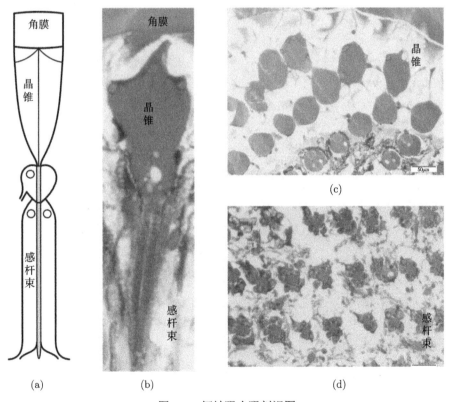

图 6.2 虾蛄眼小眼剖视图

(a) 虾蛄眼小眼纵剖示意图；(b) 口虾蛄小眼纵剖；(c) 口虾蛄小眼横剖，晶锥位置；(d) 口虾蛄小眼横剖，感杆束位置

方；感杆束位于晶锥和视网膜之间。角膜具有一定屈光能力，并且韧性和强度大，具有保护作用。晶锥纵向剖面类似于锥形，具有光漏斗的作用，将光会聚至感杆束顶端；从横截面看，晶锥由四个透明组织构成 (图 6.2(c))。感杆束分为近端感杆束以及远端感杆束，远端感杆束较短，而近端感杆束较长 (图 6.2(b))；由近端感杆束与远端感杆横剖界面可以看出，感杆束由视网膜细胞环绕组成 (图 6.2(d))；感杆束中间部分是视网膜细胞的微绒毛构成的阵列结构，具有光波导的作用，并可以将光信号转化为电信号传递至视网膜。感杆束结构是实现虾蛄眼偏振以及光谱探测功能的关键结构。

3. 感杆束结构

感杆束位于视网膜上方，由近端感杆束与远端感杆束构成；靠近视网膜的为近端感杆束，远离视网膜的为远端感杆束。每段感杆束均由视网膜细胞 (retina cell) 环绕围成束构成，主要分为如图 6.3(a) 和 (b) 所示的两种结构。

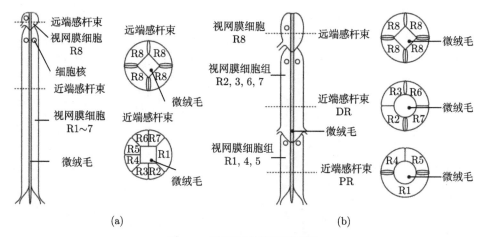

图 6.3　感杆束纵截面示意图

(a) 中频带 5、6 行小眼，腹侧、背侧小眼感杆束结构示意图；(b) 中频带 1~4 行小眼感杆束结构示意图

虾蛄中频带第 5、6 两行小眼以及腹侧、背侧小眼感杆束结构类似，如图 6.3(a) 所示，由近端感杆束和远端感杆束构成，这种感杆束普遍存在于虾蛄眼中。其中远端感杆束由视网膜细胞 R8 细胞构成；而近端感杆束由视网膜细胞组 R1~7 环绕构成，视网膜细胞组 R1, 4, 5 微绒毛方向与视网膜细胞组 R2, 3, 6, 7 微绒毛方向相互正交，沿感杆束方向交替出现直至视网膜。

中频带 1~4 行小眼如图 6.3(b) 所示。由于栖息环境的影响，这种结构的感杆束在一些种类的虾蛄眼中并不存在。远端感杆束结构与图 6.3(a) 的感杆束类似，由 R8 细胞构成，但其近端感杆束被分为 PR 感杆束 (远离远端感杆束) 和 DR 感杆

束 (靠近远端感杆束)。PR 感杆束由 R1, 4, 5 构成, 而 DR 感杆束由视网膜细胞组 R2, 3, 6, 7 构成 (中频带第二行小眼相反)。感杆束的中心位置由视网膜细胞的微绒毛阵列构成, 而这些微绒毛阵列具有方向性: R1, 4, 5 构成的感杆束微绒毛阵列方向由视网膜细胞 R1 指向视网膜细胞组 R4, 5; 由视网膜细胞组 R2, 3, 6, 7 构成的感杆束中微绒毛方向由视网膜细胞组 R2, 3 指向视网膜细胞组 R6, 7, 并且两组微绒毛方向在同一小眼中互相正交, 即 PR 感杆束与 DR 感杆束中微绒毛方向互相垂直。

微绒毛由晶锥底端沿感杆束排列直至视网膜, 具有光导的作用。微绒毛上的视蛋白可以对光进行吸收并对光谱和偏振具有选择性。感杆束中, 不同的微绒毛方向、排列方式、直径大小以及微绒毛膜上的视蛋白是虾蛄眼功能多样性的原因。

1) 光谱敏感感杆束

虾蛄眼中频带第 1~4 行主要用于多个光谱的探测。感杆束结构由远端感杆束、近端感杆束 PR 和 DR 构成 (图 6.3(a) 和图 6.4)。远端感杆束由 R8 细胞环绕构成, 中心微绒毛阵列截面呈菱形, 微绒毛方向一致。四行小眼感杆束直径相近, 长度由长至短依次为 1-4-2-3。中频带 1, 3, 4 行小眼近端感杆束的构成、方向相同, 其近端感杆束 PR 由视网膜细胞组 R2, 3, 6, 7 构成, 图中微绒毛方向呈竖直向; 近端感杆束 DR 由视网膜细胞组 R1, 4, 5 构成, 图中微绒毛方向呈水平向。而中频带第二行小眼近端感杆束 PR 与 DR 组成与其他三行相反, 并且微绒毛方向相反。最有特点的是, 中频带 2, 3 行的滤波结构各自具有两个颜色感杆束滤波器, 如图 6.4 所示, 位于近端感杆束 PR 与远端感杆束交界处, 以及近端感杆束 PR 与近端感杆束 DR 交界处; 针对几个谱段的光进行过滤, 进一步强化了感杆束的光谱探测功能。

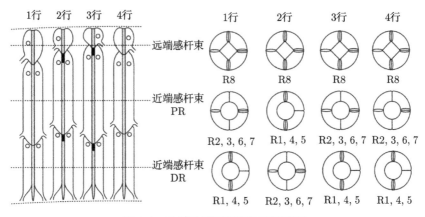

图 6.4 光谱敏感感杆束截面示意图

2) 偏振敏感感杆束

在虾蛄眼中, 背侧、腹侧小眼以及中频带第 5, 6 行小眼具有偏振探测能力, 感杆束结构如图 6.5 所示。其中，中频带第 5, 6 行小眼偏振敏感程度在具有偏振探测能力的动物眼睛中是最高的，并且可以探测圆偏振光。中频带第 5, 6 行小眼结构完全相同，但中频带小眼第 6 行相对于第 5 行旋转了 90°。第 5, 6 行小眼感杆束由近端感杆束与远端感杆束构成。中频带第 5, 6 行小眼远端感杆束同样由视网膜细胞 R8 构成，但其结构形态与其他小眼不同，中心感杆束截面呈椭圆形并且在远端感杆束中微绒毛方向均平行于椭圆的短轴；近端感杆束不分节，由视网膜细胞组 R1~7 构成，其中微绒毛阵列正交叠加，并且 R1, 4, 5 和 R2, 3, 6, 7 微绒毛方向互相垂直，并与远端感杆束中的微绒毛方向呈 ±45°。

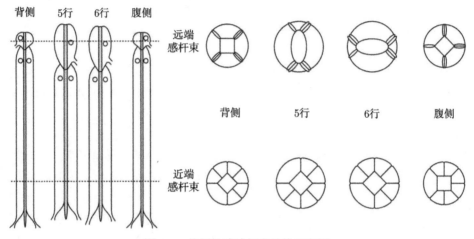

图 6.5　偏振敏感感杆束结构示意图

　　腹侧、背侧小眼感杆束组成与中频带第 5, 6 行小眼类似，由远端感杆束与近端感杆束构成。远端感杆束直径和长度均小于中频带小眼，同样由 R8 细胞环绕构成，其结构与中频带 1~4 行远端感杆束相同，但背侧小眼远端感杆束相对于中频带 1~4 行小眼远端感杆束顺时针旋转了 45°。近端感杆束直径也小于中频带小眼，结构与中频带第 5, 6 行小眼相同。微绒毛结构也与中频带第 5, 6 行小眼类似，具有微绒毛正交阵列结构，但微绒毛阵列不如中频带第 5, 6 行小眼整齐。背侧小眼近端感杆束相对于中频带第 5 行小眼旋转了 90°，而腹侧小眼相对旋转了 45°。可以发现，正交微绒毛阵列结构与虾蛄眼的偏振探测是息息相关的，如果缺乏正交微绒毛层叠结构会影响甚至破坏虾蛄眼的偏振探测特性。

4. 虾蛄感杆束结构解剖

　　本书对口虾蛄的感杆束结构进行生物学解剖与观察。与文献中提及的琴虾蛄和齿指虾蛄相对比，口虾蛄小眼同琴虾蛄和齿指虾蛄一样被分为腹侧、背侧与中频带三部分，但中频带小眼仅有两行 (图 6.6(a))。口虾蛄所有小眼感杆束结构均如

图 6.6(a) 和 (b) 所示，由远端感杆束以及近端感杆束构成；近端感杆束纵向截面 (图 6.6(b)) 中心具有明显的阵列结构；远端感杆束较短且直径较宽。对口虾蛄感杆束结构进行横剖，未发现明显的远端感杆束结构形态，因此对于图中所标注的远端感杆束结构，并不能完全确定。但在横剖切片中，发现了近端感杆束结构，腹侧、背侧以及中频带小眼近端感杆束结构均相同；如图 6.6(c)~(f) 所示，近端感杆束由视网膜细胞组 R1~7 构成，并且中心微绒毛阵列截面呈菱形。可以发现，口虾蛄腹侧、背侧以及中频带小眼并无太大差异，但方向性有一定差别；以视网膜细胞组 R1, 4, 5 方向作为感杆束的方向，背侧小眼与靠近腹侧的中频带小眼感杆束方向与该行小眼平行；而靠近背侧小眼以及腹侧小眼，其感杆束方向与所处行小眼方向呈 45°。

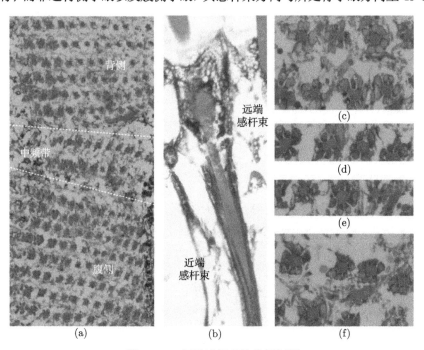

图 6.6　口虾蛄感杆束结构解剖图

(a) 小眼分布；(b) 感杆束结构纵剖；(c) 背侧远端感杆束横剖；(d) 中频带远端感杆束横剖 (靠近背侧)；(e) 中频带远端感杆束横剖 (靠近腹侧)；(f) 腹侧小眼

6.1.2　虾蛄眼偏振光谱功能解析

1. 虾蛄眼感杆束功能

1) 感杆束光谱功能解析

以文献中齿指虾蛄眼为研究对象，实现光谱探测的感杆束主要在中频带第 1~4 行小眼中，但中频带第 5, 6 行小眼感杆束也可以实现不同谱段的光的探测。腹侧、背侧小眼仅对光强度敏感，没有光谱探测能力。齿指虾蛄眼的偏振光谱特性如表 6.1 所示。中频带小眼的远端感杆束均可以探测紫外光谱；中频带第 1 行小眼近端感杆束可以探测紫色谱段，第 2 行探测黄色谱段，第 3 行探测红色谱段，第 4 行探测蓝色谱段，而第 5，6 行小眼可以实现蓝色和绿色谱段的探测；背侧与腹侧小眼虽仅对光强度敏感不具备光谱探测的能力，但具有空间立体视觉并对偏振光敏感。不同感杆束的滤波结构和微绒毛阵列有所差异；并且不同小眼感杆束中的微绒毛尺寸和视蛋白不同，这一特性也有利于增强虾蛄眼的光谱吸收特性。

表 6.1　小眼感杆束偏振光谱特性

		光谱	偏振	近端感杆束/nm		远端感杆束/nm
				PR	DR	
背侧		—	有	70		50
中频带	1	紫外/紫	—	70	70	50
	2	紫外/黄	未确定	80	70	50
	3	紫外/红	—	120	100	50
	4	紫外/蓝	—	70	70	50
	5	紫外/蓝/绿	有	70		40
	6	紫外/蓝/绿	有	70		40
腹侧		—	有	70		50

2) 感杆束偏振功能解析

研究人员发现，微绒毛阵列可以实现线偏振光的探测。视网膜细胞组 R1, 4, 5 与 R2, 3, 6, 7 构成正交的两层微绒毛阵列。理论上视网膜细胞组 R1, 4, 5 吸收转化平行于其微绒毛方向的偏振光，透过垂直于视网膜细胞组 R1, 4, 5 微绒毛方向的光；视网膜细胞组 R2, 3, 6, 7 吸收转化平行于微绒毛方向的偏振光，透过垂直于其微绒毛方向的偏振光。因此视网膜细胞组 R1, 4, 5 与 R2, 3, 6, 7 分别吸收两个方向互相垂直的偏振光，并产生对应方向的电信号，形成拮抗信号组并实现虾蛄眼中的偏振成像。

中频带第 5，6 行小眼可以实现圆偏振光的探测识别是由于其特殊的远端感杆束结构。远端感杆束中微绒毛方向一致且均平行于其横截面椭圆短轴方向；这一结构起到宽光谱四分之一波片的作用，均可以实现 400~700nm 谱段内的四分之一波长的相位延迟。微绒毛方向即等效的宽光谱四分之一波片的快轴方向。

2. 微绒毛功能

微绒毛阵列结构是虾蛄眼实现偏振光谱探测，特别是偏振探测的重要结构，也是本书仿生研究的关键结构。图 6.7(a) 为齿指虾蛄中频带第 5 行小眼远端感杆束微绒毛阵列结构；微绒毛阵列大小一致并且排列整齐，沿感杆束方向正交交替排列。图 6.7(b) 为口虾蛄背侧微绒毛阵列，由于切片制作时的切割位置误差，因此每层阵列未能全呈矩形, 但可以观察到微绒毛也呈正交排列, 单位阵列中微绒毛尺寸和方向基本相同, 但正交层厚度相差较大。相比于图 6.7(a) 的微绒阵列结构, 排列有序性差并且单位阵列层管层数多。视网膜细胞的微绒毛呈空心管状 (图 6.7(c)), 微绒毛膜由双磷脂分子层构成 (图 6.7(d)), 视蛋白镶嵌于双磷脂分子层中。视蛋白中的 11-cis- 视黄醛可以实现光的偏振吸收并且具有吸收方向性, 但只能吸收平行于吸收方向的偏振光 [1,2]。视蛋白中的 11-cis- 视黄醛吸收轴与微绒毛膜角度在 20° 之内, 随机分布在微绒毛膜上。将微绒毛膜看作一个具有吸收特性的整体, 其平行于管方向的吸收与垂直于管方向的吸收之比大于 4:1, 为虾蛄的偏振探测提供了可能性。

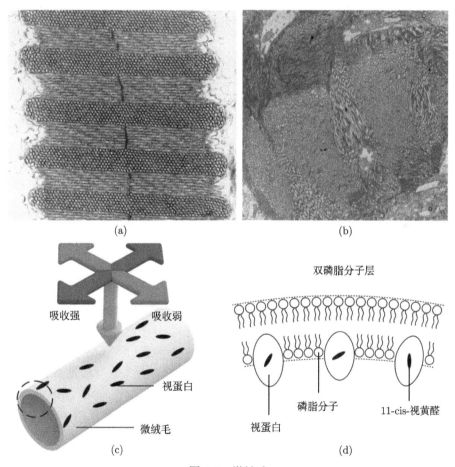

图 6.7 微绒毛

(a) 近端感杆束正交微绒毛阵列 (中频带第 5, 6 行小眼); (b) 近端感杆束正交微绒毛阵列 (腹侧, 背侧小眼); (c) 微绒毛结构示意图; (d) 微绒毛膜结构示意图

　　如图 6.8(a) 和 (b) 所示，微绒毛细胞在感杆束中呈阵列排列，可以等效成一个整体。该等效阵列的吸收方向可以分为平行于管向方向和垂直于管向方向。这两个吸收方向上的吸收率不同，使微绒毛阵列具有二向色性，因此微绒毛阵列具有一定的偏振吸收特性。

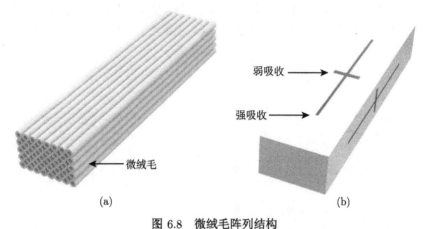

图 6.8　微绒毛阵列结构

(a) 微绒毛阵列示意图；(b) 微绒毛阵列等效示意图

3. 虾蛄眼偏振强度探测

　　虾蛄眼能实现偏振探测，主要原因是感杆束中微绒毛阵列的二向色性吸收特性。不同感杆束中微绒毛阵列的微绒毛层数不同，因此偏振特性也不相同。有些感杆束中，虽然具有微绒毛阵列，但是微绒毛阵列微绒毛层数较多，因而偏振吸收特性被破坏。下面利用时域有限差分方法 (FDTD) 仿真不同层数的微绒毛阵列对偏振吸收的影响，进一步解析虾蛄眼中不同感杆束的偏振吸收机理。

　　根据微绒毛结构特点，微绒毛可以看作由微绒毛膜构成的圆管，直径在 50~120nm，微绒毛膜厚度约为 2nm；微绒毛膜由双磷脂分子和镶嵌于上方的视蛋白构成，因此将微绒毛膜等效为具有二向色性的材料进行仿真。利用 FDTD 对该结构进行仿真，构建如图 6.9 所示的仿真模型。图中单个管直径为 50nm，壁厚为 2nm，壁折射率实部为 1.5；z 方向为吸收增强方向，取吸收比为 4:1，即 $n_x = n_y = 1.5+0.025i$，$n_z=1.5+0.1i$。微绒毛管长度远大于其直径，可以忽略微绒毛长度对偏振吸收的影响，因此采用二维区域进行仿真。仿真微绒毛管结构沿 x 方向周期性排列，所以仿真区域在 x 方向采用周期边界，对不同层数的圆环的吸收率进行仿真。

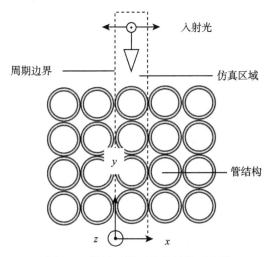

图 6.9 微绒毛阵列仿真结构示意图

4. 微绒毛阵列线偏振光吸收仿真分析

仿真得到图 6.10。图 6.10(a) 表示平行于管向的偏振光 (TM) 与垂直于管向的偏振光 (TE) 随管层数增加的总吸收率曲线，图 6.10(b) 表示吸收消光比随管层数的变化曲线。从图 6.10(a) 中可以得到：TM 偏振吸收率远大于 TE 偏振吸收率；在层数小于 600 时，增长速率也远大于 TE 偏振。但随着层数的增加，TM 偏振吸收速率下降，且随着层数的增加逐渐趋于稳定，而当层数大于 1000 层时，TM 偏振吸收增长逐渐减缓，但 TE 偏振增长速率稳定。从图 6.10(b) 中可以看出，吸收消光比随着管层数的增加而逐渐减少，偏振特性逐渐降低。

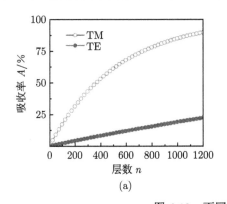

(a)

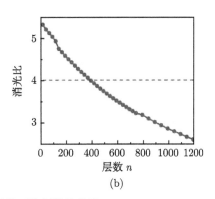

(b)

图 6.10 不同层数下偏振特性曲线

(a) 吸收率；(b) 消光比

5. 无脊椎光感受器结构与脊椎动物偏振特性比较

脊椎动物光感受器与无脊椎动物不同。无脊椎动物对光线的吸收依靠视网膜细胞上的管状微绒毛阵列，而脊椎动物光感受器对光线的吸收依靠视网膜细胞上的感受盘。如图 6.11 所示，感受盘周期性向下排列，作为光导向视网膜方向传递光线。每层感受盘同样是由双磷脂分子层构成，视蛋白镶嵌于双磷脂分子层中。脊椎动物的视蛋白同样具有偏振吸收特性，吸收轴与双磷脂分子层角度在 ±20° 之内；但视蛋白在感受盘平面方向是随机的，感受盘无法形成明显的二向色性，因此大多数脊椎动物的眼睛不具有偏振敏感特性。然而，也有某些动物感受盘上的视蛋白会按照一定规律分布，因而会产生一定的二向色性，研究表明，如果入射光沿平行于感受盘方向入射会呈现高二向色性；虹鳟鱼眼中的光感受器具有类似的感受器结构，因此具有一定的偏振探测能力。下面，为对比无脊椎动物、脊椎动物以及虹鳟鱼光感受器结构的偏振吸收特性，对这三种形式的感受器进行仿真模拟和分析。

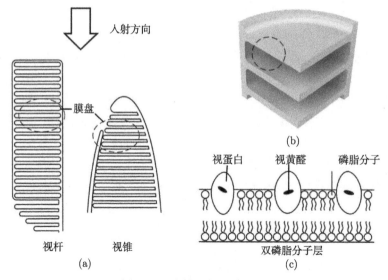

图 6.11　脊椎动物光感受器

(a) 视锥和视杆示意图；(b) 膜盘三维结构示意图；(c) 盘膜

建立了 FDTD 仿真模型 (图 6.12)。脊椎动物光感受器中膜盘层结构如图 6.11 所示，虹鳟鱼光感受器如图 6.12(a) 所示。由于这些光感受器吸收部分都是由双磷脂分子层上镶嵌的视蛋白进行，所以具有同样的折射率。垂直于纸面方向为 z 轴，x 方向采用周期边界。材料的吸收大小由折射率虚部以及材料体积决定，所以两个仿真模型的 x 方向周期以及 y 方向周期大小相同，且在周期内面积 $S_0 = S_1 = S_2$。计算得到脊椎动物的层厚为 6nm，而虹鳟鱼的层宽为 6nm。

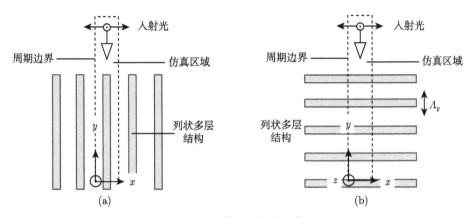

图 6.12 光感受器仿真示意图

(a) 虹鳟鱼光感受器仿真结构；(b) 脊椎动物光感受器仿真结构

如图 6.13(a) 和 (b) 所示，TM 偏振吸收率基本一致；可以看出，形态的不同对平行于强吸收方向的吸收率影响不大，并在 1100 层以后吸收率达到 90% 且逐渐稳定。TE 偏振的吸收率会产生较大的差异，随着层数的增加，差异性增加；可以发现，吸收率从大到小依次为平面、圆环，最后是光栅。图 6.13(b) 为吸收消光比随层数增加的关系曲线，从图中可以看出，随着层数的增加，三种结构的吸收消光比均有减小并且最终偏振吸收特性消失。材料本身的虚部比例为 4:1，平面吸收消光比在层数很小时接近但小于 4:1；管状结构在层数很小时，吸收消光比大于 4 且接近 6，当层数大于 400 时，吸收消光比才小于 4；光栅状结构在层数很少的时候，吸收消光比远大于 4，接近 17，而当层数逐渐增加时，其偏振吸收特性也会逐渐消失。

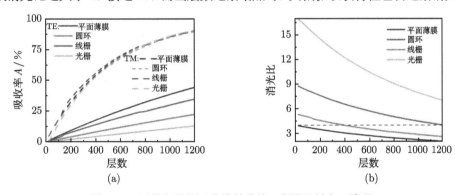

图 6.13 层数与偏振吸收特性曲线 (彩图见封底二维码)

(a) TE 与 TM 偏振随层数增多的吸收率变化曲线；(b) 吸收消光比随层数增多的变化关系曲线

根据仿真结果可以看出，虹鳟鱼的光栅状结构具有最好的偏振特性，其次是虾蛄的微绒毛阵列结构，而脊椎动物光感受器的多层结构偏振特性最差。研究发现，虾蛄眼中频带第 5, 6 行具有最为敏感的偏振特性；其近端感杆束中微绒毛呈正交排列，每层阵列的微绒毛层数仅有 5~8 层；而虹鳟鱼的光感受器仅为光栅结构，光栅厚度达及微米。根据图 6.13 所示曲线，可以看出，当管层数很少时，管阵列具有很高的偏振特性，而光栅结构在厚度很大时，偏振特性也会损失。另一方面，光栅的占空比等因素也会影响偏振特性，这些均为虾蛄眼具有最为敏感的偏振特性提供了可能性。

现有半导体光电特性材料基本为各向同性介质，不具备二向色性吸收。采用半导体材料的光栅、圆管以及平面结构的偏振吸收特性也会因为结构形状而有所变化，一般情况下会有极大的下降。在之后的章节里，会对不同的多层光栅结构进行仿真并讨论其偏振特性；仿生虾蛄眼近端感杆束中正交微绒毛阵列结构并进行优化设计，从而产生新的偏振探测器件。

6. 虾蛄眼圆偏振光探测功能

虾蛄眼中频带第 5, 6 行小眼远端感杆束微绒毛阵列可以作为相位延迟器，其相位延迟功能可以使圆偏振光转化为线偏振光 (图 6.14(a))。在远端感杆束微绒毛阵列中，微绒毛大小相同、方向一致，采用上文讨论的材料特性并且不考虑材料的吸收，建立仿真结构如图 6.9 所示，仿真平行于管向的偏振光与垂直于管向的偏振光通过微绒毛阵列后产生的相位变化。

图 6.14(a) 表示 TM 偏振与 TE 偏振通过 30 层纳米管结构后的相位变化，可以看出仿生管结构可以对两个方向的偏振光产生不同的相位变化。随着纳米线栅阵列的增加，两个方向的偏振光所产生的相位差也会增加，因此虾蛄眼远端感杆束可以在一定层数的微绒毛阵列下实现四分之一波片功能。

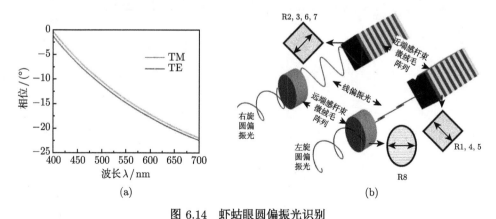

(a)　　　　　　　　　　　　　　　　　　　　(b)

图 6.14　虾蛄眼圆偏振光识别

(a) 微绒毛阵列相位特性仿真；(b) 虾蛄眼圆偏振光识别原理

进一步解析虾蛄眼圆偏振探测机理。根据图 6.14(a) 的仿真结构可以看出，虾蛄眼第 5, 6 行小眼远端感杆束起四分之一波片的作用，微绒毛方向平行于远端感杆束横截面短轴方向，等效为波片的快轴，可以将圆偏振光转换为线偏振光。近端感杆束位于远端感杆束之下，视网膜细胞组 R1, 4, 5 的微绒毛方向和视网膜细胞组 R2, 3, 6, 7 的微绒毛方向与视网膜细胞组 R8 微绒毛方向分别呈 +45° 与 −45°。如图 6.14(b) 所示，当左旋圆偏振光通过 R8 微绒毛阵列后，转化为线偏振光，此时 R1, 4, 5 有吸收，R2, 3, 6, 7 无吸收；当右旋圆偏振光通过 R8 微绒毛阵列后，转化为线偏振光，平行于 R2, 3, 6, 7 微绒毛方向，此时 R1, 4, 5 无吸收，R2, 3, 6, 7 有吸收，从而实现圆偏振光的探测。但根据文献记载，在虾蛄中，大多能识别左旋圆偏振光，对右旋圆偏振光的识别并不是太多，其原因有待进一步研究。

6.1.3 虾蛄躯体反射光偏振信号

1. 齿指虾蛄反射光偏振信号

虾蛄除了具有强大的偏振视觉以外，其身体很多部位也可以反射偏振光。研究人员在对齿指虾蛄的研究中发现，齿指虾蛄身体多处部位具有偏振特性。首先齿指虾蛄的触手具有偏振特性 (图 6.15(a))，该结构外部为角质层，角质层下有密集的囊泡状结构，并且该囊泡状组织可以作为起偏器；利用偏振片进行观察时，随着偏振片的转动，触手的颜色呈明显的明暗变化。

斜入射情况下，齿指虾蛄的第二触角鳞片反射光具有明显的偏振特性 (图 6.15(b))。当光线正入射时，无论偏振片在何种角度下，第二触角鳞片均呈现乳白色；当入射光角度为 20° 并且偏振片偏振轴平行于水平面时，第二触角鳞片呈淡红色；而当入射光角度为 60° 并且偏振片偏振轴平行于水平面时，第二触角鳞片红色亮度增强。触手和第二触角鳞片的线偏振颜色变化与虾蛄之间秘密交流以及信号伪装有着密切的关系。

齿指虾蛄的尾鳍不仅具有线偏振特性，同时具有圆偏振特性 (图 6.15(c))。在

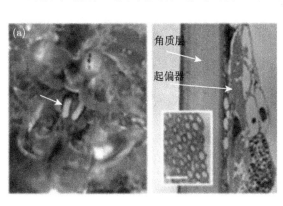
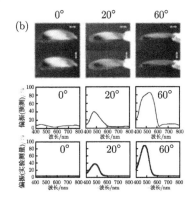

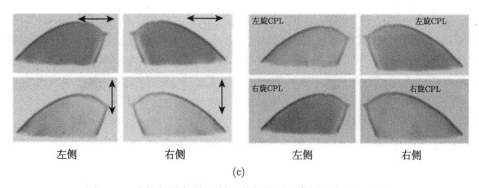

左侧   右侧   左侧   右侧

(c)

图 6.15   齿指虾蛄躯体反射光偏振信号 (彩图见封底二维码)

(a) 触手；(b) 第二触角鳞片；(c) 尾鳍

使用偏振片水平轴平行于地面观察时，左侧尾鳍呈白色，右侧尾鳍为红色；而使用偏振片加玻片观察，入射光为左旋圆偏振光时，左侧尾鳍呈白色，右侧尾鳍为红色。虾蛄尾鳍的圆偏振特性与虾蛄的性别有关。

2. 口虾蛄躯体反射光偏振特性

本书的实验对象口虾蛄与齿指虾蛄不同，不仅仅在于口虾蛄小眼感杆束中频带只有两行，且躯体上的反射光偏振特性也不同。采用旋转偏振片的方式对口虾蛄进行偏振成像 (图 6.16(a))，并得到口虾蛄躯体反射光的偏振度图像 (图 6.16(b)) 和偏振角图像 (图 6.16(c))。可以发现，虾蛄的躯体反射光易产生偏振特性，偏振角信息尤其明显。与之前讨论的齿指虾蛄相比，口虾蛄的触角和第二触角鳞片均不具有线偏振特性；并且口虾蛄不存在尾鳍，但口虾蛄的尾骨具有明显的偏振光谱特性。如图 6.16(d) 所示，黑色箭头表示偏振片透光轴方向，当偏振片透光轴垂直于尾骨

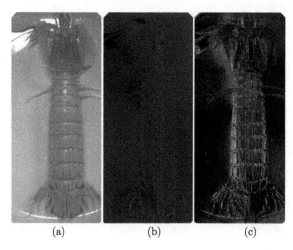

(a)   (b)   (c)

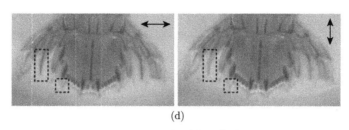

图 6.16 口虾蛄偏振成像实验

(a) 口虾蛄; (b) 偏振度图像; (c) 偏振角图像; (d) 尾骨偏振光谱特性

方向时，尾骨呈红色；而当偏振片透光轴平行于尾骨方向时，尾骨呈乳白色。这些光谱偏振特性对目标探测以及信号伪装具有重要的应用价值。

6.2 仿生偏振光谱滤波结构

虾蛄眼具有偏振光谱滤波特性，其光感受器结构具有光谱偏振吸收和滤波特性。根据 6.1.2 小节的讨论，虾蛄眼小眼不同感杆束具有不同的偏振或光谱特性。虾蛄眼中频带第 1~4 行小眼具有光谱敏感特性；虾蛄眼中频带第 5, 6 行以及第 2 行小眼具有偏振敏感特性的同时又具备光谱敏感特性，而这种功能特性的差异取决于小眼感杆束中视蛋白的光谱吸收和微绒毛尺寸的不同。

陷波滤波片又称为负滤波片[3,4]，可以将波段内特定波带去除，使某一波段截止。广泛应用于对抗激光威胁、光通信、伪装和仿伪装系统中[5]。陷波滤波片的设计常采用薄膜形式，可以实现单窗口[6]或多窗口[7]的陷波滤波；其中采用 Rugate 理论设计[8,9]的陷波滤波膜系，减小了折射率的突变，增加了通带的透射率；并通过 PECVD 技术实现陷波滤波膜系的制备[10,11]。然而，由于常见薄膜材料的各向同性，陷波滤波在正入射的情况下，s 波、p 波陷波滤波谱段相同而无偏振特性。又由于膜系采用不同材料的薄膜构成，折射率的选择及控制难度大。另一方面，现有的偏振元件虽可以很好地实现高消光比偏振透过、偏振分光等功能特性[12-14]，但尚未实现光谱滤波与偏振滤波的集成。将陷波滤波片与偏振相结合[15,16]，可进一步实现窄带偏振反射、透射特性，使光学系统同时获得光谱与偏振信息，扩展了光学系统功能。

虾蛄微绒毛阵列的管状结构，使用单一材料，既满足了折射率的周期性渐变又使其产生双折射特性，可以同时满足陷波滤波特性以及偏振特性产生的条件。因此，本节提出仿生微绒毛阵列的孔结构偏振光谱滤波结构，理论上，结构材料与空气在不同结构下可以构成不同的等效折射率，且折射率随波长的变化稳定，又由于孔形式，在 s 波、p 波方向的等效折射率不相同为偏振陷波滤波提供了可能。

6.2.1　仿生滤波结构

1. 微绒毛阵列简化模型

虾蛄眼中微绒毛结构呈管状，微绒毛阵列如图 6.17(a) 所示。微绒毛阵列中微绒毛管直径相同，管内壁厚度相同。本节仅讨论仿生管阵列模型的滤波特性，因此不考虑管材料的吸收特性。由于微绒毛阵列中的微绒毛密集排列，所以将微绒毛结构简化并等效为如图 6.17(b) 所示的圆孔光子晶体。仿生建模中使用的光子晶体材料与管壁材料一致。进一步对圆孔进行等效分析。

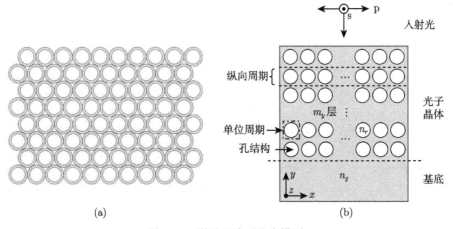

图 6.17　微绒毛阵列仿生模型

(a) 管状阵列；(b) 简化模型

如图 6.18(a) 所示，单个圆孔横向周期为 Λ_x，纵向周期为 Λ_y，背景折射率为 n_r(空气)，光子晶体材料折射率为 n_g，入射光沿纵向方向入射至光子晶体结构中。单位纵向周期内，孔结构可以等效为介质层–光栅层–介质层的周期性结构。将光栅层沿纵向周期平均分为 m_y 层，每层厚度为 $\dfrac{\Lambda_y}{m_y}$ 并且每层均可以等效为不同占空比的光栅。如图 6.18(b) 所示，通过计算每层的传输矩阵，对仿生结构的偏振光谱特性进行仿真研究。

2. 微绒毛阵列简化模型等效介质理论分析

等效介质理论的零阶形式可有效计算周期处于波长极限的光栅的等效折射率 [17,18]。虾蛄小眼微绒毛的直径处于 50~120nm，并且本书考察可见光谱段的偏振滤波特性，因此均在波长极限讨论仿生模型孔周期。如图 6.19 所示，光栅层周期均相同，所以均可以看作处于波长极限的纳米线栅。因此可以利用等效介质理论的零阶形式对每层纳米线栅的等效折射率进行计算。

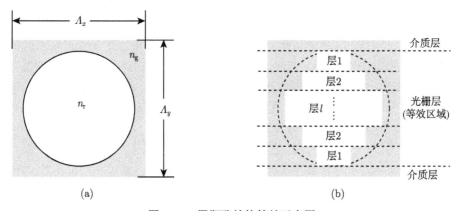

图 6.18 周期孔结构等效示意图

(a) 单位周期圆孔；(b) 单位周期等效的多层膜结构

每层纳米线栅结构如图 6.19 所示，纳米线栅折射率为 n_g，槽折射率为 n_r。平行于纳米线栅方向的蓝色箭头表示 s 偏振，垂直于纳米线栅方向的红色箭头表示 p 偏振。而平行于纳米线栅方向的等效折射率为 n_o(与 s 偏振相对应)，垂直于纳米线栅的折射率为 n_e(与 p 偏振相对应)：

$$n_o = \left[f n_g^2 + (1-f) n_\tau^2 \right]^{\frac{1}{2}} \tag{6.1}$$

$$n_e = \left[\frac{f}{n_g^2} + \frac{(1-f)}{n_\tau^2} \right]^{\frac{1}{2}} \tag{6.2}$$

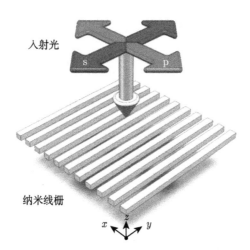

图 6.19 纳米线栅结构模型 (彩图见封底二维码)

式中，f 表示纳米线栅的占空比，即纳米线宽 w 与周期 Λ_x 的比值 $f = \dfrac{w}{\Lambda_x}$。

3. Rugate 滤波理论

根据 6.2.1 小节 1. 中的讨论，光子晶体可以等效为多层纳米线栅膜形式并且膜层结构呈周期排列。对于 s 波和 p 波方向，该仿生结构均可以表示为周期性多层膜。s 波情况下，一个纵向周期内的等效折射率分布可以表示为 $n_{\mathrm{g}} \to n_{\mathrm{o}} \to n_{\mathrm{g}}$；p 波情况下，一个纵向周期内的等效折射率分布可以表示为 $n_{\mathrm{g}} \to n_{\mathrm{e}} \to n_{\mathrm{g}}$。两种情况下，仿生光子晶体结构均满足 Rugate 滤波理论：

$$n\left(x\right) = n_{\mathrm{g}} + \frac{n_{\mathrm{p}}}{2} \sin \left(\frac{4\pi}{\lambda_{\mathrm{c}}} x\right) \tag{6.3}$$

其中，$n(x)$ 为折射率随光学厚度的变化；n_{a} 为一个纵向周期中的平均折射率；而 n_{p} 为一个纵向周期中的折射率变化幅值；λ_{c} 为陷波滤波的中心波长，与光程 P 有关，可以表示为

$$\lambda_{\mathrm{c}} = n_{\mathrm{a}} P \tag{6.4}$$

由于模型光栅层的双折射特性，在同一结构下，s 波与 p 波两个偏振方向上的折射率有所差异，对应的中心波长 λ_{cs} 和 λ_{cp} 可以表示为

$$\lambda_{\mathrm{cs}} = 2\left(n_{\mathrm{g}} + n_{\mathrm{o}}\right) d \tag{6.5}$$

$$\lambda_{\mathrm{cp}} = 2\left(n_{\mathrm{g}} + n_{\mathrm{e}}\right) d \tag{6.6}$$

从式 (6.5) 和式 (6.6) 可以发现，除了占空比为 $f = 1$ 或者 0 以外，仿生光子晶体结构的等效折射率 $n_{\mathrm{e}} \neq n_{\mathrm{o}}$，因此 s 波与 p 波方向产生的陷波中心波长并不相同。通过设计等效折射率 n_{e} 与 n_{o} 可以将 s 波方向和 p 波方向的陷波中心波段分开，为产生偏振陷波奠定了良好的基础。并且该仿生模型可以同时在 s 波方向和 p 波方向产生两个偏振陷波带。

陷波滤波的带宽也是偏振陷波特性的主要因素，对于 Rugate 滤波结构，截止带带宽 B_{width} 可以表示为

$$B_{\mathrm{width}} = \lambda_{\mathrm{c}} \left| \frac{n_{\mathrm{p}}}{n_{\mathrm{a}}} \right| \tag{6.7}$$

对于仿生光子晶体模型，根据周期折射率以及公式 (6.7) 可以得到 s 波与 p 波的截止带带宽为

$$B_{\mathrm{width\_s}} = \lambda_{\mathrm{cs}} \left| \frac{n_{\mathrm{o}} - n_{\mathrm{g}}}{n_{\mathrm{o}} + n_{\mathrm{g}}} \right| \tag{6.8}$$

$$B_{\mathrm{width\_p}} = \lambda_{\mathrm{cp}} \left| \frac{n_{\mathrm{e}} - n_{\mathrm{g}}}{n_{\mathrm{e}} + n_{\mathrm{g}}} \right| \tag{6.9}$$

6.2.2 矩孔光子晶体滤波结构

1. 构建矩孔光子晶体模型

为方便讨论, 将圆孔简化为矩形孔。这样可以将单位纵向周期看作介质层–光栅层–介质层的结构对偏振光谱特性进行分析。矩孔光子晶体模型如图 6.20 所示, 属于二维光子晶体。矩孔大小相同, 沿横向与纵向周期性排列, 背景折射率 $n_r = 1$(空气), 光子晶体材料为 SiO_2。由于 SiO_2 材料在可见光谱段内折射率变化较小, 所以取折射率 $n_g = 1.52$, 折射率不随波长的变化而改变以简化计算。为构成 Rugate 膜系结构, 在该光子晶体结构中共 m 个纵向周期, 如图 6.20 所示。入射光沿 y 轴负方向正入射至矩孔光子晶体模型, p 波垂直于矩孔方向而 s 波平行于矩孔方向。

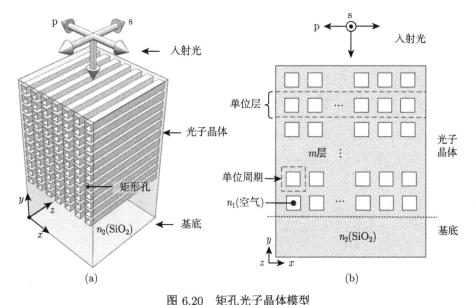

图 6.20 矩孔光子晶体模型

(a) 三维结构示意图; (b) x-y 平面结构示意图

上述矩孔光子晶体模型可以等效为多层膜结构。膜系呈周期形式排布, 一个纵向周期由两个等厚的 SiO_2 介质层以及中间 SiO_2 和空气光栅层构成 (图 6.21(a)), 等效膜层示意图如图 6.21(b) 所示。光栅层厚度为 d_1, SiO_2 膜层厚度为 d, 其中 $d_1 = 2d$, 所以本书用 d 表示层厚, 单位周期厚度为 $4d$; 光栅周期为 Λ_x, SiO_2 在单位周期内宽度为 w, 占空比为 $f = \dfrac{w}{\Lambda_x}$。

由于设计的光栅周期 Λ_x 远小于波长, 处于波长极限, 因此忽略纳米线栅的衍射效应。入射光正入射至模型, s 波平行于光栅方向, p 波垂直于光栅方向, 与 6.2.1 小节 2. 相同。根据等效介质理论, 可以得到光栅层等效折射率 n_o 与 n_e。

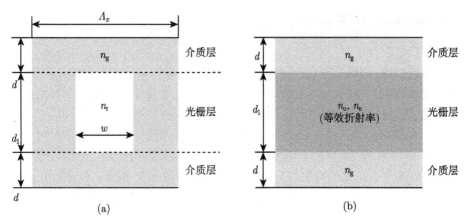

图 6.21　矩孔结构等效示意图

(a) 矩孔结构示意图；(b) 等效膜层示意图

　　根据公式 (6.1) 和公式 (6.2)，以及已知材料折射率，可以得到两个方向的等效折射率随占空比的变化曲线 (图 6.22)。仅在 $f = 0$ 或者 1 的时候，$n_o = n_e$；其他占空比时，n_o 始终小于 n_e。因此，在 $0 < f < 1$ 的时候，光栅层可以等效为双折射材料层，平行于 s 波方向的折射率为 n_o，平行于 p 波方向的折射率为 n_e，对应了不同材料的两个膜系，使偏振陷波特性成为可能。

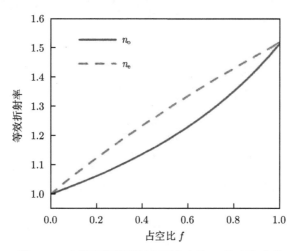

图 6.22　光栅层等效折射率随占空比 f 的变化曲线

2. 矩孔光子晶体偏振光谱滤波的传输矩阵计算

　　利用介质传输矩阵对 s 波与 p 波通过矩孔光子晶体结构后的透射率进行计算。SiO_2 膜层为介质膜层，由于入射光为正入射，可以得到 s 波与 p 波方向的特

征矩阵 M_{SiO_2} 相同, 为

$$M_{SiO_2} = \begin{bmatrix} \cos\delta_1 & \dfrac{i}{n_g}\sin\delta_1 \\ in_g\sin\delta_1 & \cos\delta_1 \end{bmatrix} \tag{6.10}$$

其中, δ_1 为在介质层中的相位变化, 大小为 $\delta_1 = \dfrac{2\pi}{\lambda}n_g d$, 这里 λ 为对应光谱的波长。单位纵向周期中的光栅层, 可以得到两个方向的传输矩阵 $M_{grating\_p}$ 和 $M_{grating\_s}$[19]:

$$M_{grating\_p} = \begin{bmatrix} \cos\delta_p & \dfrac{i}{n_o}\sin\delta_p \\ in_o\sin\delta_p & \cos\delta_p \end{bmatrix} \tag{6.11}$$

$$M_{grating\_s} = \begin{bmatrix} \cos\delta_s & \dfrac{i}{n_e}\sin\delta_s \\ in_e\sin\delta_s & \cos\delta_s \end{bmatrix} \tag{6.12}$$

其中, δ_s 和 δ_p 分别表示 s 波和 p 波经过光栅层的相位变化, 并且大小分别为 $\delta_s = \dfrac{2\pi}{\lambda}n_e d_1$ 和 $\delta_p = \dfrac{2\pi}{\lambda}n_o d_1$, 根据式 (6.11) 和式 (6.12) 可以得到, 一个纵向周期 Λ_y 内, 传输矩阵 $M_{\Lambda p}$ 与 $M_{\Lambda s}$ 为

$$M_{\Lambda p} = M_{SiO_2}M_{grating\_p}M_{SiO_2} \tag{6.13}$$

$$M_{\Lambda s} = M_{SiO_2}M_{grating\_s}M_{SiO_2} \tag{6.14}$$

在仿生模型中纵向周期数为 m, 因此, 对于整个光子晶体模型 p 方向和 s 方向的传输矩阵 M_p 与 M_s 为

$$M_p = M_{\Lambda p}^m \tag{6.15}$$

$$M_s = M_{\Lambda s}^m \tag{6.16}$$

通过传输矩阵 (6.15) 和 (6.16) 可以算出 p 方向与 s 方向在谱段 400~700nm 内的透射率曲线。

3. 矩孔光子晶体滤波结构的仿真

1) 陷波中心波长与占空比、层厚的关系

根据式 (6.5) 和式 (6.6) 可以得到, s 波和 p 波在占空比 f 不为 0 和 1 的情况下, 其陷波中心波长 λ_{cs} 与 λ_{cp} 并不相同。陷波中心的差异导致 s 波为截止带时而 p 波为通带, p 波为截止带时 s 波为通带, 从而实现偏振陷波特性。中心波长的设计与光栅层的占空比 f 以及光栅层厚 d 有关。下面分别分析占空比 f 以及层厚 d 对 s 波、p 波中心波长的影响。

(1) 占空比与偏振陷波滤波的关系。

在层厚 $d=0.5\mu m$，纵向周期层数 $m=200$ 的条件下，使占空比 f 在 0～1 变化，仿真得到图 6.23。图 6.23(a) 与 (b) 分别为 s 波和 p 波透射率与光栅层占空比 f 的关系。占空比 f 对 s 波和 p 波中心波长的调节能力受膜系折射率变化幅度限制，调节能力有限，变化范围仅在 500～600nm。另一方面，占空比 $f=0$ 时，λ_{cs} 与 λ_{cp} 相同，s 波与 p 波截止带完全重合，无偏振特性；当占空比 f 在 0～37% 时，虽然两个偏振方向上的陷波中心波长不同，但 s 波与 p 波截止带会有重合区域，也不能完全实现偏振陷波。当占空比 f 大于 90% 时，虽然 s 波和 p 波截止带不重合，但陷波带透射率上升，影响陷波截止能力；当占空比大于 92% 时，s 波和 p 波截止带消失。因此，只有在 37% $< f <$ 90% 时，该仿生结构可以实现偏振陷波，且截止带透射率为 0%。通过上述分析，单纯改变占空比 f，虽可以调节 s 波和 p 波陷波滤波的中心波长，但调节范围小，且占空比 f 会影响 s 波与 p 波的陷波带宽。因此，单纯调节占空比不能使仿生结构很好地实现偏振陷波设计。

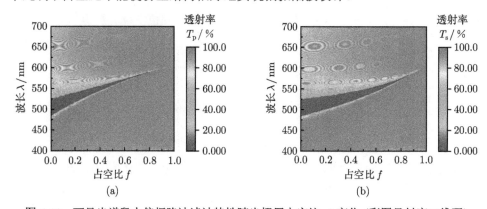

图 6.23　可见光谱段内偏振陷波滤波特性随光栅层占空比 f 变化 (彩图见封底二维码)

(a) p 偏振；(b) s 偏振

(2) 层厚与偏振陷波滤波的关系。

从式 (6.5) 和式 (6.6) 中可以发现，层厚 d 同样是决定仿生结构偏振陷波中心波长的重要因素。固定占空比 f 为 60%，纵向周期层数保持不变 $(m=200)$，仿真模拟层厚 d 在 0.07～0.13μm 变化，得到图 6.24。图 6.24(a) 和 (b) 分别为 p 波和 s 波在 400～700nm 谱段内陷波滤波特性与层厚 d 的关系。d 在 0.07～0.13μm 变化时，s 波和 p 波均可以实现中心波长在 400～700nm 的变化。随着厚度 d 的增加，偏振陷波中心波长向长波方向偏移。理论上，光栅层在占空比一定的情况下，可以通过改变厚度 d 调节两个偏振方向的陷波中心波长至光谱范围内任意位置。对比图 6.24(a) 与 (b)，s 波的中心波长始终大于 p 波中心波长并且波长间距为 $(n_o - n_e)d$，因此波长间距与层厚成正比。对比图 6.23 与图 6.24，改变层厚 d，s 波与 p 波的陷波带宽变化较小。但随着设计的中心波长增加，滤波截止带宽均有增加。综上分析，通过对仿生结构层厚 d 的调节，可以获得可见光谱段任意位置的中心波长并且 s 波和 p 波偏振陷波带宽相对稳定。若层厚 d 与占空比 f 结合调节，可以更好地实现不同波长的偏振陷波。

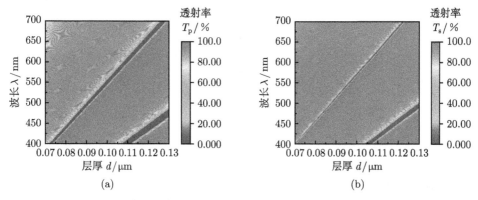

图 6.24　可见光谱段内偏振陷波滤波特性随层厚 d 变化 (彩图见封底二维码)

(a) p 偏振；(b) s 偏振

2) 陷波带宽

s 波与 p 波中心波长虽然有差异，但两个方向的陷波带宽存在由带宽较大导致陷波区域重叠的情况，影响偏振陷波的发生。因此，陷波带宽大小也是陷波滤波的重要因素。下面，对特定波长、不同占空比情况下的陷波带宽特性进行研究。对于结构确定的矩孔阵列光子晶体，其等效折射率 n_o 与 n_e 也就确定了。由于中心波长与占空比 f、层厚 d 均有关，为保持中心波长不变，特定中心波长 λ_c 与层厚 d 满足关系：

$$d = \frac{\lambda_c}{2(n_o + n_g)} \tag{6.17}$$

由于 $n_o > n_e$，p 波带宽始终大于 s 波，所以 p 波的偏振陷波滤波具有更广的带宽调节范围并且更容易实现陷波带宽的控制。因此针对 p 波为偏振陷波研究对象进行研究。保持 p 波陷波中心波长 λ、纵向周期数 $m=200$ 层不变，选择中心波长 435nm，485nm，535nm，585nm，635nm，685nm 进行讨论。

令透射率 $T < 10^{-3}$ 的区域为截止区域，得到在以上中心波长下，占空比 f 与截止区域的关系图 (图 6.25)。图中纵坐标表示占空比变化，横坐标为波长，每个中心波长的横坐标范围为 $(\lambda_0 \pm 35)$nm。图中淡蓝色区域为 p 波截止区域，黄色区域为 s 波截止区域，红色区域为 s 波与 p 波同时截止区域。可知随着占空比的增加，s 波和 p 波带宽均逐渐减小。当占空比 $f=0$ 时光栅层变为介质层，s 波和 p 波

带宽、陷波中心波长均相同；当占空比 $f < 0.37$ 时，s 波与 p 波截止带具有重合区域；当 $f > 0.37$ 时，s 波与 p 波不存在截止区域重叠，并且，临界点占空比大小 $f = 0.37$ 不随中心波长的变化而变化。表 6.2 为在不同中心波长和占空比下的陷波带宽，可以看出，当占空比相同的情况下，s 波与 p 波的带宽会随着中心波长的增加而增加，且占空比增加时，带宽减小；综上所述，在特定波长下，占空比 f 对偏振陷波带宽的影响很大。通过占空比 f 与厚度 d 结合调节，可以实现特定陷波中心波长的 p 波偏振陷波滤波。陷波带宽的大小也会影响陷波带的截止能力。

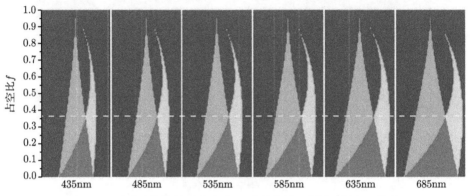

图 6.25　陷波滤波特性随占空比 f 变化曲线 (彩图见封底二维码)

x 轴中心波长为 (435nm, 485nm, 535nm, 585nm, 635nm, 685nm)±35nm, 淡蓝色区域为 p 波陷波区域, 黄色区域为 s 波陷波区域, 红色区域为陷波重合区域, 深蓝色区域为通带区域

表 6.2　在不同中心波长下，占空比与 p 波和 s 波陷波带宽关系

λ_c/nm	$f = 0.37$		$f = 0.5$		$f = 0.75$	
	$B_{\mathrm{width\_p}}$/nm	$B_{\mathrm{width\_s}}$/nm	$B_{\mathrm{width\_p}}$/nm	$B_{\mathrm{width\_s}}$/nm	$B_{\mathrm{width\_p}}$/nm	$B_{\mathrm{width\_s}}$/nm
435	19	11	13	7	5	1
485	21	12	15	8	5	2
535	24	13	17	7	5	2
585	26	14	18	8	7	2
635	28	16	19	9	7	2
685	30	17	21	10	7	3

3) 纵向周期

上述仿真中，纵向周期数 m 均为 200 层。在同一中心波长下，随着带宽的减小，截止区域透射率逐渐增加。下面讨论针对特定中心波长时，不同周期层数下透射率与带宽的关系。在同一波长下，陷波带宽与单位纵向周期中的折射率差值有关，而占空比大小与折射率差值有直接关系，因此对占空比与中心波长处透射率的

关系进行研究, 仿真得到图 6.26。

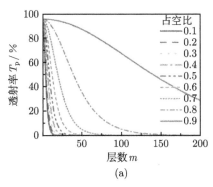 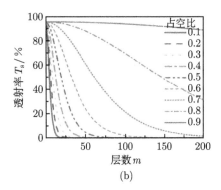

(a) (b)

图 6.26 中心波长处透射率与层数 m 的关系曲线 (彩图见封底二维码)

(a) p 波; (b) s 波

图 6.26(a) 和 (b) 分别为 p 波与 s 波在占空比为 0.1~0.9 的情况下, 层数与中心波长处透射率的关系曲线。p 波与 s 波陷波中心波长处透射率均随层数的增加而逐渐减小。图 6.26(a) 为 p 波的关系曲线, 可以发现, 占空比越小, 带宽越宽, 陷波截止速度越快。当占空比 $f < 0.5$, 层数 $m > 2$ 时, s 波与 p 波陷波中心波长处的透射率为零。根据仿真结构得到表 6.3, 当占空比较小时, 折射率幅值大, 因此较少的纵向周期数即可以获得截止区域; 当占空比增加时, 单位纵向周期内折射率幅值减小; 当折射率幅值很小, 纵向层数 $m = 200$ 时, 偏振陷波谱段依然无法截止, 并且随着幅值的减小, 偏振陷波截止区域透射率逐渐上升。

表 6.3 周期层数与偏振陷波带宽以及最小透射率的关系表

f	p 偏振			s 偏振		
	m	B/nm	$T_{\min}$	m	B/nm	$T_{\min}$
0.1	29	31	0	34	28	0
0.2	34	28	0	47	20	0
0.3	41	23	0	66	14	0
0.4	51	18	0	96	10	0
0.5	66	14	0	149	6	0
0.6	94	10	0	200	3	0
0.7	150	6	0	200	1	0
0.8	200	1	0	200	—	0.3071
0.9	200	—	0.2864	200	—	0.9478

4. 矩孔光子晶体偏振光谱滤波设计实例

综上所述, 利用对占空比 f 以及层厚 d 的调控, 本书设计了 400~700nm 的偏振窄带陷波滤波结构 (针对常用的蓝光、绿光、黄光以及红光谱段, 中心波长分别为 417nm, 497nm, 582nm, 685nm, 带宽为 10nm)。仿真得到仿生光子晶体结构纵向层数 $m=200$, 光栅层占空比 $f=0.51, 0.56, 0.59, 0.62$ 以及对应层厚 $d=0.077$, $0.091, 0.106, 0.124\mu m$ 时的四个波长处的偏振陷波滤波 (图 6.27), 并与 FDTD 仿真结构进行对比。

图 6.27(a)~(d) 分别为陷波中心波长 417nm, 497nm, 582nm, 685nm 在波长 400~700nm 的透射率关系曲线。图中, p 与 s 曲线表示利用传输矩阵仿真计算的结果, p_0 与 s_0 曲线表示 FDTD 仿真结果。可以看出传输矩阵仿真结果与 FDTD 仿真一致。p 波陷波波段内, p 波透射率为 0, s 波透射率大于 90%, 且截止带宽为 (10 ± 1)nm; 其余谱段的 p 波和 s 波透射率均大于 80%。仿真结果表明, 矩孔光子晶体结构通过调节层厚 d 以及光栅层占空比 f 可以获得可见光谱段内的窄带偏振陷波特性。

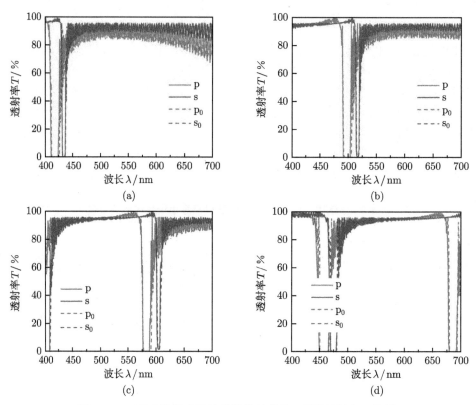

图 6.27　可见光谱段内陷波滤波特性曲线 (彩图见封底二维码)

中心波长: (a) 417nm; (b) 497nm; (c) 582nm; (d) 685nm

6.2.3 不同孔形状的孔阵列光子晶体分析

仿生矩孔结构可以实现偏振光谱滤波结构,然而依然存在以下问题需要解决。图 6.26 中,陷波中心谱段以外区域为通带区域,理想情况下希望通带区域可以获得完全的透过;然而在可见光波段内,通带透射率甚至低于 80%(图 6.27(a)),同时通带区域波形振荡严重。矩孔形式中只存在介质层与光栅层两种折射率,因此层与层之间折射率差异较大,使波纹较大。通常可以通过缩小层间折射率的差异实现对波纹的压缩,所以本小节采用不同孔形状的光子晶体,使层间折射率周期性渐变以减少通带透射率以及透射率随光谱的振荡。因此本小节讨论不同孔形状对可见光谱内的偏振陷波滤波特性的影响。对孔结构等效分层分析,每层结构采用等效介质理论 (EMT) 对两个偏振方向的等效折射率进行计算,并利用介质传输矩阵法 (TMM) 对光子晶体结构透射率进行计算。针对孔边界满足椭圆、抛物线、余弦以及线性边界的光子晶体进行仿真模拟。仿真不同孔边界的纵向周期变化、等效层数和纵向周期数对偏振陷波滤波的带宽和陷波中心的影响,并分析等效折射率以及折射率变化曲线斜率对偏振陷波滤波的影响。

1. 孔模型建模

1) 孔阵列光子晶体理论模型

孔阵列光子晶体模型如图 6.28 所示,图 6.28(a) 为孔阵列结构的三维形式,光子晶体中孔形状相同,孔方向沿 z 轴,并沿着 x 轴以及 y 轴周期性排列,光子晶

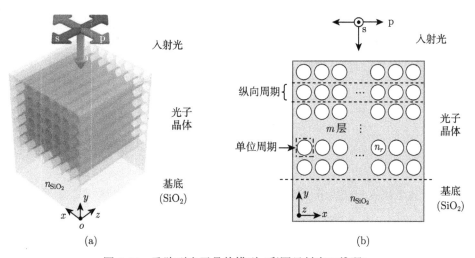

图 6.28 孔阵列光子晶体模型 (彩图见封底二维码)

(a) 三维模型;(b) x-y 平面示意图

体材料 $n_{\mathrm{SiO_2}}$ 为 $\mathrm{SiO_2}$,背景折射率 n_0 为空气,讨论在可见光谱 (400~700nm) 范围内的偏振陷波特性。图 6.28(b) 为孔阵列截面 $(x\text{-}y)$ 示意图,光子晶体沿 y 方向共 m 层,孔沿 x 方向的周期为 Λ_x,沿 y 方向的周期为 Λ_y。如图 6.28(a) 所示,入射光沿 y 轴负方向正入射至模型 (灰色箭头),p 偏振为红色箭头平行于 x 轴 (垂直于孔方向),s 偏振为蓝色箭头平行于 z 轴 (平行于孔方向)。由于 z 方向孔长度远大于孔阵列周期,因此对 $x\text{-}y$ 平面进行二维仿真讨论。

2) 孔阵列光子晶体孔结构等效模型

单位周期的孔结构示意图如图 6.29(a) 所示,对线性孔、椭圆形孔、余弦边界孔以及抛物线边界孔四种孔形式进行讨论。由于孔形状沿 x, y 轴均对称,取 x 以及 y 方向上的半周期进行讨论。如图 6.29(b) 所示,曲线左侧为孔部分 (即空气),曲线右侧为光子晶体主体材料 (即 $\mathrm{SiO_2}$),其分为两部分:厚度为 d_0 的无孔介质层以及厚度为 b 的孔等效层。利用传输矩阵 M 进行计算:

$$M = \begin{bmatrix} \cos\delta & \dfrac{\mathrm{i}}{\eta}\sin\delta \\ \mathrm{i}\eta\sin\delta & \cos\delta \end{bmatrix} \tag{6.18}$$

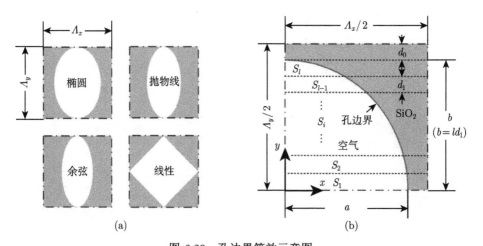

图 6.29　孔边界等效示意图

(a) 单位周期孔形状;(b) 等效结构示意图

由于只考虑入射光为正入射,式中相位 $\delta = \dfrac{2\pi}{\lambda}nd$($n$ 为折射率,d 为该层厚度),导纳 $\eta = n$。介质层折射率为各向同性,所以 s 波和 p 波的传输矩阵相同,为 M_{layer},其中厚度 $d = d_0$,导纳 $\eta = n_{\mathrm{SiO_2}}$。

对孔结构部分均分成 l 层,每层厚度为 $d_1 = \dfrac{b}{l}$,由下至上为第 $1\sim l$ 层,每层均可以看作是由空气与 $\mathrm{SiO_2}$ 构成的纳米线栅层,利用等效介质理论,得到每层的等效折射率, 对于 s, p 偏振, 等效折射率分别为 n_{oi}, n_{ei}:

$$n_{\mathrm{oi}} = \left[f_i n_{\mathrm{SiO_2}}^2 + (1 + f_i) n_\tau^2 \right]^{\frac{1}{2}} \tag{6.19}$$

$$n_{\mathrm{ei}} = \left[\frac{f_i}{n_{\mathrm{SiO_2}}^2} + \frac{1 - f_i}{n_\tau^2} \right]^{-\frac{1}{2}} \tag{6.20}$$

其中, f_i 为每层光栅 $\mathrm{SiO_2}$ 的占空比, 即 $\mathrm{SiO_2}$ 面积占该层总面积的比例。由于层厚相同, 都为 d_1, 周期相同, 所以每层的面积 $S_0 = \Lambda_x d_1$, 每层空气部分的面积为 S_i:

$$S_i = \int_{(i-1)d}^{id} F(y) \, \mathrm{d}y \tag{6.21}$$

其中, $F(y)$ 是有关边界曲线的函数, 以左下角为原点建立坐标系, 水平方向为 x 轴, 垂直方向为 y 轴, 线性边界函数:

$$F_{\mathrm{R}}(y) = \frac{a_{\mathrm{R}}(b_{\mathrm{R}} - y)}{b_{\mathrm{R}}} \tag{6.22}$$

椭圆形边界函数:

$$F_{\mathrm{E}}(y) = a_{\mathrm{E}} \sqrt{1 - \frac{y^2}{b_{\mathrm{E}}^2}} \tag{6.23}$$

抛物线形边界函数:

$$F_{\mathrm{P}}(y) = \sqrt{\frac{b_{\mathrm{P}} a_{\mathrm{P}}^2 - y a_{\mathrm{P}}^2}{b_{\mathrm{P}}}} \tag{6.24}$$

余弦边界函数:

$$F_{\mathrm{C}}(y) = \frac{2a_{\mathrm{C}}}{\pi} \arccos\left(\frac{y}{b_{\mathrm{C}}} \right) \tag{6.25}$$

式 (6.22)~式 (6.25) 中, a_i 表示曲线与 x 轴相交的位置, b_i 表示曲线与 y 轴相交的位置, 从而占空比为

$$f_i = 1 - \frac{S_i}{S_0} \tag{6.26}$$

由于 s, p 偏振方向上折射率不同, 所以每层平行于光栅以及垂直光栅的 M 矩阵也不同, 对于 s 方向的传输矩阵为 M_{si}, 此时厚度 $d = d_0$, 折射率为 n_{oi}; 对于 p 方向的传输矩阵为 M_{pi}, 此时厚度 $d = d_1$, 折射率为 n_{ei}。对于单位纵向周期内的传输矩阵 $M_{\Lambda\mathrm{p}}$ 以及 $M_{\Lambda\mathrm{s}}$ 为

$$M_{\Lambda\mathrm{p}} = M_{\mathrm{layer}} \cdot \prod_{m}^{i=1} M_{\mathrm{p}i} \cdot \prod_{1}^{i=m} M_{\mathrm{p}i} \cdot M_{\mathrm{layer}} \tag{6.27}$$

$$M_{\Lambda\mathrm{s}} = M_{\mathrm{layer}} \cdot \prod_{m}^{i=1} M_{si} \cdot \prod_{1}^{i=m} M_{si} \cdot M_{\mathrm{layer}} \tag{6.28}$$

将式 (6.27) 和式 (6.28) 代入式 (6.15) 和式 (6.16), 得到孔阵列光子晶体结构对 p 偏振以及 s 偏振的传输矩阵 M_{p} 以及 M_{s}。

2. 孔阵列光子晶体仿真分析

光子晶体孔横向周期处于波长极限, 由于讨论的是可见光谱内的偏振陷波特性, 所以取周期为 50nm。陷波带宽与周期内折射率的最大值以及最小值有关, 周期内折射率最大值一定, 为 SiO_2 折射率, 最小折射率位于半纵向周期处, 即图 6.29(b) 中 S_1 所在的等效层。为获得较为明显的陷波特性, 并且保持不同孔边界获得同样的折射率最小值, 取 a 值为 22.5nm。针对纵向周期 Λ_y、等效层数 l、介质层厚度 d_0 以及孔阵列层数 m 进行仿真讨论。

1) 纵向周期对不同孔形状偏振光谱陷波特性的影响

忽略介质层时, 纵向周期 Λ_y 与孔高度 $2b$ 一致, 即讨论不同孔高度对偏振陷波特性的影响。仿真半周期等效层数 $l = 20$、截止层厚度 $d_0 = 0$ 和孔阵列层数为 200 层情况下, 仿生孔结构的偏振陷波滤波特性。得到通带透射率大于 90%, 陷波区域透射率小于 0.1%(余弦边界 s 波陷波透射率最小值大于 20%), 所以重点讨论陷波中心以及带宽随纵向周期厚度的变化 (图 6.30)。图中陷波区域的透射率小于 0.1%, s 波为蓝色 (余弦边界 s 波陷波透射率小于 40%), p 波为红色, 重合区域为紫色, 通带为黄色 (透射率大于 90%)。可以看出四种边界均无重合区域, s 波与 p 波分开, 均实现了偏振陷波随着纵向周期的增加, 中心波长向长波方向偏移, 并且陷波带宽增加。

(1) 纵向周期对不同孔形状偏振陷波中心的影响。

根据图 6.30 陷波区域中心波长位置得到图 6.31, 发现中心波长与纵向周期呈线性关系。在纵向周期大小一致的情况下, s 偏振陷波中心波长 (图 6.31(a)) 大于 p 偏振陷波中心波长 (图 6.31(b)), 四种边界陷波中心波长满足 $\lambda_{c\_line} > \lambda_{c\_parabolic} > \lambda_{c\_cosine} > \lambda_{c\_ellipse}$。s 偏振陷波中心波长随纵向周期向长波方向偏移速率高于 p 偏振, 四种边界陷波中心随纵向周期变化, 向长波方向偏移速率大小关系满足 $k_{c\_line} > k_{c\_parabolic} > k_{c\_cosine} > k_{c\_ellipse}$。

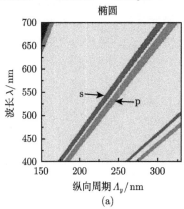

椭圆

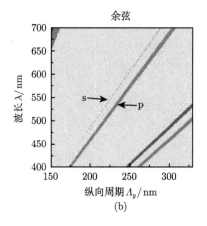

余弦

(a)　　　　　　　　　　　　　　　　　(b)

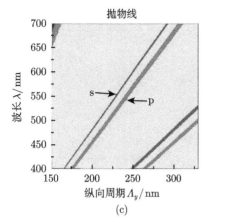
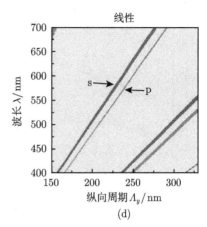

图 6.30   纵向周期对偏振陷波特性的影响 (彩图见封底二维码)

(a) 椭圆边界；(b) 余弦边界；(c) 抛物线边界；(d) 线性边界

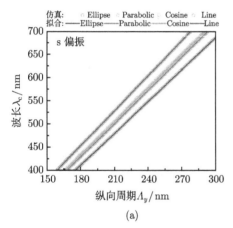
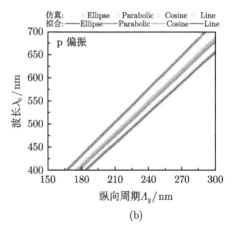

图 6.31   陷波中心与纵向周期关系 (彩图见封底二维码)

(a) s 偏振；(b)p 偏振

(2) 纵向周期对不同孔形状偏振陷波带宽的影响。

根据图 6.31 陷波区域带宽大小，得到图 6.32，发现带宽随纵向周期增长而增长并且基本呈线性变化。除线性边界以外，其余三种边界其 s 偏振陷波带宽 (图 6.32(a)) 小于 p 偏振陷波带宽 (图 6.32(b))，而线性边界 p 偏振陷波带宽小于 s 偏振陷波带宽。椭圆形边界陷波带宽无论 s 波还是 p 波均为四种边界中最宽的；抛物线边界与余弦边界带宽相接近，p 波陷波带宽较宽，而 s 波陷波带宽小，且余弦边界的 s 偏振截止带透射率远大于其余截止区域透射率；线性边界中 s 波偏振大于余弦以及抛物边界，而 p 偏振陷波区域最小。

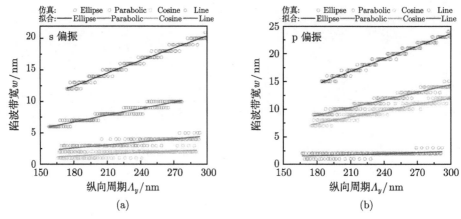

图 6.32　陷波带宽与纵向周期关系 (彩图见封底二维码)

(a) s 偏振；(b) p 偏振

2) 500nm p 波陷波中心不同孔形状孔阵列光子晶体分析

考察当 p 偏振陷波中心为 500nm 时，椭圆边界、抛物线边界、余弦边界以及线性边界偏振陷波滤波特性。此时孔纵向周期分别为 456nm，440nm，436nm 以及 416nm，得到图 6.33 波长与透射率的关系曲线。不同边界对应的 s 偏振 (图 6.33(a)) 的陷波中心波长相近，陷波左侧短波区域四种边界的透射率基本相同；陷波右侧长波区域，椭圆、抛物线以及余弦形式透射率相近，大小接近 100%；而线性边界透射率随波长增加振荡更加强烈，且透射率下降至 90%。不同边界对应的 p 偏振 (图 6.33(b)) 陷波的左侧短波区域透射率相近，椭圆、抛物、余弦以及线性边界透射率依次降低；而陷波右侧长波区域，四种边界透射率随波长变化几乎为直线，但呈下降趋势。

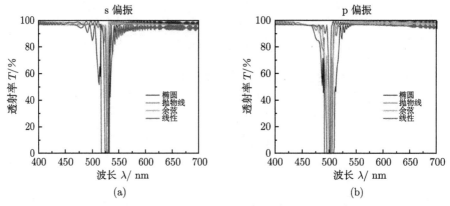

图 6.33　p 偏振陷波中心位于 500nm 时，偏振光谱曲线 (彩图见封底二维码)

(a) s 偏振；(b) p 偏振

3) 等效层数对孔阵列光子晶体偏振陷波特性精度影响

当孔结构被等效分层数不同时, 其整体等效折射率也不同, 仿真精度也会受到影响。四种边界孔纵向周期与 6.2.1 小节 3. 中保持一致。如图 6.34 所示, 四种边界等效分层为 10 层以后, 带宽以及陷波区域谱段范围保持稳定; 只有椭圆边界的 p偏振等效分层为 18 层以后, 带宽以及陷波区域谱段范围才能保持稳定。因此, 等效分层为 20 层时, 足以保证透射率计算精度。

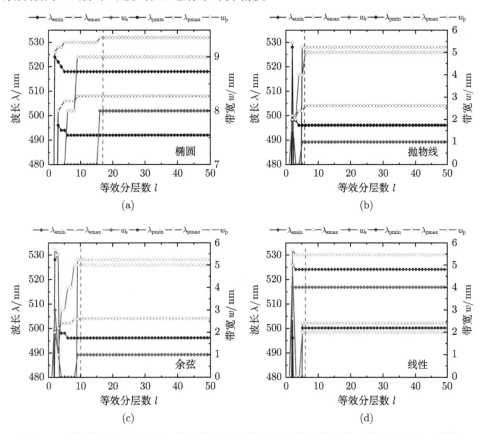

图 6.34 偏振陷波区域带宽、边界波长与孔等效分层数关系曲线 (彩图见封底二维码)

(a) 椭圆边界; (b) 抛物线边界; (c) 余弦边界; (d) 线性边界

4) 介质层厚度对孔阵列光子晶体偏振陷波特性的影响

四种孔边界孔高与 6.2.1 小节 3. 中保持一致, 四种边界等分为 20 层, 仿真偏振陷波特性与介质层厚度的关系。随着介质层厚度的增加, 纵向周期大小也将增加, 因此其陷波中心也会向长波方向偏移。除线性边界的 s 波之外, 其余偏振陷波特性均类似于图 6.35(a), 随着介质层厚度增加, 陷波中心向长波方向增加, 而陷波区域外的短波区域通带，透射率随波长波动幅度增加，且透射率下降，尤其是椭圆边界的 p 波，下降至 70%；长波区域通带透射率高，波动小；线性边界的 s 偏振 (图 6.35(b))，陷波区域变化与其余类似，通带短波区域通带透射率高，波动小，受介质层影响小，而随着介质层区域波动增加，长波区域通带透射率降低。因此纵向周期内介质层厚度较小或者无介质层时，仿真光子晶体结构可以获得稳定的通带。

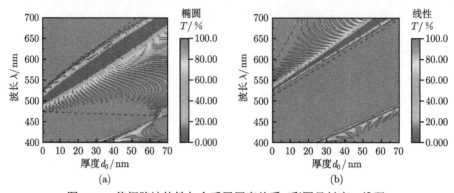

图 6.35　偏振陷波特性与介质层厚度关系 (彩图见封底二维码)

(a) 椭圆边界 p 偏振；(b) 线性边界 s 偏振

5) 孔阵列层数对孔阵列光子晶体偏振陷波特性的影响

四种孔边界孔高与 6.2.1 小节 3. 中保持一致，仿真不同孔阵列层数时陷波中心的透射率 (图 6.36(a) 和 (b))。与带宽相结合，可以看出，随层数的增加，截止速率与带宽有关，带宽越宽，截止速率越快。由于 p 波较宽，s 波较窄，p 偏振在层数为 50 层之后，陷波中心透射率小于 0.1%，除了线性以外，而 s 波在 150 层之后陷波中心波长透射率小于 0.1%，但余弦曲线随层数下降缓慢，并不符合。

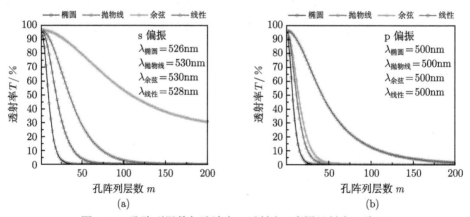

图 6.36　孔阵列层数与陷波中心透射率 (彩图见封底二维码)

(a) s 偏振；(b) p 偏振

3. 仿真孔阵列光子晶体孔形状分析与讨论

仿真过程中孔结构的半纵向周期等分为 20 层, 对于 s 偏振与 p 偏振每层的等效折射率分别如图 6.37(a) 与 (c) 所示, 四种线性等效折射率最小值几乎相同, 而等效折射率最大值有所差异, 但不到 0.1。相比于图 6.30 以及图 6.33 可以发现, 虽然四种边界孔结构在单位周期内等效折射率变化幅度相近, 但陷波带宽差异较大。因此进一步分析半周期折射率变化的斜率, 可以得到斜率为

$$k_l = \frac{n_{l+1} - n_l}{(l+1) - l} \tag{6.29}$$

公式中 n_l 为第 l 层等效层的等效折射率, 仿真得到斜率变化, 如图 6.37(b) 以及 (d) 所示。发现线性边界 s 偏振斜率呈下降趋势, 其余边界 p 和 s 偏振斜率均呈

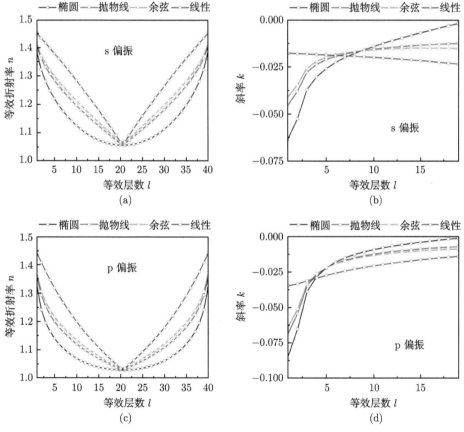

图 6.37 等效折射率及斜率变化与等效层关系曲线 (彩图见封底二维码)

等效折射率: (a) s 偏振, (c) p 偏振; 等效折射率斜率: (b) s 偏振, (d) p 偏振

上升趋势, 因此取斜率差 $\Delta k = k_{19} - k_1$ 进行分析, 得到表 6.4。除去线性边界的 s 偏振与 p 偏振以外, 各个边界的斜率差大小关系与带宽大小关系基本相同。并且, 斜率差为正时, 等效折射率变化曲线为凹; 而斜率差为负时, 等效折射率变化曲线为凸。可以看出, 陷波带宽与斜率差和等效折射率变化曲线的凹凸有关。

表 6.4　孔边界对仿生光子晶体结构偏振陷波特性的影响

孔边界	斜率差 ($\Delta k = k_{max} - k_{min}$)		带宽 (w)/nm	
	s 偏振	p 偏振	s 偏振	p 偏振
椭圆边界	0.0619	0.0844	8	9
抛物线边界	0.0332	0.0621	1	5
余弦边界	0.0261	0.0559	1(<50%)	5
线性边界	−0.0057	0.0209	4	2

考虑折射率变化曲线中的斜率因素, 通过多层薄膜的形式, 分析半周期内等效折射率从上至下渐变变化对偏振陷波滤波特性的影响。半孔结构被均分为 20 层。根据孔结构与单位周期的位置关系得到纵向周期中的最大折射率为 1.45 以及最小折射率为 1.05。为简化运算, 采用圆函数形式, 圆函数的极坐标与直角坐标的对应形式为

$$\begin{cases} x = \rho \cos \theta \\ y = \rho \sin \theta \end{cases} \tag{6.30}$$

其中, $\theta \in [0° + \Delta\theta, 90° - \Delta\theta]$ 内变化的曲线, 随着 $\Delta\theta$ 的增加, 曲线的斜率差减小。根据圆函数这一特性构建等效折射率随层数变化的曲线函数。为保证对称性, 横坐标用参数 c 表示, 与层数 l 关系为

$$c = \frac{n_{max} - n_{min}}{20}(l-1) \tag{6.31}$$

等效折射率曲线为凸曲线时 (图 6.38(a)):

$$n_t(l) = n_{max} - \sqrt{\Delta n^2 + (n_{differ} + \Delta n^2)^2 - (n_{differ} - c + \Delta n^2)^2} + \Delta n \tag{6.32}$$

等效折射率曲线为凹曲线时 (图 6.38(b)):

$$n_a(l) = n_{max} - \sqrt{\Delta n^2 + (n_{differ} + \Delta n^2)^2 - (c + \Delta n^2)^2} + \Delta n \tag{6.33}$$

为保证陷波中心为 500nm, 单位层厚 d 为

$$d = \frac{500}{\sum\limits_1^{l=20} n(l)} \tag{6.34}$$

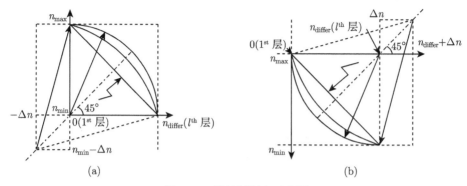

图 6.38　等效折射率示意图

(a) 凸曲线；(b) 凹曲线

随着 Δn 的增加，斜率差 Δk 越来越接近于 0，即等效折射率随膜层的关系曲线越接近直线。由图 6.39(a) 以及 6.39(b) 可以看出，受等效折射率变化曲线形状

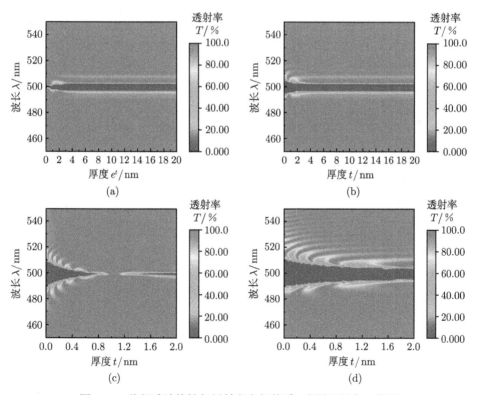

图 6.39　偏振滤波特性与折射率半径关系 (彩图见封底二维码)

折射率凹曲线：(a) 大斜率差，(c) 小斜率差；折射率凸曲线：(b) 大斜率差，(d) 小斜率差

的凹凸影响，随着等效折射率差的减小，偏振陷波带宽最终均会稳定在 4nm；进一步分析等效折射率差 Δn 在数值较小时的情况，如图 6.39(c) 和 (d) 所示；此时等效折射率变化曲线的凹凸对偏振陷波带宽的影响有所不同，等效折射率为凹曲线时，偏振陷波带宽先迅速减小为 0，之后逐渐增大并稳定在 4nm；而等效折射率变化为凸曲线时，偏振陷波带宽逐渐减小然后趋于稳定。

根据图 6.39 分析四种边界偏振陷波特性。对于 s 偏振，椭圆边界、抛物线边界可以看作处于图 6.39(c) 陷波带宽减小区域，即左侧陷波区域；余弦边界处于中间无截止带区域；而线性边界等效折射率变化为凸曲线，虽然斜率差很小，但依旧处于图 6.39(d) 中带宽较大区域。而对于 p 偏振，四种边界均处于图 6.39(c) 左侧陷波区域中，偏振陷波带宽大小关系与斜率差关系一致。

6.2.4 孔阵列光子晶体倾斜入射滤波特性

1. 孔阵列光子晶体传输矩阵修正

前面的章节，讨论了光线垂直入射到仿生光子晶体结构模型的偏振陷波滤波特性。下面对斜入射情况下，光子晶体的偏振陷波滤波特性进行讨论。首先对矩孔光子晶体结构进行讨论，此时入射光可以分为两种情况讨论：入射光垂直于管向平面 (即垂直于 z 轴，图 6.40(a)) 与入射光平行于孔向平面 (即垂直于 x 轴，图 6.40(b))。

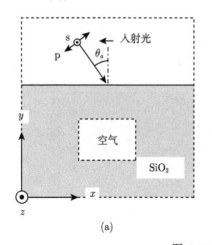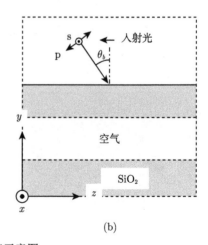

(a)   (b)

图 6.40 斜入射仿真示意图

(a) 入射光位于 x-y 平面；(b) 入射光位于 z-y 平面

根据公式 (6.5) 和公式 (6.6) 可以知道，陷波滤波的中心波长与单位纵向周期的等效光程以及等效折射率有关。当光线斜入射时，等效导纳将发生改变：

$$\eta_s = n \cos \theta \tag{6.35}$$

$$\eta_p = \frac{n}{\cos \theta} \tag{6.36}$$

其中，n 为折射率；θ 为入射角度；η_s 和 η_p 表示等效导纳。同时其等效相位也将发生改变：

$$\delta = \frac{2\pi}{\lambda} dn \cos \theta \tag{6.37}$$

从式 (6.37) 可以发现，随着入射光角度的变化，偏振陷波中心位置将会发生偏移，s 波与 p 波方向将发生改变，因此需要对入射光在这两个平面的变化分别进行讨论。位于垂直于孔向平面的入射光，其 M 矩阵与之前相同，而位于平行于孔向平面的入射光，其 M 矩阵需要进行修正，变为

$$M_{\text{gratng-p}} = \begin{bmatrix} \cos \delta_p & \dfrac{i}{\eta_o} \sin \delta_p \\ i\eta_o \sin \delta_p & \cos \delta_p \end{bmatrix} \tag{6.38}$$

$$M_{\text{gratng-s}} = \begin{bmatrix} \cos \delta_s & \dfrac{i}{\eta_e} \sin \delta_s \\ i\eta_e \sin \delta_s & \cos \delta_s \end{bmatrix} \tag{6.39}$$

2. 孔阵列光子晶体斜入射模拟仿真

以图 6.27(b) 为例进行讨论，保持结构尺寸不变，改变入射角大小进行仿真。对入射角在 0° ~60° 范围内变化的仿生矩孔结构进行仿真，仿真得到图 6.41：图 6.41(a) 为入射光位于 x-y 平面；图 6.41(b) 为入射光位于 z-y 平面，其中通带区域为黄色，红色区域为 p 波截止区域，蓝色区域为 s 波截止区域。当入射光位于 x-y 平面上时，s 波带宽随入射角的增加而变化，并且陷波中心随入射角的增加向短波方向偏移；p 波带宽较宽，陷波中心同样随着入射角的增加逐渐向短波方向偏移。当入射光位于 z-y 平面时，其 s 波与入射光垂直于孔向平面时 p 波偏振方向一致，p 波与之前的 s 波方向一致。此时，s 波和 p 波陷波中心均随着入射角的增加向短波方向偏移。从图 6.41 可以看出，随着角度变化，s 波和 p 波不会重合。

当入射光位于 z-y 平面时，p 波带宽在入射角 0° ~45° 内变化，如图 6.42 中红线所示，通过曲线拟合可以看出，随着入射角的增加，带宽逐渐减小，并且下降速率随入射角的增加逐渐增加；当入射光平行于孔向平面时，s 波带宽在入射角 0° ~45° 内变化如图 6.42 中蓝线所示，通过曲线拟合可以看出，随入射角的增加带宽逐渐增加，并且增加速率随入射角的变大逐渐增加。可以发现入射角在 15° 以内时，偏振陷波滤波的陷波带宽基本保持稳定。

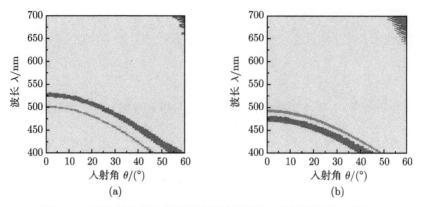

图 6.41　矩孔结构斜入射偏振光谱陷波特性 (彩图见封底二维码)

(a) 入射光位于 $x\text{-}y$ 平面; (b) 入射光位于 $z\text{-}y$ 平面

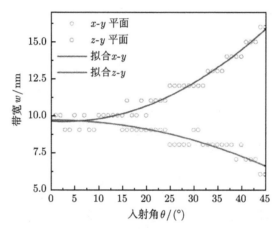

图 6.42　入射角与陷波带宽关系曲线 (彩图见封底二维码)

3. 多孔型倾斜入射

分别对孔边界为线性、抛物线、椭圆以及余弦边界的仿生光子晶体结构, 在斜入射情况下的陷波偏振特性进行仿真。为方便讨论, 当入射光位于 $z\text{-}y$ 平面时, 规定平行于孔方向的偏振为 s 波, 垂直于孔方向的偏振为 p 波, 与入射光位于 $x\text{-}y$ 平面时相对应。仿真得到图 6.43, 图中黄色区域为通带区域, 蓝色区域为 s 波陷波区域, 红色区域为 p 波陷波区域。首先可以发现入射角在 10° 以内时, 四种孔型的偏振陷波带宽基本保持不变。当入射光在 $x\text{-}y$ 平面以及 $z\text{-}y$ 平面内变化时, s 波与p 波陷波区域均没有重合区域。根据式 (6.37) 可知, 偏振陷波中心只与该层的等效折射率以及入射角度有关; 因此在入射角相同的情况下, 入射光位于不同平面, 不影响陷波中心在光谱中的位置。随着入射光入射角的增加, 与矩孔形式一样, 陷波中心位置向短波方向偏移, 并且偏移速率逐渐增加; 入射角在 5° 以内时, 这几种孔型的陷波中心的光谱位置基本保持不变。进一步分析入射角对陷波中心带宽的影响, 除线性边界以外, 对于 p 波, 带宽均随入射角增大而减小, 并且位于 z-y 平面的带宽变化相较于位于 x-y 平面的带宽变化较慢, 对于 s 波, 带宽同样也会随着入射角增大而减小。而线性边界与其他三个边界特性相反, 并且 s 波带宽随着角度增大而增大。综上分析可知, 仿生孔阵列光子晶体结构的偏振陷波带宽对入射角敏感。

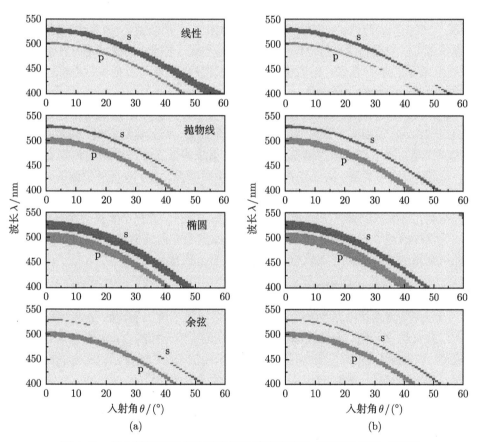

图 6.43　斜入射情况下多孔型偏振光谱陷波特性 (彩图见封底二维码)

(a) 入射光位于 x-y 平面; (b) 入射光位于 z-y 平面

综上所述, 入射光角度对仿生光子晶体结构有较大的影响, 陷波带宽以及陷波中心位置均会随着入射角的变化而变化; 且随着入射角增加, 变化速率增加。但入射角在 5° 以内时, 陷波中心位置基本保持稳定; 而在入射角 10° 以内时, 陷波带宽基本不变。因此在小角度入射时, 该仿生结构的偏振陷波带宽以及陷波中心位置可以保持稳定, 而入射角较大时, 该仿生结构的偏振陷波带宽以及陷波中心位置将会受到很大的影响, 但相对地, 可以利用入射角变化获得更多谱段的窄带偏振陷波。

6.3　仿生偏振光谱吸收结构

仿生虾蛄眼微绒毛阵列结构所设计的孔阵列光子晶体结构可以实现偏振光谱滤波特性, 但无法实现探测。然而虾蛄眼本身可以实现偏振滤波、光谱滤波与探测相结合。根据 6.1 节讨论, 微绒毛的主要功能结构是其微绒毛膜, 微绒毛膜上镶嵌的视蛋白可以实现光信号与电信号的转换, 即实现了探测; 而微绒毛阵列结构类似于线栅, 视蛋白本身具有一定的偏振选择吸收特性, 因此可以把微绒毛阵列看作一个偏振滤波与探测的集成元件。

偏振元件与探测像元相结合是现在的研究热点, 尤其是微偏振元件与探测元件集成结构, 在偏振光学领域具有广泛的应用前景, 例如偏振成像、偏振导航、光谱偏振探测。相比于传统的偏振探测系统, 集成偏振元件与探测结构具有结构紧凑、探测精度高等优势。集成结构主要有薄膜微偏振元件、双折射微偏振元件以及金属纳米线栅偏振元件与探测像元的集成。随着微纳加工技术的发展, 金属纳米线栅与探测元件集成的偏振探测元件因其高偏振消光比、体积小和高分辨等优势, 逐渐成为偏振探测领域中的重要器件。虾蛄眼微绒毛阵列结构具有类似的线栅结构, 因此对金属纳米线栅仿生集成结构的研究具有重要意义。

6.3.1　双层纳米线栅偏振探测集成结构

偏振探测集成结构存在吸收率与消光比之间的矛盾。近年来, 奈良先端科学技术大学院大学 [20] 利用金属线偏振元件与 CMOS 像元相结合, 实现了像元级的偏振探测; 华盛顿大学研制了玻璃基底的铝纳米线栅与 CCD 像元相结合的高消光比的偏振成像探测器, 并进一步实现了多谱段偏振成像探测器, 在 400~700nm 谱段内均获得良好的消光比特性; 昌原国立大学研究人员以玻璃为基底, 利用吸收材料和铝制作双层纳米线栅 [21], 抑制 TE 偏振光透射率, 实现极高的偏振消光比, 具有良好的偏振特性。这些研究虽然获得了良好的消光比, 但是 TM 最大透射率, 即探测器在可见光谱段内的最大吸收均小于 60%, 较低的透射率导致偏振探测灵敏度下降。相对地, 中国台湾省成功大学利用铝纳米线栅, 实现从紫外至红外的宽光谱偏振 [22], 在可见光谱段内, TM 透射率大于 90%, 但 TE 透射率大于 10%, 消光比小于 10, TM 高透射率与偏振探测的高消光比之间的矛盾并未解决。综上所述, 金属纳米线栅与探测元件集成偏振探测元件, 在实现 TM 高透射的同时, 达到 TE 透射率抑制效果, 从而实现高消光比, 这是一个具有挑战性的问题。

微绒毛阵列不仅可以实现偏振滤波特性而且可以实现偏振光谱吸收。因此，本书提出一种由光电转换材料硅构成的光栅结构与铝纳米线栅结构集成的偏振探测结构。硅 [23] 为最常见的光电二极管光电转化材料，本书选硅作为吸收材料；金属纳米线栅材料选择铝，铝纳米线栅具有良好的透过特性和偏振特性；利用硅纳米线栅增强其偏振吸收特性以实现偏振探测功能。下面利用 FDTD 方法，仿真模拟双层纳米线栅集成结构在 400~700nm 内 TE、TM 的吸收率和消光比；讨论并设计一种高消光比、TM 偏振高吸收的偏振探测集成结构。

1. 双层纳米线栅结构模型

图 6.44 表示集成结构的理论模型。硅基底作为探测元件，铝纳米线栅位于上方，在 400~700nm 可见光谱内起偏振滤波作用 (图 6.44(a))。如图 6.44(b) 所示，铝纳米线栅周期为 Λ、厚度为 d_{Al} 以及占空比为 f。在硅基底与铝纳米线栅之间构造一层硅纳米线栅，硅纳米线栅方向与铝纳米线栅一致，其周期与占空比也与铝纳米线栅相同，硅纳米线栅厚度为 d。光线正入射至仿生集成结构上，平行于线栅方向的蓝色箭头为 TE 偏振 (s 波)，垂直于线栅方向的红色箭头为 TM 偏振 (p 波)。

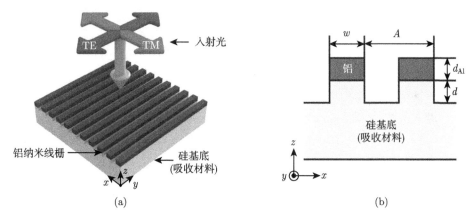

图 6.44 双层纳米线栅结构示意图 (彩图见封底二维码)

(a) 双层纳米线栅三维示意图；(b) 双层纳米线栅截面图

集成结构中的线栅结构周期尺寸处于纳米级，因此采用 FDTD 方法仿真该结构。图 6.45 为 FDTD 仿真结构示意图，线栅方向平行于 z 轴。线栅长度远大于线栅周期，其线栅长度对结构偏振吸收特性的影响可以忽略不计，因此采用在 x-y 平面的二维仿真对仿生集成结构进行仿真。线栅周期沿 x 方向，仿真时 x 方向选择周期性边界，对单位周期结构进行仿真。入射光方向平行于 y 轴方向，TM 和 TE 偏振分别平行于 x 轴和 z 轴。图中监视器位于铝纳米线栅下边界 (硅纳米线栅上边界) 用于探测铝纳米线栅的透射率，即硅纳米线栅以及硅基底的吸收率。吸收消

光比为 $(A_{\mathrm{TM}}/A_{\mathrm{TE}})$，即 TM 方向与 TE 方向硅吸收的比值。

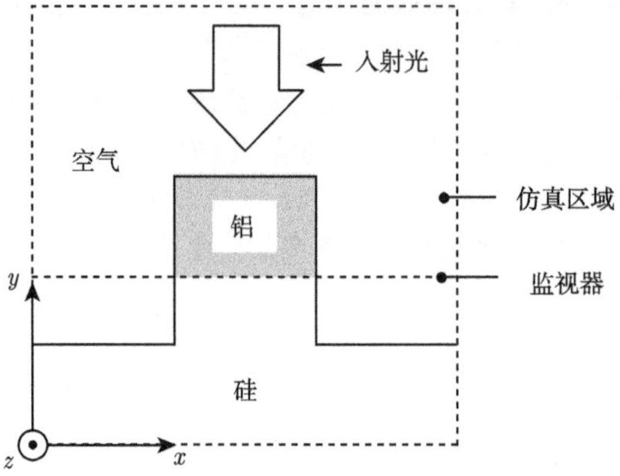

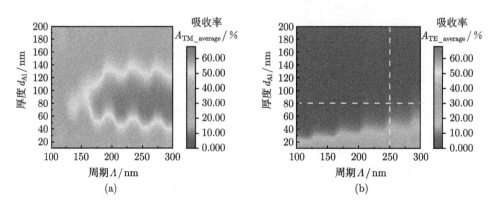

图 6.45　FDTD 仿真结构示意图

2. 双层纳米线栅仿真模拟

1) 硅基铝纳米线栅厚度和周期

这里讨论铝纳米线栅对硅吸收率的影响。先不考虑硅纳米线栅对硅吸收的影响，即 $d=0$。此时，令铝纳米线栅占空比 $f=0.5$。讨论不同纳米线栅厚度 d_{Al} 和周期 Λ 下，TM 偏振和 TE 偏振经过铝纳米线栅后的透射率 (硅吸收率)，并仿真计算不同厚度和周期下，400~700nm 谱段内透射率平均值。图 6.46(a) 为 TM 偏振在可见光谱内的平均吸收率。TM 偏振的平均吸收率随周期增长而增加，且铝纳米线栅厚度 d_{Al} 在 70~120nm 时超过 60%；TM 偏振吸收率最大值为 68%，但仍小于 70%。图 6.46(b) 为 TE 偏振在可见光谱内的平均吸收率。TE 偏振的平均吸收率随着周期增大而增加，但随着铝纳米线栅厚度 d_{Al} 增加而减小。TM 偏振平均吸收

图 6.46　铝纳米线栅厚度与周期对吸收的影响 (彩图见封底二维码)

(a) TM 偏振；(b) TE 偏振

率最大值出现在铝纳米线栅周期为 250nm、厚度 d_{Al} 为 80nm 时。接下来在此铝纳米线栅结构尺寸下进行讨论。

2) 硅纳米线栅厚度

下面讨论添加硅纳米线栅, 硅纳米线栅厚度 d 对硅在可见光谱内的偏振吸收影响。硅纳米线栅的周期以及占空比与铝纳米线栅相同。图 6.47 描述了硅纳米线栅厚度在可见光谱内对 TM 偏振以及 TE 偏振的吸收率的影响。图 6.47(a) 表示硅纳米线栅在不同厚度的情况下, TM 偏振的吸收率随光谱段的变化。随着硅纳米线栅厚度的增加, TM 偏振的吸收率在可见光谱段内稳定增长。图 6.47(b) 表示 TE 偏振的吸收率变化, 可以看出 TE 偏振吸收率几乎不受硅纳米线栅变化的影响。图 6.47(c) 为 TE 和 TM 偏振的吸收率在有硅纳米线栅 ($d=20\mu m$) 以及无硅纳米线栅 ($d=0\mu m$) 的仿生集成结构下随光谱变化的曲线。在无硅纳米线栅 ($d=0\mu m$) 的情况下, TE 偏振 (截止方向) 最大吸收率超过 3%, TM 偏振 (透过方向) 的最小吸收小

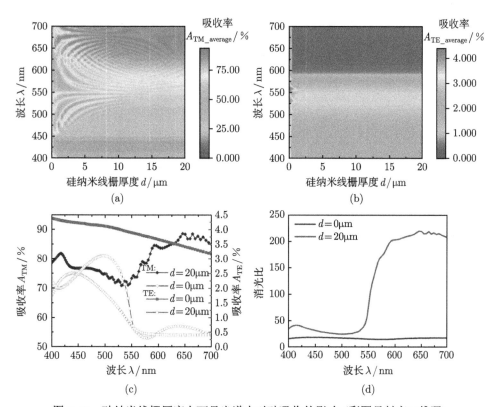

图 6.47 硅纳米线栅厚度在可见光谱内对硅吸收的影响 (彩图见封底二维码)

(a) TM 偏振; (b) TE 偏振; (c) TE 和 TM 偏振在 $d=0\mu m$ 和 $d=20\mu m$ 时的吸收率; (d) $d=0\mu m$ 和 $d=20\mu m$ 时吸收消光比曲线

于 75%。与无硅纳米线栅结构相比,添加了硅纳米线栅结构 (d=20μm) 后,TM 偏振 (吸收方向) 的最小吸收率超过 70%,而吸收率最大值接近 90%;TE 偏振 (吸收截止方向) 在可见光谱内的吸收率最大值小于 3%。图 6.47(d) 为在两种情况下吸收消光比随波长的变化曲线,可以看出,添加硅纳米线栅可以显著提高吸收消光比;尤其在 550~700nm 谱段,消光比得到明显提高。综上所述,添加硅纳米线栅结构可以增加 TM 偏振的吸收率,抑制 TE 偏振的吸收率,从而达到吸收消光比的提升。

3) 双层结构中铝纳米线栅厚度及光栅周期的影响

下面对仿生双层偏振吸收结构进行仿真讨论 (硅纳米线栅厚度 d=20um),重点讨论 TM 偏振 (吸收方向) 与 TE 偏振 (截止方向) 在可见光谱内平均吸收率受铝纳米线栅厚度以及周期变化的影响。表 6.5 表示铝纳米线栅厚度为 0nm 与 10nm 时,TM 偏振平均吸收率与 TE 偏振平均吸收率随周期的变化。

表 6.5 铝纳米线栅厚度与硅偏振吸收关系表

周期 (Λ)		0.1	0.14	0.16	0.18	0.2	0.24	0.26	0.28	0.3
A_{TM}	d_{Al}=0nm	0.9290	0.9140	0.9112	0.9107	0.9130	0.9286	0.9278	0.9189	0.9152
	d_{Al}=10nm	0.6952	0.6795	0.7008	0.7242	0.7508	0.8137	0.8031	0.7981	0.7762
A_{TE}	d_{Al}=0nm	0.6857	0.6767	0.6826	0.6898	0.6963	0.7065	0.7121	0.7192	0.7318
	d_{Al}=10nm	0.3318	0.3229	0.3294	0.3391	0.3491	0.3827	0.3939	0.4064	0.4140
Er	d_{Al}=0nm	1.3548	1.3506	1.3348	1.3202	1.3112	1.3143	1.3029	1.2776	1.2506
	d_{Al}=10nm	2.0952	2.1043	2.1275	2.1356	2.1506	2.1262	2.0388	1.9638	1.8748

当不存在铝纳米线栅时,此时 d_{Al}=0nm,硅对 TM 偏振的吸收率超过 90%,TE 偏振的吸收率超过 65%。由于 TE 偏振吸收率过高,因此其吸收消光比小于 1.5,基本不具备偏振探测能力。因此,如果仅利用硅纳米线栅作为偏振器件,该结构几乎不存在偏振探测能力。而当铝纳米线栅厚度为 d_{Al}= 10nm 时,TM 吸收率与 TE 吸收率均有下降,同时吸收消光比增加。图 6.48(a) 表示周期在 100~300nm、铝纳米线栅厚度在 20~300nm 时的 TM 偏振 (吸收方向) 吸收率;当周期处于 230~250nm、铝纳米线栅厚度处于 80~120nm 时,TM 偏振的平均吸收率大于 79%。图 6.48(b) 为 TE 偏振 (截止方向) 的平均吸收率;吸收率随着周期的增加而增加,并且随铝纳米线栅厚度增加而减小;并且在 TM 偏振平均吸收率峰值区域,TE 偏振的平均吸收率仅在 0.5% 左右。

从图 6.48 中可以发现,在周期为 240nm、铝纳米线栅厚度为 120nm 时,TM 平均吸收率超过 80%、TE 偏振平均吸收率小于 0.5%,因此对该尺寸结构做进一步分析研究。对比无硅纳米线栅结构的最优曲线 (d_{Al}=80nm,d=0μm,周期 Λ=240nm),双层纳米结构 (d_{Al}=120nm,d=20μm,周期 Λ=240nm)TM 偏振吸收率在整个可见光谱区域高于无硅纳米线栅结构;TE 偏振吸收率小于无硅纳米线栅结构 (图 6.49)。

此时对应的吸收消光比大于 80，远大于无硅纳米线栅结构。除此之外，吸收消光

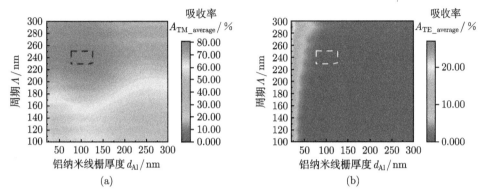

图 6.48　铝纳米线栅厚度与周期对吸收的影响 (彩图见封底二维码)

(a) TM 偏振；(b) TE 偏振

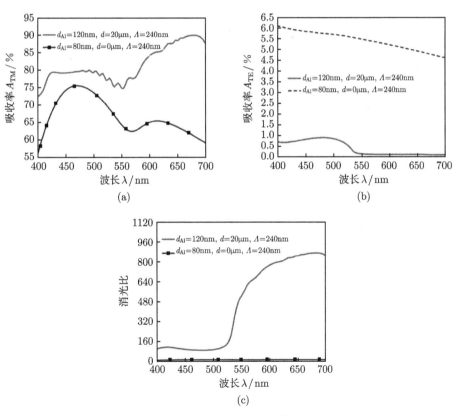

图 6.49　双层结构偏振光谱曲线

(a) TM 偏振吸收率；(b) TE 偏振吸收率；(c) 消光比随波长关系曲线

比在波长处于 550~700nm 时超过 600。与几种微偏振结构相比 (表 6.6)，仿生双层纳米线栅集成结构具有极好的偏振吸收特性，缓解了消光比与透射率之间的矛盾。

表 6.6　几种偏振吸收结构对比

微偏振结构	偏振方向吸收率		消光比	
	最大值	最小值	最大值	最小值
仿生光子晶体结构 (本书)	>90%	>70%	>500	>80
铝纳米线栅/探测器 [21]	⩽64%	—	<60	<30
铝纳米线栅/基底	<90%	>75%	<40	<30
吸收层/铝纳米线栅/硅基底 [23]	<45%	<40%	>6000	>4000

3. 仿真结构分析讨论

双层纳米线栅集成结构影响硅吸收的主要原因有两个：铝纳米线栅的吸收，以及仿生结构的反射率。利用等效介质理论对 TE 偏振以及 TM 偏振相对应的铝纳米线栅以及硅纳米线栅的等效折射率进行计算。仿生结构的能量分布以及吸收分布通过 FDTD 进行仿真；并且根据仿真结果，进一步研究增加硅纳米线栅后，TM 偏振吸收增加以及 TE 偏振抑制的原因，从而得到提高集成结构吸收消光比的方法。

1) 双层结构 TM 偏振吸收特性分析

下面将讨论添加硅纳米线栅结构的双层仿生结构 TM 偏振 (吸收方向) 吸收率增强的原因。此时，铝纳米线栅与硅纳米线栅的等效折射率虚部均小于 0.1 (图 6.50(b))，因此折射率虚部对仿生结构的反射率影响很小，可以忽略不计，不做讨论。铝纳米线栅等效折射率实部远小于硅折射率实部，但与硅纳米线栅等效折射率实部相接近 (图 6.50(a))。当存在硅纳米线栅时，铝纳米线栅与硅基底之间的折射率差异因硅纳米线栅的出现而减小；由于界面折射率差异减小，双层结构的反射率也会减小。对比双层仿生结构 (有硅纳米线栅，图 6.51(a)) 与单层仿生结构 (无硅纳米线栅，图 6.51(c))，得到在 570nm 波长处的能量分布。可以看出，双层仿生结构的能量分布在铝纳米线栅周围上方较弱，而在铝纳米线栅下方较强；说明硅纳米线栅可以增强吸收率和减小反射率。图 6.50(d) 证明，增加硅纳米线栅可以显著减小仿生集成结构的反射率，从而提高 TM 偏振的吸收特性。

图 6.51(b) 与图 6.51(d) 分别表示双层结构与单层结构在 570nm 波长处的吸收分布，Pabs 为各个位置单位空间内所吸收的能量。铝纳米线栅的吸收主要发生在铝纳米线栅边界处，尤其是下边界。本书同样研究了双层结构以及单层结构之间各个位置单位空间吸收的能量差异 (图 6.51(e))，$\Delta P = \log_{10}(\text{Pabs}_{h=20\mu m}) - \log_{10}(\text{Pabs}_{h=0\mu m})$。当无硅纳米线栅时 (单层结构)，铝纳米线栅两侧边界吸收尤其剧烈，远大于存在硅纳米线栅时，尤其是在铝纳米线栅、硅基底以及空气的交界处；此时铝纳米线栅的吸收远大于双层仿生结构。因此，可以发现，增加硅纳米

线栅的集成仿生结构可以减少铝纳米线栅对 TM 偏振的吸收。在可见光谱段内 (图 6.50(d)),增加硅纳米线栅的集成仿生结构均可以减少铝纳米线栅对 TM 偏振吸收。综上所述,对于 TM 偏振,增加硅纳米线栅的仿生集成结构可以减少铝纳米线栅的吸收以及仿生结构的反射,从而提升仿生结构对 TM 偏振的吸收率。

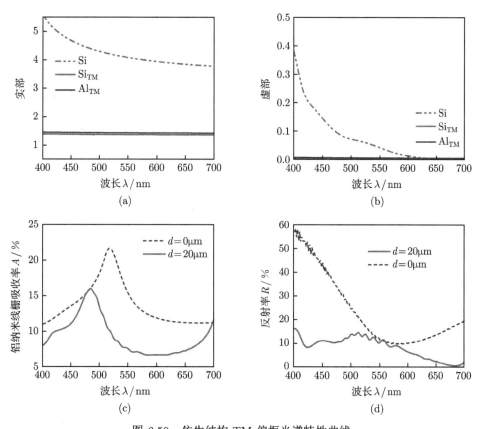

图 6.50 仿生结构 TM 偏振光谱特性曲线

(a) 折射率实部; (b) 折射率虚部; (c) 铝纳米线栅吸收率; (d) 仿生结构反射率

2) 双层结构 TE 偏振吸收特性分析

下面将讨论添加硅纳米线栅结构的双层仿生结构对 TE 偏振 (吸收截止方向) 吸收抑制的原因。铝纳米线栅的虚部大于 3(图 6.52(b)),因此折射率虚部对仿生结构的反射率影响巨大;铝纳米线栅具有很明显的金属特性,具有很高的反射率,几乎无透射,即硅几乎无吸收。对比双层结构仿生结构 (有硅纳米线栅,图 6.53(a)) 与单层仿生结构 (无硅纳米线栅,图 6.53(c)) 在 570nm 波长处的能量分布,可以看出,双层仿生结构以及单层仿生结构,能量分布在铝纳米线栅周围上方均较强,而在铝纳米线栅下方强弱并无差异。图 6.52(d) 证明,增加硅纳米线栅与无硅纳米线栅结构在可见光谱内的反射率相似，均超过 80%，说明该仿生结构对于 TE 偏振的吸收抑制并不受反射率的影响。

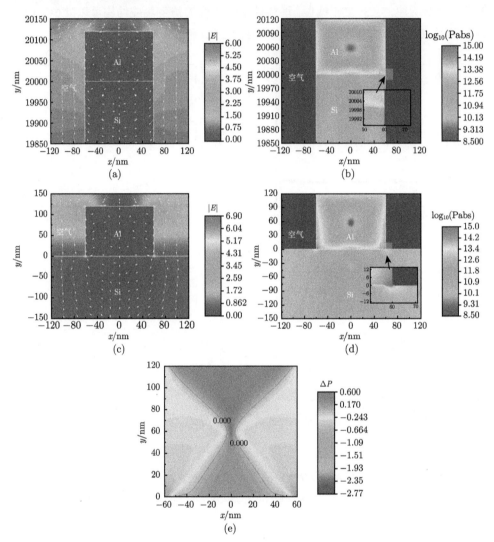

图 6.51　仿生结构 TM 偏振吸收分析 (彩图见封底二维码)

(a) 波长 570nm 能量分布，$d = 20$nm；(b) 波长 570nm 吸收分布，$d = 20$nm；(c) 波长 570nm 能量分布，$d = 0$nm；(d) 波长 570nm 吸收分布，$d = 0$nm；(e) $d = 0$nm 与 $d = 20$nm 时，铝纳米线栅吸收分布差异

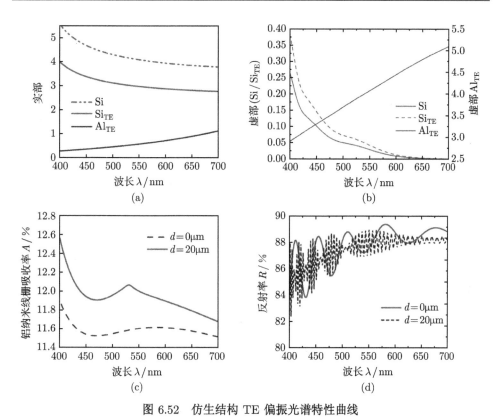

图 6.52 仿生结构 TE 偏振光谱特性曲线

(a) 折射率实部; (b) 折射率虚部; (c) 铝纳米线栅吸收率; (d) 仿生结构反射率

图 6.53(b) 与图 6.53(d) 分别表示双层结构与单层结构在 570nm 处的吸收分布, Pabs 为在各个位置单位空间所吸收的能量。铝纳米线栅的吸收主要发生在铝纳米线栅边界处, 尤其是上界面。本书同时研究了双层结构以及单层结构之间各个位置单位空间吸收的能量差异 (图 6.53(e)), $\Delta P = \log_{10}(\text{Pabs}_{h=20\mu\text{m}}) - \log_{10}(\text{Pabs}_{h=0\mu\text{m}})$。当增加硅纳米线栅时 (双层结构), 铝纳米线栅下界面吸收剧烈, 远大于无硅纳米线栅时。因此, 可以发现增加硅纳米线栅的集成仿生结构可以增加铝纳米线栅对 TE 偏振的吸收。在可见光谱段内 (图 6.53(d)) 增加硅纳米线栅的集成仿生结构均可以增加铝纳米线栅对 TE 偏振的吸收, 从而减少硅对 TE 偏振的吸收。综上所述, 对于 TE 偏振, 增加硅纳米线栅的仿生集成结构, 可以增加铝纳米线栅的吸收, 从而抑制硅对 TE 偏振的吸收。

4. 双层纳米线栅倾斜入射偏振吸收特性分析

对于纳米线栅, 斜入射分为两种情况: ① 入射光位于 x-y 平面 (图 6.54(a)), 此时 TM 偏振位于 x-y 平面并且垂直于入射方向, TE 偏振垂直于 x-y 平面, 在这种情况下, 入射角为 θ_a; ②入射光位于 z-y 平面 (图 6.54(b)), 此时 TE 偏振位于 z-y 平面并且垂直于入射方向, TM 偏振垂直于 z-y 平面, 在这种情况下, 入射角为 θ_b。但为了方便讨论, 将入射光位于 z-y 平面时的 TE 偏振和 TM 偏振互换, 使 TM 偏振垂直

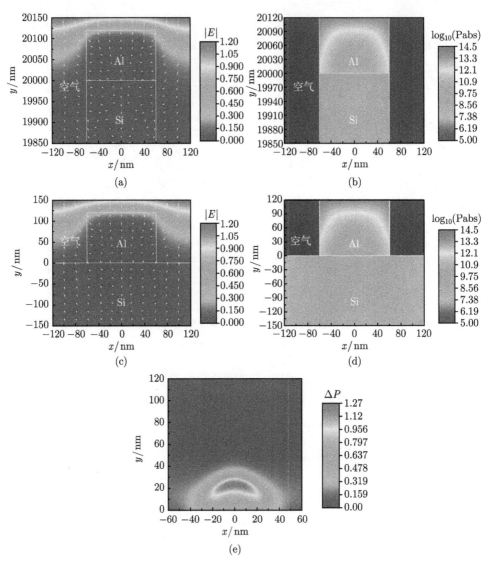

图 6.53　仿生结构 TE 偏振吸收分析 (彩图见封底二维码)

(a) 波长 570nm 能量分布, $d = 20\mu m$; (b) 波长 570nm 吸收分布, $d = 20\mu m$; (c) 波长 570nm 能量分布, $d = 0\mu m$; (d) 波长 570nm 吸收分布, $d = 0\mu m$; (e) $d = 0\mu m$ 与 $d = 20\mu m$ 时, 铝纳米线栅吸收分布差异

于线栅、TE 偏振平行于线栅，与入射光位于 x-y 平面的偏振方向相对应。利用 FDTD 的三维形式对入射角在 $0° \sim 60°$ 时的硅基底和硅纳米线栅的吸收率进行仿真，此时 x 与 z 方向边界为周期性边界。

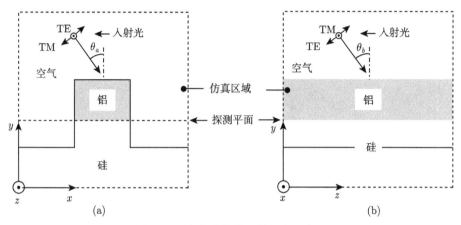

图 6.54 仿生结构斜入射仿真示意图

(a) 入射光位于 x-y 平面；(b) 入射光位于 z-y 平面

入射光位于 x-y 平面的条件下，当入射角 $\theta_a \leqslant 30°$ 时，TM 偏振 (图 6.55(a)) 的吸收率超过 70%，只在 575~625nm 波长范围内，吸收率小于 70% 但大于 60%；TE 偏振 (6.55(b)) 的吸收率在入射角 $0° \sim 60°$ 时均小于 1%；因此，当入射角 $\theta_a \leqslant 30°$ 时，仿生结构的吸收消光比大于 80(6.55(c))。入射光位于 z-y 平面的条件下，TM 偏振 (图 6.55(d)) 在入射角为 $0° \sim 60°$ 时的吸收率均超过 70%；TE 偏振 (图 6.55(e)) 在入射角为 $0° \sim 60°$ 时的吸收率小于 1%。可以发现，入射角在 $0° \sim 60°$ 时，仿生消光比大于 75(图 6.55(f))。综上分析可知，入射角在 $0° \sim 60°$ 时，双层结构具有超过 60% 的 TM 吸收率以及大于 75 的高吸收消光比，具有良好的偏振特性。

5. 双层仿生集成结构偏振特性分析

这里以 FDTD 为理论基础，仿真模拟在可见光谱段 400~700nm 内铝纳米线栅与硅纳米线栅相结合的双层纳米线栅结构，分析 TM 偏振和 TE 偏振随周期及光栅厚度变化对其透射率的影响。讨论分析得到：① 双层结构相比于金属纳米线栅与硅基底结构，可以有效提高 TM 偏振吸收率，抑制 TE 偏振吸收率；② 硅纳米线栅厚度增加，可有效提高 TM 透射率稳定性，而 TE 透射率，基本不随线栅厚度增加而变化；TM 透射率并不会随周期及铝纳米线栅厚度增加而增加；③ 双层纳米线栅结构具有良好的角度特性，在入射角在 $30°$ 以内具有高吸收率和消光比。所以，双层线栅结构的研究为微偏振元件与探测元件集成的偏振探测结构的设计和制作提供了重要的理论依据。

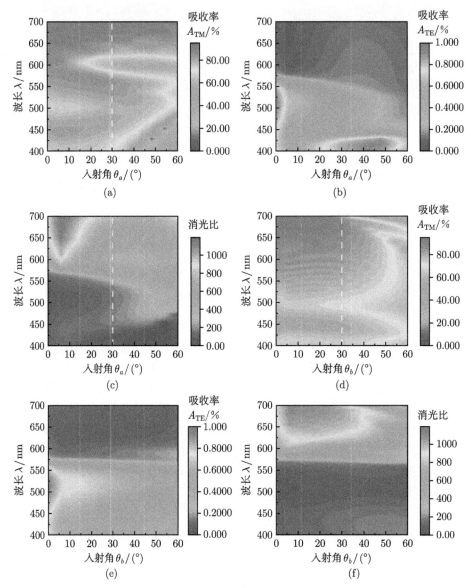

图 6.55　斜入射偏振光谱吸收特性 (彩图见封底二维码)

入射光位于 x-y 平面: (a) TM 偏振吸收率, (b) TE 偏振吸收率, (c) 消光比；入射光位于 z-y 平面:

(d) TM 偏振吸收率, (e) TE 偏振吸收率, (f) 消光比

6.3.2 硅纳米线栅蓝光偏振吸收结构

双层纳米线栅仿生集成结构虽然可以对透射率与消光比的矛盾进行优化，但是铝纳米线栅作为偏振滤波结构，对入射光，尤其是吸收方向 TM 偏振具有大于 5% 的偏振吸收损失，导致探测元件偏振特性下降。虾蛄眼的微绒毛结构，其微绒毛膜与微绒毛膜上的视蛋白为一体，可以看作微绒毛结构既可以实现偏振滤波又可以实现偏振吸收，减少了滤波元件所带来的偏振吸收损失。如果可以仿真虾蛄眼这种结构特性，使探测元件可以直接对入射光进行偏振吸收，那么既可以减少匹配误差，避免滤波元件的吸收损失，又可以使吸收截止方向的光透过，相比于现有偏振探测集成结构具有更好的性能。

为了研究蓝光 (中心谱段为 430nm) 偏振吸收结构，下面利用 FDTD 对硅纳米线栅进行仿真；分析硅纳米线栅的线宽、周期以及厚度；并设计 SiO_2 纳米线栅，讨论其厚度，增强硅纳米线栅在蓝光谱段的偏振吸收。在周期为 364nm、线宽为 114nm、硅纳米线栅厚度为 53nm，以及 SiO_2 纳米线栅厚度为 300nm 时，在 430nm 波长处偏振吸收方向吸收率大于 75%、消光比大于 15；并且在光谱范围 420~450nm 内偏振吸收方向吸收率超过 60%，获得消光比大于 15 的高能量利用率的蓝光偏振吸收结构。

1. 硅纳米线栅结构模型

蓝光吸收硅纳米线栅结构如图 6.56(a) 所示，由 SiO_2 基底和硅纳米线栅构成；在 SiO_2 基底与硅纳米线栅之间加入 SiO_2 线栅，其目的在于增加硅纳米线栅层的吸收，周期与硅纳米线栅一致。硅纳米线栅方向平行于 y 轴，考虑沿 z 轴负方向正

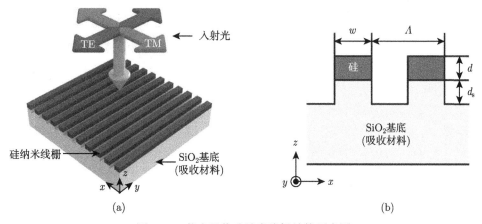

图 6.56 蓝光吸收硅纳米线栅结构示意图

(a) 硅纳米线栅三维模型；(b) 硅纳米线栅结构 x-z 平面示意图

入射, TM 偏振垂直于光栅方向 (平行于 x 轴) 为偏振吸收截止方向, TE 偏振平行于光栅方向 (平行于 y 轴) 为偏振吸收方向。硅纳米线栅周期为 Λ, 线宽为 w, 厚度为 d, SiO$_2$ 线栅层厚度为 d_{s}。本书主要考察硅纳米线栅的偏振吸收；采用 SiO$_2$ 这种透明无吸收材料作为基底可以增加入射光的透射率从而提高入射光的利用率。由于仿真的结构在纳米级, 采用 FDTD 方法对该结构进行仿真讨论。TM 方向的吸收为 A_{TM}, TE 方向的吸收为 A_{TE}, 消光比为 $Er = \dfrac{A_{\mathrm{TE}}}{A_{\mathrm{TM}}}$。

2. 仿真与讨论

1) 等效折射率二阶形式

硅纳米线栅的等效折射率决定了光栅的反射、透射以及吸收。本书主要考虑纳米线栅周期接近可见光谱段的偏振光谱吸收特性。当光栅周期远小于波长时, 可以用 0 阶等效介质理论对光栅等效折射率进行计算；而当光栅周期接近波长时, 可利用 2 阶等效介质理论近似评估硅纳米线栅的等效折射率:

$$n_{\mathrm{TE}}^{(0)} = \left[(1-f)\,n_{\mathrm{i}}^2 + f n_{\mathrm{s}}^2\right]^{\frac{1}{2}} \tag{6.40}$$

$$n_{\mathrm{TM}}^{(0)} = \left[\frac{1-f}{n_{\mathrm{i}}^2} + \frac{f}{n_{\mathrm{s}}^2}\right]^{-\frac{1}{2}} \tag{6.41}$$

$$n_{\mathrm{TE}}^{(2)} = \left\{\left[n_{\mathrm{TE}}^{(0)}\right]^2 + \frac{\pi^2}{3}\left(\frac{d}{\lambda}\right)^2 f^2 (1-f)^2 \left(n_{\mathrm{s}}^2 - n_{\mathrm{i}}^2\right)^2\right\}^{\frac{1}{2}} \tag{6.42}$$

$$n_{\mathrm{TM}}^{(2)} = \left\{\left[n_{\mathrm{TM}}^{(0)}\right]^2 + \frac{\pi^2}{3}\left(\frac{d}{\lambda}\right)^2 f^2 (1-f)^2 \left(\frac{1}{n_{\mathrm{s}}^2} - \frac{1}{n_{\mathrm{i}}^2}\right)^2 \left[n_{\mathrm{TE}}^{(0)}\right]^2 \left[n_{\mathrm{TM}}^{(0)}\right]^6\right\}^{\frac{1}{2}} \tag{6.43}$$

其中, $n_{\mathrm{TM}}^{(0)}$ 与 $n_{\mathrm{TE}}^{(0)}$ 为 0 阶等效折射率；$n_{\mathrm{TM}}^{(2)}$ 与 $n_{\mathrm{TE}}^{(2)}$ 为 2 阶等效折射率；n_{TE} 表示平行于光栅方向的等效折射率；n_{TM} 表示垂直于光栅方向的等效折射率；n_{i} 是槽折射率 (表示空气)；n_{s} 是光栅折射率 (硅光栅折射率)；f 是占空比 (即线宽 w 与周期 p 的比值)；d 为光栅厚度；λ 为波长。

介质的吸收主要是由介质的折射率虚部所决定的。由公式 (6.42) 和公式 (6.43) 可以看出, 影响介质折射率虚部的主要因素为占空比 f 与光栅厚度 d。根据公式 (6.40)~公式 (6.43), 0 阶等效折射率与层厚 d 无关, 但 2 阶等效折射率随着层厚的增加而增加；占空比 f 对 0 阶和 2 阶等效折射率均有影响, 因此先讨论占空比对纳米线栅结构的影响。令硅纳米线栅厚度 $d=50\mathrm{nm}$, 仿真硅纳米线栅占空比 f 在 0~1 变化对纳米线栅的等效折射率虚部以及虚部比值 $\left(Er_{\mathrm{imag}} = \dfrac{\mathrm{imag}(n_{\mathrm{TE}}^{(2)})}{\mathrm{imag}(n_{\mathrm{TM}}^{(2)})}\right)$ 的影响。

仿真得到图 6.57, 其中图 6.57(d) 为硅的折射率实部与虚部随波长的变化曲线。硅折射率虚部与实部随波长的增加而减小, 对于硅纳米线栅而言, 其 TM 与 TE 方向等效折射率的虚部随波长增加而减小; 而随着占空比的减小, TM 与 TE 方向的虚部均减小。由于讨论的是蓝光谱段, TE 方向的虚部变化较缓 (图 6.57(b)); 在占空比为 20% 和波长小于 500nm 时, 虚部依然大于 0.2。但 TM 方向的虚部变化较快 (图 6.57(a)), 占空比在 20% 和波长小于 500nm 时, 虚部几乎为 0。这种变化速率的差异, 导致虚部比值 Er_{imag} 随波长增加而增加, 随占空比的减小而增加, 在长波谱段的虚部比值甚至超过 1000。然而较小的虚部会导致吸收率较小并且能量利用率低。纳米光栅的厚度、占空比均会对光栅的透射率、反射率产生影响, 进而影响光栅的吸收率。因此, 进一步分析周期、线宽以及厚度对硅纳米线栅结构偏振特性的影响。

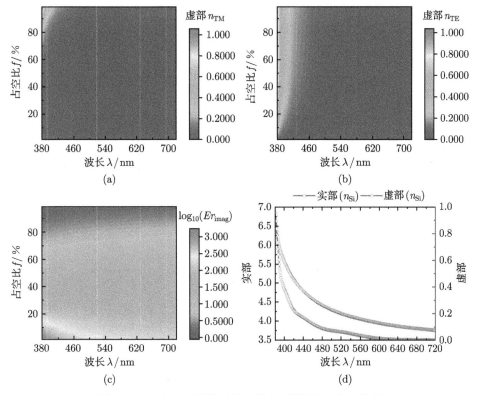

图 6.57 占空比对等效折射率影响 (彩图见封底二维码)

(a) TM 偏振等效折射率虚部与占空比关系; (b) TE 偏振等效折射率虚部与占空比关系; (c) 占空比等效折射率虚部比值; (d) 材料硅折射率实部与虚部随波长的关系曲线

2) 硅纳米线栅占空比

占空比过小时，TE 方向以及 TM 方向等效折射率虚部过小会导致 TE 与 TM 偏振吸收率低。因此选择周期在 250~400nm、线宽为 50~200nm 的硅纳米线栅进行仿真分析。该目标构成一个对蓝光偏振吸收的硅纳米线栅，因此重点讨论 420~480nm 光谱内的偏振吸收特性，令光栅厚度为 50nm 进行仿真。

仿真得到图 6.58，横坐标为纳米线栅周期变化，纵坐标为线宽变化。图中颜色表示在特定周期、线宽变化下对应 420~480nm 谱段内的消光比 Er 最大值。图中灰线表示消光比为 22 的等高线，灰线以内红色区域其消光比 $Er > 22$。从图 6.58 可以看出，在周期 340~380nm、线宽为 108~125nm 时，消光比大于 22；此时 TM 方向吸收率大于 50%。在这个区域内消光比对应的波长在 425~435nm，符合光色三原色的蓝光中心波长。进一步分析线宽与周期对硅纳米线栅在可见光谱段 380~720nm 内的吸收率的影响。

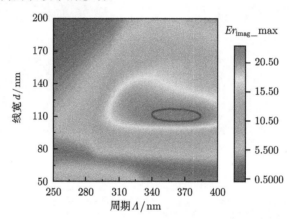

图 6.58　硅纳米线栅周期、线宽对吸收消光比最大值影响 (彩图见封底二维码)

3) 硅纳米线栅线宽

周期为 400nm、硅纳米线栅厚度为 50nm 以及 SiO$_2$ 厚度 d_s=0，仿真线宽范围在 50~200nm 对硅纳米线栅偏振吸收的影响，得到图 6.59。图 6.59(c) 为线宽与消光比关系图，图中具有两个吸收峰区域。一个区域位于光谱范围 584~720nm，吸收消光比达到 125，但随着线宽的增加而减小；虽然该区域具有高消光比，但 TM 方向的吸收系数低，导致 TM 方向吸收率低 (图 6.59(a))，虽然实现了高消光，但是 TM 方向的吸收不超过 5%(图 6.59(a) 和 (c))，能量利用率低。另一个区域位于所要设计的蓝光区域 (图中虚线区域内) 光谱在 420~460nm，消光比吸收峰值大于 19，足以实现明显的偏振吸收特性。在此谱段范围内，线宽范围在 80~140nm 内吸收系数高，TE 方向吸收率超过 50%(图 6.59(b))，并且在 TE 方向获得吸收极大值的同时在 TM 方向获得吸收极小值区域。此时硅纳米线栅具有较高的能量吸收率。

在此区域内硅纳米线栅吸收消光比极值位于波长为 430nm、线宽为 114nm 处；此时消光比 $Er=22$，$A_{TE} > 50\%$，$A_{TM} < 3\%$。因此进一步讨论该线宽条件下的硅纳米线栅偏振吸收特性，并对 430nm 波长处的偏振吸收进一步优化分析。

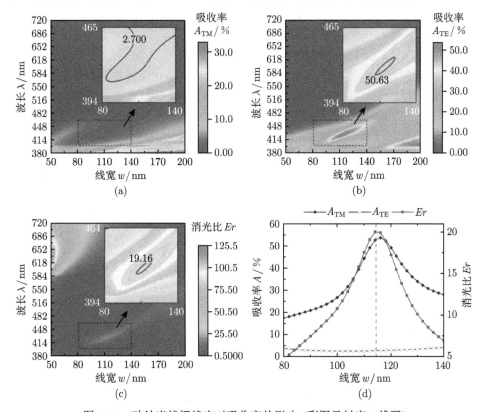

图 6.59 硅纳米线栅线宽对吸收率的影响 (彩图见封底二维码)

(a) TM 偏振；(b) TE 偏振；(c) 吸收消光比；(d) 430nm 波长下，线宽与吸收率的关系曲线

4) 硅纳米线栅周期

线宽 $w=114$nm 和硅纳米线栅厚度 $d=50$nm 时，仿真分析硅纳米线栅周期在 250~400nm 范围内的偏振吸收特性，得到图 6.60。图 6.60(c) 表示硅纳米线栅周期对吸收消光比的影响。光谱范围在 500~720nm 时，硅的折射率虚部小，所以硅纳米线栅在这个波长区域内 TE 偏振较难获得高吸收；由于 TM 方向吸收率低，硅纳米线栅在此区域虽易获得高消光比，但能量利用率极低。光谱范围在 380~400nm 时，硅纳米线栅消光比低。因此这里主要关注 400~450nm 区域内的偏振特性，此区域也符合所要设计的蓝光偏振吸收。在光谱范围 400~450nm 区域内，随着周期的增大不同谱段的 TM 偏振均会出现吸收极小值区域 (图 6.60(a))，而 TE 偏振同样会出现吸收极大值区域 (图 6.60(b))。根据图 6.60(a) 和 (c)，可以发现在波长为

430nm 时，无论周期如何变化，硅纳米线栅 TE 偏振的吸收率以及吸收消光比均在极大值区域，因此重点分析波长 430nm 时吸收率以及消光比随周期的变化。得到图 6.60(d)，TE、TM 偏振吸收率以及消光比随周期变化的曲线。TE 偏振在周期 250~290nm 范围内有超过 70% 的吸收率但 TM 方向吸收率超过 10%，导致消光比小于 10；硅纳米线栅光栅周期大于 290nm 时，出现了 ±1 级衍射，TM 与 TE 方向的吸收均发生突变，但在周期 290~400nm 范围内，TE 偏振的吸收率超过 50% 并且 TM 偏振的吸收率小于 5%，随着周期的增加，消光比迅速增加，并在周期为 310nm 后，消光比大于 20，具有良好的偏振吸收特性以及较高的能量利用率。当硅纳米线栅周期大小为 364nm 时，消光比达到极值，TE 偏振吸收率大于 50%。

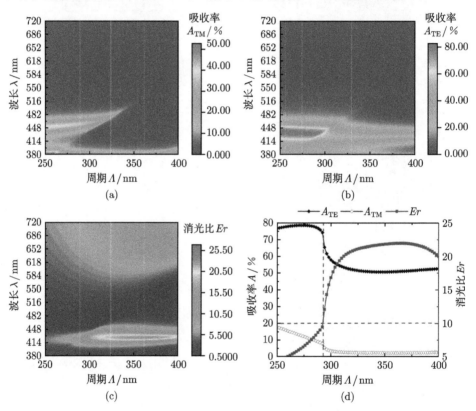

图 6.60 硅纳米线栅周期对吸收率的影响 (彩图见封底二维码)

(a) TM 偏振；(b) TE 偏振；(c) 吸收消光比；(d) 430nm 波长下，周期与吸收率的关系曲线

5) 硅纳米线栅厚度

根据公式 (6.42) 和公式 (6.43)，可以看出除光栅的线宽与周期之外，硅纳米线栅厚度也是影响光栅等效折射率的重要因素。因此讨论硅纳米线栅厚度在 30~420nm

范围内变化时对硅纳米线栅偏振吸收特性的影响。图 6.61(c) 中,出现两个消光比吸收极值区域。区域 2 对应的波长范围是 510~630nm,此时折射率虚部小,所以虽然有较高的吸收消光比但同样存在能量利用率低的问题;区域 1(蓝光吸收区域)波长范围在 400~450nm,随光栅厚度的增加,TE 偏振和 TM 偏振吸收率呈波动变化,但吸收率的整体趋势是增长的。硅纳米线栅在厚度为 45~60nm 获得的消光比大于 15 并且 TE 偏振吸收率大于 50%,可以看出在厚度范围内硅纳米线栅可以获得良好的偏振特性和能量利用率。重点考察波长 430nm 处硅纳米线栅的吸收率与消光比随光栅厚度的变化,得到如图 6.61(d) 所示曲线。TM、TE 偏振的吸收率随厚度的增加,呈波动增长。厚度满足特定的光程会导致高透以及高反情况的出现,因此偏振吸收呈周期性波动变化。当光栅厚度为 53nm 时,TE 偏振吸收率为极大值并且 TM 偏振吸收率为极小值,因此获得大于 22 的高消光比。当硅纳米线栅厚度大于 75nm 后,偏振消光比均小于 5。

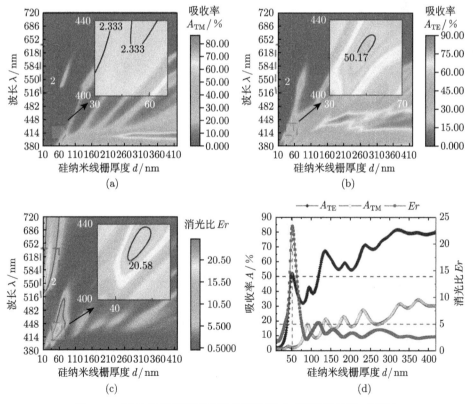

图 6.61 硅纳米线栅厚度对吸收率的影响 (彩图见封底二维码)

(a) TM 偏振;(b) TE 偏振;(c) 吸收消光比;(d) 430nm 波长下,厚度与吸收率的关系曲线

6) 分析与讨论

当高度 d 为 53nm，线宽 w 为 114nm，纳米线栅周期为 364nm 时，对于波长为 430nm 的蓝光，硅纳米线栅可以获得良好的偏振吸收特性。图 6.62(a), (b) 分别为 TE 偏振与 TM 偏振的能量分布图，图中箭头表示坡印廷矢量方向，矢量尾部线长表示矢量大小，图中颜色表示光能量分布。可以看出，入射光为 TM 偏振时，光栅内部能量分布少并且强度小，而硅纳米线栅外部能量分布多且强度大，并且光栅下方依然有较强的能量分布，说明 TM 偏振被硅纳米线栅吸收少；入射光为 TE 偏振时，光栅内部能量分布多强度大，而外部能量分布少强度小，并且能量分布主要集中在光栅中部以及上边缘，说明有较高的能量被硅纳米线栅吸收。图 6.62(c), (d) 分别表示光栅对 TM 偏振与 TE 偏振的吸收分布。可以看出，TM 偏振吸收量级是 10^{13}，而 TE 偏振吸收量级是 10^{14}，远大于 TM 偏振，且吸收分布与能量分布基本一致。因此 TE 获得极大吸收，TM 偏振的吸收率低，获得良好的偏振特性。

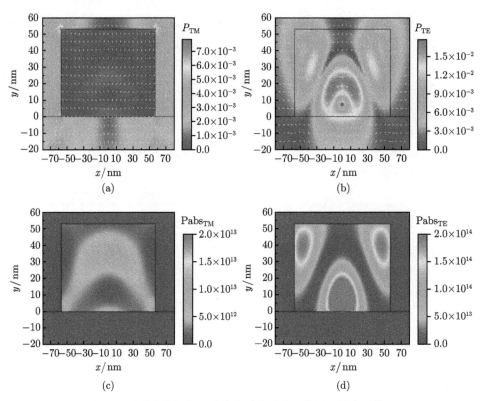

图 6.62 硅纳米线栅能量分布和吸收分布 (彩图见封底二维码)

(a) TM 偏振能量分布；(b) TE 偏振能量分布；(c) TM 偏振吸收分布；(d) TE 偏振吸收分布

仿真得到得此结构尺寸下，光谱范围在 380~720nm 的 TM 偏振和 TE 偏振的吸收率、透射率、反射率以及消光比 (图 6.63(a), (b)) 的关系曲线。当波长为 430nm 时，TM 偏振透射率接近 90%，反射率接近 7%，吸收率小于 3%；TE 偏振透射率为 30%，反射率小于 20%，吸收率高于 50%；并且在 420~440nm 范围内，TE 偏振吸收率高于 40%，消光比大于 20，在蓝光区域具有良好的偏振吸收能力。对于长波谱段虽有高消光比区域，但吸收率较低，容易导致精度下降。除此之外，TM 方向偏振均具有较高的透射率，特别是波长大于 540nm 时。偏振截止方向的透射率高，因此可以进一步利用。硅纳米线栅的 TE 偏振在 430nm 处依然具有 30% 的透射率，如果可以进一步吸收这一部分光，可以获得更高的能量利用率。因此，本书提出在硅纳米线栅与基底 SiO$_2$ 之间加入一层 SiO$_2$ 纳米线栅层，进行优化。

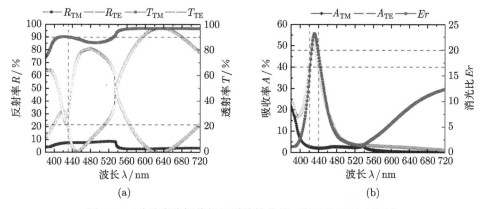

图 6.63　硅纳米线栅偏振光谱特性曲线 (彩图见封底二维码)

(a) 透射率与反射率曲线；(b) 吸收率与消光比随波长的关系曲线

3. 偏振吸收结构优化

1) SiO$_2$ 线栅深度分析

相比于金属材料，SiO$_2$ 无吸收且在特定厚度下可以实现对入射光的高反射率。因此加入 SiO$_2$ 纳米线栅层增强硅纳米线栅的偏振吸收。SiO$_2$ 纳米线栅与硅纳米线栅的线宽和周期大小保持一致，讨论 SiO$_2$ 纳米线栅厚度 d_s 对硅纳米线栅的偏振吸收特性的影响，仿真得到图 6.64。在波长大于 500nm 区域，TE 与 TM 偏振的吸收小于 10%，而在蓝光区域 420~450nm，TE 方向吸收与 TM 方向吸收均随着 SiO$_2$ 纳米线栅厚度增加而周期性变化，TM 最大值小于 10%，而 TE 最小值大于 40%，不同的是，TM 变化周期小，TE 变化周期长，消光比变化同样随厚度增加呈周期变化。

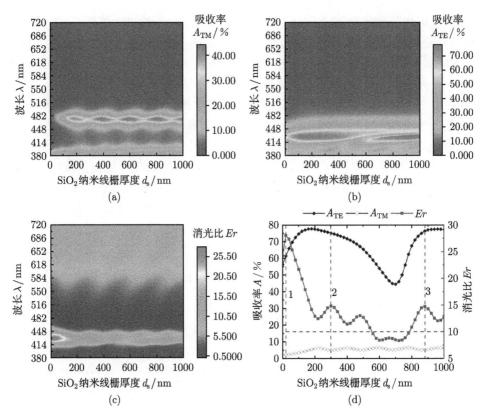

图 6.64　SiO$_2$ 纳米线栅厚度对吸收率的影响 (彩图见封底二维码)

(a) TM 偏振；(b) TE 偏振；(c) 吸收消光比；(d) 430nm 波长下，厚度与吸收率的关系曲线

在 420~450nm 波长 (蓝光) 区间内，硅纳米线栅偏振吸收随 SiO$_2$ 厚度变化趋势相似，因此针对波长 430nm 进行分析 (图 6.64(d))。TM 吸收与 TE 吸收均呈周期变化，TE 偏振吸收率周期宽，吸收率最大值接近 80%，最小值大于 40%；而 TM 偏振吸收率周期窄，吸收率在 4%~6% 浮动，获得 3 处吸收消光比极大值点 (图 6.64(d) 红色虚线)。其中极大值 1 处的消光比超过 28，但 TE 方向的吸收率仅刚刚超过 60%；而极大值 2, 3 处虽然消光比仅为 15，但是具有较高的偏振吸收率。对于消光比极大值 2, 3 处，TM 偏振吸收率均处于极小值而 TE 偏振吸收率均大于 75%，并且 TE 偏振吸收率相较于无 SiO$_2$ 纳米线栅时，增加了 30%。在此结构下，硅纳米线栅结构获得蓝光谱段内良好的偏振吸收特性。此时硅纳米线栅吸收消光比 15，具有明显的偏振现象，并且 TE 偏振吸收率高达 75%，具有极高的能量利用率。

2) 双层结构分析与讨论

在高度 d 为 53nm，线宽 w 为 114nm，周期为 364nm 以及波长为 430nm 时，

硅纳米线栅获得了良好的偏振吸收特性。图 6.65(a), (b) 分别为 TM 偏振与 TE 偏振的坡印廷矢量能流图, 图中箭头表示坡印廷矢量方向, 矢量尾部线长表示矢量大小, 图中颜色表示能量分布。对比图 6.65(a), (b), TM 偏振与 TE 偏振的能量分布基本相同。而当入射光为 TM 偏振时, 光栅内部坡印廷矢量能量小, 外部坡印廷矢量大, 与无 SiO$_2$ 纳米线栅时相近但硅纳米线栅下方能量强大。入射光为 TE 偏振时, 光栅内部坡印廷矢量能量大, 而外部能量小, 能量分布主要集中在光栅中部, 且 SiO$_2$ 纳米线栅层使反射提升并且透射降低, 使经过硅纳米线栅的光能量增加, 因此吸收率上升。图 6.65(c) 与 (d) 分别表示光栅对 TM 偏振与 TE 偏振的吸收分布, TM 偏振吸收量级是 10^{13}, 而 TE 偏振吸收量级是 10^{14}, 远大于 TM 方向; 由于 SiO$_2$ 纳米线栅带来的反射特性, TE 偏振与 TM 偏振的吸收率均有增加, 但 TM 方向的等效虚部较小, 且原有透射率较低, 因此 TM 方向的偏振吸收率的增长较少; 而 TM 方向等效虚部较大, 所以吸收增加多而获得较高的吸收率。

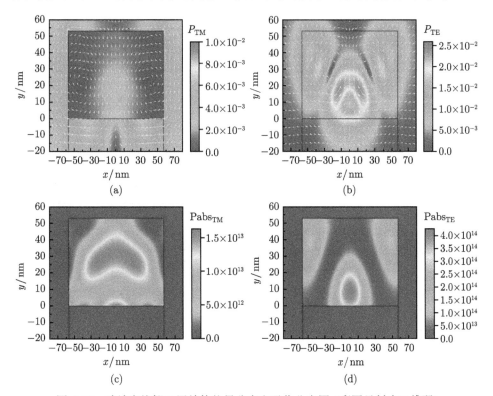

图 6.65 硅纳米线栅双层结构能量分布和吸收分布图 (彩图见封底二维码)

(a) TM 偏振能量分布; (b) TE 偏振能量分布; (c) TM 偏振吸收分布; (d) TE 偏振吸收分布

　　仿真得到该结构尺寸下 380~720nm 光谱范围内,TM 偏振、TM 偏振的吸收率、透射率、反射率以及消光比 (图 6.66)。当波长为 430nm 时,此时 TM 偏振透射率下降到 50%,反射率增加到 40%,吸收率仅为 5%(增长 2%);TE 偏振透射率小于 5%,而反射率仅有 20%,吸收率高于 75%,并且在 420~450nm 范围内,TE偏振吸收率高于 60%,消光比大于 12,扩宽了在蓝光区域偏振吸收能力的光谱范围。对于在其他谱段,虽有消光比较高区域,但吸收率较低容易导致偏振探测能力的下降。

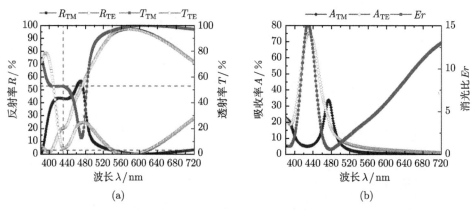

图 6.66　硅纳米线栅双层结构偏振光谱关系曲线 (彩图见封底二维码)

(a) 透射率与反射率曲线;(b) 吸收率与消光比随波长的关系曲线

4. 倾斜入射对蓝光纳米线栅吸收结构的影响

　　考虑入射光斜入射至纳米线栅结构 (图 6.67(a))。此时周期为 364nm、线宽为114nm、硅纳米线栅厚度为 53nm,仿真入射角为 0~60° 时对硅纳米线栅偏振吸收特性的影响。仿真得到 TM 方向以及 TE 方向硅纳米线栅的吸收率随入射角度的变化。如图 6.67(c) 所示,硅纳米线栅 TE 偏振在蓝光区域 (420~440nm) 出现吸收峰,并且在入射角处于 0~10° 范围内时,TM 偏振的吸收率依然小于 5%(图 6.67(b)),但会随着角度的增加而逐渐增加,而 TE 偏振的吸收随着角度的增加基本不变,吸收率大于 50%,因此其吸收消光比在 0~10° 范围内大于 20。而当入射角大于 10°时,TE 偏振的吸收峰值位置由 430nm 向 440nm 偏移,并稳定在 440nm,吸收率大于 50%;在 20° 以后,吸收率峰值位置保持不变,但峰值吸收率逐渐减小;TM偏振的吸收率显著上升,高于 15%。因此当入射角大于 10° 时,其偏振吸收特性变差,并且吸收消光比随着入射角的增加而逐渐降低。综上所述,对于该蓝光谱段吸收结构,在小角度范围 (< 10°) 可以保持良好的偏振吸收特性,吸收率大于 50%,吸收消光比大于 20,可以实现蓝光的偏振吸收。

　　考虑硅纳米线栅的蓝光光谱的偏振吸收,是因为硅在蓝光区域消光系数高,容易在合理的线栅占空比范围内获得较大的吸收率,从而获得良好的偏振吸收特性。而硅材料的吸收系数随着波长的增加而减小,根据仿真图 6.64~图 6.67 可以看出,虽然长波区域的硅纳米线栅容易获得高消光比,但高消光比的主要原因是 TM 偏振的吸收率极低,即分母小,TM 小于 5%,因此,这样的偏振吸收并没有太大应用价值。然而,在图 6.67(c), (d) 中发现,在光谱范围 590~600nm,入射角在 3° ~ 12°时,硅纳米线栅获得了吸收消光比的极大值,此时消光比高达 114 并且 TE 偏振方向的吸收率大于 40%,TE 吸收率小于 1%;这一峰值点的出现,为硅纳米线栅对折射率虚部较小的波长实现偏振吸收提供了可能。

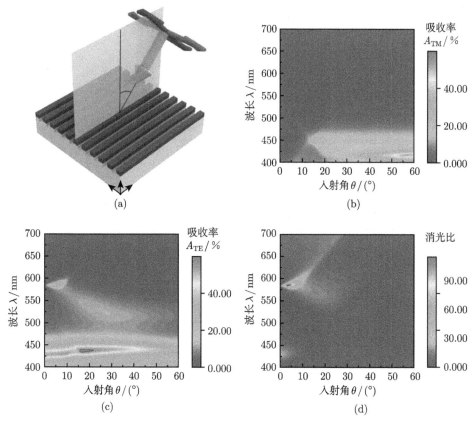

图 6.67　硅纳米线栅双层结构斜入射偏振光谱特性 (彩图见封底二维码)

(a) 斜入射结构示意图;(b) TM 偏振吸收率;(c) TE 偏振吸收率;(d) 消光比

6.3.3　硅纳米闪耀光栅光谱偏振吸收结构

　　经过前面章节的讨论,发现在入射角为 3° 时,除了蓝光光谱区域以外,硅纳米线栅在折射率虚部较小的 584nm 波长处同样出现吸收峰值, 此时消光比高达 114 并且吸收率大于 40%。因此对在入射角为 3° 时, 具有吸收峰的 584nm, 428nm 和无吸收峰的 605nm 波长的 TE 偏振的能量分布进行仿真, 得到图 6.68。当入射角为 3° 时, 428nm 与 584nm 波长处为吸收峰值 (图 6.68(a), (b)), 此时 TE 偏振吸收率大于 70%; 605nm 波长处为非吸收峰值 (图 6.68(c)), TE 吸收率小于 5%。从图中可以看出, 428nm 与 584nm 波长处能量分布主要集中在硅纳米线栅内部以及周围, 而非吸收峰值的 605nm 波长处, 虽然硅纳米线栅中有较强的能量分布, 但其能量大小远小于 428nm 以及 584nm 硅纳米线栅内部能量, 且存在很高的反射。对比584nm 在入射光为 3° 以及 0° 时的能量分布 (图 6.68(b) 和 (d))。当光线正入射时, 其能量分布与 605nm 波长处类似, 具有较强的反射, 因此吸收率较低。428nm 与584nm 波长处, 产生峰值的原因有所差异; 428nm 波长时, 硅纳米线栅本身具有极大的吸收系数, 其传播方向与入射方向基本一致, 而 584nm 处, 在入射光为 3° 时,

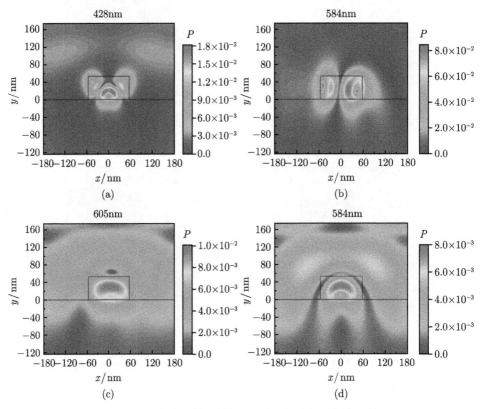

图 6.68 硅纳米线栅斜入射能量分布图 (彩图见封底二维码)

(a) 波长 428nm, 入射角 3°; (b) 波长 584nm, 入射角 3°; (c) 波长 605nm, 入射角 3°; (d) 波长
584nm, 入射角 0°

在硅纳米线栅内部传播方向几乎与 x 轴平行。因此在硅纳米线栅内部获得更多的吸收。所以虽然硅纳米线栅在 584nm 处吸收系数较低，但依然可以在该波长下获得较高的吸收率。

对蓝光偏振吸收的纳米线栅结构在斜入射情况下，可以对虚部较小的波长获得较大的吸收率，据此考虑是否可以采用闪耀光栅基底上的硅纳米线栅，获得其他谱段的偏振吸收结构。并根据这一特性进行建模仿真。

1. 纳米线栅闪耀结构建模

如图 6.69 所示，建立纳米线栅闪耀结构模型，基底材料为 SiO_2 材料，而在基底材料之上有一层同材料的闪耀光栅。闪耀光栅在单位周期内为直角三角形，较短的直角边与基底平面垂直，较长的直角边与基底重合，且与周期长度相同。光栅方向平行于 z 轴，斜边与基底的夹角即闪耀光栅的闪耀角。在闪耀光栅斜边上，放置矩形纳米线栅，纳米线栅材料为硅材料，起光的偏振吸收作用。矩形纳米线栅各面与闪耀光栅斜边平行或垂直，并且硅纳米线栅接触面中心与斜边中心相重合，即硅纳米线栅位于闪耀光栅斜边中心。

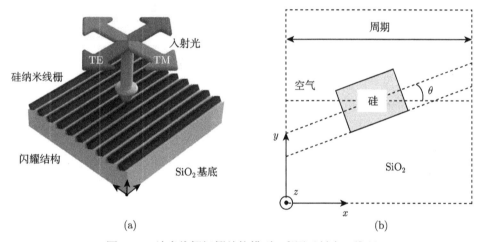

图 6.69   纳米线栅闪耀结构模型 (彩图见封底二维码)

(a) 三维模型; (b) 周期内结构示意图

考虑入射光沿 y 轴负方向正入射至纳米线栅闪耀结构上，垂直于线栅方向的红色箭头为 TM 偏振 (平行于 x 轴)，平行于线栅方向的蓝色箭头为 TE 偏振 (平行于 z 轴)，建立仿真模型。由于闪耀纳米线栅结构为周期结构，利用 FDTD 进行仿真分析时，可以采用周期边界对单位周期纳米线栅进行仿真，如图 6.69(b) 所示，仿真纳米线栅闪耀结构在不同纳米线栅厚度、线栅、周期以及闪耀角情况下的偏振吸收特性。

2. 纳米线栅闪耀结构仿真模拟

1) 闪耀角对纳米线栅闪耀结构偏振光谱吸收的影响

首先讨论闪耀角的变化对偏振光谱吸收峰值的影响。根据前文讨论结果，保持周期 364nm、纳米线栅线宽 114nm 以及厚度 53nm 不变，仿真闪耀角在 0°~30° 内的变化对纳米线栅闪耀结构偏振吸收峰的影响。

仿真得到图 6.70，不同闪耀角下光谱偏振与硅纳米线栅吸收的关系图。对于偏振吸收截止的 TM 偏振，当入射波长大于 540nm 时，硅纳米线栅吸收率在不同角度下的吸收率均小于 2%，对偏振吸收有很好的截止效果。而对于偏振吸收的 TE 偏振，当入射波长大于 540nm 时，硅的虚部小，因而其吸收率较低，基本低于 10%；但当闪耀角大于 3° 后，在 584nm 波长处出现吸收峰值，此吸收峰值波长与前文讨论的斜入射时的吸收峰值位置基本相同，即硅纳米线栅斜入射时的峰值位置可以为闪耀结构提供参考。吸收峰值位置随闪耀角的增加基本保持不变。闪耀角在 3° ~ 22° 时，吸收峰值随闪耀角的增加逐渐增加，并在 22° 时出现吸收峰值最

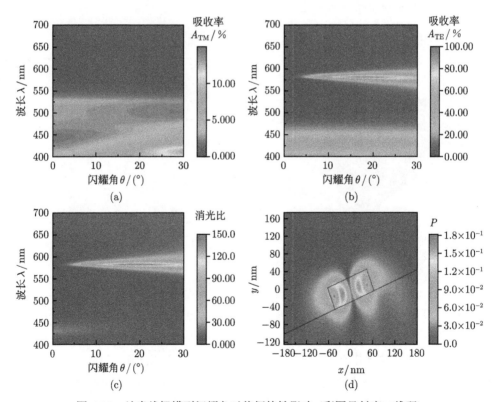

图 6.70　纳米线栅模型闪耀角对偏振特性影响 (彩图见封底二维码)

(a) TM 偏振吸收率；(b) TE 偏振吸收率；(c) 吸收消光比；(d) 能量分布 (波长 584nm，闪耀角为 22°)

大值 (大于 85%), 具有很高的能量利用率。闪耀角在 3° ∼ 30° 时, 吸收峰值的谱段覆盖范围逐渐增加; 在闪耀角为 22° 时, TE 偏振吸收率大于 70% 的谱段波长范围大于 10nm。由于入射光波长大于 540nm 时, TM 方向的吸收系数特别小, 所以吸收消光比峰值位置、变化特性与 TE 方向的偏振吸收率一致。闪耀角为 22° 时, 纳米线栅闪耀结构获得最好的偏振吸收特性, 此时吸收消光比大于 145, TE 吸收率大于 85%, TM 吸收率小于 0.1%。进一步得到该闪耀角度下, 584nm 波长的 TE 偏振能量分布图 (图 6.70(d)), 与图 6.70(b) 相似, 能量集中在硅纳米线栅之中, 且能量分布方向与闪耀角方向相一致。在该闪耀角度下, 讨论硅纳米线栅厚度、线宽以及周期对偏振吸收的影响。

2) 纳米线栅线宽对纳米线栅闪耀结构偏振光谱吸收的影响

在讨论蓝光纳米线栅时, 硅纳米线栅线宽是影响偏振光谱吸收率最主要的因素, 因此先讨论硅纳米线栅线宽对硅纳米线栅偏振吸收的影响。此时保持纳米线栅周期为 364nm、厚度波长为 53nm、闪耀角为 22° (根据前文讨论), 仿真得到线宽在 80∼220nm 的偏振光谱吸收特性关系 (图 6.71)。如图 6.71(a) 所示, 对于偏振吸收截止方向 (TM 偏振), 当光谱大于 500nm 以后, 偏振吸收率小于 1%, 只有在 500∼550nm, 偏振吸收出现峰值, 但峰值偏振吸收率小于 10%。因此, 闪耀角对硅纳米线栅的偏振吸收截止特性影响较小。如图 6.71(b) 所示, 对于偏振吸收方向 (TE 偏振), 当光谱范围大于 500nm 之后, TE 偏振的吸收率小于 5%, 但在 500∼720nm 会出现偏振吸收峰; 当线宽大于 82nm 时开始出现吸收峰, 此时吸收峰的吸收率大于 60%; 随着厚度的增加, 吸收峰中心谱段向长波方向偏移; 当线宽为 180nm 时, 吸收峰值位于 700nm, 且峰值吸收率大于 30%。吸收峰的吸收率最大值出现在线宽为 120nm 处, 并且吸收峰的波长覆盖范围也最宽。因此闪耀结构有助于在硅纳米线栅吸收系数小的情况下, 获得高吸收率和消光比。根据 TE 偏振吸收率与 TM 偏振吸收率, 可以得到吸收消光比 ($A_{\text{TE}}/A_{\text{TM}}$)(图 6.71(c)), 以及吸收消光比的倒数 ($A_{\text{TM}}/A_{\text{TE}}$)(图 6.71(d))。可以发现, 由于 TM 偏振吸收率截止特性好, 所以吸收消光比的特性关系与 TE 偏振吸收率的变化趋势基本相同, 并且最大的偏振消光比大于 150。在吸收峰值的位置, 硅纳米线栅的偏振消光比均大于40。其吸收消光比倒数最大值小于 1.1, 可以看出 TE 偏振的吸收率基本大于 TM 偏振。综上所述, 纳米线栅线宽在一定范围内, 可以使小吸收系数波长出现吸收峰, 且吸收峰光谱位置会随着线宽增加而向长波方向偏移。

3) 纳米线栅厚度对纳米线栅闪耀结构偏振光谱吸收的影响

纳米线栅厚度同样是影响偏振吸收特性的重要因素, 因此保持硅纳米线栅线宽为 114nm、闪耀结构周期为 364nm 以及闪耀角为 22°, 仿真纳米线栅厚度在 20∼120nm 范围内变化对纳米线栅偏振吸收的影响。对于偏振吸收截止方向 (TM

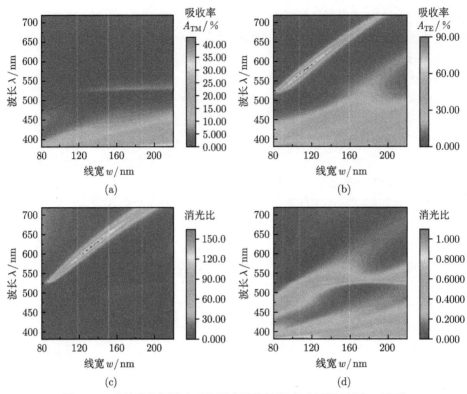

图 6.71　硅纳米线栅线宽对偏振光谱特性影响 (彩图见封底二维码)

(a) TM 偏振吸收率；(b) TE 偏振吸收率；(c) 吸收消光比；(d) 吸收消光比倒数

偏振)，在厚度 20~60nm 范围内，当光谱大于 500nm 时，吸收率小于 1%；但当厚度在 60~120nm 范围，入射波长大于 500nm 时，出现吸收峰，此时吸收峰峰值大于 20%，且峰值宽度相对较宽，峰值光谱范围随着厚度的增加而增加。因此对偏振吸收的影响需要进行进一步讨论。对于偏振吸收方向 (TE 偏振)，在 20~120nm 的厚度区间内出现吸收峰值，峰值光谱同样随厚度的增加而增加，与线宽变化不同的是，峰值中心谱段只在 525~650nm 变化；并且在 100~120nm 厚度范围内，峰值区域光谱覆盖范围几乎下降为 0，并且随厚度的增加，峰值中心光谱向长波方向移动速度减缓。但改变硅纳米线栅厚度，峰值区域的峰值吸收率随着厚度变化基本保持稳定，并且在 30~100nm 厚度区间内，峰值吸收率均大于 90%。结合 TM 偏振吸收率与 TE 偏振吸收，分析偏振光谱吸收消光比受纳米线栅厚度的影响。吸收消光比如图 6.72(c) 所示，吸收消光比同样出现峰值区域，且吸收消光比峰值位置随厚度的增加而逐渐向长波方向偏移；但受 TE 偏振的吸收率峰值的影响，仅在 20~100nm 厚度范围内具有较高的吸收消光比，在 40~60nm 厚度范围内，吸收消光比峰值大于 145。从吸收消光比倒数 (图 6.72(d)) 可以看出，当厚度超过 60nm，TM 偏振的吸收率对偏振光谱吸收影响较大。综上所述，纳米线栅厚度可以影响峰值大小与光谱位置，但变化范围与速率远小于纳米线栅线宽所带来的影响；硅纳米线栅厚度变化，对 TM 偏振吸收率影响较大，在 TE 偏振处于峰值时，容易由 TM 偏振吸收率较高而导致偏振消光比较低，影响偏振吸收特性。

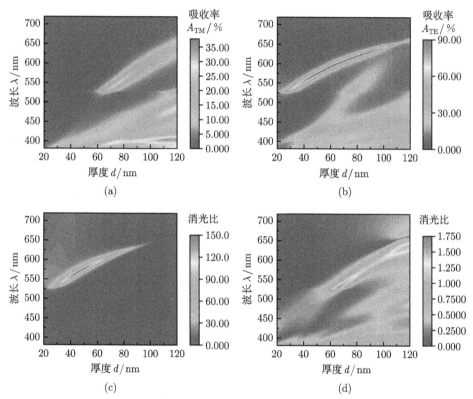

图 6.72 硅纳米线栅厚度对偏振光谱特性影响 (彩图见封底二维码)

(a) TM 偏振吸收率；(b) TE 偏振吸收率；(c) 吸收消光比；(d) 吸收消光比倒数

4) 纳米线栅周期对纳米线栅闪耀结构偏振光谱吸收的影响

进一步对闪耀光栅周期进行分析，始终保持硅纳米线栅位于闪耀光栅斜边中心。此时硅纳米线栅厚度为 53nm、线宽为 114nm 以及闪耀角为 22°。仿真周期范围在 280~440nm 的闪耀结构对硅纳米线栅偏振光谱吸收特性的影响，得到图 6.73。对于吸收截止方向 (TM 偏振)，在光谱范围 500~720nm 时，硅纳米线栅吸收率小于 5%，并且无峰值出现，因此具有良好的吸收截止特性。而对于吸收方向 (TE 偏振)，吸收峰中心光谱也会随着周期增加而出现红移，但仅在 550~600nm 时具有超过 80% 的吸收峰值。随着周期的增加，硅纳米线栅的占空比下降，在 420nm 时，吸收峰消失, 硅纳米线栅吸收率小于 30%。但改变周期时, 吸收率峰值的最大值出现在纳米线栅周期为 330nm 时, 吸收率超过 91%。进一步得到吸收消光比与周期的特性关系, 从图 6.73(c) 中可以看出, 吸收比峰值区域基本与 TM 吸收峰区域一致, 但消光比最大值位置相比 TM 吸收峰最大值向大周期方向偏移。

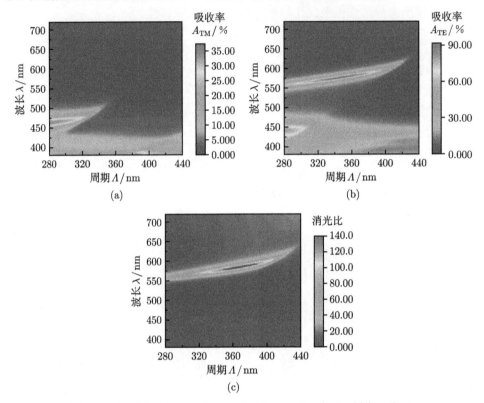

图 6.73 闪耀结构周期对偏振光谱特性的影响 (彩图见封底二维码)

(a) TM 偏振吸收率; (b) TE 偏振吸收率; (c) 吸收消光比

3. 黄光与红光纳米线栅闪耀结构设计

1) 黄光 (546nm) 纳米线栅闪耀结构

通过仿真分析发现, 闪耀光栅周期、闪耀角、硅纳米线栅厚度以及硅纳米线栅线宽均会影响硅纳米线栅偏振吸收率大小以及偏振吸收峰值位置。在之前的仿真中, 闪耀角的变化主要影响的是在特定谱段下峰值吸收率的大小, 而闪耀光栅周期虽可以获得吸收峰值在光谱范围内的移动, 但仅在很小的范围内出现偏振吸收峰值。对于黄光 546nm 波长, 此时 TE 吸收率仅有 30%; 而对于硅纳米线栅厚度变化以及线宽变化, 均可以在 546nm 波长的黄光谱段获得偏振吸收峰值。仅改变纳米线栅线宽时，在线宽大小为 100nm 时可以获得 546nm 的吸收峰，此时 TE 偏振的吸收率为 66.9%，消光比为 68。仅改变纳米线栅厚度时，在纳米线栅厚度为 36nm 时，可以获得 546nm 的偏振吸收峰，此时 TM 偏振的吸收率为 76%，消光比为 116。因此以纳米线栅厚度为 36nm、线宽为 114nm 以及闪耀周期为 364nm 为结构基础，对纳米线栅闪耀结构进行优化。因为随着闪耀角的变化，吸收峰的位置较为稳定，基本不发生变化，可以通过改变闪耀角的方式优化 546nm 波长黄光谱段的偏振吸收特性。

仿真得到在 546nm 波长处，吸收峰随闪耀角的变化曲线 (图 6.74(a))。可以看出，TM 偏振即吸收截止方向其吸收率均小于 1%，而对于偏振吸收方向的 TE 偏振，吸收率会随着闪耀角的变化而变化，并且在 15° ~ 16° 时，获得吸收最大值，此时吸收大于 86%。截止方向吸收小并且较为稳定，因此消光比随角度的变化趋势与 TM 偏振吸收峰值大小随角度的变化趋势基本一致，并且在闪耀角为 16° 的时候获得吸收消光比的最大值，此时吸收消光比大于 145，纳米线栅闪耀结构具有良好的偏振吸收能力。进一步获得硅纳米线栅厚度为 36nm、线宽为 114nm、闪耀光栅周期为 364nm 以及闪耀角为 16° 时，吸收率以及消光比在可见光谱 400~700nm 的偏振光谱特性。可以发现，TM 偏振的吸收率均小于 10% 并且随着波长的增加而增加；靠近 400nm 附近硅纳米线栅的等效折射率虚部较大，TE 偏振吸收较大，因此具有大于 30% 和小于 40% 的吸收区域；除吸收峰 (546±10)nm 范围以外区域，吸收率均小于 10%。在吸收峰值区域以外的长波谱段的区域，虽然 TE 吸收率小于 15%，但由于硅纳米线栅 TM 方向的等效折射率虚部很小，其吸收率很低，所以会获得大于 15 的偏振吸收消光比。而在偏振吸收峰值区域，546nm 波长处为光谱峰值，TE 偏振可以获得大于 86% 的高吸收率，TM 偏振实现吸收率小于 1% 的吸收截止，并且消光比大于 145，因此该结构可以获得黄光谱段的偏振吸收特性结构。

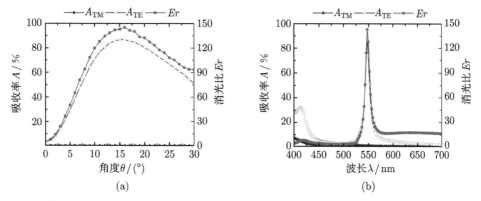

图 6.74 546nm 波长处闪耀角与偏振光谱的关系曲线 (彩图见封底二维码)

(a) 吸收率以及消光比与闪耀角的关系曲线；(b) 闪耀角为 16° 时，吸收率与光谱的关系曲线通过仿真得到该结构的反射率与透射率随光谱变化的关系曲线，从图 6.75 中可以看出吸收截止方向 TM 偏振对应的透射率高 (大于 90%) 而反射率低 (小于 5%)，因此在对黄光谱段 546nm TE 偏振吸收的同时对 TM 偏振具有高透过特性，可以进一步进行探测，与一般的偏振探测元件相比，可以将入射光充分利用。而对于长波谱段 (即 560~720nm 谱段)，TM 偏振透射率高，TE 偏振透射率低，此时纳米线栅闪耀结构可以起偏振滤波作用。因此仿虾蛄眼微绒毛的纳米线栅闪耀结构，相比传统结构的偏振探测系统，可以提高光能的利用率并且实现更多的功能。

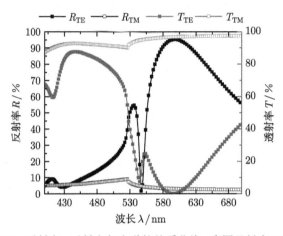

图 6.75　透射率、反射率与光谱的关系曲线 (彩图见封底二维码)

2) 红光 (700nm) 纳米线栅闪耀结构

相比于黄光谱段，在红光谱段范围内，尤其是中心波长 700nm 的红光光谱范围内，硅纳米线栅 TE 方向的等效折射率虚部小于 0.01，实现偏振光谱吸收更加困难。这里以纳米线栅闪耀结构为基础，对红光 700nm 进行设计。从图 6.74 和图 6.75 可以看出，改变厚度和周期，在 650nm 以后基本不存在吸收峰；而通过改变线宽的方式，在波长为 700nm 时可以获得 TM 偏振的吸收峰，此时线宽为 180nm 并且吸收消光比为 96，但是 TM 偏振的吸收率仅有 26%。因此，以硅纳米线栅厚度为 53nm、线宽为 180nm 以及周期为 360nm 为基础，对仿生闪耀结构进行仿真优化。在此结构尺寸基础上，闪耀角度的变化可以保持吸收峰值中心位置稳定，并且对吸收峰值的吸收率有显著的提升作用，因此可以通过改变闪耀光栅的闪耀角来提升红光 700nm 偏振吸收特性。

仿真得到图 6.76，700nm 波长处吸收率以及吸收消光比与闪耀角的特性关系如图 6.76(a) 所示。TM 偏振即吸收截止方向其吸收率均小于 0.1%，而对于偏振吸收方向 TE 偏振会随着闪耀角的变化而变化，并且在 10° 时获得吸收率最大值。此时 TE 偏振吸收率大于 48%，与之前的结构相比，TE 偏振吸收率提高了 90%，吸收消光比接近 180, 同样增长了接近 100%。截止方向吸收小, 且较为稳定, 因此消光比随角度的变化趋势与 TE 偏振吸收率随角度的变化趋势基本一致, 并且在闪耀角为 10° 的时候获得吸收消光比的最大值, 此时吸收消光比大于 176, 具有良好的偏振吸收能力。进一步获得硅纳米线栅厚度为 53nm、线宽为 180nm、闪耀光栅周期为 364nm 以及闪耀角为 10° 时, 吸收率以及消光比在可见光谱内的偏振光谱特性, 从图 6.76(b) 中可以看出, TM 偏振吸收率与硅材料虚部变化趋势基本一致, 并且基本随着波长的增加而减小, 并且在 400~430nm 时吸收率大于 15% 且小于 25%, 其余谱段吸收率均小于 15%; 而对于 TE 偏振的吸收方向, 除偏振峰值之外, 吸收率均随着波长的增加而减小, 由于 TE 偏振吸收较大, 所以除吸收峰值以外, 其余波长的吸收消光比均小于 10。对于 700nm 红光吸收峰区域, 虽然 TE 偏振吸收仅有 50%, 但由于 TE 偏振吸收率低, 所以吸收消光比高, 在 (700±5)nm 范围内, 吸收消光比大于 170, 所以仿生闪耀纳米线栅结构在该尺寸下具有较好的偏振特性。

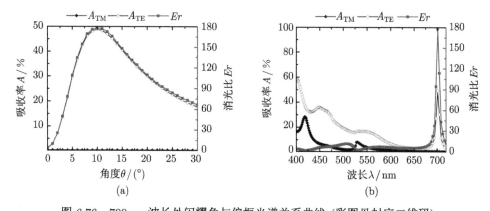

图 6.76 700nm 波长处闪耀角与偏振光谱关系曲线 (彩图见封底二维码)

(a) 吸收率以及消光比与闪耀角的关系曲线; (b) 闪耀角为 16° 时, 吸收率与光谱关系曲线

6.4 仿生双向偏振吸收结构

现有的集成偏振探测系统, 基本上是由偏振元件与探测像元相结合, 因此探测元件只对通过偏振像元的偏振光进行吸收探测, 而对于被偏振元件截止的偏振光, 因为无法被探测而损失。采用 Stokes 矢量法的偏振探测, 对一个物点的探测, 需要对四个方向的线偏振光 [24] 进行分析讨论, 需要采用不同透光方向的偏振元件和探测像元分组, 因而导致探测平面空间分辨率损失以及位置误差。虽有算法弥补 [25,26], 但这些损失和误差无法消除。除此之外, 铝纳米线栅与探测像元装配工艺难度大, 且易出现串扰误差。

6.3 节讨论的硅纳米线栅以及闪耀型式的硅纳米线栅结构，可以实现偏振光谱以及光吸收的集成化处理，可以看出，硅纳米线栅在吸收入射光的同时，依然有一部分光透射。如果在此结构之下再增加吸收探测材料，同样可以对未吸收偏振方向的光进行探测，且不影响原本偏振探测能力。因此，是否可以考虑设计一种双向偏振探测元件。然而单层纳米线栅结构，虽有透射，但受结构的影响，透射率低并且光谱吸收特性不稳定，不易获得较好的偏振探测特性。

虾蛄眼中频带第 5，6 行小眼，可以实现圆偏振光的探测，其远端感杆束具有位相延迟的功能，能使入射圆偏振光转化为线偏振光；而其近端感杆束具有正交微绒毛阵列结构，这种正交结构可以对转换的线偏振光进行滤波吸收，并且在同一感杆束中，可以对两个正交方向的偏振光响应。因此，结合第 3 章讨论的矩孔光子晶体结构以及第 4 章讨论的硅纳米线栅偏振吸收结构，研究虾蛄眼正交微绒毛阵列结构机理，建立双向偏振吸收结构模型，并利用 FDTD[27] 对仿生结构进行仿真。

6.4.1　正交微绒毛结构仿生

1. 正交微绒毛阵列解析

这里以齿指虾蛄为例，以文献记载的齿指虾蛄的结构尺寸作为基础，对仿生模型进行讨论。图 6.77 为虾蛄腹侧背侧以及中频带第 5，6 行小眼，视网膜细胞 R1~7 构成的近端感杆束示意图，图 6.77(b) 感杆束是由视网膜细胞组 R1~7 依次环绕而成，图 6.77(a) 为感杆束纵截面示意图，两边是视网膜细胞，中间为正交的微绒毛阵列，两个方向的微绒毛阵列分别由视网膜细胞组 R1，4，5 和 R2，3，6，7 构成，在同一微绒毛阵列中微绒毛方向相同，如图 6.77(b) 所示，以六边形的方式紧密排列，视网膜细胞组 R1，4，5 和 R2，3，6，7 构成的微绒毛阵列厚度相同，在感杆束中央交替出现直至感杆束末端。微绒毛呈管状，由微绒毛膜覆盖，微绒毛膜上分布着视蛋白，视蛋白只吸收平行于视蛋白方向的偏振光，视蛋白方向与微绒毛母线方向平行的占大多数，使微绒毛呈现极强的二向色性，视网膜细胞组 R1，4，5 和 R2，3，5，6 构成的微绒毛分别构成阵列，因此表现出极强的二向色性 [28]，对平行于微绒毛母线方向的偏振光表现出极强的吸收。R1，4，5 和 R2，3，6，7 细胞组构成的两个微绒毛阵列对两个方向的偏振光进行吸收，使 R1，4，5 和 R2，3，6，7 两组细胞分别吸收响应两个互相垂直方向的偏振光，达到对偏振探测的目的。

正交微绒毛阵列结构，可以在同一通道内实现两个方向的偏振光强度吸收响应。如果采用纳米管结构仿生该结构，纳米管材料为半导体材料，利用半导体在纳米尺寸下的表面效应，光电效应产生的电子只会沿纳米管母线方向运动，可以实现类似于微绒毛阵列与视网膜细胞的输出方式。对于分振幅型、分孔径型、分焦平面这些实时偏振探测方法，如果将互相垂直方向的两个偏振探测通道合并为同一通道，可以提高空间分辨率、缩小偏振探测设备的体积。下面仿生该微绒毛正交阵列结构，并讨论相关因素对该结构的偏振探测能力的影响。

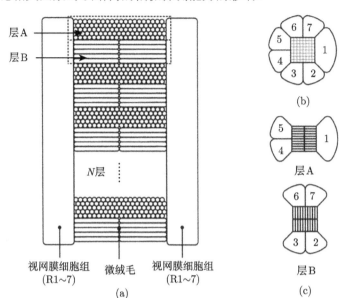

图 6.77　虾蛄眼偏振敏感感杆束示意图

(a) 感杆束纵截面示意图，两侧是视网膜细胞组 R1~7，中间是微绒毛，由圆构成的阵列表示垂直于纸面方向的微绒毛阵列，长条构成的阵列表示平行于纸面方向的微绒毛阵列；(b) 感杆束横截面示意图，视网膜细胞组 R1~7 如图顺时针环绕构成感杆束，中间矩形部分是视网膜细胞组 R1~7 微绒毛构成的微绒毛阵列；(c) 视网膜细胞组 R1, 4, 5 和视网膜细胞组 R2, 3, 6, 7 构成的两组微绒毛阵列，层 1, 4, 5 微绒毛方向与 R1 到 R4, 5 的方向一致，层 2, 3, 6, 7 微绒毛方向与 R2, 3 到 R6, 7 的方向一致

2. 仿生管状结构模型的建立

1) 仿生思路

仿生双向偏振探测像元理论模型如图 6.78 所示，由偏振探测模块以及光电转换模块构成。光电转换模块由正交纳米管阵列结构构成，仿生虾蛄感杆束中的微绒毛阵列结构，使吸收的光信号转化为电信号。结构模型的单元管阵列中，纳米管材料为具有光电效应的半导体材料[29,30]，管方向相互平行并呈蜂窝状排列，沿 z 轴方向相邻管阵列完全相同，方向互相垂直；管方向平行于 y 轴为层 A，平行于 x 轴为层 B，层 A 与层 B 沿 z 方向交替排列，模块呈长方体，垂直于 z 方向平面呈正方形。偏振探测模块由偏振探测电路和偏振探测电极构成，仿生感杆束中视网膜细胞组 R1~7，用于检测光信号并将其转换为电信号。在光电转换模块面 S_A 及其对应面加电极，分别连接在偏振探测模块 1 电路两极上；偏振探测电路 2，在光电转换模块 S_B 及其对应面加电极，分别连接在偏振探测模块 2 电路两极上。光沿 z 负

方向入射, 理论上层 A 与层 B 分别吸收平行于 y 轴和 x 轴的偏振光。对于半导体
材料, 光照后使电导率发生变化, 定态光电导率为 [31,32]

$$\Delta\sigma_s = q\beta\alpha I \left(\mu_n\tau_n + \mu_p\tau_p\right) \tag{6.44}$$

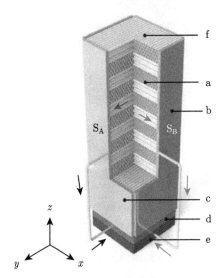

图 6.78　仿生双向偏振探测像元理论模型

a: 光电转换模块; b: 偏振探测模块 2 电极; c: 偏振探测模块 1 电极; d: 偏振探测模块 1 电路;

e: 偏振探测模块 2 电路; f: 入射面

　　对半导体材料施加偏压, 光照后由于光电导率发生变化, 产生的电流也会发生
变化。在偏振探测信号电路 1, 2 两极分别对光电转换模块施加相同偏压, 由于光
电转换模块呈纳米管结构, 纳米管结构有两个维度在纳米尺寸下, 所以在平行于管
母线方向, 载流子可以自由移动; 而垂直于母线方向, 载流子的运动受到限制, 即
层 A 产生的载流子会沿 y 方向运动, 层 B 产生的载流子会沿 x 方向运动, 因此层
A 光电效应会对偏振探测模块 1 产生电流作用, 层 B 光电效应对偏振探测模块 2
产生电流作用。层 A 与层 B 结构完全相同, 施加相同偏压, 在无光照射的情况下,
偏振探测模块 1, 2 获得的电流相同, 光照后, 偏振探测模块 1 电路中电流变化为

$$\Delta I_1 = V\Delta\sigma_{s1}l = Vq\beta\left(\mu_n\tau_n + \mu_p\tau_p\right)I_A \tag{6.45}$$

偏振探测电路 2 中电流变化为

$$\Delta I_2 = V\Delta\sigma_{s2}l = Vq\beta\left(\mu_n\tau_n + \mu_p\tau_p\right)I_B \tag{6.46}$$

其中, I_A 和 I_B 为层 A 和层 B 吸收的光强, 可以看出, 吸收光能量大小与偏振探
测电路探测的电流大小有关, 可以通过偏振探测电路的电流大小, 反映 x 方向与

y 方向偏振光强大小，从而实现两个相互垂直方向偏振光的探测。正交纳米管阵列作为微偏振元件又具有光吸收特性，从而实现了偏振元件与光电探测像元相结合。从公式 (6.45) 与公式 (6.46) 可以看出，光电转换模块的光吸收能力决定偏振探测电路中由光照产生电流信号的变化大小，从而确定偏振信息，所以本书对光电转换模块进行建模，对其光吸收能力进行仿真模拟分析。

2) 正交微绒毛阵列仿生结构建模

这里以齿指虾蛄眼中频带第 5, 6 行以及腹侧、背侧小眼中近端感杆束的正交微绒毛阵列结构为基础进行建模。如图 6.79(a) 所示，微绒毛用管结构表示，管壁表示微绒毛膜；用管阵列模拟微绒毛阵列沿 z 轴正交排列。管阵列分两种，层 A 的管母线平行于 y 轴，层 B 的管母线平行于 x 轴，层 A 管阵列与层 B 管阵列除排列方向互相垂直以外，圆管尺寸、每层圆管数量以及圆管层数均相同。图 6.79(b) 为每层管阵列垂直于母线的端面示意图，管以六边形排列，圆管直径为 D，壁厚为 d，管壁折射率为 n_1，管壁以外部分的折射率均为 n_0。根据文献记载，虾蛄的微绒毛外径为 50nm，微绒毛长度和每层微绒毛组合的总长为微米级，远大于微绒毛外径。因此建立结构模型时不考虑圆管的长度以及在每层圆管的排列个数。

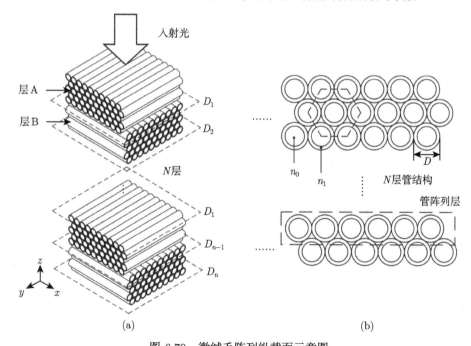

图 6.79 微绒毛阵列纵截面示意图

(a) 微绒毛管正交阵列仿真示意图；(b) 微绒毛阵列截面图

3. 管阵列正交纳米仿生结构计算方法

光电转化模块的光学吸收特性是实现双向偏振探测像元的关键，下面建立等效层模型，分析光电转化模块中的正交结构材料特性以及结构尺寸特性与光电转化模块的光学吸收之间的关系，并提出光电转化模块偏振识别能力。由于材料具有吸收特性，所以管材料为复折射率材料，其材料折射率可以表示为 $n' = n - \overline{\alpha}i$，其中 n 为折射率实部，$\overline{\alpha}$ 为折射率虚部。图 6.80 中的管材料具有二向色性，此时平行于管母线方向的折射率为 $n'_{\parallel} = n_{\parallel} - \alpha_{\parallel}i$，而垂直于管母线方向的折射率为 $n'_{\perp} = n_{\perp} - \alpha_{\perp}i$，不考虑材料的双折射，$n'_{\perp}$ 和 $n'_{\parallel}$ 的实部相等，为 n。

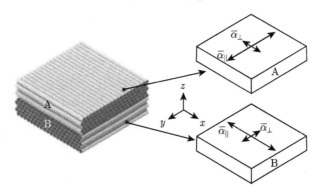

图 6.80　单元层 A 和层 B 等效层模型

如图 6.80 所示，将单元阵列等效为二向色性材料的薄层，层厚相同，用 z 表示，平行于管向方向的吸收系数为 $\overline{\alpha}_{\parallel}$，垂直于管向方向的吸收系数为 $\overline{\alpha}_{\perp}$，层 A 平行于 y 轴方向的吸收系数为 $\overline{\alpha}_{\parallel}$，层 B 平行于 x 轴方向的吸收系数为 $\overline{\alpha}_{\perp}$。入射光沿 z 轴负方向正入射至光电转换模块，由于像元探测只能探测光强信息，所以对入射光的偏振考察，只考虑两个方向上的光强信息。利用入射光的偏振方位角考察探测像元的偏振探测能力，根据偏振方位角的定义，入射光光强为 I_0，建立入射光偏振方位角为 $\theta = \arctan\left(\dfrac{\sqrt{I_{\perp}}}{\sqrt{I_{\parallel}}}\right)$，平行于 A 层管向方向的偏振光强为 $I_{\parallel} = I_0 \cos^2\theta$，而平行于 B 层管向方向的偏振光强为 $I_{\perp} = I_0 \sin^2\theta$。光电转换模块中共有 m 对阵列，根据比尔–朗伯吸收定律求得入射光偏振分量平行于 y 方向时，第 i 对正交阵列中，层 A 的吸收为

$$I_{\mathrm{A}\|i} = I_{\|}\left(\mathrm{e}^{-(i-1)\overline{a}_{\|}z - (i-1)\overline{\alpha}_{\perp}z} - \mathrm{e}^{-i\overline{a}_{\|}z - (i-1)\overline{\alpha}_{\perp}z}\right) \tag{6.47}$$

层 B 的吸收为

$$I_{\mathrm{B}\|i} = I_{\|}\left(\mathrm{e}^{-i\overline{a}_{\|}z - (i-1)\overline{\alpha}_{\perp}z} - \mathrm{e}^{-i\overline{a}_{\|}z - i\overline{\alpha}_{\perp}z}\right) \tag{6.48}$$

光电转换模块中, 层 A 的总吸收为

$$I_{A||} = \sum_1^{i=m} I_{A||i} = I_{||} \frac{\left(1 - e^{-\overline{\alpha}_{||}z}\right)\left(1 - e^{-n\overline{\alpha}_{||}z - n\overline{\alpha}_{\perp}z}\right)}{1 - e^{-\overline{\alpha}_{||}z - \overline{\alpha}_{\perp}z}} \tag{6.49}$$

光电转换模块中, 层 B 的总吸收为

$$I_{B||} = \sum_1^{i=m} I_{B||i} = I_{||} \frac{e^{-\overline{\alpha}_{||}z}\left(1 - e^{-\overline{\alpha}_{\perp}z}\right)\left(1 - e^{-n\overline{\alpha}_{||}z - n\overline{\alpha}_{\perp}z}\right)}{1 - e^{-\overline{\alpha}_{||}z - \overline{\alpha}_{\perp}z}} \tag{6.50}$$

入射光偏振分量平行于 x 方向时, 第 i 对正交阵列中, 层 A 的吸收为

$$I_{A\perp i} = I_{\perp} \left(e^{-(i-1)\overline{\alpha}_{||}z - (i-1)\overline{\alpha}_{\perp}z} - e^{-i\overline{\alpha}_{\perp}z - (i-1)\overline{\alpha}_{||}z} \right) \tag{6.51}$$

层 B 的吸收为

$$I_{B\perp i} = I_{\perp} \left(e^{-(i-1)\overline{\alpha}_{||}z - i\overline{\alpha}_{\perp}z} - e^{-i\overline{\alpha}_{\perp}z - i\overline{\alpha}_{||}z} \right) \tag{6.52}$$

光电转换模块中, 层 A 的总吸收为

$$I_{A\perp} = \sum_1^{i=m} I_{A\perp i} = I_{\perp} \frac{\left(1 - e^{-\overline{\alpha}_{\perp}z}\right)\left(1 - e^{-n\overline{\alpha}_{||}z - n\overline{\alpha}_{\perp}z}\right)}{1 - e^{-\overline{\alpha}_{||}z - \overline{\alpha}_{\perp}z}} \tag{6.53}$$

光电转换模块中, 层 B 的总吸收为

$$I_{B\perp} = \sum_1^{i=m} I_{B\perp i} = I_{\perp} \frac{e^{-\overline{\alpha}_{||}z}\left(1 - e^{-\overline{\alpha}_{||}z}\right)\left(1 - e^{-n\overline{\alpha}_{||}z - n\overline{\alpha}_{\perp}z}\right)}{1 - e^{-\overline{\alpha}_{||}z - \overline{\alpha}_{\perp}z}} \tag{6.54}$$

可以得到该仿生结构的探测偏振方位角 θ_R 为

$$\theta_R = \arctan\left(\frac{\sqrt{I_{B||}} + \sqrt{I_{B\perp}}}{\sqrt{I_{A||}} + \sqrt{I_{A\perp}}} \right) \tag{6.55}$$

根据式 (6.50)~式 (6.55), 得到仿生结构探测偏振方位角 θ_R 为

$$\theta_R = \arctan\left[\frac{\sqrt{e^{-\overline{\alpha}_{||}z}\left(1 - e^{-\overline{\alpha}_{\perp}z}\right)}\cos\theta + \sqrt{e^{-\overline{\alpha}_{\perp}z}\left(1 - e^{-\overline{\alpha}_{||}z}\right)}\sin\theta}{\sqrt{1 - e^{-\overline{\alpha}_{||}z}}\cos\theta + \sqrt{1 - e^{-\overline{\alpha}_{\perp}z}}\sin\theta} \right] \tag{6.56}$$

根据式 (6.56) 可以计算出入射偏振方位角与仿生像元探测的偏振方位角 θ_R 之间的关系。在探测无误差的情况下, 探测的理想偏振方位角 θ_{R_ideal} 与入射偏振方位角 θ 相等。由于管材料的特性, 偏振探测存在一定误差, 根据 $|\theta_R - \theta_{R\_ideal}|$ 可以得到对应入射偏振方位角的探测误差, 入射方位角在 $0° \sim 90°$ 范围内变化, 本书利用偏振方位角平均误差 $\theta_{error\_average}$ 对仿生像元偏振探测能力进行评价。

4. 管阵列正交纳米仿生结构仿真模拟与分析

1) 折射率实部 n 与虚部 $\overline{\alpha}$ 的影响

保持等效层厚度和二向色性比例不变,取层厚 $z=0.01\mu m$,二向色性比例 Rate $=\dfrac{\overline{\alpha}_{\parallel}}{\overline{\alpha}_{\perp}}=1000$,改变实部 n 与虚部折射率 $\overline{\alpha}_{\parallel}$,由于 $\overline{\alpha}_{\perp}$ 与 $\overline{\alpha}_{\parallel}$ 存在比例关系 Rate,这里讨论的折射率虚部 $\overline{\alpha}$,即 $\overline{\alpha}_{\parallel}$。仿真计算得到平均误差 (图 6.81)。随着实部的增加,平均方位角误差增加;随着虚部的增加,平均方位角误差呈增加趋势。

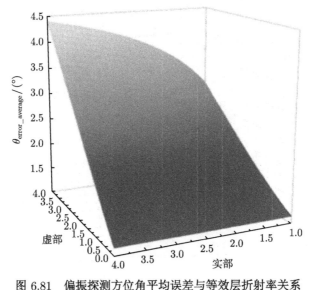

图 6.81   偏振探测方位角平均误差与等效层折射率关系

2) 层厚 z 与二向色性比例 Rate 的影响

从式 (6.56) 可以看出,偏振探测方位角主要影响因素为吸收系数 $\overline{\alpha}_{\perp}$,$\overline{\alpha}_{\parallel}$ 以及单位层厚度 z。由于单位层两个方向的吸收系数不同,仿生像元对于平行于管向的反射率与垂直于管向的反射率有差异,会影响两个方向在管阵列中的吸收,从而影响仿生像元偏振探测能力。通过改变二向色性比例,以及实部、虚部大小,并根据复折射率的菲涅耳公式,仿真模拟得到两个方向偏振光的反射率差值 $\Delta R = R_{\parallel} - R_{\perp}$ (图 6.82)。从图 6.82 可以看出,随着虚部 $\overline{\alpha}_{\parallel}$ 折射率的增加,平行方向的偏振反射率与垂直方向的反射率差值 ΔR 变大。随着实部的增加,反射率差值 ΔR 减小;随着二向色性比例增加,在虚部较大时,反射率差值 ΔR 逐渐增加。而在虚部 $\overline{\alpha}_{\parallel} \leqslant 0.01$ 时,无论实部 n 和二向色性比例 Rate 如何变化,反射率差值均小于 0.01,两个方向均具有良好的透射率。为去除两个方向反射率造成的偏振探测影响,将式 (6.56) 修正为

$$\theta_{\mathrm{R}} = \arctan\left[\frac{\sqrt{\left(1-R_{\|}\right)\mathrm{e}^{-\overline{\alpha}_{\|}z}\left(1-\mathrm{e}^{-\overline{\alpha}_{\perp}z}\right)}\cos\theta + \sqrt{\left(1-R_{\perp}\right)\mathrm{e}^{-\overline{\alpha}_{\perp}z}\left(1-\mathrm{e}^{-\overline{\alpha}_{\|}z}\right)}\sin\theta}{\sqrt{\left(1-R_{\|}\right)\left(1-\mathrm{e}^{-\overline{\alpha}_{\|}z}\right)}\cos\theta + \sqrt{\left(1-R_{\perp}\right)\left(1-\mathrm{e}^{-\overline{\alpha}_{\perp}z}\right)}\sin\theta}\right] \tag{6.57}$$

其中，

$$R_{\|} = \frac{n^2\left(1+\overline{\alpha}_{\|}\right)^2 + 1 - 2n}{n^2\left(1+\overline{\alpha}_{\|}\right)^2 + 1 + 2n} \tag{6.58}$$

$$R_{\perp} = \frac{n^2\left(1+\overline{\alpha}_{\perp}\right)^2 + 1 - 2n}{n^2\left(1+\overline{\alpha}_{\perp}\right)^2 + 1 + 2n} \tag{6.59}$$

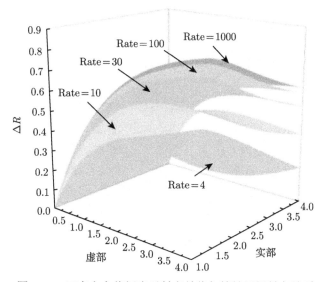

图 6.82　正交方向偏振光反射率差值与等效层折射率关系

　　根据公式 (6.57)，影响光电转化模块偏振探测能力的主要因素有：平行于管向的吸收 $\overline{\alpha}_{\|}$，垂直于管向的吸收 $\overline{\alpha}_{\perp}$，管材料折射率实部 n 以及层厚 z。令平行于管向的吸收 $\overline{\alpha}_{\|}$ 为 $0.1\mathrm{m}^{-1}$ 以及管材料折射率实部 $n = 1.46$，改变二向色性比例 $\mathrm{Rate} = \dfrac{\overline{\alpha}_{\|}}{\overline{\alpha}_{\perp}}$ 以及等效层厚度 z，计算后得到图 6.83。从图 6.83 可以看出，随着层厚的增加，平均方位角误差变大但误差变化小；随着二向色性比例 Rate 变大，偏振探测方位角平均误差显著减小。

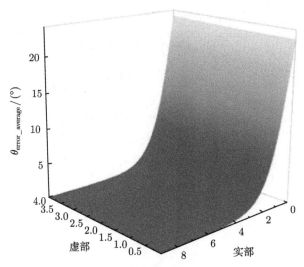

图 6.83　偏振探测方位角平均误差与厚度和二向色性比例关系

5. 仿生像元仿真模拟与分析

为进一步研究微纳结构对光电转化模块偏振探测能力的影响，本书以等效层模型计算的相关参数的趋势为指导，利用 FDTD 对该像元进行仿真模拟，研究其单元管阵列管层数 N、管材料折射率虚部 $\overline{\alpha}_{\parallel}$ 以及管材料二向色性比例 Rate 变化对光电转化模块偏振探测能力的影响。如图 6.84 所示，在图示坐标系中建立正交

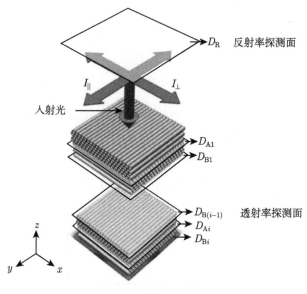

图 6.84　FDTD 仿真示意图

纳米管阵列。根据文献中的微绒毛尺寸，模型中纳米管外径为 50nm，壁厚为 2nm，背景为空气，背景折射率为 1，微绒毛为磷脂双分子层 [33]，仿真模拟中纳米管折射率实部取 1.46，同时，微绒毛的吸收是因为分布在微绒毛上的视蛋白 [34]，视蛋白吸收具有方向性，平行于管向的视蛋白与其他方向的视蛋白数量比例为 2:1，模型中以二向色性比例 Rate=4 为基础。图中 D_{R} 表示反射率探测面，探测的反射率为 R，第 i 对管阵列中，用 m 对正交纳米管阵列，得到入射光偏振分量平行于 y 方向时，第 i 对正交阵列中，层 A 的吸收为

$$I_{\|\mathrm{A}i} = I_{\|} \left(T_{\mathrm{B}(i-1)} - T_{\mathrm{A}i} \right) \tag{6.60}$$

层 B 的吸收为

$$I_{\|\mathrm{B}i} = I_{\|} \left(T_{\mathrm{A}i} - T_{\mathrm{B}i} \right) \tag{6.61}$$

其中，第 1 对正交阵列中，层 A 的吸收为

$$I_{\|\mathrm{A}1} = I_{\|} \left(1 - R - T_{\mathrm{A}1} \right) \tag{6.62}$$

入射光偏振分量平行于 x 方向时，第 i 对正交阵列中，层 A 的吸收为

$$I_{\perp\mathrm{A}i} = I_{\perp} \left(T_{\mathrm{B}(i-1)} - T_{\mathrm{A}i} \right) \tag{6.63}$$

第 i 对管阵列中，层 B 的吸收为

$$I_{\perp\mathrm{B}i} = I_{\perp} \left(T_{\mathrm{A}i} - T_{\mathrm{B}i} \right) \tag{6.64}$$

其中，第 1 对正交阵列中，层 A 的吸收为

$$I_{\perp\mathrm{A}1} = I_{\perp} \left(1 - R - T_{\mathrm{A}1} \right) \tag{6.65}$$

其中，I_0 是入射光强，T_i 入射光经过 i 层阵列后的透射率。根据式 (6.60)~式 (6.64) 从而计算出 $I_{\mathrm{A}\|} = \sum\limits_{i=1}^{m} I_{\|\mathrm{A}i}$，$I_{\mathrm{A}\perp} = \sum\limits_{i=1}^{m} I_{\perp\mathrm{A}i}$，$I_{\mathrm{B}\|} = \sum\limits_{i=1}^{m} I_{\|\mathrm{B}i}$，$I_{\mathrm{B}\perp} = \sum\limits_{i=1}^{m} I_{\perp\mathrm{B}i}$，计算仿生像元偏振探测方位角。

1) 层数 N

保持折射率不变，折射率实部为 1.46，平行于管向的吸收为 $0.1\mu\mathrm{m}^{-1}$，Rate $= \dfrac{\overline{\alpha_{\|}}}{\overline{\alpha_{\perp}}} = 4$，根据图 6.85，层厚 z 越厚，偏振探测能力越低。在单元管阵列中层数的不同即体现层厚 z 的变化，对层数 N =1 和 N=10 进行考察，得到图 6.85，当单位阵列层数为 1 时，偏振方位角平均误差为 13.89°，最大误差为 26°；而当单位阵列层数为 10 时，偏振方位角平均误差为 21.64°，最大误差为 44°。层数为 1 时，误差明显小于层数为 10 时。

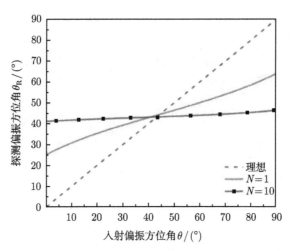

图 6.85　探测偏振方位角与入射偏振方位角关系曲线

2) 折射率虚部 $\overline{\alpha}$

根据前文讨论, 取单位阵列中的纳米管层数为 1, 保持折射率实部 1.46 不变, 二向色性比例 Rate=4, 平行于管向的吸收取点 $0.001\mu m^{-1}$, $0.01\mu m^{-1}$, $0.1\mu m^{-1}$, $1\mu m^{-1}$, $2.5\mu m^{-1}$, $5\mu m^{-1}$, $7.5\mu m^{-1}$, $10\ \mu m^{-1}$, 得到平均误差曲线 (图 6.86)。在虚部折射率 $\overline{\alpha}_{\parallel} < 5$ 时, 偏振探测方位角平均误差 $\theta_{error\_average}$ 均保持在 $13° \sim 14°$, 且两个方向的透射率均高于 99%; 虚部折射率 $\overline{\alpha}_{\parallel} > 5$, 随着虚部折射率增大, 偏振探测方位角平均误差 $\theta_{error\_average}$ 增大。保持单位阵列层数为 1, 平行于管向时折射率的实部和虚部大小不变, 实部大小为 1.46, 虚部大小为 0.1, 改变二向色性比例 Rate, 得到图 6.87。随着 Rate 增大, 平均误差减小, 当 Rate=10^7 时, 偏振探

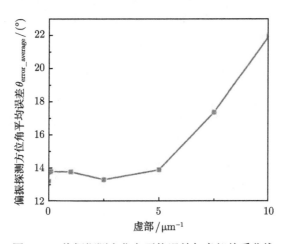

图 6.86　偏振探测方位角平均误差与虚部关系曲线

测方位角平均误差 $\theta_{error\_average}$ 为 $0.04731°$，小于 $0.1°$，得到图 6.88，最大误差为 $0.11575°$，小于 $0.2°$，此时探测偏振方位角曲线与理想探测偏振方位角曲线基本重合，可以获得较为精确的偏振探测能力。

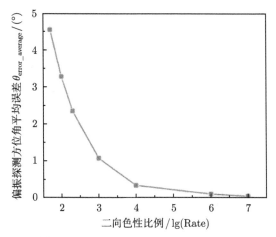

图 6.87 偏振探测方位角平均误差与二向色性比例关系曲线

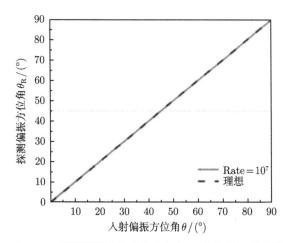

图 6.88 探测偏振方位角与入射偏振方位角关系曲线

综合等效层趋势计算和正交纳米管阵列仿真模拟发现，增加二向色性比例、减小单位管阵列层数以及减小管材料虚部，可以降低偏振探测方位角平均误差并且提高仿生像元偏振探测能力。减小单位管层数可以提高仿生像元偏振探测能力，但在二向色性比例为 4 时，偏振探测方位角平均误差 $\theta_{error\_average}$ 均在 $10°$ 以上，未获得良好的偏振探测能力；减小管材料虚部大小，可以获得良好的透射率，但在二向色性比例为 4 时，$\theta_{error\_average} > 13°$；二向色性比例 Rate>106 时，偏振平方位角误差小于 0.1°，且最大误差小于 0.2°，说明影响仿生元件偏振探测能力的最主要因素是二向色性比例。

6. 管阵列正交纳米讨论

本节提出仿生虾蛄眼感杆束结构，该结构可以实现偏振成像中微偏振元件与探测像元的结合，实现在同一像元中探测两个方向互相垂直的偏振光强，且使偏振元件和探测元件一体化；建立仿生双向偏振探测像元模型，通过正交纳米管仿生结构，实现双向偏振探测分析；分别对纳米管阵列等效为二向色性层进行计算采用 FDTD 方法仿真分析正交纳米管结构，研究材料特性、单位阵列管层数与二向色性比例对仿生偏振探测能力的影响，利用正交微纳管结构，减小折射率虚部可以得到良好的透射率，且管材料的二向色性比例的提升可以使偏振探测能力提升，是影响仿生像元偏振探测能力的主要因素。所以，管阵列正交纳米线栅在无二向色性的情况下，仿生结构并不具有偏振探测能力。而材料的二向色性是材料的本质特性，改变二向色性的方式并不科学，因此对管结构进行进一步研究，建立具有二向色性的仿生结构实现双向偏振探测。

6.4.2　纳米线栅形状分析

由于管向折射率均匀，所以只考虑二维界面的折射率分布，采用具有光电效应的硅作为基底材料，管直径大小为 50nm、管壁厚为 2nm。400nm 时硅材料虚部较大，吸收也较强烈，因此针对 400nm 谱段进行考察，仿真得到图 6.89。从图 6.89 中可以看出，s 偏振吸收率由上至下逐渐增强 (图 6.89(a))，而 p 偏振吸收率在两侧几乎降低为 0，上方与 s 波相近，而下方 s 波吸收率高，p 波吸收率低于 s 偏振。从而可以看出，只有管两侧具有明显的偏振特性，而管的上下方基本无偏振特性，

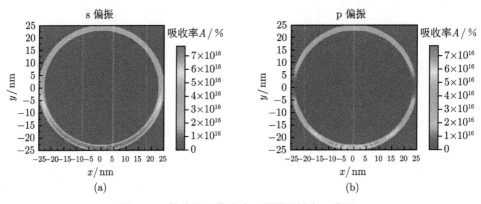

图 6.89　管偏振吸收分布 (彩图见封底二维码)

(a) s 偏振；(b) p 偏振

因而整体的偏振吸收现象并不明显。管结构上方与下方，硅占空比较大，而两侧硅占空比较小，这是管偏振吸收现象在这两个处差异较大的主要原因。同时，圆管结构具有光波导功能，因此，下边界处的吸收率更高。由于在两侧与上下结构的吸收特性最显著，所以改进为矩形管形式进行仿真讨论 (图 6.90)。

图 6.90 矩形管结构

物体的吸收，可以由比尔公式计算:

$$I = I_0 \exp(-\overline{\alpha}z) \tag{6.66}$$

式中，I_0 为入射光强; $\overline{\alpha}$ 为吸收率，即材料本身的固有属性; z 为光波进入介质后的距离。其中 z 为变量，因此材料的二维面积大小与结构的吸收率大小有关。因此，为减少变量，矩孔结构单位周期内的面积与管状结构单位周期内的截面面积相同。因此矩形管边长为 50nm，壁厚为 1.56nm，其截面面积与管界面一致，仿真方管的偏振吸收分布。

仿真得到图 6.91，矩形管可以分为上下左右四部分，可以看出，s 波与 p 波上部区域，吸收分布相同 (表 6.7)，大小类似; 下部区域，虽然有一定差异，但都具有很高的吸收率; 两侧区域对称，但 s 波与 p 波相差巨大，s 波两侧区域吸收率高，高于底部吸收率 3.24%，而 p 波两侧吸收为 0.08%，几乎为 0。

顶部与底部区域为介质层，由于硅材料为各向同性材料，所以该层本身不具备偏振特性; s 波顶部区域吸收率为 2.63%，p 波顶部区域吸收率为 4.24%，吸收消光比为 0.62; 对于底部，s 波吸收为 5.3%，p 波吸收为 6.59%，由于 s 波侧面吸收率高，即不截止，侧面相当于光波导，所以底部吸收与顶部吸收相差较大，而 p 波层面吸收率低，即截止，同时具有较高的反射率，因此，顶部与底部相差较小。层面区域可以看作线栅形式，其等效折射率形式，可以看出，s 波与 p 波的等效折射率将会有差异, 其虚部也会有差异。虽然层面吸收消光比高达 40.5, 但由于顶部以及底部的吸收消光比低, 从而总消光比仅有 1.31。由此可以看出, 如果去除上下边界, 只留侧面部分, 将会有很高的偏振吸收消光比和良好的偏振吸收特性。因此用栅状结构代替圆管结构, 可以获得高的吸收消光比。

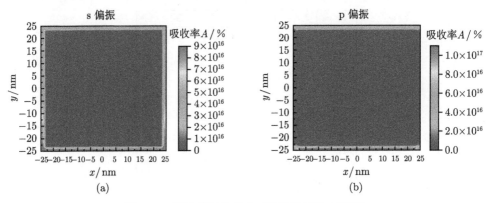

图 6.91　管偏振吸收分布 (彩图见封底二维码)

(a) s 偏振; (b) p 偏振

表 6.7　偏振吸收分布

	s 偏振	p 偏振	消光比
顶部	2.63%	4.24%	0.62
底部	5.3%	6.59%	0.80
层面	6.48%	0.16%	40.5
总和	14.41%	10.99%	1.31

6.4.3　仿生虾蛄眼双向偏振吸收结构

1. 仿生虾蛄眼双向偏振吸收模型

根据上文分析提出了一种仿生虾蛄小眼感杆束微纳结构的双向偏振探测结构, 该结构可以在单位探测面中实现互相垂直的两个方向的偏振光强度的探测。分析虾蛄小眼感杆束结构, 利用多层正交硅光栅对虾蛄小眼感杆束结构进行仿生建模。以 FDTD 为理论基础, 对仿生模型进行仿真模拟, 研究不同厚度、周期的光栅层对偏振探测消光比的影响, 以及周期为 L、厚度为 h、层间距为 D 时不同层数及不同偏振方位角对双向偏振探测的影响。研究结果表明, 在该结构下, 层数为 600 层时, 探测器对两个方向的偏振探测的消光比都大于 40, 且透射率大于 96%。

虾蛄小眼 5,6 行具有偏振探测能力, 其小眼远端感杆束是其偏振探测能力的关键, 下面根据该结构进行建模仿真, 构建仿生双向偏振探测模型。图 6.92 为虾蛄小眼远端感杆束结构示意图，由视网膜细胞及其微绒毛构成。视网膜细胞组 R1~7 呈叶状环绕，中间微绒毛呈阵列状，分为 R1, 4, 5 和 R2, 3, 6, 7 两组细胞，其构成的微绒毛阵列互相垂直，交替至感杆束末端。微绒毛阵列对平行于微绒毛管向的偏振光具有强烈的吸收，并向视网膜细胞传递信号，从而实现两组视网膜细胞对互相垂直的偏振光方向进行探测。其偏振探测的关键即中心正交微绒毛阵列。

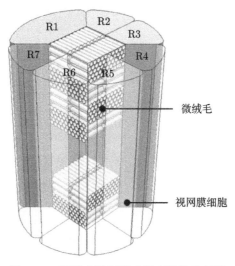

图 6.92　虾蛄小眼远端感杆束结构示意图

　　基于正交微绒毛阵列，构建仿生模型 (图 6.93(a))。由于微绒毛呈空心管状，并呈阵列排列，利用线栅的形式进行仿生，栅厚度为 d，周期为 Λ，占空比为 f (图 6.93(c))。在微绒毛阵列中实现偏振吸收为微绒毛膜，微绒毛上的视蛋白可以吸收偏振光，并转为可探测的信号，本节考虑硅材料，具有光电导特性，可以实现光电信号的转换，背景材料采用无吸收的 SiO_2。仿生结构根据前文所讨论的，采用矩形纳米线栅正交结构。单位正交阵列由两组硅纳米线栅构成，分别为层 A 与层 B，这两层线栅方向互相垂直 (图 6.93(b))，并且层 A 与层 B 之间的间距为 D。正交阵列沿入射方向堆叠，正交组数为 m。

　　现在的偏振成像系统，一般是对光信号的强度信息进行探测。在忽略相位信息的情况下，任意入射光可以被看作线偏振进行分解计算。线偏振光可以分解为互相垂直的两个偏振方向。入射光为正入射，偏振方位角 θ 表示与层 A 线栅方向以及层 B 线栅方向的夹角及补角 (图 6.94)。当入射光的偏振方向平行于层 A 时，此时的偏振方位角定义为 0°；而当入射光平行于层 B 时，此时偏振方位角定义为 90°。由于可以分解为正交分量，所以本书分析偏振方位角为 0° 以及 90° 时层 A 与层 B 的吸收，从而研究仿生双向结构的偏振吸收探测能力。

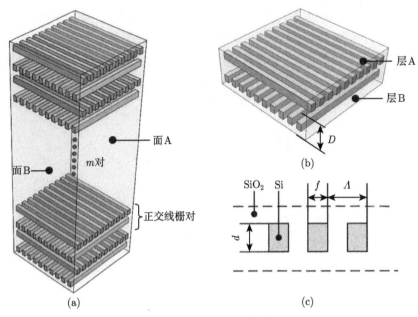

图 6.93　双向偏振吸收模型

(a) 仿生 3D 模型；(b) 单元正交模型示意图；(c) 单层硅栅结构示意图

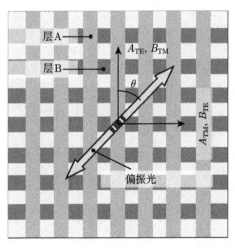

图 6.94　偏振方位角与层 A 和层 B 的关系

对于偏振方位角为 0° 时，从上至下每一层层 A 的吸收为 $A_{\mathrm{TE}i}$，层 B 的吸收为 $B_{\mathrm{TM}i}$；而对于偏振方位角为 90° 时，每一层的层 A 吸收为 $A_{\mathrm{TM}i}$，层 B 的吸收为 $B_{\mathrm{TE}i}$。在理想的情况下，当偏振方位为 0° 时，层 A 为吸收方向，层 B 为截止方向，所以仅有层 A 具有吸收；而当偏振方位角为 90° 时，层 B 为吸收方向，层

A 为截止方向,所以仅有层 B 具有吸收。而实际上,线栅的吸收截止方向,也具有吸收系数,因此总会有误差存在,即在偏振方位角为 $0°$ 与 $90°$ 时, $B_{\text{TM}i}$ 和 $A_{\text{TM}i}$ 不为 0。对于任意偏振方位角,层 A 总的吸收率为 T_{A}:

$$T_{\text{A}} = \sum_{1}^{i=m} A_{\text{TE}i} + A_{\text{TM}i} \tag{6.67}$$

层 B 总的吸收率为 T_{B}:

$$T_{\text{B}} = \sum_{1}^{i=m} B_{\text{TE}i} + B_{\text{TM}i} \tag{6.68}$$

2. 单层纳米线栅

为获得良好的双向偏振特性,每层光栅须具有良好的二向色性,即平行于光栅方向的偏振光具有高吸收;相反,垂直于光栅方向的偏振光具有较小的吸收,以减少相邻光栅层之间吸收的影响。根据文献中所述,微绒毛直径约为 50nm,而微绒毛膜厚度仅为 2nm,单层微绒毛阵列厚度越薄,偏振探测精度越高。下面通过对占空比 f 以及光栅高度 d 进行仿真,对单层纳米线栅层两个方向的吸收消光比进行讨论。

1) 占空比 f

影响介质吸收的主要因素是介质折射率的虚部,单层硅纳米光栅在不同占空比的情况下会导致入射光在垂直于光栅方向以及平行光栅方向的折射率虚部产生变化,从而影响硅纳米线栅二向色性吸收。根据等效介质理论计算出平行于光栅方向的等效折射率 n_{TE} 以及垂直于光栅方向的等效折射率 n_{TM}(图 6.95(a))。随着占空比的增加,两个方向等效折射率虚部均在增加,而 TE 与 TM 虚部的比值在不断减小。较小的占空比可以获得较高的消光比。根据图 6.95(a),对占空比在 0~0.2 的硅纳米线栅吸收消光比进行仿真,层厚 $d = 10$nm、周期 $\Lambda = 50$nm 以及入射光波长为 400nm,仿真得到图 6.95(b),变化趋势基本与图 6.95(a) 一致;当占空比小时,虽然 TE 虚部减小,但 TM 虚部接近于 0,使 $A_{\text{TE}}/A_{\text{TM}}$ 比值增大,从而使单层纳米线栅获得更大的吸收比值。

2) 单层光栅厚度

单层纳米线栅厚度是线栅的重要参数,下面仿真分析单层纳米线栅厚度对光栅两个方向吸收比的影响,入射波长为 400nm,周期 $\Lambda = 50$nm,占空比 $f = 0.04$,得到图 6.96。图 6.96(a) 中,TM 与 TE 方向的吸收在 0~5μm,随着厚度的增加而逐渐增加;TM 方向的偏振吸收在 5μm 时,吸收小于总光强的 5%;而 TE 方向的光几乎被全部吸收;5nm 的厚度在 TM 方向虽仅有 10^{-2} 量级的吸收,而 TE 方向的吸收小于 10^{-4}。然而,从图 5.96(b) 可以看出,随着厚度的增加,TE 与 TM 方向

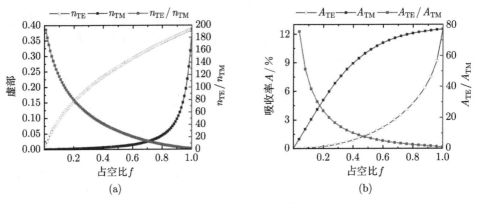

图 6.95　单层硅纳米线栅等效折射率及吸收 (彩图见封底二维码)

(a) 硅纳米线栅占空比与等效折射率关系曲线; (b) 硅纳米线栅占空比与吸收率关系曲线

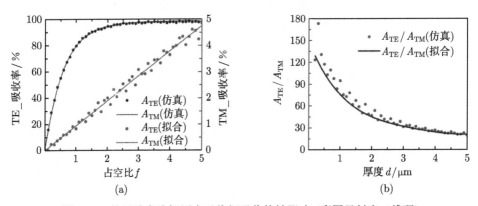

图 6.96　单层纳米线栅厚度对偏振吸收特性影响 (彩图见封底二维码)

(a) 吸收率; (b) 消光比

的吸收比逐渐减小。在 5μm 时，消光比仅有 20；而在 5nm 时，消光比大于 120。根据简单的数学关系，越厚的线栅消光比越低，且厚度会使多层光栅实现的两个方向偏振吸收产生较大的误差；相比之下，较薄的线栅，可以获得较高的消光比。单层吸收虽低，但能通过较多光栅层实现高吸收。

3. 单位正交纳米线栅

1) 正交纳米线栅厚度

下面分析单位正交硅纳米线栅结构中，层 A 与层 B 厚度对该层吸收率的影响。偏振方位角为 0° 以及 90° 时，层 A 与层 B 的吸收率 A_{TE}, A_{TM}, B_{TE} 和 B_{TM} 被仿真 (图 6.97(a))。吸收率 A_{TE}, A_{TM}, B_{TE} 和 B_{TM} 均会随着纳米线栅厚度的增加而增加，吸收方向 A_{TM} 与 B_{TM} 之间的差异，以及截止方向 A_{TE} 与 B_{TE} 的差异, 也会随着厚度的增加而增加, 当厚度为 3um 的时候, 误差达到 3%。

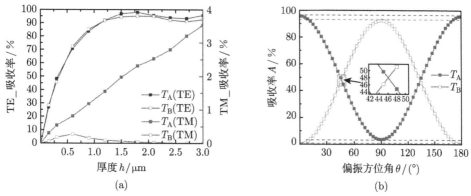

图 6.97　纳米线栅厚度对双向偏振探测偏振特性的影响 (彩图见封底二维码)

(a) 在偏振方位角为 0° 与 90° 时, 层 A 与层 B 的吸收率与纳米线栅厚度的关系曲线; (b) 层 A 与层 B 的吸收随偏振方位角的关系曲线

仿真得到仿生双向结构模型对不同偏振方位角的偏振吸收探测能力 (图 6.97(b))。理想情况下, 当偏振方位角为 0° 时, 层 B 吸收为 $T_B=0$, 层 A 吸收为 $T_A=1$; 当偏振方位角为 90° 时, 层 B 吸收率为 $T_B=1$, 层 A 吸收率为 $T_A=0$; 而当偏振方位角为 45° 时, 偏振分量在层 A 线栅方向与层 B 线栅方向相同, 即 $T_A = T_B$。然而, 当层厚为 3μm, 偏振方位角为 45° 时, 层 A 的吸收与层 B 的吸收并不相同, 即 $T_A \neq T_B$, 并且误差达到 3%。同时, 在偏振方位角为 0° 时的层 A 吸收率 T_A, 与偏振方位角为 90° 时的层 B 吸收率 T_B 并不相同, 且差异较大。综上所述, 单位正交纳米线栅, 可以实现明显双向偏振吸收现象, 但是, 会产生较大的偏振成像误差, 影响测量精度。

2) 层间距 D

下面分析正交阵列仿生结构单位硅线栅层之间的层间距 D 对相邻两层偏振吸收的影响。由于不考虑相位, 偏振光均可以用线偏振光表示。平行于层 A 的偏振光, 层 A 的吸收率为 A_{TE}, 层 B 的吸收率为 B_{TM}; 平行于层 B 的偏振光, 层 A 的吸收率为 A_{TM}, 层 B 的吸收率为 B_{TE}。周期为 50nm、层厚 $h=5$nm 以及占空比 $f=0.04$ 时, 仿真模拟一组正交阵列的偏振吸收特性。仿真得到图 6.98, 可以看出, 随着线栅层间距 D 的变化, 层 A 和层 B 在 TM 和 TE 方向的吸收基本在其平均值 ±5% 范围内波动。为避免正交纳米线栅相互接触, 以及整体结构过厚, 选择单位层间距 D 为 0.1μm。层 A 和层 B 的吸收稳定, 且在两个方向吸收大小和消光比大小基本相同; 强吸收方向吸收率均为 0.96%, 而在吸收抑制方向, 吸收率均为 1.35×10^{-4}, 两层线栅吸收误差小于 1%。

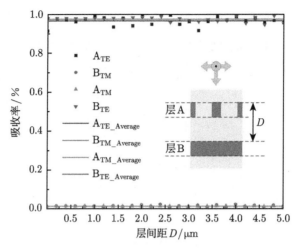

图 6.98　层 A 与层 B 吸收与层间距 D 的关系 (彩图见封底二维码)

4. 正交层数分析

根据前文所述,在周期为 50nm、占空比为 0.04、纳米线栅厚度为 5nm 以及层间距为 100nm 时,可以获得高消光比,但无法获得高吸收率。单位正交层纳米线栅的吸收率小于总光强的 1%。为获得高吸收率 (即高能量利用率),采用增加仿生结构正交纳米线栅层数的方式,并仿真分析其消光比及吸收率的变化。从图 6.99(a)中可以看出,随着正交层数的增加,每层的吸收率逐渐减少,但对相邻线栅层以及正交阵列无影响。图 6.99(b)、(c) 为偏振方位角为 0° 和 90° 时,层 A 与层 B 的吸收率以及消光比。层 A 与层 B 总吸收率随着正交层数的增加而增加 (图 6.99(b));层 A 总吸收率与层 B 总吸收率增长迅速,但增长速率随层厚的增加而减缓,并且当 $m > 600$ 时,几乎保持不变,在 600~800 层,总吸收率仅增长了 0.8%。在偏振方位角为 0° 或者 90° 时,吸收消光比均大于 40(图 6.99(b));并且当正交层数 $n > 600$ 时,消光比保持稳定不变。因此,在正交层为 600 时,具有足够的精度实现偏振探测,且具有最大的吸收率。此时,层 A 与层 B 的吸收方向吸收率均超过 96%,吸收截止方向吸收率小于 1.5%,并且正交方向的吸收消光比大于 60。此时,层 A 与层 B 的总厚度与 6.3.3 小节 1. 讨论的偏振探测结构一致。然而,多层结构的吸收方向以及吸收抑制方向的吸收率误差仅有 0.2%,远小于单位正交线栅层厚为 3μm 时。图 6.99(d) 表示当正交层数为 600 时,层 A 与层 B 的总吸收率关于偏振方位角的关系曲线。对于偏振方位角为 45° 时,层 A 总吸收率等于层 B 总吸收率 $(T_A = T_B)$,此时误差仅有 0.1%。在偏振方位角为 0° 与 90° 对应的层 A 与层 B 的吸收几乎相等,同时,在偏振方位角为 0° 与 90° 对应的层 B 与层 A 的吸收也近似相同。这些仿真结构表明,矩形管微绒毛正交阵列结构的双向偏振探测结构,可以获得高能量利用率，以及高消光比。

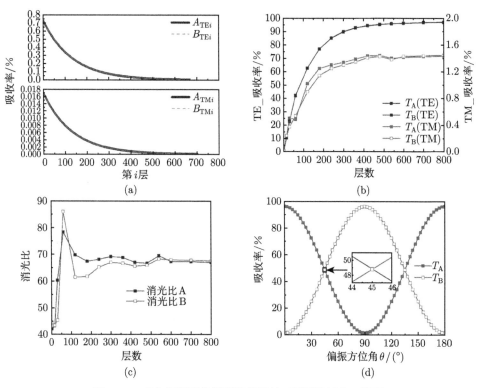

图 6.99　双向偏振吸收模型偏振特性 (彩图见封底二维码)

(a) 每层吸收率；(b) 正交层数与层 A 和层 B 总吸收的关系曲线；(c) 消光比随正交层数的关系曲线；

(d) 当正交层数为 600 时，层 A 与层 B 的总吸收率关于偏振方位角的关系曲线

参 考 文 献

[1] Land M F, Nilsson D E. Animal Eye: Vol.2[M]. Oxford: Oxford University Press, 2012: 37-41.

[2] Snyder A W, Menzel R. Photoreceptor Optics[M]. Heidelberg: Springer Verlag, 1975: 3-5.

[3] 龚勋, 杭凌侠, 黄发彬. 1550 nm 陷波滤光片制备工艺技术研究 [J]. 应用光学, 2016, 37(1):118-123.

[4] 刘凤玉, 吴晓鸣, 张元生, 等. 窄带负滤光片膜层的制备 [J]. 红外与激光工程, 2006, 35(z2): 188-190.

[5] 高鹏, 阴晓俊, 赵帅锋, 等. 陷波滤光片的类褶皱设计 [J]. 光学仪器, 2013, 35(6): 84-90.

[6] Wu Z, Sun M, Wang Q, et al. Photoacoustic microscopy image resolution enhancement via directional total variation regularization[J]. Chinese Optics Letters, 2014, 12(12):104-108.

[7] Lyngnes O, Kraus J. Design of optical notch filters using apodized thickness modulation[J]. Applied Optics, 2014, 53(4): A21.

[8] Bovard B G. Rugate filter theory: an overview[J]. Applied Optics, 1993, 32(28):5427-5442.

[9] Aguayoríos F, Villavilla F, Gaspararmenta J A. Dichroic rugate filters[J]. Applied Optics, 2006, 45(3):495-500.

[10] Huang H, Winchester K J, Suvorova A, et al. Effect of deposition conditions on mechanical properties of low-temperature PECVD silicon nitride films[J]. Materials Science and Engineering A, 2006, 435(6):453-459.

[11] Swart P L, Bulkin P, Lacquet B M. Rugate filter manufacturing by electron cyclotron resonance plasma-enhanced chemical vapor deposition of SiN_x[J]. Optical Engineering, 1997, 36(36):1214-1219.

[12] 朱化凤, 宋连科, 郑春红, 等. 晶体偏光棱镜光强透射比研究 [J]. 光子学报, 2004, 33(2):204-208.

[13] 张志刚, 董凤良, 张青川, 等. 像素偏振片阵列制备及其在偏振图像增强中的应用 [J]. 物理学报, 2014, 63(18):184204.

[14] 李明宇, 顾培夫. 光子晶体偏振分光镜的优化设计 [J]. 物理学报, 2005, 54(5):002358-002363.

[15] 薛鹏, 王志斌, 张瑞, 等. 高光谱全偏振成像快捷测量技术研究 [J]. 中国激光, 2016(8):269-276.

[16] 王小龙, 王峰, 刘晓, 等. 荒漠背景下典型伪装目标的高光谱偏振特性 [J]. 激光与光电子学进展, 2018, 628(05):198-207.

[17] Campbell G, Kostuk R K. Effective-medium theory of sinusoidally modulated volume holograms[J]. Journal of the Optical Society of America A, 1995, 12(5):1113-1117.

[18] Lalanne P, Lemercier-lalanne D. On the effective medium theory of subwavelength periodic structures[J]. Journal of Modern Optics, 1996, 43(10):23.

[19] 王晴云, 齐红基, 贺洪波, 等. 双折射消偏振膜的设计和制备 [J]. 光学学报, 2010, 30(7):2154-2158.

[20] Sasagawa K, Shishiro S, Ando K, et al. Image sensor pixel with on-chip high extinction ratio polarizer based on 65-nm standard CMOS technology[J]. Optics Express, 2013, 21(9):11132-11140.

[21] Kim J H, Cho Y T, Jung Y G. Selection of absorptive materials for non-reflective wire grid polarizers[J]. International Journal of Precision Engineering and Manufacturing, 2016, 17(7):903-908.

[22] Wang J. High-performance large-area ultra-broadband (UV to IR) nanowire-grid polarizers and polarizing beam-splitters[J]. Nanoengineering Fabrication Properties Optics & Devices II, 2005, 5931:59310D.

[23] Wang Z, Chu J , Wang Q , et al. Single-layer nanowire polarizer integrated with photodetector and its application for polarization navigation[J]. IEEE Sensors Journal, 2016, 16(17):6579-6585.

[24] Perkins R, Gruev V. Signal-to-noise analysis of Stokes parameters in division of focal plane polarimeters[J]. Optics Express, 2010, 18(25):25815-25824.

[25] Xu X, Kulkarni M, Nehorai A, et al. A correlation-based interpolation algorithm for division-of-focal-plane polarization sensors[C]. Polarization: Measurement, Analysis, and Remote Sensing X. International Society for Optics and Photonics, 2012.

[26] Ahmed A, Zhao X J, Gruev V, et al. Residual interpolation for division of focal plane polarization image sensors[J]. Optics Express, 2017, 25(9):10651-10662.

[27] Banerjee S. Designing multilayered wire-grid polarizers using a monochromatic recursive convolution finite-difference time-domain algorithm[C]. Ursi International Symposium on Electromagnetic Theory. IEEE, 2013.

[28] Snyder A W, Laughlin S B . Dichroism and absorption by photoreceptors[J]. Journal of Comparative Physiology, 1975, 100(2):101-116.

[29] 梅龙伟, 张振华, 丁开和. 单壁碳纳米管电子输运特性的稳定性分析 [J]. 物理学报, 2009, 58(3): 1971-1979.

[30] 柯川. TiO$_2$ 纳米管阵列的制备、改性及其光电性能的研究 [D]. 成都: 西南交通大学, 2013.

[31] 刘恩科, 朱秉升, 罗晋升. 半导体物理学 [M]. 7 版. 北京: 电子工业出版社, 2016:289-291.

[32] 张立德, 牟季美. 纳米材料和纳米: 第三部 [M]. 北京: 科学出版社, 2016: 44-48.

[33] Huang W, Levitt D G. Theoretical calculation of the dielectric constant of a bilayer membrane[J]. Biophysical Journal, 1977, 17(2):111-128.

[34] Buczyło J, Saari J C, Crouch R K, et al. Mechanisms of opsin activation[J]. Journal of Biological Chemistry, 1996, 271(34):20621-20630.